国家林业和草原局职业教育"十四五"规划教材

林源药用植物栽培技术

温中林　牛焕琼　马小焕　主编

中国林业出版社
China Forestry Publishing House

内 容 简 介

本教材以《中华人民共和国药典》(2020年版)及《中药材生产质量管理规范(GAP)》(2022年版)为指导，依据林源药用植物栽培生产实际和高职学生的学习规律构建教材内容体系，内容上广泛吸纳行业发展的新知识、成熟的技术和生产实践经验。全教材包括总论和各论，共10个单元。总论包括林源药用植物的生长发育与栽培环境，种苗生产，栽培管理，林源植物药材采收、产地加工与贮藏，共4个单元；各论依据林源药用植物的入药部位划分为根及根茎类、果实种子类、全草类、皮类及茎木类、花类林源药用植物栽培技术，以及菌类林源药材栽培技术，共6个单元，考虑到我国地域广阔，每个类别分别列入了多种常见常用的药用植物的栽培技术，每个单元都有相应的知识目标、技能目标、素质目标、若干个知识点、实训、课后自测、拓展知识、思政案例等。因教材版面受限，部分药用植物栽培技术、拓展知识、思政案例等以二维码形式编入，读者可根据需要扫描版权页二维码学习使用。

本教材适合中草药栽培与加工技术、林业技术、中医学、药学、中药学等专业教学使用，也可作为相关培训及自学参考教材。

图书在版编目(CIP)数据

林源药用植物栽培技术／温中林，牛焕琼，马小焕主编. --北京 ：中国林业出版社，2025.2. --（国家林业和草原局职业教育"十四五"规划教材）. -- ISBN 978-7-5219-3047-4

Ⅰ. S567

中国国家版本馆 CIP 数据核字第 2025MT0509 号

策划编辑：田　苗　郑雨馨
责任编辑：郑雨馨
封面设计：北京智周万物文化传播有限公司

────────────────────

出版发行：中国林业出版社
　　　　　（100009，北京市西城区刘海胡同7号，电话83223120）
电子邮箱：jiaocaipublic@163.com
网址：https：//www.cfph.net
印刷：北京盛通印刷股份有限公司
版次：2025年2月第1版
印次：2025年2月第1次印刷
开本：787mm×1092mm　1/16
印张：17.75
字数：410千字　数字资源字数：240千字
定价：56.00元

数字资源

《林源药用植物栽培技术》
编写人员

主　　编：温中林　牛焕琼　马小焕

副 主 编：阮树堂　方其仙　张彩霞　舒润生

编　　者：(按姓氏笔画排序)

马小焕(江西环境工程职业学院)

牛焕琼(云南林业职业技术学院)

方其仙(云南农业职业技术学院)

付丽梅(辽宁生态工程职业学院)

冯慧敏(大兴安岭职业学院)

许德庆(黑龙江农业经济职业学院)

阮树堂(江西环境工程职业学院)

阳秦靖(桂林生命与健康职业技术学院)

杨　燕(云南农业职业技术学院)

何慕涵(云南林业职业技术学院)

张彩霞(甘肃林业职业技术学院)

陈光明(云南新兴职业学院)

陈华祥(云南林业职业技术学院)

罗长浩(杨凌职业技术学院)

罗建品(云南南之禾中药饮片有限公司)

郑　竹(云南农业职业技术学院)

曹维宋(辽宁职业学院)

梁梅华(广西生态工程职业技术学院)

舒润生(云南香格里拉兰草药业有限公司)

温中林(广西生态工程职业技术学院)

前言

随着国内外大健康产业的发展，森林经营理念不断更新，林源药用植物栽培等林下经济产业得到快速发展。党的二十大报告提出促进中医药传承创新发展，特别在"绿水青山就是金山银山"理念指导下，为认真贯彻落实《国家职业教育改革实施方案》基本内涵，紧密对接林业及中药行业、专业发展和课程思政要求，组织编写了本教材。教材在内容上广泛吸纳药用植物栽培发展的新理念、新知识、成熟的技术和生产实践经验，依据高职课程体系设置、学生学习规律和行业生产实践经验，选择并合理编排教材内容，按单元体例编写，每单元由知识目标、技能目标、素质目标、若干个知识点、实训、课后自测、拓展知识、思政案例等组成。因我国地域广阔，林源药用植物种类繁多，又受教材版面所限，部分药用植物(川芎、云木香、党参、黄连、绵马贯众、罗汉果、细辛、穿心莲、木通、牡丹、刺五加、红花、灯盏花、金银花、菊花、竹荪)栽培技术、拓展知识、思政案例等以二维码形式编入，读者可根据需要扫描版权页二维码使用。

本教材由温中林、牛焕琼、马小焕担任主编，阮树堂、方其仙、张彩霞、舒润生担任副主编，具体分工如下：温中林编写课程导入、单元2以及罗汉果、肉桂栽培技术；牛焕琼编写单元1以及三七、红豆杉栽培技术；马小焕编写单元3以及吴茱萸、草珊瑚栽培技术；罗建品与牛焕琼共同编写单元4；阮树堂编写枳壳、栀子、木通、金银花栽培技术；方其仙编写白及、灵芝、茯苓栽培技术；张彩霞编写党参、百合、枸杞栽培技术；舒润生编写云木香、当归、滇重楼栽培技术；梁梅华编写八角、绞股蓝、菊花栽培技术；杨燕编写天麻、铁皮石斛、穿心莲栽培技术；冯慧敏编写五味子、细辛、猴头菇栽培技术；曹维宋编写黄芩、人参、绵马贯众栽培技术；许德庆编写刺五加、款冬栽培技术；罗长浩编写黄精、红花、玫瑰栽培技术；何慕涵编写大枣、山楂、灯盏花栽培技术；郑竹编写密花豆、竹荪栽培技术；付丽梅编写黄连、菘蓝栽培技术；陈华祥编写草果、阳春砂仁、牡丹栽培技术；陈光明编写川芎、杜仲栽培技术；阳秦靖编写广豆根栽培技术。

本教材在编写过程中得到了各编写单位的大力支持与积极协作，同时搜集了国内外先进科学技术，参考了众多教材、专著及其他研究成果，在此向相关著者一并致以衷心的感谢。

由于编者编写水平有限，加之涉及专业领域广泛，疏漏之处在所难免，敬望广大读者批评指正。

编　者

2024 年 9 月

目 录

总 论

各　论

课程导入

0.1 林源药用植物概述

0.1.1 相关概念

（1）药用植物

药用植物是指自然界中可用于开发药物，对人类有直接或间接医疗作用的植物。各种药用植物及其蕴藏量的总和称为药用植物资源。

一直以来，自然资源都是制约人类发展的重要因素，而植物资源是其中最重要的制约因素之一。地球上约有 40 万种植物，植物资源中，药用植物需求量仅次于可食用植物。其中，药用植物资源占中药资源的 80% 以上，而药用植物资源主要由林源药用植物组成。

我国有丰富的药用植物资源，据统计中药材有 13 000 多种，其中植物药 12 777 种，分属 385 科 2312 属，苔藓、蕨类、种子植物等高等植物 10 000 多种，占药用植物总数的 95%，且都是林源药用植物。目前，市场上销售有林源药用植物商品 1200 多种，已完成野生向大田商品化栽培的仅 400 多种，大面积栽培 250 多种，商品数量 67% 依靠采集野生资源。直接采集野生林源药用植物产量低且后期会出现许多负面效应，如资源量大幅减少、濒危数量增多、资源再生性遭受严重破坏、对选种改良产生不利影响，严重制约中药产业可持续发展。以新疆甘草为例，其于 20 世纪 60 年代开始在我国被大规模开发利用，截至当前资源量已下降了 70%，而其他如红豆杉、黄芪、厚朴、杜仲、肉苁蓉、黄柏等资源破坏情况也十分严重。随着我国中药产业的迅猛发展，药用植物的需求量持续增加且质量要求高，但大规模的药用植物大田栽培会破坏森林物种和森林群落多样性，使药用植物原有品质下降或不达标，造成种质单一和种性退化，产品内在质量不稳定。林下经济作为一个新名词，是在林下栽植、养殖、林下产品加工、林下旅游等蓬勃发展的背景下诞生的。林药模式是林下经济的主要模式。林下种植药用植物可避免因采集野生资源而带来的危害，弥补大田栽培的不足，同时可促进林下经济发展。

（2）林源药用植物

林源药用植物是指生长在森林中具有医疗保健功能的木本植物和草本植物的总称，或指与森林相关的具有医疗保健功能的植物。林源药用植物是药用植物的重要组成部分。

中医是我国的国粹和优秀传统文化的重要组成部分，中药资源是中医事业赖以发展的物质基础。林源药用植物作为重要的中药资源，是从林药基础上发展起来。最初，林药是指以林药间作的方式在林下生长的药用植物，一直以来被视为一种人工栽培的经济作物。

但随着研究的深入，将野生林下生长的药用植物与林下种植的药用植物进行统一定义，二者统称为林源药用植物。林源药用植物是药用植物的分支，各种林源药用植物及其蕴藏量的总和称为林源药用植物资源。

0.1.2 林源药用植物分类

根据不同分类依据，林源药用植物可以划分为不同的类别。

（1）根据入药部位划分

植物包括根、茎、叶、花、果实和种子六大器官，林源药用植物按入药部位同样可划分为以下的类别。

根类：以根入药的，如三七、当归、党参、甘草、山药、附子、黄芩、黄芪，还有著名的人参等。

地下茎类：如天麻、山药、百合等。

皮类：以树皮或者根皮入药，如肉桂、杜仲、黄柏等。

花类：以花入药的，如金银花、菊花、红花、藏红花等。

果实类：以果实入药的，如山楂、大枣、草果、砂仁、罗汉果、瓜蒌等。

种子类：以种子入药的，如银杏、决明子、薏苡仁。

全草类：全株都可以入药，如石斛、薄荷、蒲公英等。

除以上林源药用植物外，还有一类非植物的重要林源药材即菌类，如茯苓、灵芝等，将在本教材各论部分中作相应学习。

（2）根据栽培环境划分

按栽培环境条件，可以划分为林下药用植物、药用经济林、混农林业药用植物几大类别。

①林下药用植物。林下药用植物是指以森林生态环境为依托，在林下种植的药用植物。林下种植药用植物是一种充分利用森林资源、模拟药用植物自然生长环境的种植方式，适合林下种植的药用植物品种很多，如铁皮石斛常依附于杉木、核桃等树木生长；重楼为喜阴植物，人工种植需选择透光率约40%的林地等。

②药用经济林。药用经济林是指以生产药材为主的经济林，如肉桂林、八角林、杜仲林、厚朴林、枸杞林、槟榔林等。

③混农林业药用植物。混农林业药用植物是指在同一土地管理单元上，人为地把多年生木本植物如乔木、灌木、棕榈、竹类等与药用植物相结合，实行多物种共栖、多层次配置、多时序结合种植的药用植物。

0.2 林源药用植物栽培技术概述

0.2.1 林源药用植物栽培技术措施

林源药用植物栽培的对象是各种林、药植物群体，不同的林和药有各自的生物学特性和生长规律，而同种林源药用植物在不同地区、不同立地条件、不同生长环境下也有其不同的生长特性，需要应用适宜的生长、繁殖、抚育策略，即技术措施。

林源药用植物栽培技术是为了满足生产目的、产品的质量要求、栽培技术以及经营方式的特殊性，而形成的一门颇具特色的重要生产技术。只有掌握林源药用植物生长发育、产量和品质形成规律及其与环境条件的关系，并在此基础上提供适宜的环境条件、采取适宜栽培技术措施，才能达到中药材质量安全、有效、稳定、可控的目的。

（1）林药一体化

林药一体化是指把森林经营与药材经营联合起来，进行统一经营的林源药用植物栽培技术措施。林药一体化的具体操作模式可分为两种：林药立体种植和药用经济林。

①林药立体种植。林药立体种植就是将适宜在林下生长、具有一定耐阴性的药用植物引种到林下进行半野生化栽培。不少药用植物适合于立体种植的生态环境，药材品质较农田培育的更高。林药立体种植不仅可以充分利用林地资源节约大量农田，使药用植物野生资源得到恢复，还可以增加林业生产的短期收入，以短养长，为林区开展多种经营开辟一条新途径，为发展林业、创汇林业探索一条新路。林药立体种植在国内外都还处于探索阶段，目前林药立体种植在我国取得的成功经验有东北部分地区林下种植人参，杜仲林下种植知母，油松林下播种桔梗，思茅松林下种植三七等。

②药用经济林。亦称药用林，是以生产药材、药用原料为主要目的的森林、林木和灌木林。药用经济林经营方法以仿野生栽培为核心，通过模拟自然生境实现药材道地性提升，同时结合林下空间高效利用，形成多元化经营模式。药用经济林的具体经营模式主要有以下几种。

a. 林药混作模式：在疏林地或幼龄林，需根据树种特性选择互补性药材。如喜阳药材与耐阴树种搭配；乔木层与药用灌木或药用灌木加草本混种，如油松林下种植柴胡；

b. 林药间作模式：经济林与药材交替种植，如枣树间作甘草，通过经济作物（如枣树）提供短期收益，药材（如甘草）实现长期价值。

c. 药用林木纯林模式：单一药用树种集约栽培，如杜仲纯林；便于标准化管理，提高单位面积药材产量（如杜仲皮、叶的药用成分提取）。

d. 林药复合模式：森林边缘带光照充足、通风良好，适合喜阳药材生长，且不占用核心林地资源，可以利用这些区域种植喜光药材，如黄芩、远志；或在退耕还林地边缘带种植金银花等，既能保持水土又增加了农民收益。

（2）林源药用植物野生抚育

①林源药用植物野生抚育的含义。林源药用植物野生抚育是指在遵循自然规律的基础上，在林源药用植物原生或相类的环境中，人为或自然增加森林生态系统中某种或数种药用植物种群数量，使其资源量达到能为人们采集利用，并能继续保持群落平衡的一种药材生产方式。林源药用植物野生抚育是野生药材采集与家种药材栽培有机结合的一种新兴的药材生产方式。野生抚育对象可以是野生、逸为野生或人工补种的药材。林源药用植物野生抚育的基本方式有：半野生栽培、封禁管理、人工补种与管理等。

②林源药用植物野生抚育的特点。林源药用植物野生抚育具有显著不同于药用植物栽

培的特点。

a. 生产场所不同。野生抚育在药材原生地进行,依据野生分布区、植被类型及群落类型划定明确的野生抚育区;药用植物栽培主要在农田进行。

b. 种群更新方式不同。野生抚育通过人工补种或种群自我更新方式增加种群数量;药用植物栽培全部通过人工方式栽种。

c. 管理措施不同。野生抚育药材生长过程中人为干预较少,一般仅进行适当的人工管理或抚育;药用植物栽培采取各种生产措施促进药材优质高产。

d. 采收方式不同。野生抚育根据药材的年允许采收量,确定合理的采收方法轮采轮收;药用植物栽培一般一次性采收。

(3)林草中药材仿野生栽培

林草中药材仿野生栽培是指在生态条件相对稳定的自然环境中,根据中药材生长发育习性及其对生态环境的要求,遵循自然法则和规律,模仿中药材野生环境和自然生长状态,再现植物与外界环境良好生态关系的中药材生态培育模式。

0.2.2　林源药用植物栽培现状及发展趋势

(1)林源药用植物栽培现状

林下种植模式丰富,特色基本形成。林下种植品种现有100多种,其中形成规模的有林下种植密花豆、阳春砂仁、草珊瑚、重楼、黄精、岗梅等。例如,广西富川瑶族自治县柳家乡茅刀源村的油茶林+岗梅(或两面针)种植模式;广西金秀瑶族自治县金秀香草岭的杂木林+重楼(或黄精)种植模式等。这些模式基本体现了各地的优势和特色,促进了林源药用植物栽培产业化的发展。

经营模式、产业链条逐步形成,产业化经营稳步推进。林下种植、采集加工的生产、销售产业链条正在逐步形成。

(2)林源药用植物栽培发展趋势

林源药用植物栽培呈现出林药一体化经营的发展趋势。为满足市场需求,中药材的发展一要靠科技支撑,二要靠拓展种植空间;而我国的林地现状和林地政策为林药一体化发展提供了空间,林药和谐发展是实现林源药用植物可持续利用的最佳选择。

0.3　课程学习方法

林源药用植物栽培技术课程以药用植物、森林环境等课程为基础,同时与中药炮制与加工、林业有害生物控制技术等紧密联系,共同构成了专业课程体系。学习时要注意各课程之间的联系,才能更好地学习林源药用植物栽培技术这门课。本课程具有综合性、操作性、实用性强的特点,学习过程中要理论联系实际,通过理实一体化强化对知识和技能的掌握。

总论

单元 1　林源药用植物的生长发育与栽培环境

学习目标

知识目标：

（1）理解林源药用植物的生长与发育规律及相关性；

（2）了解林源药用植物栽培地对大气、土壤、水源等质量要求，以及各种栽培制度的适用条件；

（3）熟悉栽培地整理的基本知识、环节和方法，以及单作、林下栽培的基本知识。

技能目标：

（1）能识别常见的药用植物，判断其物候、年龄时期及生长发育状况；

（2）能通过资料查询等途径获取环境因子信息，并对照《中药材生产质量管理规范》要求进行适应性分析；

（3）会进行土壤消毒和改良，制作种植畦或种植垄；

（4）能因地制宜，初步选择不同的栽培制度，并进行相关计算。

素质目标：

（1）培养乐观向上、知行合一、实干苦干、团结协作的精神风貌；

（2）培养理论联系实际、遵循自然规律、遵纪守法的科学方法和态度；

（3）激发家国情怀，敢于创新创业，具备服务林草行业发展的坚定信念。

拓展知识：二
十四节气

1.1　林源药用植物的生长发育

在植物的一生中，有两种基本生命现象，即生长和发育。生长又称营养生长，是指植物在体积和重量上的增加，是通过细胞分裂、伸长来体现的，如根、茎、叶的生长，是一个不可逆的量变过程。药用植物的生长是由组成细胞的分裂、增生、体积增大以及分化所引起的。任何一个正在生长的组织、器官，或整个植株体都是由无数的细胞组成的。不论是某个器官、组织，或者整个植株，在整个生长过程中，生长速率都表现出"慢—快—慢"的特点，即开始生长时缓慢，逐渐加快，到一定高峰时，又逐渐下降直至最后停止。例如，果实刚坐果时，生长缓慢，到了果实膨大期生长很快，成熟前生长速度又下降。叶片的生长也是如此。

发育又称生殖生长，是指植物的形态、结构和功能上发生的质变过程，表现为细胞、组织和器官的分化形成，如花芽分化、幼穗分化、开花、坐果、种子形成等。一般高等植物从受精卵开始，经历胚胎期、幼年期、成熟期和衰老期，直到死亡，也就是生命周期。在整个周期中，花的形成是植物体从幼年期转向成熟期的标志。

发育以生长为基础，但生长不一定都表现为生物个体的发育。植物的营养生长和生殖生长一般以花芽分化（穗分化）为界限，但二者之间往往有一个过渡时期，即营养生长和生殖生长并进期。

1.1.1　年周期

药用植物的生长与一年四季气候的变化关系密切，主要体现为年周期。年周期是植物在一年当中随着季节的变化而发生的生长发育规律性变化。大多数植物，一年当中从春到夏，再到秋、冬，随着气温和水分的变化，要经过根系的生长、萌芽、展叶、开花、枝叶生长、授粉、结实、花芽分化、果实生长、果实成熟、落叶、休眠等过程，下一年度又重复这一过程。

年周期可明显区分为生长期和休眠期。即从春季开始萌芽生长，至秋季落叶前为生长期。植物在落叶至翌年萌芽前，为适应冬季低温等不利的环境条件，而处于休眠状态，为休眠期。在这两个时期中，某些植物可因不耐寒或不耐旱而受到危害，这在大陆性气候地区表现尤为明显。

（1）生长期

从植物萌芽生长到秋后落叶时止，为植物的生长期，包括整个生长季。在此期间，植物随季节变化气温升高，会发生一系列极为明显的生命活动现象，如根系生长、萌芽、开花、结果等，并形成许多新的器官，如叶芽、花芽等。萌芽常作为植物生长开始的标志，但其实根的生长比萌芽要早。

①根系生长期。在年周期中，根系生长高峰与地上器官生长高峰相互交错发生。春季气温回升，根系开始生长，大多数植物根系生长开始的时间比地上部分要早，出现第一个生长高峰，然后是地上部开始迅速生长，根系生长趋于缓慢。当地上部生长趋于停止时，根系生长出现一个大高峰。其强度大，发根多。

环境对根系生长的影响因素有以下几种。

a. 温度：大多数植物根系生长适宜的温度是 12~26℃，超过 30℃ 或低于 0℃ 根系生长缓慢或停止。

b. 水分：通常最适于植物生长的土壤含水量为土壤最大田间持水量的 60%~80%。但轻微干旱对根系生长发育有利，因为此时土壤透气性强，同时也抑制了地上部的生长，使较多的碳水化合物用于根系的生长，使根系发达。

c. 土壤的营养条件：在土壤肥沃或施肥条件下，根系发达、根细密、活动时间长。施用有机肥可促进植物吸收根的产生，适量的氮肥利于根系的生长，磷肥能促进根系的发育，硼、锰对根系的生长也有良好的影响。

②萌芽、展叶期。萌芽是落叶植物由休眠转入生长的标志，萌芽的特点是芽体膨大，芽鳞开裂。展叶是指第一批从芽苞中发出卷曲的或按叶脉折叠的小叶。萌芽、展叶期的早

晚根据药用植物的种类、年龄、树体营养状况、位置及环境条件等不同。落叶植物一般在昼夜平均温度超过5℃时开始萌发。在进行植物的移植、扦插、嫁接时应注意萌芽的时期，选择合适的时间进行。

③花芽分化期。成熟期的植物生长到一定程度后，植物体内积累了大量的营养物质，一部分叶芽的生理和组织状态转化为花芽的生理和组织状态。很多木本类药用植物，如山楂、大枣、银杏等，在上一年的夏秋季节就开始了花芽分化；一些草本及夏秋季节开花的药用植物，在当年进行花芽分化，如木槿、珍珠梅、槐、姜黄、阳荷等。

④开花期。从花蕾的花瓣松裂至花瓣脱落时止。大多数植物每年开一次花，也有一年内开多次花的种类，如金银花、玫瑰花。

⑤果实生长发育期。从花谢后到果实生理成熟时止。

（2）休眠期

多年生草本药用植物秋季地上部分枯死，落叶木本药用植物秋季叶片自然脱落，是进入休眠的重要标志。秋季气温降低、日照变短是导致植物落叶，进入休眠的主要因素。植物进入该期后，植物体内水分逐渐减少，细胞液浓度提高，提高了植物的越冬能力，为休眠和翌年生长创造条件。

过早落叶和延迟落叶都不利于养分积累和组织成熟，对植物越冬和翌年生长都会造成不良影响。干旱、水涝、病虫害等都会造成早期落叶，甚至引起再次生长，危害很大。树叶应落未落，说明植物未做好越冬的准备，易发生冻害和枯梢，在栽培中应防止这类现象的发生。

刚进入休眠的植物处于浅休眠状态，耐寒力还不强，如遇初冬间断回暖会使休眠逆转，使越冬芽萌动，如遇突然降温则常遭受冻害。

落叶休眠是植物在进化过程中对冬季低温环境所形成的一种适应性，它能使植物安全度过低温、干旱等不良条件，以保证下一年能进行正常的生命活动，并使生命得到延续。在植物休眠期内，虽然没有明显的生长现象，但树体内仍然进行着各种生命活动，如呼吸、蒸腾、芽的分化、根的吸收、养分合成和转化等。所以休眠只是个相对概念。

各种植物在一年中的物候有早有晚，如在昆明魔芋4月还在休眠，5月才出苗，而紫花白及3月就开花，黄姜花在8月才开花。不同的时期有不同的物候期，管理措施也不同，如利用切块栽植的白及、姜黄、重楼、黄精等，要在早春萌芽前进行；采收果实入药的草果、砂仁，在开花期要为授粉创造条件，甚至要人工辅助授粉；而采收根茎类的药材，要在花蕾期摘除花蕾，节约养分供给根茎生长。在遮阴棚下种植的重楼、三七，在休眠期可以收起遮阴网，利用自然光给园地消毒杀菌。

1.1.2 生命周期

植物的生命周期是指植物从形成新的生命开始，经过生长、开花、结果，出现衰老、更新，直到树体死亡的整个过程。实生植物在个体发育中，一般要经历种子休眠和萌发、营养生长、生殖生长三个时期，无性繁殖的植物可以不经过种子休眠和萌发时期。

不同种类植物生命周期长短相差甚大。

(1)草本药用植物

草本药用植物可以分为一年生、二年生、多年生几大类。

一年生草本药用植物：1 年内完成种子萌发、开花、结实、植株衰老死亡过程的植物，生命周期只有 1 年，每年都需要重新播种，如薏苡、蒲公英、菘蓝、荠菜、玛卡等。

二年生草本药用植物：第 1 年种子萌发后进行营养生长，第 2 年抽薹、开花、结实至衰老死亡，如菘蓝等。

多年生草本药用植物：大多数药用植物属于这一类，如当归、滇黄精、姜黄、重楼、天冬、大黄等。多年生植物是指每完成 1 个从营养生长到生殖生长的生命周期需要 3 年或 3 年以上时间的植物，大部分多年生草本植物的地上部分每年在开花结实之后枯萎死亡，而地下部分的根和根状茎、鳞状茎、块茎等则可存活多年。多年生草本植物的寿命在 3~10 年不等，各个生长发育阶段与木本植物相比短些。

不同类草本药用植物的生命周期基本都可以划分为胚胎期、幼苗期、成熟期和衰老期 4 个时期。

胚胎期：从卵细胞受精发育成合子开始，至种子发芽为止。

幼苗期：从种子发芽开始至第 1 个花芽出现为止，一般 2~4 个月。二年生草本植物多数需要通过冬季低温，翌春才能进入开花期。

成熟期：植株大量开花，花色、花型最有代表性，一般自然花期 1~2 个月。

衰老期：从开花大量减少、种子逐渐成熟开始至植株枯死止。此期是种子收获期，种子成熟后应及时采收，以免散落。

(2)木本药用植物

林源药用植物中，很多属于木本药用植物，如杜仲、山楂、大枣、金银花、厚朴、黄柏、刺五加、盐肤木等。木本植物个体发育的生命周期可以划分为以下几个年龄时期。

种子期(胚胎期)：植物自卵细胞受精形成合子开始至种子发芽为止。

幼年期：从种子萌发到植株第 1 次开花止。幼年期是植物地上、地下部分进行旺盛离心生长的时期。植株在高度、冠幅、根系长度、根幅等方面生长很快，体内逐渐积累起大量的营养物质，为营养生长转向生殖生长做好了形态上和内部物质上的准备。

青年期：从植株第 1 次开花时始到大量开花时止。其特点是树冠和根系加速扩大，是离心生长最快的时期，能达到或接近最大营养面积。植株能开花和结实，但数量较少，质量不高。对于一些以收获叶类、皮类为主的药材，如杜仲、刺五加、黄柏等，往往在这个时期采取截干、平茬等措施，并加强肥水管理，促使多萌发枝条，增加产量；而对于收获花蕾、种子、果实类的药材，如山楂、大枣等，则要加强树体整形修剪等管理，促使早结果，为后期的丰产打下基础。

成年期：从树木开始大量开花结实时始到结实量大幅下降时止。其特点是树体基本成型，开花结果部位扩大，是叶类、皮类、花类、果实类、种子类药材收获的主要时期。

衰老期：从树木开花结实减少，枯枝增多，骨干枝、骨干根逐步衰亡，生长显著减弱到植株死亡为止。一般药用植物到这个时期需要重剪，更新复壮，甚至整株去除，重新栽植。

植物的生长与发育阶段之间没有明显的界线，是渐进的过程，各个阶段的长短受植物本身系统发育特征及环境的影响。在栽培过程中，合理的栽培管理技术，能在一定程度上加速或延缓某一阶段的到来。

栽培中采挖、采种都要考虑母株的年龄，才能得到饱满的种子，保证药材的质量。例如，当归常被称为"一年苗，二年根，三年种子"，意思是第 1 年育苗，第 2 年挖根做药材，第 3 年才能采种子，用来繁育后代；滇重楼的播种苗，要种植 8~9 年，才具备一定的药效，能采挖根茎做药材；红姜花也是播种后第 3 年才开始开花结实。

1.1.3 药用植物生长发育的相关性

（1）地下部分与地上部分的相关性

药用植物各器官之间具有相关性，其中根深叶茂表达的就是植物的地上部分与地下部分的相关性。一方面，地上部分与地下部分是相互依赖的，根系吸收水分、养分，输送给地上部分，进行蒸腾作用、光合作用，而叶子光合作用积累的营养物质，一部分要输送给根，进行呼吸作用，使其长粗；另一方面，地上部分与地下部分也存在相互抑制的现象，如枝叶太茂盛了，地下部分的块茎生长就会受到抑制，如三七、当归都存在这种情况，而采了种子的三七，根的产量和药效都会下降。

（2）营养生长与生殖生长的相关性

营养生长是量的积累，如根、茎、叶的长大、长粗；生殖生长是质变，是功能和结构发生了变化，如叶芽变成花芽、开花、授粉、结果、种子的形成等。营养生长是生殖生长的基础，俗话说"红花还需绿叶配"，可不仅是美学上的好看，更重要的是功能上的要求，因为根、茎、叶具有吸收营养物质、输送营养物质、进行光合作用的功能，能为花、果实、种子提供生存生长物质。当植物营养生长达到一定程度，就会开花结实，开花结实是其"传宗接代"必不可少的。但是营养生长与生殖生长之间也是存在竞争的，会相互抑制。营养生长过旺，消耗较多养分，会导致徒长，从而抑制生殖生长，使植株花期延迟、结实不良或造成大量花果脱落。例如，人们说"树长憨了，不开花结果"，就是营养生长过旺抑制了生殖生长；而开花结实太多，导致新枝生长弱，就是生殖生长对营养生长的抑制。植物开花结实的大小年现象，也是营养生长与生殖生长不平衡的表现。栽培上要利用这种相关性来提高产量。例如，当归、三七等收获的是根，要摘除花蕾，抑制开花结实，促进营养生长，提高产量；而砂仁、草果等收获的是果实、种子，则要通过合理施肥等措施，促进开花结实，提高产量。

（3）顶端优势

植物主茎的顶芽生长抑制侧芽生长的现象称为顶端优势。这种顶端优势现象的发生主要与生长素的作用有关。茎尖产生的生长素在极性运输到侧芽时就会抑制侧芽的生长。顶端优势的表现可分为 3 类，即侧芽生长的抑制、分枝生长速度的调节和分枝角度的控制。

一些木本药用植物如银杏、杜仲、山楂等，顶芽生长得很快，下部的分枝常受到顶端优势的调节，使侧枝从上到下的生长速度不同，越靠上端，距茎尖越近，被抑制得越强，使整个植株呈宝塔形。草本植物中如木香、黄麻、天冬、菊花等顶端优势较强，只有主茎顶端被剪掉，邻近的侧枝才能加速生长。当然也有些植物的顶端优势不显著，如白及、阳荷、牡丹等，它们在营养生长时期就可以产生大量分蘖。

拓展知识：
GMPGIS

1.2　影响林源药用植物生长发育的环境因子

药用植物的生长发育习性包括了生物学特性和生态学特性，生物学特性是植物自身的生长发育规律，体现在年周期、生命周期和各器官的相关性中，是苗木繁殖、生产管理的理论基础；生态学特性是植物对光照、温度、水分、空气、土壤等环境因子的要求，是药用植物栽培地选择，水、肥、土管理的主要依据。栽培上投其所好，也就是顺应植物的生长发育规律和对环境的要求，才能取得栽培的成效。

影响林源药用植物生长发育的主要环境因子有温度、光照、水分、空气、风、土壤、生物因子等。

1.2.1　温度

植物只有在一定的温度下才能够正常生长发育，这主要反映在三基点温度，即最低温度、最适温度和最高温度。

不同种类植物的生长所要求的温度范围是不同的。大部分原产温带的植物在5℃或10℃下不会有明显的生长，其最适生长温度通常在25~35℃，最高生长温度为35~40℃。

一种植物在不同生育时期生长的最适温度也不相同。例如，三七种子萌发时，最适发育温度为20℃，低于5℃或者高于30℃不萌发。多数一年生植物从生长初期经开花到结实的3个阶段中，最适生长温度是逐渐上升的，这种要求正好同从春季到早秋的温度变化相适应。因此，播种太晚会使幼苗衰弱，就是在生长初期温度过高的缘故。同样，夏季如果温度不够高，就会影响植物生长而延迟成熟。

植物生长不仅受日平均温度的影响，还受昼夜温度变化的影响。昼夜温度变化对植物生长发育的影响，称为温周期。通常昼温高、夜温低有利于地下贮存器官的发育，因为昼温高有利于光合作用，夜温低则会降低呼吸消耗，促进光合产物向地下的运输。

根据药用植物对温度的适应性，可以划分为以下几大类。

耐寒药用植物：通常生长在北方高纬度或者高海拔寒冷地区。一般能耐-5~-2℃的低温，可以忍耐短期-10~-5℃的低温，最适生长温度为15~20℃，如人参、关龙胆、刺五加、北五味子、大叶柴胡、辽细辛、黄芪、甘草等。

半耐寒药用植物：通常生长在中纬度或者中海拔地区，一般能耐-2~-1℃的低温，最适生长温度为17~20℃，如黄连、枸杞、菘蓝等。

喜温药用植物：通常生长在南方低纬度或者低海拔地区，种子萌发、开花、结果都需要较高的温度，一般最适生长温度为20~30℃，低于15℃则不能正常授粉，如枳壳、川芎、金银花等。

耐热药用植物：通常生长在南方低纬度地区，种子萌发、开花、结果都需要较高的温度，一般最适生长温度为 25～30℃，个别在 40℃ 以下能正常生长，如砂仁、罗汉果、槟榔等。

秋冬播种的种子发芽或苗期生长阶段需要经过一段时间的低温才能完成花芽分化，第 2 年才能正常开花结实的现象称为春化作用。很多药用植物有春化作用，如百合、芍药等。而北方当归幼苗在冬季贮藏期间，要错开使其出现春化作用的温度，第 2 年就能抑制其抽薹开花，从而提高根的产量和质量。

1.2.2　光照

一切绿色植物必须在光的作用下才能进行光合作用，植物体重量的增加与光照强度密切相关。光对植物生长的影响有间接影响和直接影响两个方面。间接影响是光照通过影响光合作用、蒸腾作用、呼吸作用而影响植物的生长发育。直接影响是光可通过光照强度、光照时间、光质影响植物的株高、叶片、根系及开花结实等发育过程。

植物体内的各种器官和组织能保持发育上的正常比例，也与一定的光照强度直接相关。在高强度光照中生长的药用植物较矮，干重增加，根茎比提高；光照不足，地上部分徒长，地下部分的根系生长受到抑制。俗话说"无光不结果"，一般花类、果实种子类药材，需要充足的光照。光质对药用植物的生长发育也有一定的影响，一般红光促进茎的生长，蓝紫光使植物茎粗壮，有利于培育壮苗。因此，栽培上要选择适合颜色的塑料薄膜，如在当归的覆膜栽培中，薄膜色彩对增产的作用程度依次是黑色膜>蓝色膜>银灰色膜>红色膜>白色膜>黄色膜>绿色膜。

根据药用植物对光照需求的不同，可将其分为以下几类。

喜光植物：这类植物生长发育需要充足的光照，一般需光度为全日照的 70% 以上。如菊花、红花、金银花、枸杞等。

喜阴植物：这类植物生长发育需要在遮阴的阴暗环境中，一般需光度为全日照的 10%～50%，如三七、人参、西洋参、黄连、金线莲等。

中性(耐阴)植物：这类药用植物的生长发育对光照的适应性较强，在光照较强或者稍微荫蔽的条件下都能生长，如麦冬、紫花地丁、天门冬等。

林源药用植物中有一部分为喜光的木本植物，如杜仲、山楂、大枣、枸杞、金银花等，而很多喜阴的药用植物，是林下种植的首选，如重楼、三七、黄连、金线莲、草果、半夏等。中性的耐阴植物，可以根据对光照的需要强度，调整郁闭度或者配置比例，与林木进行套作(套种)、间作。

植物对日照长度的反应称为光周期反应。光周期是影响植物生长发育的重要因素，可影响植物花芽分化和开花。根据植物开花对光周期的反应不同，可以分为 3 种类型。

长日照植物：指在昼夜周期中，白天的日照长度必须大于某一临界日长(一般 12h 以上)，或者暗期必须短于一定时数才能成花的植物，如木槿、荷花、姜黄等，一般在夏季开花。

短日照植物：指在昼夜周期中，白天的日照长度只有短于其所要求的临界日长(一般 10h 以下)，或者暗期必须超过一定时数才开花的植物，一般在秋季开花，如菊花。

日中性植物：对光照长短没有严格要求，任何日照下都能开花的植物，如金银花、玫瑰、万寿菊等。

1.2.3 水分

水是光合作用顺利进行的必要条件，俗话说"有收无收在于水"。一方面植物通过根系吸收水分，使地上部分各器官保持一定的膨压，维持正常的生理功能；另一方面，植株又通过蒸腾作用把大量的水分散失掉，两个过程只有协调统一才能保证植株的正常发育。根据药用植物对水分的适应性，划分为以下几类。

旱生植物：这类植物能够在干旱的气候和土壤条件下维持正常的生长发育，抗旱能力强，如芦荟、花椒、仙人掌、黄芩等。

中生植物：这类植物对水分的要求介于旱生和湿生植物之间，绝大多数的陆生药用植物属于此类，抗旱、抗涝能力都不强，如当归、白及、黄精、党参、丹参、百合等。

湿生植物：这类植物生长在潮湿的环境中，如沼泽、河滩、山谷等地，蒸腾强度大，抗旱能力差，水分不足容易萎蔫，如秋海棠、半边莲、半夏、灯芯草等。

水生植物：这类植物生活在水中，根系不发达，根的吸收能力弱，输导组织简单，通气组织发达，如泽泻、莲子、芡实、荷花等。

土壤含水量对植物的生长发育有影响。一般种子萌发到出苗期需水量较少，通常保持田间持水量的 70% 为宜；幼苗前期是扎根期，一般土壤含水量应保持在田间持水量的 50%~70%，有利于根系发达；中期营养生长较快，光合作用强，生殖器官开始分化，需要充足的水分。在开花、坐果期，对水分的需要量较小。俗话说"旱长根，湿长叶"，生产上可据此调节土壤水分的供给，以利于地上部分与地下部分的生长积累，提供药用植物的产量。

1.2.4 空气和风

空气是影响药用植物生长发育的重要生态因子。植物生长所需要的硫 90% 来自空气，硫与糖类、蛋白质、脂肪的代谢都有密切的关系，植物体中的碳大部分来源于空气中的二氧化碳。

人类活动或自然过程，一些有害物质如二氧化硫、一氧化碳、氟化物、铅尘、碳氢化物等，被排放到大气中，达到一定浓度时，就形成大气污染，引起温室效应、酸雨、臭氧空洞，氮氧化物、碳氢化物受太阳紫外线作用，可产生有毒的二次污染物，如臭氧、醛类、硝酸酯类等多种复合化合物。这些有害物质可以通过气孔进入到植物叶片，影响植物的生长发育，或者积累在植物体内。因此，药用植物栽培基地应严格遵守中药材 GAP 生产对产地环境的要求，远离污染区。

风可以改变气体分布、空气温度、空气湿度，从而影响植物的生长发育。风速通过影响田间植株间的空气流动，影响昆虫的活动、授粉、病原菌的传播等。世界上大多数有花植物是异花授粉，只有少数为自花授粉。据报道，大约 1/5 的有花植物是风媒花，靠风传粉。但如果风力过强，则往往导致植物倒伏、落花落果。

1.2.5　土壤

土壤是药用植物生长的根基。土壤具有能同时调节并不断供给植物生长发育所需要的水、肥、气、热的能力。土壤的组成包含了矿物质、有机质、土壤微生物、水分、空气等成分。不同矿物质保持土壤水分、肥力的能力不同。有机质是土壤肥力的重要组成部分，是植物养分的重要来源，还能优化土壤的理化性状，促进有益微生物的活动，提高土温，促进磷的活化吸收。土壤微生物包括细菌、真菌、藻类、放线菌、原生动物等，能分解难溶于水的矿物质和有机物，固氮细菌还能固定空气中的氮，促进植物生长。但土壤中还有很多有害生物，会使药用植物发病，而在一些药用植物道地产区，往往因土壤中的病害积累，导致连作障碍。

土壤的有机质含量、结构、质地、pH、土层厚度，对土壤的肥力起着决定性的作用。大多数药用植物，适宜生长在团粒结构的壤土中，尤其是根茎类药材如黄精、三七、当归、白及、姜黄等；少数水生药用植物如泽泻、菖蒲、芡实等，适宜生长在黏土中；另有少数耐干旱的药材，如珊瑚菜、仙人掌则适宜生长在沙土中。

我国南方土壤一般比北方土壤偏酸，有"南酸北碱"之说。不同药用植物生长对土壤酸碱性的要求不同。适宜酸性土壤的有肉桂、槟榔、黄连、重楼、天麻等；适宜碱性土壤的有甘草、枸杞、黄芩、金银花等；中性土壤则适宜大多数药用植物的生长，如当归、柴胡、百合、菊花、穿心莲等。

1.2.6　生物因子

生物因子可分为三大类，即动物、植物、微生物。影响药用植物生长发育的生物因子有乔木、灌木、杂草、昆虫、鸟、兽、鼠，以及包括真菌和细菌等在内的微生物等。乔木、灌木为林下药用植物的生长提供有机质和一定的荫蔽环境，阻挡强劲的风力，但也与药用植物争夺生长空间、养分、水分、光照。有益的昆虫和鸟类能帮助传粉、消灭害虫，但也有一些取食药用植物的根、茎、叶、花、果，导致生长不良或者减产。因此，药用植物栽培过程中，要根据所栽培的药用植物的生长发育习性，合理利用或者控制各种生物因子，如林下栽培草果、三七、重楼时，要控制树木的郁闭度，提供适宜的荫蔽环境，但要去除杂草；而栽培银杏、山楂、大枣时，一般在纯林中，不保留其他木本植物。除栽培的药用植物外，其他草本植物一般都列为杂草，要定期清理，减少其对养分、水分、光照的争夺。如何保护有益的昆虫和鸟类，防治病虫害、兽害、鼠害，是药用植物栽培中的重要内容。

拓展知识：农药残留和有害元素的危害

1.3　林源药用植物栽培环境选择

环境质量是保证药材质量的关键环节，林源药用植物栽培基地应设在生态环境良好的地区。为推进中药材规范化生产，加强中药材质量控制，促进中药高质量发展，在借鉴欧盟的良好农业规范（GAP）理念的基础上，国家药品监督管理局于 2002 年发布试行版《中药材生产质量管理规范》，并于 2003 年发布认证管理办法和认证检查评定标准后开始启动GAP 认证，该试行版于 2016 年取消。此阶段先后共认证中药材 GAP 基地 177 个，涉及全国 26 个省份 110 家企业 71 种中药材。但该试行版中药材 GAP 在实施的 10 余年中也逐步显现出了一些不适应行业发展的问题，为此自 2015 年 11 月开始，国家食品药品监督管理总局（现为国家市场监督管理总局）组织了社会多层次的研究修订，最终在 2022 年 3 月，国家药品监督管理局、农业农村部、国家林业和草原局、国家中医药管理局发布了 2022 版《中药材生产质量管理规范》（中药材 GAP）。中药材 GAP 内容涉及中药材生产基地建设、种子种苗生产、种植养殖、采收加工、包装储运、质量管理、设施设备和人员管理等全部环节，对影响中药材质量的各环节进行了细化和明确，是中药材规范化生产和管理的基本要求，适用于中药材生产企业规范化生产的全过程管理，以保证中药材的真实、质优、稳定、可控。中药材 GAP 给出了中药材生产企业规范化生产的技术指导原则，是中药生产企业供应商质量审核的技术标准，也是药品监督管理部门延伸检查的技术依据。

《中药材生产质量管理规范》第五章明确规定，生产基地选址和建设应当符合国家和地方生态环境保护要求，并遵循适地适植物的原则，即种植地块应当能满足药用植物对气候、土壤、光照、水分、前茬作物、轮作等要求。生产基地环境应当持续符合国家标准：空气符合国家《环境空气质量标准》（GB 3059—2012）二类区要求；土壤符合国家《土壤环境质量农用地土壤污染风险管控标准（试行）》（GB 15618—2018）的要求；灌溉水符合国家《农田灌溉水质标准》（GB 5048—2021）的要求；产地加工用水和药用动物饮用水符合国家《生活饮用水卫生标准》（GB 5749—2022）的要求。同时要确保种植过程中环境持续符合标准要求。在此基础上，再考虑合理布局、良种良法，才能生产出品质优良、药效稳定可靠的道地药材。

1.3.1 地理位置

中药材生产基地一般应当选址于道地产区。道地产区是指所产的中药材经过中医临床长期应用优选，与其他地区所产同种中药材相比，品质和疗效更好，且质量稳定，具有较高知名度的生产地区。在非道地产区选址，应当提供充分文献或者科学数据证明其适宜性。生产基地周围应当无污染源。

药用植物种植园地要因地制宜选择最适宜的栽培种类，要遵循适地适植物（或适地适品种）的原则，使药用植物的生态学特性与栽培地的环境条件相互适应，并根据种植中药材的生长特性和对生态环境要求，如土壤、海拔、坡向、前茬作物等，确定适宜种植地块。例如，重楼喜欢温凉、湿润的环境条件；铁皮石斛不耐低温，需要温暖、空气湿度大、荫蔽的气候条件。

1.3.2 土壤环境

土壤是植物生长的基质，土壤养分、水分直接影响植物的生长发育。土壤环境中除了基础的质地、肥力、酸碱性、湿度、温度、有机质含量、病虫害状况等因素要满足药用植物生长发育需求外，还应注意土壤环境中可能存在的一些有害物质。其被植物吸收到体内后，会形成残留，从而影响药材品质。因此中药材生产基地在选择土壤环境时要求土壤未受污染，土壤重金属、农药残留不超标，符合国家《土壤环境质量农用地土壤污染风险管控标准（试行)》(GB 15618—2018)筛选值,包括基本项目和其他项目。其中,农用地土壤污染风险筛选值的基本项目为必测项目,包括镉、汞、砷、铅、铬、铜、镍、锌,如在 pH 6.5~7 的环境下,除水田以外的耕地上,镉、汞、砷、铅、铬、铜,要求分别不超过 0.3mg/kg、2.4mg/kg、30mg/kg、120mg/kg、200mg/kg、100mg/kg。其他 pH 条件下,筛选值见表 1-1。

表 1-1　农用地土壤污染风险筛选值(基本项目)　　　　　　mg/kg

序号	污染物项目		风险筛选值			
			pH≤5.5	5.5<pH≤6.5	6.5<pH≤7.5	pH>7.5
1	镉	水田	0.3	0.4	0.6	0.8
		其他	0.3	0.3	0.3	0.6
2	汞	水田	0.5	0.5	0.6	1.0
		其他	1.3	1.8	2.4	3.4
3	砷	水田	30	30	25	20
		其他	40	40	30	25
4	铅	水田	80	100	140	240
		其他	70	90	120	170
5	铬	水田	250	250	300	350
		其他	150	150	200	250
6	铜	果园	150	150	200	200
		其他	50	50	100	100
7	镍		60	70	100	190
8	锌		200	200	250	300

注:①重金属和类金属砷均按元素总量计。
②对于水旱轮作地,采用其中较严格的风险筛选值。

　　农用地土壤污染风险筛选值的其他项目为选测项目,包括六六六、滴滴涕和苯并[a]芘,六六六、滴滴涕分别不超过 0.10mg/kg,苯并[a]芘不超过 0.55mg/kg(表 1-2)。其他部门在使用时应根据本地区土壤污染特点和环境管理需求进行选择。

表 1-2　农用地土壤污染风险筛选值(其他项目)　　　　　　mg/kg

序号	污染物项目	风险筛选值
1	六六六总量	0.10
2	滴滴涕总量	0.10
3	苯并[a]芘	0.55

注:①六六六总量为 α-六六六、β-六六六、γ-六六六、δ-六六六 4 种异构体的含量总和。
②滴滴涕总量为 o,是 p'-滴滴涕、p,p'-滴滴伊、p,p'-滴滴滴、p,p'-滴滴涕 4 种衍生物的含量总和。

1.3.3　水源及水质环境

　　中药材生产基地必须要保证充足的灌溉水,且产地初加工用水的来源和质量达标。要求生产用水(灌溉水、加工用水)清洁无污染,水域上游没有对该产地构成威胁的污染源,水质纯净度达到环境质量标准要求,符合国家《农田灌溉水质量标准》(GB 5048—2021)基本控制项目及选择控制项目限值。基本控制项目为必测项目，应符合表 1-3 中规定的限值，要求水中的汞、镉、砷、铅、氯化物、化学需氧量、硫化物、大肠杆菌、蛔虫卵等浓度及数量必须符合限量标准，如镉不超过 0.01mg/L，铅不超过 0.2mg/L，铬不超过 0.1mg/L。选择控制项目由地方生态环境主管部门会同农业农村、水利等主管部门，根据农田灌溉水类型和作物种类要求选择执行，具体可查阅相关标准。

表 1-3　农田灌溉水质基本控制项目限值　　　　　　　　　　　　　　　mg/kg

序号	项目类别	作物种类		
		水田作物	旱地作物	蔬菜
1	pH≤	5.5~8.5		
2	水温（℃）　≤	35		
3	悬浮物（mg/L）≤	80	100	60[a]，15[b]
4	五日生化需氧量（BOD_5 mg/L）≤	60	100	40[a]，15[b]
5	化学需氧量（COD_{cr} mg/L）≤	150	200	100[a]，60[b]
6	阴离子表面活性剂（mg/L）≤	5	8	5
7	氯化物（以 CL^- 计，mg/L）≤	350		
8	硫化物（以 S^{2-} 计，mg/L）≤	1		
9	总盐量（mg/L）≤	1000（非盐碱土地区）；2000（盐碱土地区）		
10	总铅（mg/L）≤	0.2		
11	总镉（mg/L）≤	0.01		
12	铬（六价）（mg/L）≤	0.1		
13	总汞（mg/L）≤	0.001		
14	总砷（mg/L）≤	0.05	0.1	0.05
15	粪大肠菌群数（MPN/L）≤	40 000	40 000	20 000[a]，10 000[b]
16	蛔虫卵（个/10L）≤	20		20[a]，10[b]

注：a 为加工、烹调及去皮蔬菜；b 为生食类蔬菜、瓜果、草本水果。

中药材初加工用水要求符合国家《生活饮用水卫生标准》（GB 5749—2022）标准，检测指标包括水质常规指标 43 项、扩展指标 54 项和参考指标 55 项，检测内容包括重金属如汞、镉、砷、铅等，氯化物、化学需氧量、硫化物、大肠杆菌、蛔虫卵，以及农药残留等项目。表 1-4 列出了部分常规指标限值，关于生活饮用水消毒剂指标、生活饮用水水质扩展指标和参考指标的限值，可查阅相关标准。

表 1-4　生活饮用水水质常规指标及限值

序号	指标	限值
一、微生物指标		
1	总大肠菌群（MPN/100mL，或 CFU/100mL）[a]	不应检出
2	大肠埃希氏菌（MPN/100mL，或 CFU/100mL）[b]	不应检出
3	菌落总数（MPN/L 或 CFU/100mL）[a]	100

（续）

序号	指标	限值
二、毒理指标		
4	砷（mg/L）	0.01
5	镉（mg/L）	0.005
6	铬（六价，mg/L）	0.05
7	铅（mg/L）	0.01
8	汞（mg/L）	0.001
9	氰化物（mg/L）	0.05
10	氟化物（mg/L）[b]	1.0
11	硝酸盐（以 N 计）（mg/L）[b]	10
12	三氯甲烷（mg/L）[c]	0.06
13	一氯二溴甲烷（mg/L）[c]	0.1
14	二氯一溴甲烷（mg/L）[c]	0.06
15	三溴甲烷（mg/L）[c]	0.1
16	三卤甲烷（三氯甲烷、一氯二溴甲烷、二氯一溴甲烷、三溴甲烷的总和）	该类化合物中各种化合物的实测浓度与其各自限值的比值之和不超过 1
17	二氯乙酸（mg/L）[c]	0.05
18	三氯乙酸（mg/L）[c]	0.1
19	溴盐酸（mg/L）[c]	0.01
20	亚氯盐酸（mg/L）[c]	0.7
21	氯盐酸（mg/L）[c]	0.7
三、感官性状和一般化学指标		
22	色度（铂钴色度单位）/度	15
23	浑浊度（散射浑浊度单位）/NTU[b]	1
24	臭和味	无异臭、异味
25	肉眼可见物	无
26	pH	6.5~8.5
27	铝（mg/L）	0.2
28	铁（mg/L）	0.3
29	锰（mg/L）	0.1
30	铜（mg/L）	1.0
31	锌（mg/L）	1.0
32	氯化物（mg/L）	250
33	硫酸盐（mg/L）	250
34	溶解性总固体（mg/L）	1000
35	总硬度（以碳酸钙计，mg/L）	450
36	高锰酸盐指数（以氧气计，mg/L）	3
37	氨（以氮计，mg/L）	0.5

(续)

序号	指标	限值
四、放射性指标		
38	总 α 放射性（Bq/L）	0.5（指导值）
39	总 β 放射性（Bq/L）	1（指导值）

1.3.4 大气环境

大气环境包括当地的气候，如光照、年均温、年降水量以及分布、最冷月与最热月平均温度、极端温度、空气湿度等，以及大气中有害物质和气体的含量。有害气体是影响药用植物生长与药材品质的重要因素。因此，我国在《中药材生产质量管理规范》中对空气中的有害气体进行严格的限量规定，要求药用植物种植基地空气清新，不得有大气污染源，要避开工业区和交通要道，特别是上风口不得有有害气体排放，要求大气质量稳定，空气质量符合国家《大气环境质量标准》（GB 3059—2012）二级标准及 2018 年修改单（公告 2018 年第 29 号）要求，具体检测因子有二氧化硫、二氧化氮、PM_{10}、$PM_{2.5}$、一氧化碳等（表 1-5）。

表 1-5　环境空气质量二级标准

污染物名称	二级标准
二氧化硫（μg/m³）	1 小时平均 500；24 小时平均 150；年平均 60
二氧化氮（μg/m³）	1 小时平均 200；24 小时平均 80；年平均 40
PM_{10}（μg/m³）	24 小时平均 150；年平均 70
一氧化碳（mg/m³）	1 小时平均 10；24 小时平均 4
臭氧（μg/m³）	1 小时平均 200；日最大 8 小时平均 160
$PM_{2.5}$（μg/m³）	24 小时平均 75；年平均 35

1.3.5 生物环境

生物环境是指中药材生产基地中的其他生物，包括有益的共生真菌、固氮细菌、蚯蚓、害虫天敌等，以及有害的杂草、病原菌、害虫、寄生植物等。很多药用植物有连作障碍，即二茬种植往往病虫害多，产量、质量严重衰减。例如，云南文山三七，轮作间隔期达 10~15 年之久，因为三七皂苷会积累在土壤中，抑制下一轮种子的萌发和幼苗的生长，且病害比头茬严重。又如茯苓是真菌类药材，茯苓菌是兼性寄生菌，因此栽培土地不能选用多年耕作的地块，而要选择较贫瘠的土壤，其他杂菌少，病害也少。

1.4 林源药用植物栽培地整理

拓展知识：草木灰的用途

林源药用植物种类繁多，对土壤的要求各不相同，栽培制度不同，整地、作畦的要求也不同。但大多数药用植物的生长都需要有深厚的土层和耕作层，耕作层最好在 25cm 以上，有利于保蓄水分、养分和根系生长；土壤松紧适宜并相对稳定，能协调水、肥、土三者之间的关系；含有较多的有机质，具有良好的团粒结构；pH、地下水位适宜，不含有过多的重金属和其他有害物质。

在种植前应对栽培地进行清理，一般情况下要翻耕一遍，深 20~30cm，同时清除杂草、灌木，以及树根、石块等杂物。土壤条件较差时应结合辖地进行土壤改良。平地种植园高低不平时，应去高填低修理平整，有条件时，最好深翻 50~100cm，深翻方式有全园深翻和带状深翻。全园深翻即将栽植穴外的土壤一次深翻完毕；带状深翻是顺种植行开 1~2m 宽的沟，先回填表土，后填底土。山区栽培地一定要通过栽培地规划，结合植被保护做好水土保持工作，这是引种植物能否正常生长发育和丰产稳产的重要前提。

整地方法有很多，常用的有水平沟、水平阶、鱼鳞坑、山地块状等。在一般情况下，整地对植物的生长发育具有重要作用，是植物栽培过程中的主要技术措施之一。栽培地的种类繁多，自然条件差异很大，栽培目的各异，加之栽培植物种类多，特别是乔木类具有树体高大、根系深广、培养周期长等特点，决定了整地任务的多样性、复杂性和艰巨性，以及对整地效果长期性的要求。

1.4.1 土壤整理

一般通过清除杂草灌木、翻挖、破碎土块等进行土壤整理。土壤整理的主要作用是改善栽培地的立地条件、保持水土、方便栽培施工、提高栽植成效、促进植物生长。土壤整理包括整地和清理两方面。

整地也是一种坡面上的简易水土保持工程，可以改变小地形，形成一定的积水容积，减少地表径流，改变太阳投射到地面的角度和光照时间，使地面和土壤的温度、水分条件发生变化，有利于蓄水保墒。翻垦后的土壤孔隙度增大，渗透性增强，降水易渗入土层，土壤固、液、气三相的比例趋于协调。整地能减少杂草、灌木与药用植物的竞争，从而减少土壤水分和养分的消耗。整地还能通过破坏病虫赖以滋生的环境，减轻病虫危害。

土壤整理时间可根据当地气候、栽培地种类、劳动力情况等因素确定。一般有两种情况：一是随整地随种植；二是提前整地。提前整地可促进土壤风化，保蓄水分，在干旱地区尤为重要。

林源药用植物栽培园地的整地，依据栽培地的立地条件类型、环境条件类型的不同而异，可以分为全面整地、带状整地、块状整地。

（1）全面整地

全面整地是全面翻垦栽培地土壤的整地方法，主要在平原、平缓地区种植收获期长的木本药用树种，如山楂、大枣、杜仲、银杏等使用。可采用全坑加穴或者全垦作梯加大穴的方法进行整地。全坑加穴是按预定的株行距挖种植坑。全垦作梯加大穴是在全面翻耕的基础上，按地形制成环山等高水平阶，可利用挖出的树根、石块、草皮等砌成阶坎，水平阶的宽度因地势和种植点的配置而定，一般宽 1m 左右。种植坑的规格依据苗木、树种而定，也可以先种植果木林，后期再在林下种植药用植物。

这种整地方式便于实行机械化作业，但费工多、投资大、易发生水土流失。整地时，先全面翻垦土壤，翻土深度 20~30cm，再捡尽树根、石块、草根等。

（2）带状整地

带状整地是呈长条状翻垦栽培地的土壤，并在整地带之间保留一定宽度的不垦带的一种整地方法。一般在较规范化种植的经济林、用材林等林下种植药用植物时，可采取带状翻挖土壤进行整地。其改善立地条件的作用较好，有利于水土保持，便于机械化作业。带的宽度依据原有人工林的株行距确定。带的方向一般可为南北向，有风害的地方可与主风方向垂直，在山地则沿等高线进行。在翻垦后，按种植植物的特性，整理成种植苗床或垄，种植床一般宽 90~130cm，步道宽 30~40cm，步道低于或高于种植床 15~30cm。

（3）块状整地

块状整地是呈块状翻垦栽培地的整地方法。一般在株行距不规则的林下种植药用植物时，可采用这种方法。块状整地动土面积小，具有省工和灵活等优点，但改善立地条件的作用较小。块状整地的整地面积，应视栽培地植被、土壤条件、栽培所用苗木规格和劳力而定。植被稀疏、土壤质地疏松、采用小苗栽植时，整地规格可小些；反之，宜大些。块状整地可用于各种栽培地，适用于地形较破碎的山地、已有局部天然更新的迹地、风蚀严重的荒地、沙地及沼泽地等。块状整地的方法有穴状、坑状、块状、鱼鳞坑、高台整地等。

1.4.2　土壤消毒与改良

1.4.2.1　土壤消毒

土壤消毒是用物理或化学方法处理耕作的土壤，以达到控制土壤病虫害，克服土壤连作障碍，保证药用植物高产优质的目的。尤其在道地产区，复种指数高，难以合理轮作，一旦发生了病虫害侵染，蔓延的速度极快，常造成严重损失。因此，土壤消毒是药用植物栽培中一项非常重要和常见的土壤管理措施。土壤消毒的方法有物理消毒和化学消毒两种。

（1）物理消毒

物理消毒通常采用火烧消毒、太阳能高温消毒和蒸汽消毒，具体方法如下。

①火烧消毒。在露地苗床上，将干柴、杂草平铺在田面上点燃，这样不但可以消灭表土中的病菌、害虫和虫卵，翻耕后还能增加一部分钾肥。

②太阳能高温消毒。在高温季节覆盖塑料薄膜提高土壤温度，消灭土壤中的有害生物。该方法操作简单、经济实惠、生态友好，但消毒不够彻底。

③蒸汽消毒。将带孔的钢管或瓦管埋入地下 40cm 处，地表覆盖厚毡布，然后通入高温蒸汽消毒。蒸汽温度与处理时间因消毒的对象而异。多数土壤病原菌用 60℃ 消毒 30min 即可杀死，大多数杂草种子需用 80℃ 左右消毒 10min。对于烟草花叶病等病毒，则需 90℃ 消毒 10min，而此时土壤中很多氨化和硝化细菌等有益微生物也被杀死，因此为达到既杀死土壤有害病菌又保留有益微生物的目的，一般采用 82.2℃ 消毒 30min 的处理方式。蒸汽消毒具有较广谱的杀菌、消毒、除杂草的功效，能促进土壤团粒结构的形成，增加土壤通透性和保水、保肥的能力。但蒸汽消毒需要埋设地下管道，费用较高，费时费工。

（2）化学消毒

化学消毒即化学药剂消毒法，目前世界范围内推荐使用的低毒低残留的土壤熏蒸剂有威百亩、棉隆、碘甲烷、1,3-二氯丙烯、氢氧化钙等。国内生产上常用的药剂有40%甲醛（福尔马林）、石灰粉、多菌灵、代森锌等，具体方法如下。

①40%甲醛。将甲醛液均匀地洒拌在土中，用量为$400 \sim 500 mL/m^3$，用塑料薄膜覆盖$2 \sim 4h$打开，在通风条件下经$3 \sim 4$天待药挥发即可播种。甲醛具有一定的毒性，但价格便宜，是目前保护地土壤消毒最常用的药剂。

②石灰粉。用石灰粉进行土壤消毒，既可杀虫灭菌，又能中和土壤的酸性，因此多在针叶腐殖质土区域，以及南方地区使用。在翻耕后的土地上，按$30 \sim 40 g/m^2$的剂量撒入石灰粉消毒；培养土按$90 \sim 120 g/m^3$施入石灰粉，并充分拌匀。

③多菌灵。培养土施50%多菌灵粉$40 g/m^3$，拌匀后用薄膜覆盖$2 \sim 3$天，揭膜后待药味挥发后即可使用。

④代森锌。培养土施65%代森锌粉剂$60 g/m^3$，拌匀后用薄膜覆盖$2 \sim 3$天，再揭去薄膜，待药味挥发后使用。

1.4.2.2 土壤改良

栽培地的土壤条件不能满足药用植物的生长需要时，就必须进行栽培土壤改良，在经济能力许可的条件下，有的甚至全部采用人工配制的栽培基质进行种植，以达到栽培的目的。土壤改良包括黏重土壤改良、砂性土改良、盐碱地改良、土壤酸碱度调节等。

①黏重土壤改良。我国长江以南的丘陵山区多为红壤土，土质极其黏重，容易板结，有机质含量少，且严重酸性化。改良技术措施如下。

a. 掺沙：又称客土，一般1份黏土加$2 \sim 3$份沙。

b. 增施有机肥和广种绿肥作物：提高土壤肥力和调节酸碱度，但应尽量避免施用酸性肥料，可用磷肥和石灰（$750 \sim 1050 kg/hm^2$）等，适用的绿肥作物有肥田萝卜、紫云英、金光菊、豇豆、蚕豆、二月蓝、毛叶苕子、油菜等。

c. 合理耕作：免耕或少耕，实施生草法等土壤管理方法。

②砂性土改良。砂性土保水、保肥性能差，有机质含量低，土表温度变化剧烈。常采用填淤（掺入塘泥、河泥）结合增施纤维含量高的有机肥来改良。

③盐碱地改良。盐碱地的主要危害是土壤含盐量高和有离子毒害。当土壤的含盐量高于土壤含盐量的临界值0.2%时，土壤溶液浓度过高，植物根系很难从中吸收水分和营养物质，引起生理干旱和营养缺乏症。另外，盐碱地的土壤酸碱度高，一般pH>8，使土壤中各种营养物质的有效性降低。改良技术措施如下。

a. 适时合理地灌溉：洗盐或以水压盐。

b. 多施有机肥：种植绿肥作物如苜蓿、草木樨、百脉根、田菁、扁蓿豆、偃麦草、黑麦草、燕麦、绿豆等，以改善土壤不良结构，提高土壤中营养物质的有效性。

c. 化学改良：施用土壤改良剂，提高土壤的团粒结构和保水性能。

d. 中耕（切断土表的毛细管）、地表覆盖：减少地面过度蒸发，防止盐碱度上升。

④土壤酸碱度调节。土壤过酸时可加入磷肥、适量石灰，或种植碱性绿肥作物如肥田萝卜、紫云英、金光菊、豇豆、蚕豆、二月蓝、大米草、毛叶苕子、油菜等来调节；土壤偏碱时宜加入适量的硫酸亚铁，或种植酸性绿肥作物如苜蓿、草木樨、百脉根、田菁、扁蓿豆、偃麦草、黑麦草、燕麦、绿豆等来调节。

1.4.3　施基肥

优质中药材合理施肥应遵循有机肥为主、其他肥料为辅，养分最大效率及无害化原则。所使用的有机肥必须没有受到重金属、农药及其他有害化学物质污染，且经过无害化处理。基肥是在种植前或者植物休眠期施用的肥料。

基肥一般采用充分腐熟的有机肥，如堆肥、厩肥、沼气肥、绿肥、泥肥、饼肥等，且应该经过高温腐熟处理，杀死其中的病原菌、虫、卵等，防止其传播及扩散，污染药材危害人体健康。

基肥可以埋入种植穴底部，或者先施在种植苗床或垄上再翻入土壤，一般宜深施，为药用植物长期提供营养，并改善土壤的理化性状。不同药用植物基肥的施用量因植物特性、土壤肥料、投入等不同而差异很大，如半夏施厩肥 2000kg/亩、钙镁磷肥 25kg/亩、硫酸钾 25kg/亩作为基肥；西洋参施有机肥 $10kg/m^2$、磷酸二铵 $50kg/m^2$，要结合作床施入。

1.4.4　作畦或者作垄

畦又称为畦床，是直接在上面播种或栽植植物的地块，很多林下种植的药用植物如三七、重楼、木香、白及、药牡丹等，一般都选用畦作。畦作的主要目的是控制土壤中的含水量，便于灌溉或者排水，减少土壤水分蒸发，改善土壤温度和通气条件。畦宽一般 100~150cm，畦高 15~25cm，有高畦、平畦、低畦之分。

高畦一般在降水丰富、地下水位高或者排水不良、种植的药用植物不耐水湿的情况下采用，其排灌水方便，通风较好。畦面高出地面 15~30cm，种植三七、当归、黄精、重楼、白及等根茎类药材，一般采用高畦。

平畦的畦面较地面略高或差不多高度相近，适用于雨量均匀、不需要经常灌溉及排水良好的地块。平畦保墒好，便于耕作，节省畦沟用地，土地利用率高，但不方便排水和灌水。

低畦的畦面比步道低，便于蓄水灌溉。在雨量较少或者种植较耐水湿的药用植物，如慈姑、泽泻、薄荷等，可采用低畦。

垄是高于地面的狭长带状种植地块。我国东北、西南地区常用，如广西的山豆根、金银花种植。一般垄高 20~30cm，垄距 30~70cm，长度随地形而异。垄作有加厚土层、提高地温、改善通气和光照状况、便于排灌等作用。

1.5　林源药用植物栽培制度

拓展知识：我国林下中药材培育模式

药用植物种类繁多，生态范围广，对环境条件的要求各不相同，栽培历史悠久。随着科学技术和生产力水平的不断提高，药用植物栽培管理也正从粗放型向集约型转变，栽培中科技含量不断提高，地膜、荫棚、大棚、温室、人工基质、矮化技术等在药用植物栽培生产上得到越来越多的应用，提高了产量，缩短了生产周期。随着我国林下经济的发展，以及对绿色、有机中药材的需求，林源药用植物栽培制度也不断丰富，对高产优质中药材的生产具有十分重要的意义。

栽培制度是指某一地区或生产单元所有栽培作物在空间和时间上的排列和配置方式。林源药用植物的栽培制度包括单作、间作、套作、混作、林下种植、野生抚育、轮作与连作等多种类型，林源药用植物栽培要体现以林为主的原则。

但由于地区间的经济和环境条件不同，各地药用植物栽培制度也大不一样，从而存在着多种栽培制度共存的现象，这些栽培制度并没有严格的好坏之分，关键是要符合当地的实际情况（表1-6）。

表1-6　我国不同区域中药材生态种植模式

区域	区域特点	模式类型	代表性生态种植模式	道地药材品种
东北地区	温带、寒温带季风气候，是关药主产区	林下种植，仿野生种植	人参林下生态种植，赤芍、防风仿野生种植，赤芍仿野生种植	人参、鹿茸、北五味、辽细辛、关龙胆、赤芍、关防风等
华北地区	温带季风气候，是北药主产区	药粮间作、套作，林下种植，野生抚育	黄芪-番茄间作，黄芪-马铃薯轮作，柴胡-玉米套作，知母林下种植，黄芩与果树套作，连翘野生抚育，甘草荒漠化种植	黄芩、连翘、知母、酸枣仁、潞党参、柴胡、远志、山楂、天花粉、款冬花、甘草、黄芪等
华东地区	热带、亚热带季风气候，是浙药、江南药、淮药主产区	药粮套作、轮作；林下种植，景观生态种植	泽泻-莲田套作或轮作，泽泻-水稻轮作，苍术-玉米套作，白芍-大豆套作，浙贝母-水稻轮作，丹参-红薯轮作；栝楼-黄豆、小麦复合种植，栝楼-丹参立体种植，椴木灵芝林下种植，铁皮石斛附树种植，金银花梯田堤堰种植	浙贝母、白芍、温郁金、杭白芷、浙白术、杭麦冬、台乌药、宣木瓜、牡丹皮、江枳壳、江栀子、苏芡实、建泽泻、建莲子、东银花、茯苓、铁皮石斛、菊花、前胡、木瓜、天花粉、元胡、车前子、丹参、百合、瓜蒌等
华中地区	温带、亚热带季风气候，是怀药主产区	药粮套作、轮作，林下种植	地黄要粮（小麦、玉米、谷子、甘薯）轮作，半夏-玉米间作，黄精林下仿野生种植	怀山药、怀地黄、怀牛膝、怀菊花、荆半夏、山茱萸、茯苓、天麻、天花粉、黄精、枳壳、百合、猪苓、独活、青皮、木香等
华南地区	热带、亚热带季风气候，是南药主产区	林下种植，药粮间作、套作	阳春砂仁林下种植，金钱草-岗梅林下套作，广藿香-何首乌间作种植	阳春砂、新会皮、化红橘、高良姜、广藿香、广金钱草、罗汉果、肉桂、何首乌、益智仁、佛手等
西南地区	气候类型多样，包括亚热带季风气候，温带、亚热带高原气候，是川药、云药、贵药主产区	药粮套作、轮作，林下种植	川芎-水稻轮作，乌头-大豆套作，三七林下种植，黄精林下种植，重楼林下种植，白及林下种植，天麻-滇龙胆套作、轮作，黄柏-芍药间作、套作，麦冬-玉米间作、套作，大黄仿野生种植	川芎、川续断、川牛膝、川黄柏、川厚朴、川椒、川乌、川木香、三七、天麻、滇黄精、滇重楼、茯苓、铁皮石斛、丹参、白芍、云木香、滇龙胆、姜黄、杜仲、大黄、当归等

（续）

区域	区域特点	模式类型	代表性生态种植模式	道地药材品种
西北地区	大部分为温带季风气候，较为干旱，是秦药、维药的主产区	仿野生种植，野生抚育，药粮轮作，林下种植	甘草野生抚育，柴胡-玉米套作，秦艽林药间作	当归、大黄、纹党参、枸杞、银柴胡、秦艽、红景天、胡黄连、红花、紫草、甘草、大枣、黄芪、肉苁蓉、锁阳等
青藏地区	高原山地气候，是藏药主产区	仿野生种植，野生抚育	甘松仿野生种植，唐古特大黄仿野生种植	胡黄连、大黄、秦艽、羌活、甘松等

1.5.1 单作

单作就是在一个地块上一个完整的植物生育期内只种一种药用植物。单作适合于大多数林源药用植物的栽培。大多数草本药用植物如三七、白及、当归、黄精等一般种植 3~5 年后一次性采收。对木本药用植物而言，可以理解为纯林栽培，一次种植，多年收获，如五倍子、山楂、金银花、银杏、刺五加、栀子、黄柏、厚朴、肉桂、八角等。

草本药用植物往往采用畦作或者垄作，方便排灌水和管理。一般喜光的药用植物如山豆根、白及、当归、木香等采用露天栽培，而喜阴的药用植物如三七、重楼等采用遮阳网荫棚栽培。

栽培密度是指单位面积种植地上种植点的数量，一般用株（穴）/亩表示。影响种植密度的因素有植物特性、经营目的、立地条件、经营水平等。最佳的栽培密度是既便于管理，又能充分发挥土地潜力，还要有利于植物良好生长，不显密挤，能达到丰产、优质的目的。不同植物因为生长周期、特性等差异很大，因此栽培密度也不同。在实际生产中，可以以株行距来更直观体现不同栽植密度。例如，厚朴一般栽培株行距为 3m×3m 或者 3m×4m，金银花株行距为 1m×1.3m，红豆杉株行距为 1.5m×2m。

1.5.1.1 确定栽植密度的方法

（1）经验方法

经验方法是对过去栽植的密度进行调查，判断其合理性和进一步调整的方向。这需要一定的理论知识，同时具备丰富的生产经验。

（2）试验方法

试验方法是用不同栽植密度的试验来确定合理的栽植密度。对主要栽植植物，在典型生长条件下进行密度试验。但试验只能得出密度作用的生物规律，实际指导生产的密度范围，还要做进一步的经济分析。

（3）调查方法

调查方法是先调查不同密度下植物的生长发育状况，取得大量数据后，再进行统计分析，计算各项参数，最终确定栽植密度。重点调查因子包括初植密度与植物生长的速度、冠径大小、个体体积生长、长势、病虫害发生情况的关系。

1.5.1.2 种植点的配置与计算

种植点的配置，即种植点或播种点在栽植地上的分布及排列方式。配置的方式主要有正方形、长方形、三角形（品字形）和群状配置几种。在药用植物生长前期，不同配置对光照、水分、养分利用及种间关系都有一定的影响。因此确定配置方式时，要综合考虑药用植物的生物学特性、水土保持等因素，在山区一般行向与等高线一致，在特殊地区选择南北向。

不同配置的植苗（穴）数，可用表1-7中的公式计算。林地面积是指水平面积，株行距也是指水平距离，在山地定点栽植时，应按地面的坡度加以调整。另外，生产上考虑到苗木运输、栽植过程中的损耗，一般计划用苗量比实际需要量增加5%~10%。

表1-7　种植点配置图式及计算公式

配置方法	配置图式	计算公式	特点
正方形 $a=b$		$N=\dfrac{A}{a^2}$	株行距相等，植株体发育均匀，方便栽种和管理
长方形 $a\neq b$		$N=\dfrac{A}{a\times b}$	株行距不相等，一般行距大于株距，行内郁闭早；方便栽种和管理，但树冠发育不均匀，影响干形
三角形（品字形）		$N=1.155\times\dfrac{A}{a^2}$	相邻行的各株相对错开位置，树冠发育均匀；能充分利用营养空间；但施工麻烦，间伐后不易保持
群状配置		—	群内植株密集、群间的距离较大；群的排列呈规则或不规则状，随地形而定；适用于恶劣环境条件种植，以及低产林改造等

注：每穴栽1株苗的情况下，式中，N——挖坑数（个），或者苗木需要量（株）；A——林地面积（m^2）；a——株距（m）；b——行距（m）。

草本药用植物栽培的株行距一般比较小，大多数采用正方形或者长方形配置。如三七的株行距为15cm×15cm，采用正方形配置。

对收获果实，且异花授粉结实的木本药用植物，栽培时要雌雄搭配，如银杏、红豆杉、桂花都是雌雄异株树木；而连翘属于自花不育植物，栽培上必须将长柱花与短柱花两种类型混交才能授粉结果，据研究，行间混交结果率为63.9%，株间混交可以大大提高结果率。

采收果实的山楂、大枣、银杏等药用树种还可以考虑矮密栽培，就是利用矮化品种以及矮化技术，使植物矮小紧凑，增加种植密度，以达到早实、丰产、优质、低耗、高效的目的。矮化的途径有选用矮生品种，利用矮化的砧木嫁接繁殖，以及采用矮化栽培技术等方法。其中矮化栽培技术可归纳为3类：一是应用植物生长调节剂控制，如多效唑、矮壮素等；二是采用整形修剪措施，如去顶、摘心、定干、开张角度、控根等；三是促花果压冠，利用多开花结果、早开花结果抑制植株体的营养生长。

1.5.2　间作、混作、套作

生产中为了提高土地的利用效率，常常根据植物因为生育期、生长发育特性等的不同而存在的某些互利关系，将两种或两种以上的草本药用植物、农作物、菌类等搭配种植，主要形式有间作、混作、套作等。间作是指两种或两种以上生育季节相近的作物在同一地块上同时或同季节成行或成带状间隔种植。混作是指两种或两种以上生育季节相近的作物按一定比例混合撒播或同行混播在同一地块上。套作则是在前作物的生育后期，在其行间播种或移栽后作物的种植模式。

（1）粮食蔬菜作物与草本药用植物间作、混作、套作

例如，高秆喜光的玉米与耐阴的半夏、重楼间作或者混作，玉米可为半夏、重楼遮阴，并可抑制病虫害，玉米与半夏间作在湖北省天门市等半夏道地产区已推广近 500hm²；而玉米与滇黄精混作，直立的玉米秆可为半藤本的滇黄精提供支撑；我国华东地区泽泻与莲套作，比单独种植泽泻或者莲，每亩可增收 5000 元左右。

又如，乌头与菜、粮间作套作，乌头从出苗至生长盛期需要的光照强度较大，而进入生育后期对光照强度的需求渐次减弱，根据此特性，上一年冬季在乌头畦面上撒种菠菜，畦边套作青笋。乌头出苗前菠菜即采收完毕，乌头还处在苗期时，青笋也已经成熟可收获，之后可再点种玉米。4~6 月是乌头生长盛期，套作的玉米还处在苗期。6 月中旬以后乌头进入生长后期需光减少，正值旺盛生长的玉米刚好为其提供遮阴条件。在田间形成春旺青笋、夏旺乌头、秋旺玉米的景象，增加了单位面积光合利用率，使药、菜、粮相辅相成，有效地防治了白绢病，提高了单位面积产量和效益。

（2）不同草本药用植物间作、混作、套作

通常是喜阴与喜光、深根性与浅根性、阔叶与细叶药用植物进行搭配种植。例如，广西的青天葵与桔梗或罗汉果混作、套作，比单一药材的产值提高 40%~60%；山药可以与穿心莲、车前、金钱草套作；罗汉果可与太子参、细辛混作。

（3）混交造林

在林源药用植物种植模式中混交造林是指在同一块土地上，两种及两种以上木本植物混交栽培（其中至少一种为药用植物）的方法。例如，厚朴与南方红豆杉混交造林，厚朴是深根性落叶乔木，喜光，南方红豆杉是浅根性常绿乔木植物，喜欢阴暗潮湿的环境。两者混交，厚朴可以为南方红豆杉提供一定的遮阴条件，利于其生长发育。实际生产中一般采用行间混交栽培。厚朴还可以与同样喜阴的油茶混交。又如，杜仲与毛竹混交，杜仲为喜

光落叶树种，毛竹为浅根性常绿禾本科植物，二者根系在土壤中的分布有深有浅，有利于充分利用土壤空间和养分。混交造林不仅可以提供多样化的产品，还有利于控制病虫害，改善环境条件，促进林木生长发育。

混交要求尽可能选用种间矛盾较小的树种相互搭配，如耐阴、喜光植物混交，乔灌木植物混交，针阔叶植物混交，深根性与浅根性植物搭配等。切不可选用种间矛盾较大，特别是对双方有害的植物进行混交。混交的方法有株间混交、行间混交、带状混交、块状混交、不规则混交、群状混交等。

1.5.3　林下种植

林下种植是近年来快速发展的林下经济模式之一。药用植物采用传统大田栽培产量高，管理方便，但因大肥大水，甚至使用植物激素，导致农药残留超标、药效下降、病虫害严重、土地肥力下降。有些药材如三七连作障碍严重，导致需要不断开荒种植，破坏了森林资源。药用植物近年采用的温室大棚栽培，成本高，集约化强度高，但大肥大水导致药效下降、农药过度使用等问题。

药用植物林下种植的优点有：保护森林资源，不与农业争地，提高了土地利用率；投入少，成本低；有利于抑制病虫害；药材质量好。但同样存在缺点：技术要求高，管理难度较大，单产一般比大田栽培低。

随着大健康产业和生态经济的快速发展，林下种植面积快速增加，我国安徽、浙江、贵州、云南、四川、西藏等地，都在开展林下中草药的种植。截至 2022 年，云南药用植物林下种植 500 余万亩，有品种 60 多种、传统道地药材 30 余种。药用植物林下种植具体方法包括人工林下种植、天然林下种植、天然林下人工抚育等，根据混作树种的用途不同，又可分为如下 4 类。

（1）药用树种与喜阴药用植物混作

许多高大的药用树种喜光，如银杏、杜仲、八角、枣树等，寿命长，可在其树冠下种植喜阴的药用植物，如杜仲林下种植天冬、天麻、穿心莲，云南文山西畴县在八角林下种植重楼、黄精、姜黄、阳荷。

（2）经济林与药用植物混作

在人工种植的经济林下种植药用植物，尤其是在经济林早期，可以有效提高收入，以短养长。也可以在经济林下长期种植，如云南大理在核桃林下种植重楼，云南西双版纳和德宏在橡胶林下种植砂仁、绞股蓝，云南文山在桃树林下种植白及、滇黄精、半夏、金线莲，云南普洱地区在普洱茶园里种滇黄精等。因为经济林株行距一般比较规范，常在行间采用垄作、畦作进行栽培。要求协调好主次，安排好经济树种与药用植物的分布，尽量减少相互影响，还要考虑管理、采收是否方便。

（3）一般人工用材林下种植药用植物

我国人工用材林种类很多，有杉木林、杨树林以及各种松树林等，根据当地的立地条件和栽培技术，可以选择适宜的药用植物进行林下种植。例如，在杉木林下种植黄精、黄姜；云南省禄劝彝族苗族自治县在云南松林下种植白及、茯苓、滇黄精，云南省澜沧拉祜族自治县在退耕还林的思茅松林下种植三七等。这种种植模式因为人工用材林株行距一般比较规范，不存在年年砍伐的问题，可采用垄作、畦作等方式种植药用植物，药用植物的采收管理也比较方便。但因为用材林往往生长周期长，药用植物最好采用轮作而不是连作。

（4）天然林下种植

在天然林的林中空地、天窗、林冠下，若政策允许，可因地制宜地采用挖坑、作苗床、作垄、附生等多种形式，种植药用植物。例如，云南怒江、腾冲、金平等地，在林下种植草果；云南昭通在林下种植天麻；云南文山在云南松林下种植三七；云南德宏利用林下岩石、树干等人工绑附栽植铁皮石斛等。这种种植方式投入较低，药材质量好，但往往管理不便，单位面积产量也不高。

林下种植药用植物时应注意以下问题。

①必须选择适应性强的药用植物品种。要遵循适地适品种原则，以当地有野生资源的地道品种为主，对引进的品种，一定要先试验、示范，再推广，且大多数药用植物种植3~5年不宜重茬。

②必须符合国家林业政策。在保护森林的前提下开展种植，做到保护—开发—再保护—再开发的良性循环，不可舍本求末。

③突出重点，规范技术操作。林下种植药用植物必须走区域化、规模化、规范化、专业化、标准化的路子，突出地方特色，要有快捷、有效的技术服务作为支撑。

1.5.4　野生抚育

我国各地都有大量的野生药用资源，但近年来破坏严重，急需开展相关保护措施。对于资源条件较好的地方，可以采取封山育林、停止采集、科学采挖等管理措施，配合人工采种、林下撒播、育苗移栽、辅助管理等技术，收获野生、道地、高品质的药材，同时也更好地保护环境。例如，川贝母的野生抚育，云南松林下滇黄芩、滇龙胆的野生抚育。

1.5.5　轮作与连作

轮作是指在同一地块上按照一定的顺序轮换种植植物的栽培方式，包括药用植物与农作物之间的轮作，如当归、白芍、金铁锁等与玉米、土豆、大豆等轮作；农作物之间的轮作，如水稻与莲藕轮作；药用植物之间的轮作，如同一块地上前一茬种植金银花，后一茬种植山豆根等。

连作是指在同一地块上重复种植同一种植物(或近缘植物)的栽培方式，如多年在同一地块上种植当归。但在药用植物栽培中，很多植物如三七、人参、天麻、当归、黄连、大黄都有连作障碍。连作障碍是指连续在同一地区或生产单元土地栽培同种或近缘作物后引起的作物生长发育不良、病虫害严重、产量质量下降的现象。这主要是土壤养分过度消耗、土壤病虫害增加、有害物质积累所导致的。其中有毒物质主要来自植物挥发、淋浴、分泌或降解，这些物质改变了土壤理化性质和土壤微生物种类及数量，从而影响后茬植物的生长发育。

因此，农作物、经济林木、药用植物栽培等种植业都非常强调轮作栽培。合理轮作可明显提高药用植物的产量和质量，其作用主要表现在以下几方面。

①均衡土壤养分。各种植物从土壤中吸收的养分数量和比例不同，一般全草类、叶类

植物吸收的氮元素较多，而花类、果实类植物吸收的磷、钾较多；深根性植物可以吸收土壤深层次的营养元素，浅根性植物则相反。因此叶类植物与花果类植物轮作、深根性与浅根性植物轮作，可以均衡利用土壤养分，避免片面消耗。

②减少病虫草害。许多病虫害对寄主都有一定的选择性，而且在土壤中都有一定的存活年限。而采用不同植物进行轮作，可以改变病虫害的生存环境，抑制其繁殖，减少或者消灭病虫害在土壤中的数量，降低危害。不同植物栽培过程中采取不同的生产管理措施，也能有效抑制田间杂草的发生。

③改善土壤理化性状，减少有毒物质。不同植物根系深浅、落叶数量、分泌物质不同，有的植物能影响土壤的理化性状和微生物的生存环境，促进有害物质的降解。例如，绿肥植物可以增加土壤有机质含量；水旱轮作有利于改善土壤通气性和有机质分解，消除土壤中的有害物质。

实训

[**实训一**]校园及周边药用植物调查。通过现场观察、资料查阅，完成表1-8，要求记录药用植物不少于15种。

表1-8　校园及周边药用植物调查记录

药用植物名称	类别	年龄时期	物候期	入药部位	主要功效	繁殖方法

[**实训二**]药用植物种植基地环境调查与评价。通过资料查阅，调查某一药用植物种植基地的环境条件，并评价其环境质量，完成表1-9。

表1-9　某药用植物种植基地环境条件及其评价

种植基地名称	药用植物	地理位置	气候条件	土壤条件	水源条件	空气条件	环境质量评价

[**实训三**]药用植物栽培地整理。结合教学资源，选择土壤整理、消毒、改良、作畦或作垄中的某一个或几个环节进行操作练习，并完成表 1-10。

表 1-10　药用植物栽培地整理记录

实施项目	工具材料	时间	操作步骤与技术要点	难点与重点	结果与体会

[**实训四**]药用植物栽培园地调查及初步设计。选择一地块(有林地或者无林地)，调查面积和立地条件，设计种植的药用植物及种植密度等，并计算种子或者苗木的需要量，完成表 1-11。

表 1-11　药用植物栽培园地调查及初步设计

面积	立地条件概况	计划种植药用植物	栽培制度	栽植密度	栽植技术要点	种子或者苗木需要量计算	其他

课后自测

一、填空题

1. 影响药用植物生长发育的环境因子有_____、_____、_____、_____、_____、_____等。

2. 长日照植物一般在_____开花，如_____、_____等；短日照植物一般在_____开花，如_____、_____等。

3. 重金属元素有_____、_____、_____、_____、_____、_____等。

4. 药用植物种植园地土壤污染风险筛选基本项目为必测项目，包括_____、_____、_____、_____。

5. 药用植物种植基地的空气质量符合《大气环境质量标准》(GB 3059—2012)二级标准及 2018 年修改单(公告 2018 年第 29 号)要求，检测因子有_____、_____、_____、_____等。

6. 中药材初加工用水要求符合《生活饮用水卫生标准》(GB 5749—2022)标准，检测

内容包括 _____ 、 _____ 、 _____ 、 _____ 、 _____ 、 _____ 、 _____ 、 _____ 、 _____ ，以及农药残留等。

7. 影响药用植物种植密度的因素有 _____ 、 _____ 、 _____ 、 _____ 等。

8. 林源药用植物的栽培制度包括 _____ 、 _____ 、 _____ 、 _____ 、 _____ 等。

9. 将两种或两种以上生育季节相近的作物在同一块地上同时或同季节成行或成带状间隔种植的种植模式是 _____ ；两种或两种以上生育季节相近的作物按一定比例混合撒播或同行混播在同一地块上的种植模式是 _____ ；在前作物的生育后期，在其行间播种或移栽后作物的种植模式是 _____ 。

10. 不同草本药用植物间作、套作、混作，通常是喜阴与 _____ 、深根性与 _____ 、阔叶与 _____ 药用植物之间，进行搭配种植。

二、判断题（正确的打√，错误的打×）

1. 植物的年周期是四季气候的变化引起的。（　　）

2. 植物的营养生长是生殖生长的基础，生殖生长是营养生长的必然结果。（　　）

3. "红花还需绿叶配"，不仅是美学上的好看，更重要的是功能上的要求。（　　）

4. 药用植物灌溉水要求符合《农田灌溉水质量标准》（GB 5048—2021）的基本控制项目限值。（　　）

5. 在山区采用全面翻挖土壤后，再沿等高线做成梯田，这种方式整地效果好，不受地形限制。（　　）

6. 在株行距比较规范的人工林下种植药用植物，通常采用畦作或者垄作的方式。（　　）

7. 不论是黏土、砂土、盐碱地，都可以添加有机肥进行土壤改良。（　　）

8. 石灰石为酸性，可以降低土壤的 pH。（　　）

9. 种植畦或者种植床的宽度一般为 100~150cm，主要是考虑到方便管理。（　　）

10. 基肥只能施用有机肥和生物肥料，不能用化学肥料。（　　）

11. 栽培制度是指某一地区或生产单元所有栽培作物在空间和时间上的排列和配置方式。（　　）

12. 林下种植药用植物也应该进行轮作。（　　）

13. 林下种植的药用植物选择，要遵循适地适品种的原则。（　　）

14. 栽植地面积是指斜面面积。（　　）

15. 连作障碍是指连续在同一地区或生产单元土地栽培同种或近缘作物后引起的作物生长发育不良、病虫害严重、产量质量下降的现象。（　　）

三、简答题

1. 什么是中药材 GAP？包含哪些方面的内容？我国实施中药材 GAP 的目的是什么？

2. 林源药用植物栽培地整理包括哪些工作？它的作用有哪些？

3. 林源药用植物林下种植有什么优点？应注意哪些问题？

4. 林源药用植物栽培中为什么要进行轮作？

单元 2　林源药用植物种苗生产

学习目标

知识目标：

(1)理解林源药用植物种子的特性与贮藏、催芽的关系；

(2)熟悉林源药用植物采收、调制、贮藏的知识和方法；

(3)掌握林源药用植物播种、扦插、嫁接、分离繁殖育苗的知识和方法。

技能目标：

(1)会进行当地常见林源药用植物种实的采收、调制、贮藏；

(2)能进行林源药用植物的播种、扦插、嫁接、分离繁殖育苗操作；

(3)能针对不同的药用植物选择正确的繁殖方式，并准确地完成各操作环节；

(4)能初步对种子生产、苗木繁殖中出现的问题进行原因分析，并找出对策。

素质目标：

(1)培养学生自主学习、信息利用、独立思考、团队协作的能力，具备知行合一的职业精神；

(2)培养理论联系实际、遵循自然规律、求真务实、遵纪守法的科学方法和态度；

(3)激发学生的家国情怀，敢于创新创业，具有服务林草行业发展的坚定信念。

植物产生和自身相似的新个体以繁衍后代的过程称为繁殖。植物的繁殖包括有性繁殖和无性繁殖两大类。有性繁殖又称为种子繁殖，是指亲本产生有性生殖细胞，两性生殖细胞结合形成受精卵，并不断发育形成新个体的繁殖方式。种子是植物生殖细胞受精后形成的结构，包含胚芽和营养物质，可以在适宜的条件下发芽生长成新的植物体。由种子萌发生长而成的植株称为实生苗。无性繁殖是由植物营养器官(根、茎、叶等)的一部分培育出新个体，经植物组织和细胞培养所繁殖的新个体也属于无性繁殖范畴。

2.1　林源药用植物种子生产

拓展知识：林源药用植物控根快速育苗技术

2.1.1　种子采收

种子成熟是实生苗培育的前提，只有种子成熟并及时采收，生产的种子才能用于播种繁殖，而林源药用植物种子的成熟期随植物种类、生长环境不同而差异较大。种子成熟包

括生理成熟和形态成熟两个方面。生理成熟是指种子发育到一定大小，种子内部干物质积累到一定数量，种胚已具有发芽能力。形态成熟就是种子中的营养物质停止积累，含水量减少，种皮坚硬致密，种仁饱满，具有成熟时颜色。一般情况下，种子的成熟过程是经过生理成熟再到形态成熟，但也有些种子形态成熟在先而生理成熟在后。例如，浙贝母、刺五加、人参、山杏、山楂等，当果实达到形态成熟时，种胚发育没有完成，种子采收后，需要经过贮藏和处理，种胚才能继续发育成熟。也有一些种子如砂仁、草果，它们的形态成熟与生理成熟几乎是一致的。

在林源药用植物生产中，种子的成熟程度是根据种子形态成熟时的特征判断的。种子成熟后种子中干物质停止积累，含水量降低，硬度和透明度提高，种皮的颜色由浅变深，呈现出品种的固有色泽。实际采种时，还要考虑到果皮颜色的变化。一些果实成熟时其形态特征也不同，浆果、核果类(多汁果)果皮软化、变色，如南酸枣、杏、木瓜成熟时，果皮由绿色变为黄色；龙葵、土麦冬、女贞、樟树成熟时，果实变为黑色。干果类(蒴果、荚果、翅果、坚果等)果皮由绿色变为褐色，由软变硬，其中，蒴果和荚果果皮自然裂开，如浙贝母、四叶参、泡桐、甘草、黄芪等。球果类果皮一般都是由青绿色变成黄褐色，大多数种类的球果鳞片微微裂开。种子成熟度对发芽率、幼苗长势、种子耐藏性均有影响，应采收充分成熟的种子。但有时也有例外，如当归、白芷等应采适度成熟的种子留种，老熟种子播种后容易提早抽薹。又如黄芪、油橄榄等种子老熟后往往硬实增多或休眠加深，如采后即播，往往选择采收适度成熟(较嫩)的种子。

凡种子成熟后不及时脱落的植物可以缓采，待全株的种子完全成熟时一次采收，如朱砂根的种子。否则，宜及时分批采收，或待大部分种子成熟后将果梗割下，后熟脱粒，如穿心莲、白芥子、白芷、北沙参、补骨脂等应随熟随采，避免损失。

木本林源药用植物种子的采收，要选择生长健壮、生长到一定年限、充分表现出优良性状、无病虫害的植株作为采种母树，如杜仲要选择未剥皮的15年以上的树木作母树。

采种工具多采用手工操作的简单工具，一般包括高枝剪、枝剪、采种镰、竹竿、种钩、采种袋、布、梯子、绳子、安全带、安全帽、簸箕、扫帚等。

2.1.2 种子调制

种子调制是指采种后对种子和果实进行技术处理，其目的是获得纯净、适宜播种或贮藏的优良种子。新采集的种子和果实一般都带有果皮，含水量高，要及时进行调制，避免发热、发霉。种子调制的程序包括脱粒、净种、干燥、分级等。根据植物果实、种子的种类，选择恰当的调制方法，保证种子的品质。

(1)脱粒

①蓇葖果类。如黄连、淫羊藿、首乌、八角茴香等，果实或带果枝采收后，根据药用植物的性质采取阴干或晒干的方法，使果实自行开裂或揉搓开裂后，清除果皮果枝，取出种子并去杂。

②蒴果类。如党参、桔梗、蓖麻子、车前子、王不留行等，果实自行开裂后，过筛精选。含水量高的如杨树、柳树果实采后，应立即放入避风干燥的室内，风干3~4天后，

多数蒴果开裂时，用柳条抽打，使种子脱粒，过筛精选。

③坚果类。如板栗、莲等，一般含水量高，不能暴晒，采后进行粒选或水选，去除蛀虫，摊开阴干，摊铺厚度在 20~25cm，要经常翻动，当种实湿度达到要求时，立即贮藏。

④翅果类。如杜仲、白蜡、臭椿、榆树等，处理时不必脱去果翅，干燥后清除杂物即可，其中榆树果实不可暴晒，要用阴干法。

⑤荚果类。如甘草、黄芪、刺槐、紫藤、合欢、皂荚、苦豆等，一般含水量低，采后暴晒 3~5 天，有的荚果晒后裂开脱粒，有的不开裂，用棍棒敲打或用石磙压碎进行脱粒后清除杂质，提取净种。

⑥肉果类。肉果类包括核果、浆果、聚合果等，其附属部分多为肉质，含果胶、糖类较多，易腐烂，其种子一般含水量较高，采后须立即处理，否则会降低种子品质。一般可以用水浸数日后，直接揉搓，再脱粒净种，阴干，并要经常翻动，不可暴晒或雨淋。当种子含水量达到要求时即播或贮藏和运输。例如，柑橘、枇杷等种子不能晒，且无休眠期，故洗后略干 1~2 天即可播种。少数种子假种皮含胶质，用水冲洗难以奏效，如红豆杉、重楼等，可用湿沙或苔藓加细石与种实一同堆起，然后揉搓，除去假种皮，再阴干贮藏。

⑦球果类。针叶树种子多包裹在球果中，如油松、侧柏、金钱松等球果采后暴晒 3~5 天，鳞片裂开，大部分种子可自行脱离，其余用木棒轻击球果，种子即可脱出。

（2）净种

净种包括去除种子中的夹杂物，如鳞片、果皮、果梗、枝叶、碎片、空粒等及异类种子。常用净种方法有如下几种。

①风选法。利用自然或人工、机械产生的流动空气净种，进行种子筛选，得到纯种和精种，适用于较重的中粒种子，如巴豆、薏苡、钩藤、皂荚等。

②筛选法。用大小不同的筛子，将大于和小于种子的杂物除去，再用其他方法将与种子大小相近的杂物除去，此方法多用于需要对粒级进行精选的种子，如山楂、防风等。

③水选法。利用水的浮力将夹杂物及空粒种子漂出，或反复淘洗使良种留在下面。此方法适用于川芎、黄柏等。注意浸水时间不宜过长，浸水后禁暴晒，要阴干。

④粒选法。将大粒种子或珍贵、稀有的种子进行单个挑选，如木蝴蝶、银杏等。

（3）干燥

种子干燥的主要作用是降低种子水分，提高种子的耐贮性，以便能较长时间保持种子活力。种子干燥的方法通常有自然干燥和人工机械干燥两类。

①自然干燥。当前生产用种子以自然干燥最为普遍。自然干燥是利用日光暴晒、通风、摊晾等方法降低种子含水量。一般选择干燥、空旷、阳光充足及空气流畅的晒场，在晴朗干燥的天气，将种子摊成 5~15cm 薄层进行晾晒，晒种过程中要经常翻动，晚上要防止返潮，高水分种子要避免发热。

②人工机械干燥。人工机械干燥可分为自然风干法和热空气干燥法。自然风干法采用鼓风机干燥种子，适用于小批量种子的干燥。热空气干燥法就是在一定条件下，提高空气的温度以改变种子水分与空气相对湿度的平衡关系，从而起到干燥作用。采用人工机械干

燥种子时应注意以下问题：决不可将种子直接放在加热器上焙干；应严格控制温度；种子在干燥时，一次失水不宜太多；如果种子水分过高，可采用多次间隙干燥法；烘干后的种子，需冷却到常温时才能入仓。

（4）分级

分级是将同批种子按大小轻重进行分类。

2.1.3 种子特性

（1）种子的休眠

种子休眠是指具有生活力的种子不能正常萌发的生理现象。种子休眠有两种情形：一种是由于环境条件不适宜而引起的休眠，称为强迫休眠，在适宜的温度、湿度、氧气和光照条件下，能够解除这种休眠。另一种是由于种子本身原因引起的休眠，适宜的温度、湿度、氧气和光照条件也不能使种子萌发，称为生理休眠或真正休眠。休眠是一种正常现象，是植物抵抗和适应不良环境的一种保护性的生物学特性。引起种子生理休眠的原因主要有以下几个方面。

①种皮限制。因为种皮坚硬、致密、蜡质等引起休眠。这里的种皮包括种壳、果壳及胚乳。如将胚单独取出，给以合适的培养基，则胚能萌发。例如，豆科植物的硬实种子（如黄芪、甘草）有坚厚的种皮；山茱萸、皂角、盐肤木、穿心莲等的种皮具蜡质、革质，不易透水、透气，或产生机械约束作用，阻碍种胚向外生长。

②种胚未成熟。有些种子的胚在形态上已经发育完全，但在生理上还未成熟，必须通过后熟才能萌发。这种情况在高寒地区或阴生、短命速生的药用植物中较为常见。胚后熟大致有以下4种情况。

a. 高低温型：胚后熟需要有高温至低温的顺序变化，即其胚的形态发育在较高的温度下完成后，需要经过一定时期的低温以完成其生理上的转变才能萌发，如人参、西洋参、钮子七、刺五加、羌活、重楼、红豆杉等。

b. 低温型：胚后熟需要有低温湿润条件，这类种子在生产上要求秋播或低温沙藏，如乌头、黄连、山茱萸、木瓜、麦冬、黄檗等。

c. 二年种子：胚后熟和解除上胚轴休眠分别需要有对应的低温条件才能发芽的种子，如延龄草、类叶牡丹等。延龄草胚后熟长出胚根先要求低温湿润条件，接着需要一个高温期，促使萌发的幼根生长；而后还需要第2个低温期，使上胚轴后熟，再要求第2个高温期，才能形成正常的幼苗，故在秋播后的第3年春才能出苗。

d. 上胚轴休眠：这一类种子大多数在收获时胚未分化，因此首先需要较高的温度发育，接着又要求低温解除上胚轴休眠，胚茎才得以伸长，幼芽才能够露出土面，如牡丹、细辛、玉竹、天门冬等。

③抑制种子萌发的物质。有些种子不能萌发是由于果实或种子内有抑制种子萌发的物质，如挥发油、生物碱、有机酸、酚类、醛类等。它们存在于种子的子叶、胚、胚乳、种皮或果汁中，如山楂、女贞、川楝、皂角等种子都含有抑制物质，阻碍种子萌发。

④次生休眠。不休眠或解除休眠后的种子因高湿、低氧、高二氧化碳、低水势或缺乏

光照等不适宜环境条件诱发的休眠为次生休眠，本质上属于强迫休眠，如厌氧条件可引起条纹苍耳次生休眠，黑暗可引起莴苣、宝盖草、梯牧草次生休眠。

不少种子休眠的原因不止一个，如人参属于种胚发育未完全类型，同时果实种子内也含有发芽抑制物质。种子发芽的难易程度还与其生态条件密切相关。例如，终年在温暖多湿的热带地区生长的植物，其种子的休眠程度浅而不明显，休眠期短而极易萌发，这是因为它们生长的环境终年具备种子萌发及幼苗良好生长的条件。相反，在干旱与潮湿、温暖与严寒交错的地区，植物种子常有一定的休眠期，以避开旱涝、炎热、严寒等恶劣的气候条件，保证种子发芽及幼苗的安全生长发育。植物种子的休眠，是适应特殊的外界环境条件而保持物种不断生存、发展和进化的一种生态特征。

种子休眠在生产上有重要意义，常可通过应用植物激素及各种物理、化学方法来促进或抑制发芽。例如，不同浓度的赤霉素或激动素处理种子，可促进或抑制种子发芽；乙烯则可使种子维持休眠。一定的休眠期可以保证种子不在果实内发芽，但休眠程度过深、休眠期过长，常常会影响到按时播种。另外，种子休眠常使发芽率测定工作无法进行，或测定的发芽率太低，种子的使用价值无法确定。因此，要深入了解种子的休眠特性及原因，以设法满足完成种子休眠过程的必要条件，减轻其休眠程度；必要时还可以加深休眠程度，以达到既保持种子旺盛的生活力，又延长种子寿命的目的。

（2）种子寿命及影响因素

①种子寿命。种子从发育成熟到丧失生活力所经历的时间称为种子寿命，即在一定环境条件下保持生活力的最长期限。种子的生活力是指能够萌发的潜在能力或种胚具有的生命力。在贮藏期间，种子的生活力逐渐降低，最后完全消失。种子寿命因林源药用植物种类不同而有很大差异，可分为 3 种类型。

a. 短命种子：寿命在 3 年以内。多是一些原产热带、亚热带的药用植物种子，如热带植物可可属、咖啡属、金鸡纳树属、古柯属、荔枝属；以及一些春花夏熟的药用植物种子，如白头翁、辽细辛、芫花等。对于这类种子，采收后必须迅速播种。

b. 中命种子：寿命为 3 ~ 15 年，也称常命种子，如大黄、丝瓜、南瓜、桃、杏、核桃、郁李、黄芪、甘草、皂角等。

c. 长命种子：寿命在 15 ~ 100 年或更长。在长命种子中，以豆科植物居多，其次是锦葵科、苋科和蓼科植物，如豆科的多数野决明种子寿命超过 158 年。

生产上用来播种的种子，以鲜种子为好，因为隔年的种子往往发芽率降低。寿命短的种子，如杜仲、细辛、当归、白芷等应随采随播，隔年的种子几乎全部丧失发芽能力。

种子寿命为群体概念，一批种子的发芽率从收获后降低至仅半数种子存活所经历的时间，即为该批种子的平均寿命，也称半活期。但也有特殊情况，有的药用植物即使是新鲜种子，发芽率也不高，如白芷、柴胡等，其种子标准不能过高。

②影响种子寿命的因素。

a. 内因：主要有种皮（或果皮）结构、种子贮藏物、种子含水量及种子成熟度等。种皮（或果皮）结构会影响种子寿命，如莲子、山茱萸等，种皮坚硬致密、不易透水透气，有利于生命力的保存；而当归、白芷种皮薄，又不致密，故寿命短。种子贮藏物的种类也会影响种子寿命，一般含脂肪、蛋白质多的种子比含淀粉多的种子寿命长，其原因是脂肪、蛋白质分子结构复杂，在呼吸作用过程中分解所需要的时间比淀粉长，同时所放出的能量比淀粉高；含有抑制发芽物质的休眠种子，寿命较长。干燥种子的含水量低，绝大部分都以束缚水的状态存在，原生质呈凝胶状态，代谢水平低，有利于种子生活力的保持；种子含水量高时会增加贮藏物质的水解能力，增强呼吸强度，导致种子生活力迅速降低。通常种子含水量在 5%~14%，每降低 1%，种子寿命可增加 1 倍。当种子含水量为 18%~30% 时，如有氧气存在，微生物活动而产生大量热量，种子容易迅速死亡。例如，当归种子含水量达到 20% 时，贮存 3 个月发芽能力丧失 90%；而含水量 4% 时，发芽率仍在 90% 以上；含水量低于 10% 时，贮存在 0℃ 的温度条件下，保存效果较好。但是种子含水量也不是越低越好，过分干燥或脱水过急，也会降低某些种子的生活力。目前药用植物种子贮藏时的安全含水量没有统一标准，一般大粒种子安全含水量较高，为 8%~15%，小粒种子较低，在 3%~7%；有些药用植物种子不耐干藏，适宜贮藏在湿度较高的条件下，如北细辛、黄连、明党参、孩儿参、青皮、槟榔、瓦氏马钱、肉桂、古柯、沉香、丁香、肉豆蔻等，干燥会导致种子衰亡。

种子成熟度也影响种子的寿命。不成熟的种子，其种皮厚，贮藏物质未转化完全，容易被微生物感染，发霉腐烂，加之种子含水量高，呼吸作用强，微生物也容易侵入，这样大大缩短了种子的寿命。例如，充分成熟的穿心莲种子贮藏 4 年后仍有 53% 发芽率，而不够成熟的种子发芽率仅 1.5%~4%。

此外，萌动、浸泡过的种子以及突然风干或暴晒脱粒的种子都不宜再贮藏，因为这样的种子很容易失去生活力。

b. 外因：主要有温度、湿度和通风条件。温度较高时，酶的活性增强，加速贮藏物质转化，同时还会使蛋白质凝结，不利于延长种子的寿命。温度过低会使种子遭受冻害，引起种子死亡。通常种子含水量在 10% 以下的种子能耐低温，而含水量高的种子，则只能在 0℃ 以上的温度条件下才不受冻害。实验证明，温度在 0~50℃，每降低 5℃，寿命可延长 1 倍。

贮藏环境的空气相对湿度也很重要。因种子具有吸湿性能，如空气相对湿度大，则种子难干燥，也会因吸收水分增加了含水量，故要求干燥的贮藏条件。

贮藏气体同样会影响种子的寿命。一般在有空气的条件下，如用减氧法贮藏，或用密封充氮、增加二氧化碳等方法可延长种子寿命。

此外，化学药品如杀虫剂、杀菌剂等都可降低种子寿命，接种物如固氮菌在种子上容易使种子吸水，因此都在播种前才进行处理。在种子贮藏过程中还要注意防止昆虫、老鼠及微生物的危害。

2.1.4　种子贮藏

种子贮藏是指种子从收获后至播种前的保存阶段。种子贮藏的任务就是采用合理的贮藏设备和贮藏技术，人为地控制贮藏条件，防止发热霉变和虫蛀，使种子劣变降到最低限度，最有效地保持较高的种子发芽率和活力，从而确保种子的播种价值。种子贮藏期限的长短，因林源药用植物种类和贮藏条件不同而不同。

依据种子性质及贮藏条件，种子贮藏方法可分为干藏法和湿藏法两大类。

①干藏法。干藏法是将干燥的种子贮藏于干燥的环境中。干藏法除要求有适当的干燥环境外，有时也结合低温和密封条件，凡种子含水量低的均可采用此法贮藏。干藏法又分普通干藏法和低温干藏法。

a. 普通干藏法：将充分干燥的种子装入麻(布)袋、箱、桶等容器中，再放于凉爽、干燥、相对湿度 50% 以下的种子室、地窖、仓库或一般室内贮存。大多数药用植物种子均可采用此法，如云木香、栝楼、白芷、牛膝等。

b. 低温干藏法：将充分干燥的种子放在 0~5℃、相对湿度维持在 50% 左右的种子贮藏室、冰箱或冷藏室内贮存。本法适用于种皮坚硬致密、不易透水透气的种子，如山茱萸、决明、合欢等。有些种子需要长期贮藏，低温干藏仍会失去发芽力，可采用低温密封干藏法，即将种子放入玻璃等容器中，加盖后用石蜡或火漆封口，置于贮藏室内，容器内可放些吸湿剂如氯化钙、生石灰、木炭等。

②湿藏法。有些种子一经干燥就会丧失生活力，如黄连、三七、肉桂、细辛等，可采用湿藏法。湿藏的主要作用是使具有生理休眠的种子，通过潮湿低温条件处理，破除休眠，提高发芽率，并使贮藏时所需含水量高的种子的寿命延长。湿藏法多采用层积法，适用于山茱萸、银杏、重楼等种子。层积法必须保持一定的湿度和 0~10℃ 的低温条件。如种子数量多，可在室外选择适当的地点挖坑，其位置在地下水位之上，坑的大小根据种子多少而定。先在坑底铺一层 10cm 厚的湿沙，随后堆放 40~50cm 厚的混沙种子(沙：种子 = 3：1)，种子上面再铺放一层 20cm 厚的湿沙，最上面覆盖 10cm 厚的土，以防止沙干燥。坑中央要竖插一小捆高粱秆或其他通气物，使坑内种子透气，防止温度升高致种子霉变。如种量少，可在室内堆积，即将种子和 3 倍量的湿沙混拌后堆积于室内(堆积厚度 50cm 左右)，上面可再盖一层 15cm 厚的湿沙。也可将种子混沙后装在木箱中贮藏。贮藏期间应定期翻动检查。贮藏末期要注意，若温度突然升高或遇到反常的天气引起种子提前萌发，应及时将种子取出并放入冰箱或冷藏室，以免芽生长过长，影响播种。

2.1.5　种子品质检验

植物种子品质检验又称种子品质鉴定。林源药用植物种子品质检验就是应用科学的方法对生产上的种子品质进行细致的检验、分析、鉴定以判断其优劣的一种方法。种子检验包括田间检验和室内检验两部分。田间检验是在林源药用植物生长期内，到良种繁殖田内进行取样检验。检验项目以纯度为主，其次为异作物、杂草、病虫害等；室内检验是种子收获脱粒后到晒场、收购现场或仓库进行抽样检验，检验项目包括净度、千粒重、发芽率、发芽势、生活力、含水量、病虫害感染程度等。其中，净度、千粒重、发芽率、发芽势和生活力是种子品质检验中的主要指标。

2017 年，中国药学会公布了 40 种中药材种子种苗标准；2019 年，第 2 次公布了 77 种中药材种子种苗标准。按照中药材种子种苗检验规程测定种子质量的方法如下。

（1）抽样

抽样是指从大量的种子中，扦取适量有代表性的、供分析检验的样品。抽样的基本原则是：被扦种子批均匀一致，如果种子批存在异质性应拒绝抽样；抽样点应均匀分布在种子批的各个部位，既要有垂直分布，也要有水平分布；每个抽样点扦取的初次样品数量要基本一致，不可过多或过少；保证样品的可溯性和原始性，样品必须封缄与标识，能溯源到种子批，并在包装、运输、贮藏过程中尽量保持其原有特性。

按照正确方法从种子批中抽取足够量的样本数量和重量，才能对种子批的种子质量作出精确可靠推断，如果种子批用大小一致的容器袋盛装，则抽样强度见表2-1。

表2-1　种子批抽样强度

种子袋数（袋）	扦取最低袋数	种子袋数（袋）	扦取最低袋数
1~5	每袋扦取	50~400	每5袋至少扦取1袋
6~14	不少于5袋	401~560	不少于80袋
15~30	每3袋至少扦取1袋	561以上	每7袋至少扦取1袋
31~49	不少于10袋		

抽样一般都用特制的抽样器来进行，袋装种子用单管抽样器或用羊角抽样器，在袋的不同部位均匀取样。散堆种子数量不多，堆的深度不超过40cm时，可徒手抽样；流动性差的种子和大粒种子，可以徒手取样。

种子抽样是一个过程，由一系列步骤组成：首先从种子批中取得若干个初次样品，然后将全部初次样品混合成为混合样品（原始样品），再从混合样品中分取送检样品，送到种子检验室；在检验室，再从送检样品中分取试验样品，进行各个项目的测定。从混合样品中分取送检样品，从送检样品中分取试验样品，可采用四分法或分样器法。

①四分法。也称为对角线法，将种子均匀地倒在光滑清洁的桌面上，略呈正方形。两手各拿一块分样板，从两侧轻推把种子拨到中间，使种子堆成长方形，再将长方形两端的种子拨到中央，这样重复3~4次，使种子混拌均匀。将混拌均匀的种子铺成正方形，大粒种子厚度不超过10cm，中粒种子厚度不超过5cm，小粒种子厚度不超过3cm。用分样板沿对角线把种子分成4个三角形，将对顶的两个三角形的种子装入容器中备用。取余下的两个对顶三角形的种子再次混合，按前法继续分取，直至取得略多于测定样品所需数量为止。

②分样器法。适用于种粒小、流动性大的种子。将混合样品倒入分样器漏斗，不可振动分样器，很快拔开漏斗下面的活门，使种子迅速下落至两个盛接器内，关闭漏斗口，然后取其中一个盛接器的样品按上法继续分取，直至分出的样品达到规定的数量。

（2）种子净度的测定

种子净度是指样品中去掉杂质和废种子后，纯净种子的质量占供检种子质量的百分率。种子净度是衡量种子品质的一项重要指标，是计算播种量的必需条件。优良的种子应该洁净，不含任何杂质和其他废品。净度低的种子，种子内含杂质多，降低种子的利用率，影响种子贮藏与运输的安全。在种子贸易中，种子净度低，其价格也低。

进行净度测定的样品，即供检种子必须分成纯净种子、其他植物种子、杂质(夹杂物) 3 部分，分别称量，以克为单位，按式(2-1)计算净度：

$$净度 = \frac{纯净种子质量}{纯净种子质量 + 其他植物种子质量 + 杂质质量} \times 100\% \qquad (2-1)$$

送检样品已先行清理的，按式(2-2)(2-3)计算净度：

$$送检样品净度 = \frac{送检样品质量 - 杂质质量}{送检样品质量} \times 100\% \qquad (2-2)$$

$$净度 = 送检样品净度 \times 测定样品净度 \times 100\% \qquad (2-3)$$

(3)种子千粒重的测定

种子千粒重是指在气干状态下 1000 粒纯净种子的质量，其能够代表种子大小和饱满程度。同一树种不同批种子，千粒重数值越高，说明种子越大且饱满、内部贮藏营养物质越多、空粒越少、播种后发芽率越高、苗木质量越好。

同一树种种子的千粒重因地理位置、立地条件、海拔、母树年龄、母树的生长发育情况、各年的开花结实条件以及采种时期等不同而异。例如，丰年的种子往往比歉收年的大且饱满。

千粒重的测定方法有百粒法、千粒法和全量法。多数种子可应用百粒法。凡种粒大小、轻重极不均匀的种子，可采用千粒法。凡纯净种子粒数少于 1000 粒者，可将全部种子称重后，换算成千粒重，称为全量法。

①百粒法。是取 8 组 100 粒种子，分别称量后来测定。具体方法如下。

a. 提取测定样品：将净度测定后的纯净种子铺在光滑的桌面上，充分混合后用四分法分为 4 份，每份中随机抽取 25 粒组成 100 粒，共取 8 组 100 粒，即 8 个重复，或直接用数粒器提取 8 个 100 粒。

b. 称重：分别称取 8 个重复组的质量(精度要求与净度测定相同)，填入测定记录表。

c. 计算：计算 8 组的平均质量、标准差、变异系数。计算公式如下。

$$\overline{X} = \frac{\sum\limits_{i=1}^{n} X_i}{n} \qquad (2-4)$$

$$S = \sqrt{\frac{n\left(\sum X^2\right) - \left(\sum X\right)^2}{n(n-1)}} \qquad (2-5)$$

$$C = \frac{S}{\overline{X}} \times 100\% \qquad (2-6)$$

式中　$\overline{X}$——100 粒种子的平均质量(g)；

　　　X——各重复组的质量(g)；

　　　n——重复次数；

　　　S——标准差；

　　　C——变异系数。

②千粒法。是从净度分析后的净种子中随机数取 1000 粒称重，重复两次，如两份试样的质量相差未超过 5%，可用两份试样的平均质量为其千粒重。如超过允许差距，则应取第 3 份试样称重，取差距最小的两份试样计算平均千粒重。

（4）种子含水量的测定

种子含水量是指种子中所含有水分的质量占种子总质量的百分率。种子含水量是影响种子品质的重要因素之一，与种子安全贮藏有着密切关系，在贮藏前和贮藏过程中均需测定含水量。测定种子水分通常采用恒重法（标准法）和高温快速法。

①恒重法（标准法）。将待测的样品放入烘箱中用 105℃ 的温度烘烤 6~8h，根据样品称量前后质量之差来计算含水量。具体过程如下。

a. 样品处理：将种子用磨碎机磨碎，立即装入磨口瓶密封备用，细小种子如龙胆草、白桦、阴行草、黄花蒿、柴胡等，可以用种子原样烘干不必磨碎；大粒种子如杏、桃、核桃楸等，可将种子切开或打碎；油质种子不宜碾碎，可切成小片。

b. 试样的称取：经过处理后的样品，一般从中称取 3~15g 作为测定种子含水量之用，具体操作时应根据种子千粒重大小而定，千粒重大的种子应适当称取量大些，千粒重小的种子称取量可小些。

c. 烘干称重：先将称量盒放在 105℃ 的烘箱中烘干并称重；再将样品放入预先烘干且称过重的样品盒内，在感量为 0.001 的天平上称取试样 2 份；然后打开盒盖，一起放入预先预热至 110℃ 的烘箱内关好箱门，105℃ 恒温烘干 6~8h 后取出；盖上盖子，移入干燥器内冷却至室温称重。

d. 含水量计算：代入式（2-7）计算种子含水量。

$$\text{种子含水量} = \frac{\text{试样烘前质量} - \text{试样烘后质量}}{\text{试样烘前质量}} \times 100\% \qquad (2-7)$$

②高温快速法。此法适用于含油脂不多的药材种子。将两份测定样品放入预热到 140~145℃ 的烘箱中，在放入试样后的 5min 内，应使烘箱温度稳定在 130℃，烘 60min，其他操作步骤同恒重法，代入式（2-7）即可计算出种子含水量。

（5）种子发芽率的测定

种子能否正常发芽是衡量种子是否具有生活力的直接指标，也是决定田间出苗率的最重要因素，对确定合理的播种量、改进种子贮藏方法、划分种子等级和确定合理的种子价格等具有重要意义。生产上所用的种子，不仅要具有旺盛的生活力，还要能在规定时间内和适宜条件下发芽迅速且整齐，并能达到较高的发芽率。

种子发芽率是指解除休眠的种子在发芽试验终期或规定日期内，全部正常发芽的种子数占供试种子数的百分率。种子发芽率是评价种子播种品质最重要的指标之一，发芽率高，表示有生活力的种子多，播种后出苗数多。

种子发芽势是指解除休眠的种子在发芽试验规定时间内，发芽到达高峰时正常发芽的种子数占供试种子数的百分率。种子发芽势高，表示种子生活力强、发芽整齐、出苗一致。

种子发芽率和发芽势测定的具体步骤如下。

①试样的数取。从经过净度测定的纯净种子中，随机数取 100 粒种子，重复 4 次。种子大的可以 50 粒或 25 粒为一次重复。

②发芽基质。发芽试验时，用来摆放种子，并供给种子水分和空气的衬垫物称为发芽基质。发芽基质可以是滤纸、纱布、细沙、珍珠岩、土壤等，使用前必须经过消毒，也可以在滤纸下面垫上海绵或脱脂棉，以保证滤纸上温度均匀。一般小粒种子适宜放在滤纸上，大粒种子适宜放在细沙等基质中。例如，五味子种子发芽试验一般是将其埋入细沙中 1cm；龙胆草种子发芽试验方法是在培养皿中放入一层脱脂棉，其上用双层纱布覆盖，然后均匀放入龙胆草种子；防风种子发芽试验一般是将种子放入消过毒的土壤中，覆土厚度 1cm 左右。

③种子的预处理。为了使种子尽快发芽，在种子放入前，可用始温为 45℃ 的水浸种 24h，如防风、甘草、柴胡等。对于种皮致密、透水性差的种子，需采用较高温度的水浸种，如相思子、山茱萸可用始温为 100℃ 的水浸种 2min，自然冷却 24h；槐树、胡枝子用 80℃ 水浸种，自然冷却 24h；大巢菜、小巢菜可用 60℃ 水浸种，自然冷却 24h。有些种子在发芽试验前还需要在一定的低温条件下经过层积才能萌发，五味子需要经过 4~5 个月的低温层积，杜仲、山杏需要经过 1 个月 5℃ 左右的低温层积，山核桃需要在 0~5℃ 下层积 60 天，黄连需要在 0~5℃ 下层积 50 天，浙贝母需要在 0~5℃ 下层积 60 天。五加科的人参、刺五加等则需要长时间的低温层积和变温处理。

④发芽的观察和记载。种子放置完毕，在放入了种子的培养皿或其他发芽的容器上贴上标签，注明种子名称、开始试验日期、样品号、种子粒数。每天观察记录种子变化状况和发芽情况，并定时定量加水，对一些发芽持续时间较长的种子，可每隔 3~4 天观察一次。

⑤发芽率计算。按照观察记录的数据，代入式（2-8）即可计算发芽率。

$$发芽率 = \frac{发芽种子数}{供检种子数} \times 100\% \tag{2-8}$$

（6）种子生活力的测定

种子生活力是指种子发芽的潜在能力或种胚具有的生命力。药用植物种子寿命长短各异，为了在短时期内了解种子的品质，必须用快速方法来测定种子的生活力，一般可采用生物化学方法测定种子的生活力，以确定种子是否能采用并估算播种量。

测定种子生活力的方法很多，其中采用红四氮唑染色法和靛红染色法能得到快速准确的测定结果。

①红四氮唑染色法。红四氮唑染色法的测定原理是有生活力种子的胚细胞中含有脱氢酶，具有脱氢还原作用，被种子吸收的四氮唑 2,3,5-氯化三苯基四氮唑（又称 TTC）参与了活细胞的脱氢还原作用，因此有生活力的种子胚被染成红色，无生活力的种子则不被染色或仅有浅色斑点。由此可根据胚的染色情况区分有生活力和无生活力的种子。

②靛红染色法。又称洋红染色法，其测定原理是苯胺染料不能渗入活细胞的原生质，无法给活细胞染色，因此凡种胚不被染色的是有生活力的种子，种胚染成斑点状的是生活力弱的种子，种胚或胚轴、胚芽、胚根、大部分子叶被染色的是无生活力的种子。一般染

色所使用的靛红溶液浓度为 0.05%~0.1%，宜随配随用。染色时必须注意，种子染色后，要立即进行观察，以免褪色，剥去种皮时，不要损伤胚组织。

将通过染色法得到的数据代入式(2-9)即可计算生活力。

$$生活力 = \frac{有生活力种子数}{供检种子数} \times 100\% \qquad (2-9)$$

拓展知识：**ABT** 生根粉的应用

2.2 林源药用植物实生繁殖

2.2.1 播种前种子处理

播种育苗所用的种子，必须是经检验合格的种子，否则不得用于人工育苗作业。生产上为了使林源药用植物种子发芽迅速整齐，保证苗木产量和质量，播种前一般都要采取种子精选、种子消毒、种子催芽等一系列的处理措施。

（1）种子精选

种子经过贮藏、运输等环节，可能发生虫蛀、腐烂、混杂、生活力丧失等状况，为了获得纯度高、品质好的种子，准确计算播种量，确保育苗成功，在播种前要适时对种子进行精选。精选的方法包括风选、水选、筛选、粒选等，可根据种子特性和夹杂物特征而定。

（2）种子消毒

为消灭种子表面所带病原菌，减少苗木病虫害，在催芽、播种之前要对种子进行消毒灭菌。生产中主要采用药剂消毒处理和热水烫种等方法。

①药剂消毒处理。

a. 药粉拌种：一般取 0.3%种子质量的杀虫剂和杀菌剂，在浸种后使药粉与种子充分拌匀即可，也可与干种子混合拌匀。常用的杀菌剂有 70%敌克松、50%福美锌等；杀虫剂有 90%敌百虫粉等。

b. 药水浸种：药水消毒前，一般把种子在清水中浸泡 5~6h，然后浸入药水中，按规定时间消毒。捞出后，立即用清水冲洗种子，随即可播种或催芽。需要注意的是要严格掌握药液浓度和消毒时间。常用方法如下。

福尔马林（即 40%甲醛）：先用福尔马林 100 倍水溶液浸种子 15~20min，然后捞出种子，密闭熏蒸 2~3h，最后用清水冲洗。

1%硫酸铜水溶液：浸种 5min 后捞出，用清水冲洗。

10%磷酸钠或 2%氢氧化钠水溶液：浸种 15min 后捞出洗净。

②热水烫种。热水烫种的原理是当水温达到 70℃时已超过花叶病毒的致死温度，能使病毒钝化，且具有杀菌作用。例如，薏苡种子先用冷水浸泡一昼夜，再选取饱满种子放进筛子中，把筛子放进开水锅里，全部浸入后，再将筛子提起散热，待冷却后用同样的方法再浸入一次，然后迅速放进冷水里冲洗，直到流出的水没有黑色为止。此外，采用变温消毒还可消除炭疽病危害，即先用 30℃ 低温水浸种 12h，再用 60℃ 高温水浸种 2h。

（3）种子催芽

通过人为措施打破种子休眠，促进种子萌发的过程称为种子催芽。种子催芽的方法很多，生产上常用的包括水浸催芽、机械损伤处理、超声波及其他物理方法、药剂催芽、层积催芽等，可根据种子特性和经济效益选择适宜的方法。

①水浸催芽。水浸催芽是最简单的一种催芽方法，适用于被迫休眠的种子，如菘蓝、金钱草等。催芽时先将种子放在冷水、温水或冷水、热水中变温交替浸泡一定时间，使其在短时间内吸水软化种皮，增加透性，加速种子生理活动，促进种子萌发，而且能杀死种子所携带的病菌，防止病害传播。浸种时间因药用植物种子不同而异，如穿心莲种子在37℃温水中浸泡24h，桑、铁冬青等种子用45℃温水浸泡24h，促进发芽效果显著。

在生产中对于某些硬粒的豆科树种，如鸡骨草种子，可采用逐次增温浸种的方法，效果较好，即先用45℃的温水浸种一昼夜，再放入黄泥水中，将膨胀的种子漂选出来进行催芽；对未膨胀的种子，再用80~90℃的水浸种一昼夜（浸种时注意搅拌），再次漂选出膨胀的种子，之后用同样的方法处理1~2次即可。

对于一些种壳厚而硬实的种子，如黄芪、甘草、合欢等可用70~75℃的热水，甚至100℃的开水烫种促进种子萌发，即先用冷水浸没种子，再用80~90℃的热水边倒边搅拌，使水温达到70~75℃并保持1~2min，然后加入冷水逐渐降温至20~30℃再继续浸种。

水浸处理后，如有必要可将种子放入筛子中或放在湿麻袋上，盖上湿布或草帘，放在温暖处继续催芽，每天用温水淘洗种子1~2次，并控制环境温度在25℃左右，当种子有30%裂嘴露白时播种。

②机械损伤处理。利用破皮、搓擦等机械方法损伤种皮，可使难透水透气的种皮破裂，增强透性，促进萌发。如黄芪、穿心莲种子的种皮有蜡质，可先用细沙摩擦，使种皮略受损伤，再用35~40℃温水浸种24h，发芽率显著提高。

③超声波及其他物理方法。超声波是一种高频率的人类听觉感受不到的波动，频率大于20 000Hz。用超声波处理种子有促进种子萌发、提高发芽率等作用。1958年，北京植物园利用频率22kHz、强度0.5~1.5W/cm的超声波处理枸杞种子10min后，明显促进了枸杞种子发芽，提高了发芽率。除超声波外，农业上还有利用红外线、紫外线、γ射线、β射线、α射线、X射线、低功率激光、适度强度的磁场等照射或处理种子的，也可以促进种子萌发、提高发芽率。

④药剂催芽。

a. 化学药剂催芽：有些种子的种皮具有蜡质，如穿心莲、黄芪等，会影响种子吸水和透气，可用浓度为60%的硫酸浸种30min，捞出后，用清水冲洗数次并浸泡10h再播种；也可用1%苏打或洗衣粉溶液浸种，效果良好。即用热水（90℃左右）注入装种子的容器中，水量以高出种子2~3cm为宜，注入2~3min后，水温达到70℃时，按一定比例加入苏打（或洗衣粉）以制成1%溶液，搅动数分钟，当苏打全部溶解时，即停止搅动。随后每隔4h搅动1次，24h后，当种子表面的蜡质可以搓掉时，再去蜡，最后洗净播种。

b. 植物激素和微量元素催芽：常用的植物激素有吲哚乙酸、α-萘乙酸、赤霉素、ABT生根粉、激动素，以及硼、铁、铜、锰、钼等。如果使用浓度适当和使用时间合适，能显著提高种子发芽势和发芽率，促进生长，提高产量。例如，党参种子用 0.005% 的赤霉素溶液浸泡 6h，发芽势和发芽率均提高 1 倍以上。

⑤层积催芽。层积催芽是指把种子和湿润物混合或分层放置于一定的低温、通气条件下，促进其发芽的方法。层积催芽是打破种子休眠常用的方法。山茱萸、银杏、忍冬、人参、黄连、吴茱萸等种子常用此法来促进发芽，层积催芽方法与种子湿藏法相同。应注意的是，不掌握种子休眠特性，过早或过迟进行层积催芽，对播种都是不利的。例如，山茱萸种子层积催芽处理需 5 个月左右时间，种子才能露出芽嘴，而忍冬只需 40 天左右就可发芽。

低温型种子如黄连、山茱萸、黄檗等的催芽，除用层积法外，还可在变温条件下进行催芽处理，不仅能够缩短催芽日数，还可以提高催芽效果。例如，黄檗种子用 30℃ 热水浸种 24h 后，混以 2 倍湿沙，使种子在四昼夜内保持 12~15℃ 温度，然后将混合物移至温度低的地方，直到混合物开始冻结时，再将种子移回温暖的房子里，4 天后再移到寒冷的地方，这样反复 5 次，只需 25 天，便可完成种子催芽工作。相较只用层积催芽的可缩短一半以上时间，而且种子发芽率可提高 5% 以上。

⑥生理预处理。

a. 干湿循环：对种子进行干湿循环，也称锻炼或促进。

b. 低温湿培：在低温下潮湿培育。

c. 渗透处理：用稀的盐溶液，如浸泡在硝酸钾、磷酸钾或聚乙二醇中进行渗透处理。聚乙二醇（PEG）渗透处理可提高种子活力和抗寒性。采用 PEG 溶液浸泡种子时，PEG 的浓度要调整到足以抑制种子萌发的水平。在适宜的温度（10~15℃）下，经 2~3 周处理，将种子洗净、干燥，然后准备播种。

d. 液体播种：将已形成胚根的种子同载体物质（如藻胶）混合，通过液体播种设备直接将它们移植到土壤中。

e. 丸粒化：为便于机械化播种，利用一定材料对种子进行包衣处理，使其丸粒化。包衣剂可根据需要加入各种防病剂、防虫剂、营养及生长调节剂等成分。丸粒化的种子发芽势强，发芽率高。

f. 菌肥处理：目前农业生产上也用菌肥处理种子，主要用细菌肥料，通过增加土壤有益微生物，把土壤和空气中植物不能利用的元素，变成植物可吸收利用的养料，促进植物的生长发育。常用的菌肥有根瘤菌剂、固氮菌剂、磷菌剂和"5406"抗生菌肥等。如豆科植物决明、望江南等，用根瘤菌剂拌种后可增产 10% 以上。

2.2.2 播种技术

（1）播种时期

适时播种是培育壮苗的重要措施之一。它可以提高发芽率，使幼苗出土迅速整齐，并直接关系到生长期的长短、苗木的出圃年限、苗木的产量及幼苗对恶劣环境的抵抗能力。我国地域辽阔，树种繁多，各地树种的生物学特性和气候条件差异较大，不同地区、不同树种播种时间有差异，南方大部分地区气候温暖、雨量充沛，一年四季均可播种；北方地区冬季寒冷干旱，播种时期受一定的限制，多数树种以春播为主。因此在育苗工作中，应根据树种的生物学特性和当地的气候，选择适宜的播种时期，以便做到适时播种。

播种通常按季节分为春播、夏播、秋播和冬播。

①春播。春季是育苗最主要的播种季节，在我国大多数地区、大多数树种都可以在春季播种，春季土壤湿润，气温适宜，有利于种子发芽，种子出苗后，也可以避免低温和霜冻危害，但春季适播时间较短，如安排不当或受天气影响，可能造成迟播而降低苗木质量。

春播的具体时间因气候条件而异，一般在幼苗出土后，不遭受低温危害的前提下，越早越好，具体应以地表 41cm 处平均地温稳定在 10℃时为宜，中原地区一般从惊蛰到清明（3 月上旬至 4 月上旬）进行春播，在土壤解冻后，应立即整地播种。

②夏播。在当年夏天，种子成熟后立即采下播种，夏播可以省去种子贮藏工序，提高出苗率，但生长期短，当年苗木小，该法适用于夏季成熟而又不易贮藏的植物，如穿心莲、桑等。北方春季干旱山地，因无灌溉条件，常在雨季前或透雨后趁墒播种；盐碱地在雨季土壤含盐量低，夏季播种容易成功。

夏播时间应尽可能提前，当种子成熟后，立即采下播种，以延长苗木生长期，提高苗木质量，使其安全越冬，由于夏季气温高，土壤易干燥，幼苗易被强光灼伤，管理必须细致。

③秋播。适于秋播的主要是休眠期长的种子和大、中粒种子，如山杏、核桃等，小粒种子和含水量高的种子不宜秋播。秋播时间的确定，原则上应以播种后当年秋天种子不发芽为宜，以免幼苗遭受冻害，所以一般长期休眠的种子，如乌头、黄连、山茱萸、木瓜、麦冬、黄檗可适当提早播种，而对强迫休眠的种子应在晚秋播种，宁晚勿早，在土壤冻结前越晚越好。

④冬播。在我国南方，气候温暖，冬季土壤不冻结，水资源充沛，可进行冬播。冬播实际上是春播的提前和秋播的延续，兼有春播和秋播的优点，且时值农闲，劳力便于安排。

此外，播种不仅要选择季节，还应注意以下 3 点：一是风大的天气不宜播小粒和特小粒种子；二是土壤过湿时不宜播种；三是土壤干燥，又无灌溉条件的不宜播已催芽的种子。

（2）播种方法

常用的播种方法有条播、撒播和点播 3 种，应根据树种特性、育苗技术及自然条件等因素选用不同的播种方法。

①条播。条播是按一定的行距在播种地上开沟，把种子均匀播在沟内的播种方法，条播一般要求播幅（播种沟宽度）10~15cm，行距 20~25cm。

②撒播。将种子直接均匀地撒播在苗床上或者垄上称为撒播。撒播适用于极小粒种子，其优点是可以充分利用土地，单位面积产苗量较高，并且苗木分布均匀，生长整齐一致。但这种方法抚育管理不太方便，用工较多，苗木通风透光不良，苗木生长不好。撒播在生产上多用于集中培育小苗，苗木发芽后长到 3~5cm 即进行移植。

③点播。点播是在苗床上或大田上，按一定的株行距挖小穴播种，或按行距开沟后，再按株距将种子播入沟内的播种方法。点播时应注意种子出芽的部位，一般种子出芽部位

都在尖端,所以大粒种子应横放,种子的缝合线与地面垂直,尖端指向同一方向,使幼芽出土快、株行距分布均匀;若在干旱地区播种,种子也可尖端向下,使其早扎根,以耐干旱。

（3）播种技术要点

播种工序包括条播开沟（压实）、播种、覆土、镇压、覆盖5个环节,这几个环节工作的质量和配合的好坏,将直接影响到种子的发芽和幼苗生长情况。在人工播种中,这几个环节可分别进行,而采用机械播种时,这几个环节是连续结合进行的。

①开沟（压实）。开沟是条播和开沟点播播种的第一道工序,按设计的行距和播幅在苗床上横向或纵向开沟,沟深根据土壤性质和所播种子的大小决定,要求沟底平、开沟宽窄深浅一致,以便做到播种均匀及覆土厚薄均匀。采用撒播播种时,不开沟,把种子直接撒在苗床上即可。

②播种。常用人工播种,是徒手将种子播在育苗地上。为了做到均匀播种和计划用种,播种前要根据事先计算的播种量,按苗床数量等量分开,把种子的数量具体落实到每一个苗床上;小粒和极小粒种子播种前应对播种沟或苗床适当镇压,再将种子均匀地撒在播种沟内或苗床上;为避免出现先密后稀的现象,可分数次播种,如播金钱草等小粒种子,应用适量细沙或泥炭土与种子均匀混合后再播。

确定播种量有两个途径:一是参考生产实践中的经验数据;二是通过一定的方法计算,播种量可代入式（2-10）计算。

$$X = C \times \frac{N \times W}{P \times G \times 1000^2} \tag{2-10}$$

式中　X——单位面积播种量（kg）;

　　　N——单位面积产苗量及苗木的合理密度（株/m^2）;

　　　W——种子千粒重（g）;

　　　P——净度（%）;

　　　G——种子发芽率（%）;

　　　C——播种系数。

不同规格种子的播种系数大致可从以下范围中取值:

大粒种子（千粒重在700g以上）播种系数略大于1;

中小粒种子（千粒重在3~700g）播种系数在1.5~5;

极小粒种子（千粒重在3g以下）播种系数在5以上,甚至为10~20。

③覆土。覆土的目的是保持种子处于水分和温度适宜的环境,并防止风吹种子和鸟兽的危害,以促进种子发芽和幼芽出土。在播种后要立即覆土,覆土厚度是影响种子发芽的关键,要求覆土厚度一定要适宜、均匀,一般以种子短轴直径的2~3倍为宜。覆土过薄,种子容易暴露,受风吹和日晒,无法满足发芽所要求水分,并且也容易遭受鸟、兽、虫等危害;覆土过厚,土壤通气不良,土壤温度过低,不利于种子发芽。

覆土材料以不影响幼苗出土为原则,尽量因地制宜,就地取材。一般大中粒种子可用苗圃地原土覆盖;对于小粒种子,若床面土壤疏松细碎也可用原土覆盖,在质地黏重的土壤上，则多用过筛的细土覆盖；极小粒种子，不论质地如何，都要用过筛的细土覆盖，也可用腐殖质土、锯末、糠皮、黄心土或火烧土覆盖。

④镇压。在干旱地区和土壤疏松的情况下，覆土后还应进行镇压，可用专门的镇压器镇压，也可以用木板轻拍，使种子与土壤密接，恢复土壤毛细管作用，有利于水分的吸收；小粒种子可在播种前将床面镇压一下，再播种覆土，在黏重或潮湿的土壤上，播种后绝对不能镇压，以防土壤板结，影响幼芽出土。

⑤覆盖。覆盖就是用草类或其他物料遮盖播种地。其目的是防止地表板结，保持土壤中的水分，防止杂草生长，避免烈日照射、大风吹蚀和雨水打击，调节地表温度，防止冻害和鸟害等。因此，通过覆盖可以有效提高种子的发芽率。

拓展知识：林源药用植物穴盘育苗

2.3　林源药用植物营养繁殖

营养繁殖又称为无性繁殖，是以营养器官为材料，利用植物的再生能力、分生能力以及能与另一植物通过嫁接愈合为一体的亲和能力来繁殖和培育植物新个体。营养繁殖苗是利用林源药用植物的苗木干茎、枝条、芽、根等营养器官繁殖的植株，又称为无性繁殖苗。其中，采用扦插、压条、分株等方法繁殖的苗称为自根苗；用嫁接方法繁殖的苗称为嫁接苗。

由于营养繁殖不是通过两性细胞的结合，而是由分生组织直接分裂的体细胞培养新植株，故其遗传性与母体一致，能保持其优良性状。同时，又因为新植株的个体发育阶段是在母体基础上进行的继续发育，所以发育阶段比种子繁育的实生苗高，有利于提早开花结实。例如，山茱萸、酸橙、玉兰等木本药用植物用种子繁殖，苗木生长慢、开花结果晚；若采用结果枝条扦插、嫁接繁殖可提早 3~4 年开花结实。对于无种子的、有种子但种子发芽困难的，以及实生苗生长年限长、产量低的药用植物，采用营养繁殖更为必要。但营养繁殖苗的根系不如实生苗的发达（嫁接苗除外）且抗逆能力弱，若长久使用营养繁殖易发生退化、生长势减弱等现象，寿命短，且营养繁殖技术比播种繁殖复杂。因此在生产上应有性繁殖与无性繁殖交替进行，常用的营养繁殖方法有分离、压条、扦插、嫁接等。

2.3.1　分离繁殖

分离繁殖是将植物的营养器官（如根茎或匍匐枝）切割而培育成独立新个体的一种繁殖方法，该方法操作简便，成活率高。

（1）分离繁殖类型

①分株繁殖。分株繁殖是利用根上的不定芽、茎或地下茎上的芽产生新梢，待其地下部分生根后，再切离母体，成为一个独立的新个体（图 2-1）。易生根蘖或茎蘖的植物都可以用分株繁殖，如牡丹、芍药、砂仁、射干等。

分株繁殖基本上可分为两大类，一类是利用根上的不定芽产生根蘖，待其生根后，即成为一个连接母体的新个体，春季、秋季切离母体后，即可栽植；另一类是由地下茎或匍匐茎节上的芽或茎基部的芽萌发为新梢，待其生根后，也成为一个连接母体的新植株，切离母体后，即成为独立的新个体。

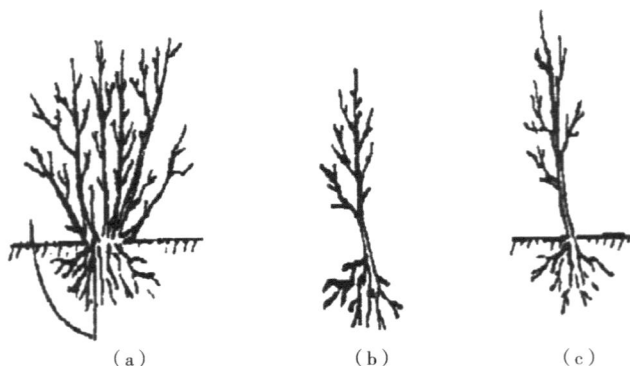

图 2-1　分株繁殖

(a)切割；(b)分离；(c)栽植

②变态器官繁殖。根据繁殖材料采用母株部位的不同，可分为根茎繁殖(如薄荷、款冬、甘草等)、块茎繁殖(如天南星、半夏等)、球茎繁殖(番红花等)、鳞茎繁殖(如百合、贝母等)、块根繁殖(如地黄、何首乌、白及等)、珠芽繁殖(如芦荟、景天、拟石莲花、凤梨、卷丹、黄独、半夏等)等。

(2)分离繁殖时期

分离繁殖的时期一般选在春秋两季，在春天发芽前或秋天落叶后进行，具体时间依各地气候条件而定。要注意分株对开花的影响，一般夏秋开花的宜在早春萌发前进行，春季开花的则在秋季落叶后进行。变态器官繁殖的一般南方在春秋两季均可进行，北方宜在春季进行。

(3)分离繁殖方法

在繁殖过程中要注意繁殖材料的质量，分割的苗株要有较完整的根系。球茎、鳞茎、块茎、根茎应肥壮饱满，无病虫害；块根和块茎材料在分割后，先晾1~2天，使伤口稍干，或拌草木灰，促进伤口愈合，减少腐烂。为提高成活率，要及时栽种。栽种时，球茎和鳞茎繁殖材料，芽头要朝上；分株和根茎繁殖根系要舒展，覆土深浅应适度。

萌芽力和根蘖力强的植物，会自然分蘖，但为了提高分蘖的数量，有时需要采取一些促进分蘖的措施。常用的方法有行间开沟，切断水平根，施肥、填平、灌水，以促发更多根蘖苗。

2.3.2　压条繁殖

压条繁殖是将母株上的一部分枝条压入土中或用其他的湿润材料包裹，促使枝条的被压部分生根，然后与母株分离，成为独立的新植株。

压条时期可分休眠期压条和生长期压条。休眠期压条在秋季落叶后或早春发芽前，利用1~2年生成熟枝条进行压条。生长期压条是在生长季节进行，一般为雨季时，采用当年生枝条压条。压条依其埋条的状态、位置及其操作方法的不同，分为普通压条、堆土压条、波状压条、水平压条、空中压条5种方法。

(1)普通压条

普通压条是将母株中的近地1~2年生枝条向四方弯曲，于下方刻伤后压入坑中，用钩子固定，培土压实，枝梢垂直向上露出地面并插缚一支持物，生根后与母体分离栽植。此法适用于杜仲、玉兰等。

此法与弯曲压条相似，所不同的是被压枝条常缩成波浪形屈曲于长沟中，而使各露出地面部分的芽抽生新枝，埋于地下的部分产生不定根成为新植株。此法适用于枝条长而柔软或为蔓性的植物，如连翘、忍冬、蔓荆子等。一般于秋冬间进行压条，翌年秋季即可分离母体。在夏季生长期间，应将枝梢顶端剪去，使养分向下方集中，有利于生根。

（2）堆土压条

堆土压条又称为直立压条或壅土压条。采用堆土压条，母株需具有丛生多干的特性。在其平茬截干后，覆土堆盖，待覆土部分萌发枝条，于生根后分离。适合堆土压条的植物有辛夷、黄栀子、贴梗木瓜等。堆土压条可在早春发芽前对母株进行平茬截干，截干高度距地面越短越好。堆土时期依植物的种类不同而异，分离一般在晚秋或早春进行。

（3）波状压条

波状压条是将枝蔓上下弯成波状，着地的部分埋压土中，待其生根和突出地面部分萌芽并生长一定时期后，逐段切成新植株。此法适用于枝蔓特别长的藤本植物，如葡萄等。

（4）水平压条

水平压条又称为沟压、连续压或水平复压。顺偃枝挖浅沟，按适当间隔刻伤枝条并水平固定于沟中，除去枝条上向下生长的芽，填土，待生根萌芽后在节间处逐一切断，每株苗附有一段母体。此法适用于枝条较长而且生长较易的植物，如忍冬、连翘等。优点是能在同一枝条上得到多数植株，缺点是操作不如波状压条法简便，各枝条的生长力往往不一致，且易使母体趋于衰弱。

（5）空中压条

凡是木质坚硬、枝条不易弯曲或树冠太高、基部枝条缺乏，不易发生根蘖的树种，均可用空中压条繁殖。在母株上选取1~2年生枝条，将其预压处刻伤或环割，并用松软细土和苔藓混合后裹上，外用薄膜包扎，上下两头捆紧，或用从中部剖开的竹筒套住，其内填充细土。适用此法的植物有酸橙、佛手等。

为使压条及时生根，特别是对于不易生根或生根时间较长的植物，可采用技术处理，促进其生根，常用的方法有刻伤、环割、软化、生长调节剂处理等。

2.3.3 扦插繁殖

扦插繁殖是人为剪取植株的根、茎、叶等部分营养器官，插入土质、砂质或其他基质中，在适宜的环境条件下，使基部产生不定根，上部发出不定芽，培育成完整植株的繁殖技术。扦插用的枝条称为插穗，通过扦插成活的新植株称为扦插苗。

（1）扦插方法

扦插方法依插穗材料不同可以分为枝插、叶插和根插。在生产上，枝插方法应用广泛，根插次之，叶插较少。

①枝插法。

a. 硬枝扦插：

● 插穗的采集与贮藏：一般于深秋落叶后至翌年早春树液开始流动之前，从优良品种母树上采集生长健壮、芽体饱满且无病虫害的 1~2 年生枝条。同一植株上，插材要选择中上部、向阳、充实组织的枝条，且要节间较短、芽头饱满、枝叶粗壮。在同一枝条上，硬枝扦插时要选择枝条的中下部，因为中下部贮藏的养分较多，而梢部组织不充实。常绿树种宜选用充分木质化的、带饱满顶芽的梢作插穗。采集枝条后一般通过低温湿沙贮藏至扦插，要保证休眠芽不萌动。

● 剪插穗：将枝条剪成带 2~3 个芽、5~15cm 长的插穗，有些长势强健的枝条也可保留 1 个芽。除了要求带顶芽的插穗外，一般树种的接穗上切口为平口，离最上面一个芽 1cm 为宜，干旱地区可为 2cm。常绿树种应保留部分叶片。容易生根的树种下切口可采用平切口，因其生根较均匀，斜切口常形成偏根；对有些植物，为扩大吸收面积和促进愈伤组织形成，也可采用双斜切口或踵状切口，并尽量保证下切口在芽的附近。踵状切口一般是在接穗下带有 2~3 年生枝条时采用。需注意，上下切口一定要平滑。

● 选择基质：除了水插外，插条均要插入一定的基质中，对基质的要求是渗水性好、有一定的保水能力、升温容易、保温良好。基质种类很多，有园土、培养土、山黄泥、兰花泥、砻糠灰、蛭石、河沙、珍珠岩等，或者以上几种的混合土。对于管理较粗放的药用植物，一般插入园土或培养土中，喜酸性土的药用植物可插入山黄泥或兰花泥，生根较难的则宜插在砻糠灰、蛭石或河沙中。

● 催根与扦插：扦插前进行催根处理既能提高生根率，又能延长生育期，使苗木健壮。催芽的方法是在温床的底部铺上一层马粪等酿热物，待温度上升至 25℃ 及以上时将插穗成捆立于床内；要提前浸泡使插穗吸足水分，用湿锯末或湿沙填满空隙，只露上部芽眼，气温控制在 10℃ 以下，避免发芽；约 20 天后即可形成愈伤组织和根原始体；待室外气温上升至 25℃ 及以上时可将插穗直插于已备好的苗床上，并将插穗上部 1~2 个芽露出土壤或基质，切忌直接将插穗向下用力插入苗床，防止损坏基部愈伤组织。插床的准备基本同播种，扦插前灌足水；插穗透过地膜插入土壤或基质中，将插穗顶部 1~2 个芽露于地膜上，并将插穗周围压实。对较难生根的植株，目前最常用的催根措施是植物生长调节剂处理，常用的有萘乙酸（NAA）、ABT 生根粉等，如用 NAA 1000~2000mg/L 蘸插穗基部数秒或 NAA 20~200mg/L 处理插穗基部数小时，不同植株的处理浓度和处理时间各异，应以试验为基础。

b. 嫩枝扦插：插条为尚未木质化或半木质化的枝条，随采随插的扦插就是嫩枝扦插，也称为绿枝扦插。插穗一般保留 1~4 个节，长度 5~15cm，插穗下切口位于叶或腋芽之下以利于生根，上端则保留顶梢。阔叶植物为减少水分蒸腾，将插穗下部的叶片适当摘除，上部叶片须保留，若叶片过大可再将留下的叶片剪掉 1/3~1/2，针叶树的针叶可以不去除。插穗入土深度以其长度的 1/3~1/2 为宜。用相当于插条粗度的枝条和木棍，按一定的株行距插洞，洞的深度为插条长的 2/3，随插洞插入插条；再用双手将插条两侧的土按实，使之与土壤紧密相贴。嫩枝扦插后需要适度遮阳和保持湿度，使床面保持湿润状态，并具有一定的空气湿度。利用全光照自动间歇喷雾装置对空气加湿，使嫩枝扦插的插穗在一定光照条件下，空气相对湿度为 80%~90%，插床基质保持适度湿润和良好通气状态，可获得较好的生根效果。嫩枝扦插的苗床基质最好在扦插前进行消毒。

若插条仅有 1 芽附 1 片叶，这种扦插方式又称为芽叶插，芽下部带有盾形茎部 1 片，或 1 小段茎，扦插时插入沙床中，仅露芽尖即可，插后盖上薄膜，防止水分过量蒸发。叶插不易产生不定芽的种类，宜采用此法，如山茶、橡皮树、天竺葵等。

c. 草质茎扦插：此类插穗用于容易发根的草本植物如天竺葵、菊花和许多热带药用植物。草本药用植物在生长期随时都可以取插穗，容易发根，尤其在插穗水分充足时。取插穗后将插穗基部插于温暖、无通风装置的环境，且在长出新根前要喷雾保湿。由于栽培种类和栽培品种不同，插穗生根时间多为数天或数周。插穗的基质温度若能保持在 25℃ 的恒温状态，可缩短生根时间并且可使生根情况一致。当插穗形成愈伤组织和生根后应当减少喷雾频率，以降低病害风险和锻炼强化插穗。

②叶插法。叶插是以叶片或带叶柄叶片为插材，扦插后通常在叶柄、叶缘和叶脉处形成不定芽和不定根，最后形成新的独立个体的繁殖方法。这种方法适用于虎尾兰属、秋海棠属，以及景天科、苦苣苔科、胡椒科等具粗壮的叶柄、叶脉或肥厚叶片的植物。叶插后需要适度遮阳和保持湿度，使床面保持湿润状态，并具有一定的空气湿度。叶插按所取叶片的完整性可分为全叶插和片叶插。

③根插法。根插法是切取植物的根插入或埋入土中，使之成为新个体的繁殖方法，又称为分根法，根据根入土情况，可分为全埋根插和露顶根插。凡根上能形成不定芽的药用植物都可以进行根插繁殖，如杜仲、厚朴、山楂、枣树、补血草、使君子、杜梨、榅桲、海棠果、牛舌草等。下面以枣树为例，说明根插法。

● 取插穗：于休眠期选取粗 0.5~1.5cm 的 1 年生根为插穗。

● 削插穗：将所选的 1 年生粗壮根截成长 15~20cm 的根段，上切口为平口，下切口为斜形，于春季扦插。

● 扦插：定点挖穴，将其直立或斜插埋入土中，根上部与地面基本持平，表面覆 1~3cm 厚的锯末或覆地膜，经常浇水保湿，待不定芽发生后移植。

对于某些草本植物如牛舌草、剪秋萝、宿根福禄考等根段较细的药用植物，可把根剪成 3~5cm 长，撒播于苗床，覆砂土 1cm，保持湿润，待不定芽发生后移植。

（2）插后管理

水、肥、气、热是插穗成活和生长的必需条件，直接影响到插穗的生根成活和苗木的生长，水分条件更是关键因子，要注意合理灌溉，以保持土壤湿润，保证苗木的水分供应。

（3）影响扦插生根成活的因素

①内部因素。

a. 植物的遗传特性：不同药用植物扦插生根的能力有较大差异，常分为极易生根类、较易生根类、较难生根类和极难生根类。无花果、石榴、柠檬、香橼、龙柏、连翘、菊花、天竺葵以及仙人掌科植物茎段扦插生根较易，而八角、肉桂等枝条扦插生根很难。山楂、酸枣根插易生根，而枝插不易生根。同一植物的不同品种枝条扦插发根难易程度也不同，如美洲五味子中的'杰西卡'和'爱地朗'发根较难。

b. 植物年龄、枝龄和枝条部位：一般情况下，树龄越大，插条生根越难。发根难的木本植株，如从实生幼树上剪取枝条进行扦插，则较易生根。插条的年龄，以 1 年生枝条的再生能力最强，一般枝龄越小，扦插越易成活。从一个枝条不同部位剪截的插条，其生根情况也不一样。常绿木本植株，春、夏、秋、冬四季均可扦插；落叶木本植株夏、秋季扦插以树体中上部枝条为宜，冬、春季扦插以枝条的中下部为好。

c. 枝条的发育状况：凡枝条发育充实的枝条，其营养物质比较丰富，扦插容易成活，生长也较好。嫩枝扦插应在插条刚开始木质化即半木质化时采取，硬质扦插多在秋末冬初和营养状况较好的情况下采取，草本植物应在植株生长旺盛时采。

d. 贮藏营养：枝条中贮藏营养物质的含量和组分，与生根难易有关。通常枝条碳水化合物越多，生根就越容易。例如，五味子插条中淀粉含量高的发根率达 63%，中等含量的发根率达 35%，含量低的发根率仅有 17%。枝条中的含氮量过高会影响生根数，低氮可以增加生根数，而缺氮会抑制生根。硼对插条的生根和根系的生长有良好的促进作用，应对采取插条的母株补充必需的硼。

e. 激素：生长素和维生素对生根和根的生长有促进作用。内源激素与生长调节剂的运输方向具有极性运输的特点，如枝条插倒则生根方向仍是枝段的形态学下端，因此，扦插时应特别注意不要将插穗倒插。

f. 插穗的叶面积：叶片能合成生根所需的营养物质和激素，因此，插条的叶面积大时对扦插生根有利。然而在插条未生根前，叶面积越大，蒸腾量越大，插条容易失水枯死。扦插时，应依植物种类及条件，限制插条上的叶数和叶面积，一般留 2~4 片叶，大叶种类要将叶片剪去一半或一半以上。

②外在因素。

a. 扦插基质：理想的扦插基质要求通水透气性良好，pH 适宜，可提供营养元素，既能保持适当的湿度，又能在浇水或大雨后不积水，而且不携带有害的细菌和真菌。生产上基质常采用蛭石、砻糠灰、泥炭土、珍珠岩、河沙等。

b. 温度：一般木本药用植物扦插时，白天气温 21~25℃，夜间气温在 15℃ 时就可以满足插条生根需要。扦插基质温度在 10~12℃ 时插穗可以萌芽，但生根则要求基质温度为 18~25℃。

c. 湿度：插条在生根前失水干枯是扦插失败的主要原因之一。插床湿度要适宜，且要透气良好，一般维持在土壤最大持水量的 60%~80%。采用自动控制的间歇性喷雾装置，可使空气维持较高湿度，从而使叶面保持一层水膜，降低叶面温度，其他如遮阴、塑料薄膜覆盖等方法，也能维持一定的空气湿度。

d. 光照：光对根系的发生有抑制作用，使枝条基部埋于土中避光，才可刺激生根。硬枝扦插生根前可以完全遮光，嫩枝带叶扦插需要有适当的光照，以利于光合作用制造养分，促进生根，但要避免日光直射。同时，扦插后适当遮阴，可以减少扦插基质的水分蒸发和插条的水分蒸腾，使插条的水分保持平衡。

e. 氧气：扦插生根需要氧气。插床中水分、温度、氧气三者是相互依存、相互制约的。土壤中水分多，会引起土壤温度降低，并挤出土壤中的空气，造成缺氧，不利于插条愈合生根，也易导致插条腐烂。一般扦插基质以气体中含 15% 以上的氧气且保有适当水分为宜。

（4）促进插条生根成活的方法

①机械处理。有剥皮、纵刻伤、环剥、缢伤等方法，主要用于不易成活的木本药用植物扦插。

a. 剥皮：对于枝条木栓组织比较发达的枝条（如五味子），或较难发根木本药用植物，插前可将表皮木栓层剥去，注意勿要伤到韧皮部，能有效促进发根。剥皮后能加强插条皮部吸水能力，幼根也容易长出。

b. 纵刻伤：用利刀或手锯在插条基部第 1~2 节的节间刻画 5~6 道纵切口，深达木质部，可促进节部和茎部断口周围发根。

c. 环剥：剪枝条前 15~20 天，将母株上准备采用的枝条基部剥去宽 1.5cm 左右的一圈树皮，在其环剥口长出愈合组织而又未完全愈合时，即可剪下进行扦插。

d. 缢伤：剪枝条前 1~2 周，将作为插穗枝梢的枝条用铁丝或其他材料绞缢。

剥皮、纵刻伤、环剥、缢伤之所以能促进生根，是因为处理后生长素和糖类积累在伤口区或环剥口上方，加强了呼吸作用，提高了过氧化氢酶的活动，从而促进细胞分裂和根原体的形成，有利于促发不定根。

②黄化处理。对于不易生根的枝条在其生长初期用黑纸、黑布或黑色塑料薄膜包扎枝条，使叶绿素消失、组织黄化、皮层增厚、薄壁细胞增多、生长素积累，有利于根原基的分化和生根。黄化处理耗时费事，适用于生根困难的特殊木本植株的扦插繁殖。

③浸水处理。将休眠期插条置于清水中浸泡 12h 左右，使之充分吸水，达到饱和生理湿度，插后可促进根原始体形成，提高扦插成活力。有些植物枝条中含有树脂，常妨碍插条切口愈伤组织的形成且抑制生根，可将插条浸入 30~35℃ 的温水中 2h，使树脂溶解，促进生根。

④加温处理。早春扦插常因温度低生根困难，需加温催根，常用方法有温床催根和冷床倒插催根两种。

a. 温床催根：包括塑料薄膜温床、阳畦、火炕等，具体方法是：底部铺一层沙或锯木屑，厚 3~5cm，将插条成捆直立埋入，捆间用湿沙或锯木屑填充，但顶芽要露出。插条基部温度保持在 20~28℃，气温最好是在 8~10℃，经常喷水保持较高湿度。该处理利于根原体迅速分生，同时使芽生长缓慢。另外，还可用火炕或电热线等热源增温。

b. 冷床倒插催根：一般在冬末春初进行，利用春季地表温度高于坑内温度的特点，将插条倒放坑内，用沙子填满孔隙，并在坑面上覆盖 2cm 厚的沙，使倒立的插穗基部的温度高于插穗梢部，为插穗基部愈伤组织的根原基形成创造了有利条件，从而促进生根，但要注意水分控制。需注意的是该方法可操作性差。

⑤化学药剂处理。部分化学药剂也能有效地促进插条生根，如醋酸、磷酸、高锰酸钾、硫酸锰、硫酸镁等。高锰酸钾溶液处理插条，可以促进氧化，使插条内部的营养物质转变为可溶状态，增强插条的吸收能力，加速根的发生。一般采用的浓度为 0.03%~0.1%，对嫩枝插条用 0.06% 左右的浓度处理为宜。处理时间依植物种类和生根难易不同而异，生根较难的处理 10~24h；生根较易的处理 4~8h。维生素 B_1 和维生素 C 对某些种类的插条生根有促进作用。硼可促进插条生根，与植物生长调节剂合用效果显著，如吲哚

丁酸（IBA）50mg/L加硼10~200mg/L，处理插条12h，生根率可显著提高。2%~5%蔗糖溶液及0.1~0.5%高锰酸钾溶液浸泡12~24h，亦有促进生根和成活的效果。

⑥生长调节剂处理。常用的植物生长调节剂有萘乙酸（NAA）、吲哚乙酸（IAA）、吲哚丁酸（IBA）、2,4-二氧苯氧乙酸（2,4-D）等。处理方法有液剂浸渍、粉剂蘸粘。应用该方法时注意：生长调节剂浓度过大时，其刺激作用会转变为抑制作用，使有机体内的生理过程遭到破坏，甚至引起中毒死亡。

a. 液剂浸渍：将生长调节剂配成水溶液，如不溶于水，先用酒精配成原液，再用水稀释。溶剂可分为高浓度（500~1000mg/L）和低浓度（5~200mg/L）两种，低浓度溶液浸泡插条4~24h，高浓度溶液蘸5~15s。

b. 粉剂蘸粘：配制粉剂时一般用滑石粉作为稀释填充剂，配合量为500~2000mg/L，混合2~3h后即可使用。将插条基部用清水浸湿，蘸粉后扦插。

此外，ABT生根粉是多种生长调节剂的混合物，是一种高效、广谱性促根剂，可应用于多种药用植物扦插促根。一般1g生根粉能处理3000~6000根插条。生根粉共有3种型号，其中1号生根粉用于促进难生根植物插条不定根的诱导，如金茶花、山楂、枣、银杏等；2号生根粉用于一般木本药用植物苗木的繁育，如玫瑰、茶花、葡萄、石榴等；3号生根粉用于苗木移栽时的根系恢复和提高成活率。

⑦其他处理。一些营养物质也能促进生根，如蔗糖、葡萄糖、果糖、氨基酸等。丁香、石竹等插条下端用5%~10%蔗糖溶液浸泡24h后扦插，生根成活率显著提高。一般来说，单用营养物质促进生根效果不佳，配合生长素使用效果更为明显。

2.3.4 嫁接繁殖

将一种植物的枝或芽，接到另一种植物的茎或根上，使之愈合生长在一起形成一个独立的新个体，称为嫁接繁殖；通过嫁接繁殖形成的苗木称为嫁接苗；供嫁接用的枝或芽称为接穗或接芽，承受接穗的植株称为砧木。

（1）嫁接愈合原理

当接穗嫁接到砧木上后，在砧木和接穗伤口的表面，死细胞的残留物形成一层褐色的薄膜覆盖着伤口。在愈伤激素的刺激下，伤口周围的细胞及形成层细胞旺盛分裂，并使褐色的薄膜破裂，形成愈伤组织。愈伤组织不断增加，接穗和砧木间的空隙被填满后，砧木和接穗愈伤组织的薄壁细胞便相互连接起来。愈伤组织不断分化，向内形成新的木质部，向外形成新的韧皮部，进而使导管和筛管也相互沟通，这样砧木和接穗就结合为统一体，形成一个新的植株。

（2）影响嫁接成活的因素

①砧木和接穗的亲和力。亲和力是指砧木和接穗经嫁接后能愈合并能正常生长的能力。嫁接能否成功，亲和力是其最基本的条件。亲和力越强，嫁接愈合性越好，成活率越高，生长发育越正常。

亲和力强弱，取决于砧木和接穗之间的亲缘关系的远近。一般说来，亲缘关系越近，亲和力越强。所以，嫁接时接穗和砧木的配置要选择近缘植物。

②嫁接的时期和环境条件。嫁接时期对嫁接成活率影响很大。枝接一般在植物休眠期进行，多在春、冬两季，以春季最为适宜。春、夏、秋三季都可进行芽接，当皮层能剥离时就可开始，但以夏、秋季较为适宜。宜选择雨季、大风天气嫁接，嫁接时一般温度以 20~25℃为宜，接口应保持一定湿度。嫁接部位包扎要严密，保持较高湿度有利于愈伤组织形成。

③砧木、接穗质量和嫁接技术。砧木和接穗发育充实，生长健壮，贮藏营养物质较多时，嫁接易成活。

嫁接技术要求快、平、准、紧、严，即动作速度快、削面平、形成层对准、包扎捆绑紧、封口严。

（3）嫁接方法

林源药用植物的嫁接常用枝接和芽接。枝接包括劈接、切接、腹接、插皮接等；芽接包括"T"形芽接、嵌芽接、方块芽接、套芽接等。

①枝接。枝接的接穗既可以是 1 年生休眠枝，也可以是当年新梢，同样嫁接时砧木既可处于未萌发即将解除休眠时期的状态，也可以处于正在生长的状态。因此，按照接穗与砧木的生长状况有以下 4 种类型：一是硬枝对硬枝，即接穗为休眠的 1 年生枝，个别木本植株也可用多年生枝，砧木为即将解除休眠或已展叶的硬枝；二是嫩枝对硬枝，即接穗为当年新梢，砧木为已展叶的硬枝；三是嫩枝对嫩枝，即接穗和砧木均为当年新梢；四是硬枝对嫩枝，即将保持不发芽的 1 年生硬枝嫁接到当年新梢上。其中第 1 种方法应用最为普遍，各种木本药用植物基本都采用，其嫁接的时期以春季萌芽前后至展叶为主，在保持接穗不发芽的前提下，嫁接时期晚一些成活率更高，但不能过晚。其他 3 种方法只适应于五味子等少数木本植物。

a. 劈接：接穗基部削成两个长度相等的楔形削面，两削面长约 3cm，外侧稍厚于内侧。将砧木在嫁接部位剪断或锯断，削平切口后，用劈刀在砧木中心纵劈一刀，深 3~4cm。用劈刀将切口撬开，插入接穗，厚侧在外，薄侧向里，并使接穗的外侧形成层与砧木的形成层对准，接穗削面上端微露，然后用薄膜条将所有的伤口全都包严，以防失水过多影响成活。较粗的砧木可以同时接入两个接穗，有利于伤口的愈合(图 2-2)。

b. 切接：选择长 5~8cm、有 2~3 个饱满芽的接穗，过长的接穗萌芽后生长势较弱。将接穗基部削成一长一短两个削面，长削面 2~3cm，与顶芽同侧，对面的短削面长 1cm 左右。砧木在距地面 5~8cm 平滑处剪断，削平截面后，选择皮层平整光滑面，由截口稍

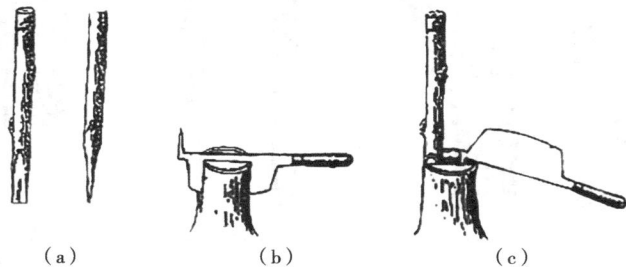

（a）　　　　　（b）　　　　　（c）

图 2-2　劈接

（a）削接穗；（b）劈砧木；（c）插入接穗

带木质部处垂直向下纵切2~3cm，长削面向里插入接穗，砧穗形成层对准，用薄膜条等绑缚即可(图2-3)。

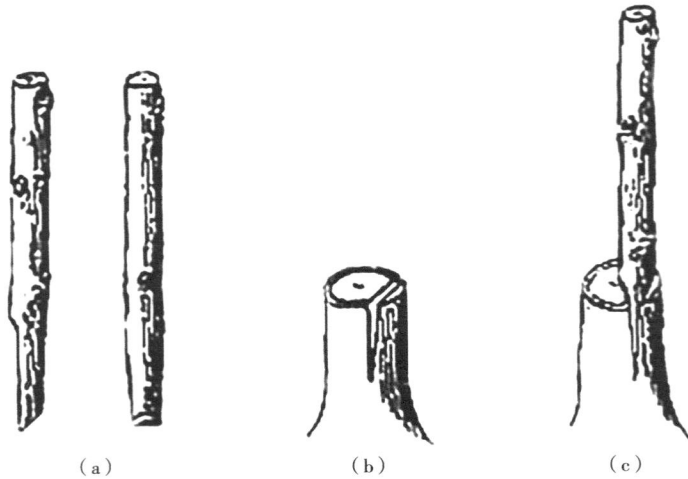

图2-3 切接
(a)削接穗；(b)纵切砧木；(c)砧穗结合

c. 腹接：又称为腰接，分普通腹接及皮下腹接两种，是在砧木腹部进行的枝接。常用于针叶树的繁殖，砧木不去头，或仅剪去顶梢，待成活后再剪去接口以上的砧木枝干。

普通腹接(图2-4)：接穗削成偏楔形，长削面长3cm左右，削面要平而渐斜，背面削成长2.5cm左右的短削面。砧木在适当的高度，选择平滑的一面，自上而下斜切一口，切口深入木质部，但切口下端不宜超过髓心，切口长度与接穗长削面相当。将接穗长削面朝里插入切口，注意形成层对齐，接后绑扎保湿。

皮下腹接(图2-5)：皮下腹接即砧木切口不伤及木质部，将砧木横切一刀，再竖切一刀，呈"T"字形切口。接穗长削面平直斜削，在背面下部的两侧向尖端各削一刀，以露白为度。撬开皮层插入接穗，绑扎。

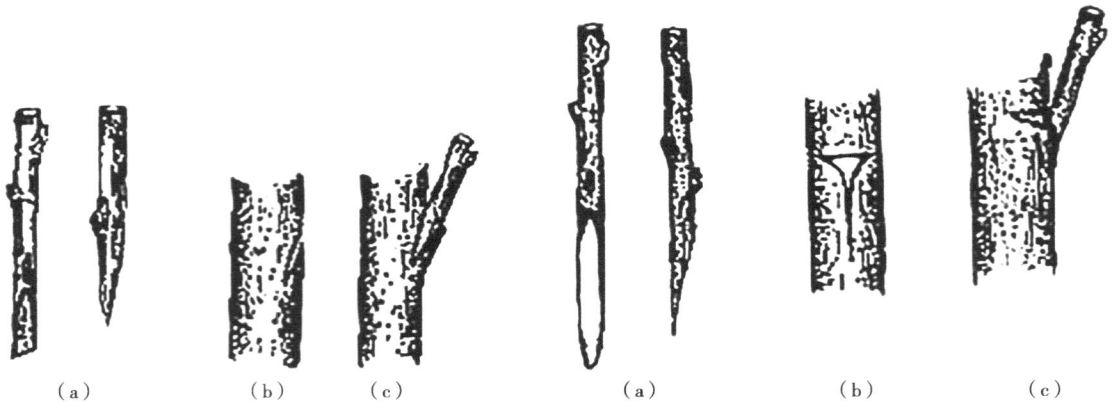

图2-4 普通腹接
(a)削接穗；(b)切砧木；(c)插入接穗

图2-5 皮下腹接
(a)削接穗；(b)切砧木；(c)插入接穗

d. 插皮接：插皮接是枝接中最易掌握，成活率最高，应用也较广泛的一种方法（图 2-6），要求在砧木较粗、容易剥皮的情况下采用。在苗木培育中用该法高接和低接的都有，如龙爪槐的嫁接和花果类树木的高接换种等。如果砧木较粗可同时接上 3~4 个接穗，均匀分布，成活后即可作为新植株的骨架。

一般在距地面 5~8cm 处或树冠大枝的适当部位断砧，削平断面，选平滑处，将砧木皮层划一纵切口，深达木质部，长度为接穗长度的 1/2~2/3，顺手用刀尖向左右挑开皮层。

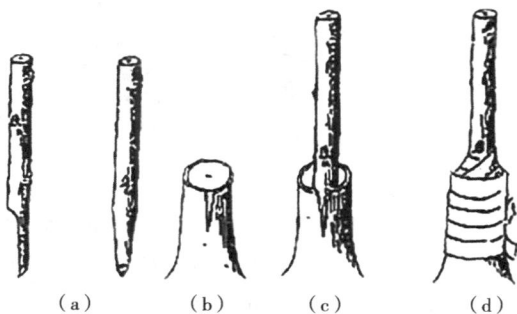

图 2-6　插皮接

(a)削接穗；(b)切砧木；(c)插入接穗；(d)绑

接穗削成长 2~3cm 的单斜面，削面要平直并超过髓心，背面末端削成 0.5cm 的一小斜面或在背面的两侧再各微微削一刀。

嫁接时把接穗从砧木切口沿木质部与韧皮部中间插入，长削面朝向木质部，并使接穗背面对准砧木切口正中，接穗上端注意露白。如果砧木较粗或皮层韧性较好，可直接将削好的接穗插入皮层。

插入后用塑料条由下向上捆扎紧密，使形成层密接和接口保湿。嫁接后同样可采用套袋、封土、涂接蜡，或用绑带包扎接穗等措施。

②芽接。用芽接方法培育苗木时按育苗周期长短分为两类：一是一年苗，即砧木当年播种、当年嫁接、秋冬成苗，如长江以南地区培育的核果类果树苗大多是一年苗，在北方地区设施条件下采用早播种、早嫁接同样也能获得一年苗；二是二年苗，即嫁接当年接芽不萌发，翌年春季开始生长，秋冬成苗，从播种到成苗需两个生长季节。梨、柑橘等苗木大多数是二年苗，南方地区采取相关技术措施也能获得一年苗。

a. "T"形芽接：又称为盾状芽接和"丁"字形芽接，在砧木和接穗均离皮时进行。剪取当年生新梢，用手或修枝剪去除叶身，仅留叶柄。接穗上端向上，手持接穗，先在芽上方 0.5cm 左右处横切一刀，将 1/3 以上的接穗皮层完全切断，然后在芽的下方 1~2cm 处下刀，略倾斜向上推削到横切口，用手捏住芽的两侧，左右轻摇掰下芽片。芽片长 1.5~2.5cm，宽 0.6~0.8cm，不带木质部；在砧木离地 3~5cm 处切开"T"形切口，纵切口应短于芽片，宽度应略宽于芽片，用芽接刀柄剥开皮层，插入芽，芽片的上端对齐砧木横切口，切忌留有空隙或与砧木皮层重叠。接芽插入后用薄膜条从下向上绑紧，使芽片的上切口与砧木的横切口更好地紧密接触，但要求芽眼和叶柄露出（图 2-7）。

b. 嵌芽接：带木质部芽接的一种方法，在砧木和接穗不离皮时进行。接穗上端向下，手持接穗，先在接穗的芽上方 0.8~1.0cm 处向下斜切一刀，长约 1.5cm，然后在芽下方 0.5~0.8cm 处，呈 30°倾斜角斜切至第一刀刀口底部，取下带木质部芽片。芽片长 1.5~2.0cm。按照芽片大小，在砧木上由上向下切一切口，切口比芽片稍长，将芽片嵌入切口中，注意芽片上端必须微露出砧木皮层，以利于愈合。尽量使接穗形成层下部和两侧与砧

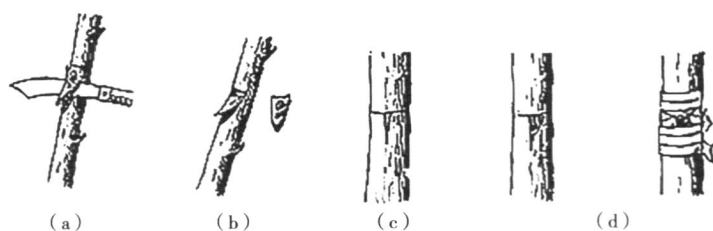

图 2-7 "T"形芽接

(a)削取芽片；(b)芽片形状；(c)切砧木；(d)插入芽片与包扎

木对齐，若砧木和接穗的粗度不一致，至少一侧要对齐，最后用薄膜条从上向下绑缚，使芽片的下切口与砧木的下切口更好地紧密接触(图 2-8)。

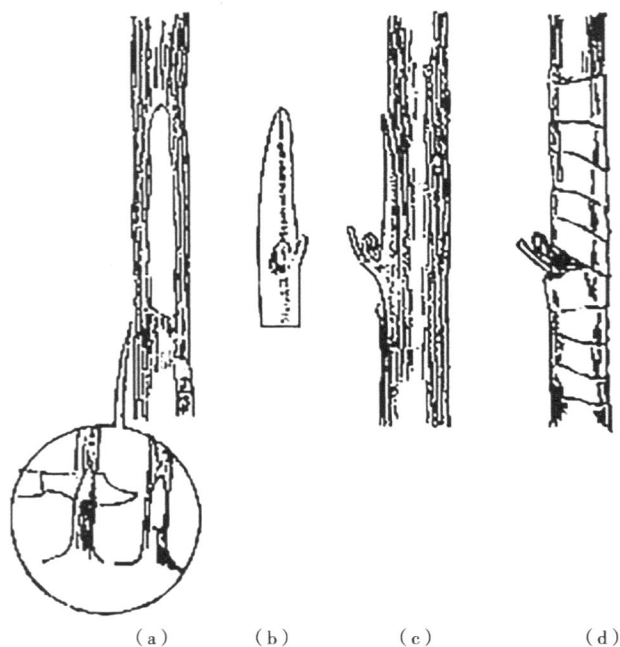

图 2-8 嵌芽接

(a)取芽片；(b)芽片形状；(c)插入芽片；(d)绑扎

c. 方块芽接：称为块状芽接。该法芽片与砧木形成层接触面大，成活率高。具体方法是取长方形芽片，再按芽片大小在砧木上切割剥皮或切成工字形剥开，嵌入芽片，最后绑扎紧(图 2-9)。

d. 套芽接：又称为环状芽接。该法接触面大，成活率高，主要用于皮部易剥离的树种，在春季树液流动后进行。先从接穗芽上方 1cm 处断枝，再从下方 1cm 处环切割断皮层，然后用手轻轻扭动使树皮与木质部脱离，或纵切一刀后剥离，抽出管状芽套。选粗细与接穗相同或稍粗的砧木，用相同的方法剥掉树皮，或条状剥离。将芽套套在木质部上，再将砧木上的皮层向上包合，盖住砧木与接穗的接合部，最后绑扎紧(图 2-10)。

嫁接机器人技术是近年在国际上出现的一种集机械、自动控制与嫁接技术于一体的高

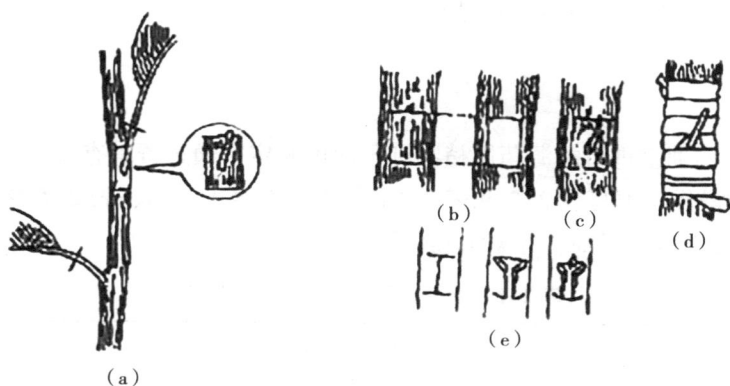

图 2-9　方块芽接

(a)接穗去叶及削芽；(b)砧木切削；(c)芽片嵌入；(d)绑扎；(e)工字形砧木切削及芽片插入

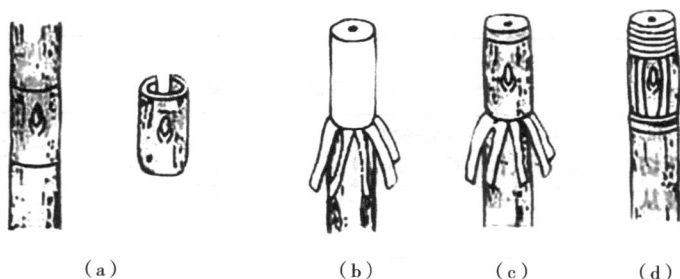

图 2-10　套芽接

(a)套状芽片；(b)削砧木，剥树皮；(c)接合；(d)绑扎

新技术，它可在极短的时间内，把双子叶植物苗茎秆——直径为几毫米的砧木、接穗嫁接为一体，使嫁接速度大幅度提高。同时，由于砧木、接穗结合迅速，避免了切口长时间氧化和苗内液体的流失，从而又大大提高了嫁接成活率。

(4)嫁接后管理

对于木本药用植物，嫁接后的管理相对简单。首先要检查嫁接成活率，一般应在枝接后1个月、芽接嫁接后半个月进行，不成活的应适时补接，同时还应进行解除绑缚物、剪砧、除萌蘖以及苗圃内整形等操作。

此外，还需要对环境条件进行管理，主要包括以下几项。

①温度管理。温度过低或过高均不利于接口愈合，影响其成活率。早春低温季节嫁接育苗应在温床(电热温床或火道温床)中进行，待伤口愈合后即可转入正常的温度管理。

②湿度管理。嫁接伤口愈合前，须常浇水，减少蒸发，使空气湿度保持在90%以上，待成活后再转入正常湿度管理。

③光照调控。嫁接后3~4天内需要全遮光处理，以防产生高温，同时也能保持较高湿度。

④二氧化碳与激素处理。设施环境内施用二氧化碳可使嫁接苗生长健壮。二氧化碳的增加使幼苗光合作用增强，可以促进嫁接部位组织的融合。另外，嫁接口用一定浓度的外

源激素处理，也可明显提高嫁接苗的成活率。

实训

[**实训五**]在实训室进行林源药用植物种子净度测定。通过资料查阅，完成林源药用植物种子净度测定操作，填写表2-2和表2-3(具体可参照表2-4、表2-5给出的精度及容许差距要求)，要求步骤详细，并总结实训体悟。

表2-2 林源药用植物种子净度测定

实施项目	工具材料	测定时间	操作步骤与技术要点	难点与重点	结果与体会

表2-3 送检样品净度测定

样品	试样质量(g)	纯净种子质量(g)	其他植物种子质量(g)	夹杂物质量(g)	总质量(g)	净度(%)	备注
重复1							
重复2							
…							
平均净度							
实际差距			容许差距				
测定结果	有效□ 无效□		测定时间				测定人：

表2-4 净度测定称量精度

测定样品(g)	称重至小数位数	测定样品(g)	称重至小数位数
1.0000以下	4	100.0~999.9	1
1.000~9.999	3	1000及1000以上	0
10.00~99.99	2		

表2-5 同一送检样品净度分析容许差距(5%显著水平的两次测定)

两次分析结果平均		不同测定之间的容许差距			
		半样品		全样品	
50%以上	50%以下	无稃壳种子或非黏滞性种子	有稃壳种子或黏滞性种子	无稃壳种子或非黏滞性种子	有稃壳种子或黏滞性种子
99.95~100.00	0.00~0.04	0.20	0.23	0.1	0.2
99.90~99.94	0.05~0.09	0.33	0.34	0.2	0.2
99.85~99.89	0.10~0.14	0.40	0.42	0.3	0.3
99.80~99.84	0.15~0.19	0.47	0.49	0.3	0.4
99.75~99.79	0.20~0.24	0.51	0.55	0.4	0.4
99.70~99.74	0.25~0.24	0.55	0.59	0.4	0.4
99.65~99.69	0.30~0.34	0.61	0.65	0.4	0.5

（续）

两次分析结果平均		不同测定之间的容许差距			
		半样品		全样品	
50%以上	50%以下	无稃壳种子或非黏滞性种子	有稃壳种子或黏滞性种子	无稃壳种子或非黏滞性种子	有稃壳种子或黏滞性种子
99.60~99.64	0.35~0.39	0.65	0.69	0.5	0.5
99.55~99.59	0.40~0.44	0.68	0.74	0.5	0.5
99.50~99.54	0.45~0.49	0.72	0.76	0.5	0.5
99.40~99.49	0.50~0.59	0.76	0.80	0.5	0.6
99.30~99.39	0.60~0.69	0.83	0.89	0.6	0.6
99.20~99.29	0.70~0.79	0.89	0.95	0.6	0.7
99.10~99.19	0.80~0.89	0.95	1.00	0.7	0.7
99.00~99.09	0.90~0.99	1.00	1.06	0.7	0.8
98.75~98.99	1.00~1.24	1.07	1.15	0.8	0.8
98.50~98.74	1.25~1.40	1.19	1.26	0.8	0.9
98.25~98.49	1.50~1.74	1.29	1.37	0.9	1.0
98.00~98.24	1.75~1.99	1.37	1.47	1.0	1.0
97.75~97.99	2.00~2.24	1.44	1.54	1.0	1.1
97.50~97.74	2.25~2.49	1.53	1.63	1.1	1.2
97.25~97.49	2.50~2.74	1.60	1.70	1.1	1.2
97.00~97.24	2.75~2.99	1.67	1.78	1.2	1.3
96.50~96.99	3.00~3.49	1.77	1.88	1.3	1.3
96.00~96.49	3.50~3.99	1.88	1.99	1.3	1.4
95.50~95.99	4.00~4.49	1.99	2.12	1.4	1.5
95.00~95.49	4.50~4.99	2.09	2.22	1.5	1.6
94.00~94.99	5.00~5.99	2.25	2.38	1.6	1.7
93.00~93.99	6.00~6.99	2.43	2.56	1.7	1.8
92.00~92.99	7.00~7.99	2.59	2.73	1.8	1.9
91.00~91.99	8.00~8.99	2.74	2.90	1.9	2.1
90.00~90.99	9.00~9.99	2.88	3.04	2.0	2.2
88.00~89.99	10.00~11.99	3.08	3.25	2.2	2.3
86.00~87.99	12.00~13.99	3.31	3.49	2.3	2.5
84.00~85.99	14.00~15.99	3.52	3.71	2.5	2.6
82.00~83.99	16.00~17.99	3.69	3.90	2.6	2.8
80.00~81.99	18.00~19.99	3.86	4.07	2.7	2.9
78.00~79.99	20.00~21.99	4.00	4.23	2.8	3.0
76.00~77.99	22.00~23.99	4.14	4.37	2.9	3.1
74.00~75.99	24.00~25.99	4.26	4.50	3.0	3.2
72.00~73.99	26.00~27.99	4.37	4.61	3.1	3.3
70.00~71.99	28.00~29.99	4.47	4.71	3.2	3.3
65.00~69.99	30.00~34.99	4.61	4.86	3.3	3.4
60.00~64.99	35.00~39.99	4.77	5.02	3.4	3.6
50.00~59.99	40.00~49.99	4.89	5.16	3.5	3.7

[**实训六**]在实训室进行林源药用植物种子千粒重测定。通过资料查阅，完成林源药用植物种子千粒重测定操作，填写表 2-6 和表 2-7，要求步骤详细，并总结体悟。

表 2-6　林源药用植物种子千粒重测定

实施项目	工具材料	测定时间	操作步骤与技术要点	难点与重点	结果与体会

表 2-7 种子千粒重测定记录表(百粒法)

编号_____ 药用植物_____ 测试地点_____ 测试仪器名称_____

重复号	1	2	3	4	5	6	7	8	9	10	11	12	13	14	15	16
质量(g)																
标准差																
平均质量(g)																
变异系数																
千粒重(g)×10																

第____组数据超过了容许误差，本次测定根据第____组计算。

本次测定：有效□ 无效□ 测定人_____ 校核人_____

测定日期：____年____月____日

[**实训七**]在实训室进行林源药用植物种子含水量的测定。通过资料查阅，完成林源药用植物种子含水量的测定操作，填写表 2-8 和表 2-9(具体可参照表 2-10 给出的容许差距)，要求步骤详细，并总结实训体悟。

表 2-8 林源药用植物种子含水量的测定

实施项目	工具材料	测定时间	操作步骤与技术要点	难点与重点	结果与体会

表 2-9 含水量测定记录表

容器号	1 号	2 号	3 号
容器质量(g)			
容器及测定样品原质量(g)			
烘至恒重(g)			
测定样品原质量(g)			
水分质量(g)			
含水量(%)			
平均含水量(%)			

表 2-10 含水量测定两次重复间的容许差距

种子大小类别	平均原始水分		
	<12%	12%~25%	>25%
小种子	0.3	0.5	0.5
大种子	0.4	0.8	2.5

注：含水量测定结果在质检书上填报，精度为 0.1%；小种子是指每千克超过 5000 粒的种子。

[**实训八**]在实训室进行林源药用植物种子发芽率和发芽势的测定。通过资料查阅，完成林源药用植物种子发芽率和发芽势测定操作，填写表 2-11 和表 2-12(具体可参照表 2-13 给出的最大容许误差)，要求步骤详细，并总结实训体悟。

表 2-11　林源药用植物种子发芽率和发芽势的测定

实施项目	工具材料	测定时间	操作步骤与技术要点	难点与重点	结果与体会

表 2-12　种子发芽测定记录表

植物_____　　温度_____　　湿度_____　　光照_____　　测定时间_____

重复	发芽种子数(粒)	霉烂种子数(粒)	死亡种子数(粒)	未发芽种子数(粒)	发芽但不正常幼苗数(株)	发芽率(%)
1						
2						
3						
4						
平均发芽率(%)						
误差	容许误差：　　　　　实际误差： 本次测定结果：有效□　无效□					

表 2-13　同一发芽试验 4 次重复间的最大容许误差(2.5% 的显著水平)

平均发芽率		最大容许误差
50% 以上	50% 以下	
99	2	5
98	3	6
97	4	7
96	5	8
95	6	9
93~94	7~8	10
91~92	9~10	11
89~90	11~12	12
87~88	13~14	13
84~86	15~17	14
81~83	18~20	15
78~80	21~23	16
73~77	24~28	17
67~72	29~34	18
56~66	35~45	19
51~55	46~50	20

注：引自《农作物种子检验规程》(GB/T 3543.4—1995)。

[**实训九**]在实训室进行林源药用植物种子生活力的快速测定。通过资料查阅，完成林源药用植物种子生活力的快速测定操作，填写表 2-14 和表 2-15，要求步骤详细，并总结实训体悟。

表 2-14 林源药用植物种子生活力的快速测定

实施项目	工具材料	测定时间	操作步骤与技术要点	难点与重点	结果与体会

表 2-15 林源药用植物生活力测定记录

编号_____

林源药用植物_____ 样品号_____ 样品情况_____
染色剂_____ 浓度_____
测试地点_____
环境条件：温度_____℃ 湿度_____%
测试仪器：名称_____ 编号_____

重复	测定种子粒数	种子解剖结果					进行染色粒数	染色结果				平均生活力（%）	备注
		腐烂粒	涩粒	病虫害粒	空粒	正常		无生活力		有生活力			
								粒数	%	粒数	%		
1													
2													
3													
4													
平均													

测定方法：

实际差距_____ 容许差距_____
本次测定：有效 □ 无效 □
测定人_____ 校核人_____ 测定日期____年___月___

[**实训十**]在实训室进行林源药用植物种子处理与催芽。通过资料查阅，完成林源药用植物种子处理与催芽操作，填写表 2-16，要求步骤详细，并总结实训体悟。

表 2-16 林源药用植物种子处理与催芽

实施项目	工具材料	实训时间	操作步骤与技术要点	难点与重点	结果与体会

[**实训十一**]在苗圃及周边实训基地进行林源药用植物播前整地和播种。通过资料查阅，完成播前整地和播种操作，填写表 2-17，要求步骤详细，并总结实训体悟。

表 2-17　林源药用植物播前整地和播种

实施项目	工具材料	实训时间	操作步骤与技术要点	难点与重点	结果与体会

[**实训十二**]在校园及周边实训基地进行林源药用植物压条与分株繁殖。通过资料查阅，完成压条与分株操作，填写表 2-18，要求步骤详细，并总结实训体悟。

表 2-18　林源药用植物压条与分株繁殖

实施项目	工具材料	实训时间	操作步骤与技术要点	难点与重点	结果与体会

[**实训十三**]在校园及周边实训基地进行林源药用植物扦插繁殖。通过资料查阅，完成扦插操作，填写表 2-19，要求步骤详细，并总结实训体悟。

表 2-19　林源药用植物扦插繁殖

实施项目	工具材料	实训时间	操作步骤与技术要点	难点与重点	结果与体会

[**实训十四**]在校园及周边实训基地进行木本林源药用植物嫁接繁殖。通过资料查阅，完成嫁接操作，填写表 2-20，要求步骤详细，并总结实训体悟。

表 2-20　木本林源药用植物嫁接繁殖

实施项目	工具材料	实训时间	操作步骤与技术要点	难点与重点	结果与体会

🔖 **课后自测**

一、名词解释

种子生理后熟；种子形态成熟；种子休眠；种子安全含水量；实生苗；亲和力。

二、填空题

1. 影响插条育苗成活的因素有 _____ 、 _____ 、 _____ 、 _____ 、 _____ 、 _____ 和 _____ 等。

2. 硬枝扦插的工序是 _____ 、 _____ 、 _____ 、 _____ 、 _____ 和 _____ 。

3. 常用的催根方法有 _____ 、 _____ 、 _____ 、 _____ 和 _____ 等，其中最常用的是 _____ 。

4. 影响嫁接成活的因素有 _____ 、 _____ 、 _____ 、 _____ 和 _____ 。

5. 嫁接操作要领"平、快、准、紧、湿"的含义是 _____ 、 _____ 、 _____ 、 _____ 和 _____ 。

三、单选题

1. 种皮上有蜡质或油脂的种子，催芽的方法是(   )。

A. 水浸催芽   B. 层积催芽   C. 苏打水浸种   D. 微量元素浸种

2. 播种时覆土厚度应是种子厚度(短轴直径)的(   )。

A. 1~2 倍   B. 2~3 倍   C. 3~4 倍   D. 4~5 倍

3. 母树年龄影响插穗生根，扦插成活率最高的采条母树是(   )。

A. 苗木   B. 幼树   C. 青年期树木   D. 成年期树木

4. 遮阴是育苗管理的重要措施，它用于(   )。

A. 阴性植物   B. 中偏阴植物   C. 扦插育苗   D. A+B+C

5. 用化肥进行根外追肥，采用的浓度是(   )。

A. 0.1%~0.5%   B. 0.5%~1.0%   C. 1.0%~1.5%   D. 2.0%

6. 种子品质检验是检验种子的(   )。

A. 遗传品质   B. 播种品质   C. A+B   D. 无须检验

7. 扦插育苗插穗的长度一般是(   )。

A. 5~10cm   B. 15~20cm   C. 20~30cm   D. 30~40cm

8. 用生根促进剂 ABT 快速处理插穗的浓度一般是(   )。

A. 50~100mg/L   B. 100~200mg/L   C. 300~500mg/L   D. 500~1000mg/L

9. 以下情况亲和力最强的是(   )。

A. 同种不同个体间   B. 同属不同树种间   C. 不同属树种间   D. 不同科树种间

10. 检查枝接成活率一般应在嫁接后(   )进行。

A. 0.5 个月   B. 1 个月   C. 1.5 个月   D. 2 个月

11. 改良酸性土可用(   )。

A. 石灰   B. 硫黄   C. A+B   D. 无须改良

12. 枝接效果最好的季节是(   )。

A. 春   B. 夏   C. 秋   D. 冬

13. 使用植物激素效果最好的时期是(   )。

A. 出苗期   B. 幼苗期   C. 速生期   D. 硬化期

14. 贮藏种子最适宜的温度是(   )。

A. $-10 \sim -5\,℃$ B. $-5 \sim 0\,℃$ C. $0 \sim 5\,℃$ D. $5 \sim 10\,℃$

四、简答题

1. 引起种子生理休眠的原因有哪些？

2. 种子品质检验的指标有哪些？

3. 播种前如何对种子进行处理？促进种子萌芽的方法有哪些？

4. 怎样培育优质播种苗？

5. 怎样进行根外追肥？

6. 简述如何提高嫁接育苗成活率。

单元 3 林源药用植物栽培管理

学习目标

知识目标：

（1）了解肥料种类和特点；

（2）掌握土壤管理、施肥管理、水分管理，以及个体与群体管理的主要方法。

技能目标：

能对林源药用植物采用恰当的土肥水管理，以及个体与群体管理。

素质目标：

培养爱岗敬业、团结协作的精神，具备吃苦耐劳的品格。

拓展知识：水
肥一体化技术

3.1 林源药用植物栽培土肥水管理

良好的土壤环境条件为林源药用植物生长奠定了基础，而林源药用植物在生长过程会不断地从土壤汲取营养，为补充土壤亏空的营养、保证获得优质高产药材，需要在药材生长过程中加强土肥水管理。

3.1.1 土壤管理

土壤常规的管理措施主要有以下几种。

（1）深翻熟化，改良土壤

草本林源药用植物根系分布较浅，一般为 15~30cm，而木本林源药用植物根系分布较深，因此，深翻深度与种植药用植物类型有很大关系。深翻后根系分布层加深，水平根分布较远，根量明显增加，根系的生长、吸收和合成机能增强，从而促进地上部分的生长。

①深翻时期。土壤深翻在春、夏、秋、冬四季均可进行。

②深翻深度。深翻深度根据土质和植物种类而定。黏质土壤宜深，砂质土壤可适当浅翻；地下水位低，土层厚，栽植深根性树种时宜深翻，反之则浅；下层有黄淤土、白干土或胶泥板时，深翻深度则以打破该层土为宜，以利渗水。可见，土壤深翻深度要因地、因树而异，不是越深效果越好，一般为 60~100cm，但最好距根系主要分布层稍深、稍远一些，以促使根系向纵深生长，扩大吸收范围，提高根的抗逆性。深翻后的效果可保持数年，因此，不需要每年都进行深翻。深翻效果持续年限的长短与土壤有关，一般黏土地和涝洼地容易恢复紧密，保持年限较短；疏松的砂土则保持年限较长。

③深翻方式。深翻方式较多,常用的主要有以下几种。

a. 深翻扩穴:在幼树定植数年后,结合施基肥,每年或隔年以树木主干为中心按树冠大小,逐渐以同心圆的形式,自内向外扩大树盘。其范围以株行间深翻至土壤肥、水、气、热相通为止。这种方法,每次用工较少,适用于面积大、劳动力少的情况。但每次翻土范围较小,需3~4次才能完成,而每次扩穴都会动土伤根,因此,连年扩穴,会对植株造成不良影响。为了提高深翻效果,可根据条件,适当减少深翻次数和年限。

b. 隔行深翻:隔行深翻即隔一行翻一行。在山区,这种深翻可以和修筑梯田、撩壕等工程结合起来,在平原地区可以采用机械化进行。

上述深翻方式,应根据具体情况灵活运用。一般小树根量较少,一次深翻伤根不多,对树体影响不大。成年树根系已布满全园,因此,采用隔行深翻伤根较少,较为适宜。

④深翻方法。

a. 深翻沟的形式:林源药用植物根系外貌一般多为圆锥形,即上宽下窄。为了给根系生长创造良好的环境条件,便于其纵深发展,深翻沟壁时应根据土壤情况,选择上窄下宽的形式,且沟底应向根侧扩展。

b. 保护根系:为尽量减少对地上部的影响,深翻时应尽量少伤根,尤其是不能断伤大根,其对植物影响较大。如遇大根,应先挖出根下部的土,待根露出后,随即用湿土覆盖,以防根系失水降低生活力。

c. 翻土回填:深翻挖出的土壤,一般是表土较肥沃,而心土尚未充分熟化。由于根系多分布在较上部的熟土层处,所以应将挖出的表土及附近未深翻处的表土回填沟底,耙成斜坡状,并将近地表的根系下移,降低根位,以促进根系向深层生长。把心土放置在最上层,使其迅速熟化,以提高土壤肥力。同时,结合土壤回填,可进行简单的土壤改良,如底层为粗砂或砂砾层时,可向沟中回填15cm的黏土,以增强保肥保水能力。

d. 施用有机物和有机肥:深翻时可结合施用有机物或有机肥,以提高深翻效果。例如,将树枝、秸秆、落叶或有机肥等放在沟底,可改良土壤通气状况,增加土壤保墒能力,提高土壤肥力。一般翻土1m³,平均施入有机肥40~80kg。秸秆可扎成束,横放于沟底。

e. 灌溉和排水:土壤深翻后,根据墒情适当灌水,可提高根系的生理机能,使根系、有机质与土壤密接,以利于有机质的腐烂、分解,及早发挥深翻效果。深翻处的土壤,在灌水下沉后,应及时填平。

(2)培土、覆盖、遮阴

①培土。适当培土可以增加土层厚度,改善土壤结构,提高土壤肥力,促进根系生长。对于较寒冷的地区,培土一般在晚秋初冬进行,可以起到保温防寒的作用。

培土种类根据栽培地土壤种类而定。例如,沙滩地宜培黄胶泥;黏质土壤应培砂土;山区薄地可就地取材培富含有机质的草皮。在培土过程中,要注意掌握适宜的培土厚度,过薄起不到培土的作用,过厚对树木的生长发育不利,一般培土厚度以5~10cm为宜。

②覆盖。栽培地覆盖可以防止土壤水分过度蒸发，在干旱地区是土壤保湿防旱的一项重要措施。同时，覆盖还可以减小土壤温度的变化幅度，防治杂草的过度滋生，覆盖物腐烂后又可以增加土壤有机质。土壤养分、温度及湿度状况的改变又会促进土壤微生物的活动，从而使硝酸盐和磷酸盐积累增加，提高土壤肥力。在风沙严重的地区，合理覆盖还可以防止土壤遭受严重的风沙侵蚀。

覆盖材料的种类很多，如厩肥、马粪、落叶、秸秆、杂草、河泥、塑料薄膜等，同时也可以通过间作适当作物的方式间接实现覆盖，以能够就地取材、因地制宜为佳。例如，在甘肃省靠近沙漠边缘的地区采用石板或石砾覆盖，可有效防止土壤遭受风沙侵蚀，并提供保墒作用；在河北坝上地区、内蒙古自治区和宁夏回族自治区，在树行间间作固沙植物、在山区和丘陵间作绿肥作物，均能取得很好的覆盖效果。

覆盖时期的选择与覆盖目的相关。若为了防寒，则在冬季覆盖；若为了防旱，则在旱季来临前覆盖；若为了防止返碱，则在春季转暖时覆盖。覆盖期不宜过长，当达到覆盖目的后，应及时除去覆盖物或翻耕，否则常导致害虫寄生或影响根系生长。例如，冬季覆盖秸秆可起到防寒的效应，但到了翌年春季又容易导致地温上升过慢，使树木萌发延迟。因此，在春季气温回升时可通过及时去除覆盖物，或春季覆盖薄膜、夏季覆盖秸秆的方法来实现地温调控。

③遮阴。遮阴是在耐阴的药用植物栽培地上设置荫棚或遮蔽物，使幼苗或植株不受直射光的照射，能防止地表温度过高、减少土壤水分蒸发、保持一定的土壤湿度，以维持耐阴药用植物生长环境良好的一项措施。有些药用植物喜阴湿、怕强光，如不人为创造阴湿环境条件，其可能生长较差，甚至死亡。目前常用的遮阴方法主要是搭设荫棚。由于耐阴植物对光的反应不同，要求荫棚的遮光度也不一样，应根据药用植物种类及其生长发育期的不同，调节棚内的透光度。

在林间种植，可利用树冠遮阴。这样可以降低生产成本，而且提高了经济效益和生态效益，值得大力推广。与其他作物间作、套作，对一些喜湿润，不耐高温、干旱及强光的可不搭荫棚，而用间作或套作作物代替遮阴，减少了日光的直接照射，给其创造了一个阴湿的环境条件，有利于生长发育。

3.1.2 施肥管理

土壤是植物养分源泉和储存库，但由于土壤养分数量和释放速度有限，不能完全满足药用植物生长需要，因此必须人为地向土壤补充各种养分，即进行施肥。药用植物的生长发育阶段对各种大量元素(碳、氢、氧、氮、磷、钾)和微量元素(硫、钙、镁、铁、锰、硼、锌、铜、钼、氯)的需求量不同，且有极其复杂的平衡与制约关系，如果肥料施用不当，会对药用植物的生长发育造成不良影响。因此，必须在了解肥料性质和药用植物生物学特性的基础上进行科学施肥。

(1)肥料的种类

肥料的种类很多，按作用不同可分为直接肥料和间接肥料。前者可以直接提供植物所需的各种养料；后者通过改善土壤的物理、化学和生物学性质而间接影响植物的生长发育。肥料按其来源分为有机肥、无机肥、微生物肥料。有机肥如绿肥、沤肥、厩肥等；无机肥包括氮、磷、钾、复合肥和微量元素肥料。常用的无机氮肥有尿素、碳酸氢铵、硫酸铵、硝酸铵等；无机磷肥有过磷酸钙、磷矿粉等；无机钾肥有磷酸钾、氯化钾等；无机复合肥有磷酸铵、磷酸二氢钾、磷酸二铵、硝酸磷肥。微量元素肥料有硼肥、铁肥、铜肥、锌肥等。常见微生物肥料主要由固氮菌、根瘤菌类、解磷微生物、硅酸盐细菌、植物根际促生细菌（PGPR）类制剂、光合细菌等制备而成。另外，按照其见效的快慢又可分为速效、缓效和迟效肥料；也可按植物生长发育不同阶段对养分的要求分为种肥、追肥、基肥等。

《中药材生产质量管理规范》允许使用的肥料类别如下。

①农家肥。农家肥是在农村就地取材的自然肥料，它含有大量的有机质，又含有大量的氮、磷、钾和其他多种营养元素，长期施用能促进形成土壤团粒结构，改善土壤性质，提高土壤的保水、保肥能力和通气性，尤其适用于多年生药用植物和根及根茎类药用植物。常见的农家肥料有人粪尿、家畜粪尿、厩肥、堆肥、沤肥、沼气池肥、饼肥、禽粪、草木灰等，但上述农家肥料必须未经污染，施用时应经过充分发酵腐熟。

②绿肥。绿肥为青嫩植物直接翻压或割下堆沤所制成的肥料。豆科绿肥可以固定大气中的氮，富集土壤中的磷和钾。我国绿肥资源丰富，目前已栽培利用和可供栽培利用的绿肥植物就有 200 多种。在我国南方各地主要利用冬闲田栽培紫云英、金花菜、箭舌豌豆、肥田萝卜、蚕豆、豌豆、油菜等作为主要作物的肥源，而北方各地以一年生绿肥居多，种类有箭舌豌豆、草木樨、绿豆等。由于施用绿肥时会产生有机酸，可适量施用石灰以中和这些有机酸。

③秆肥。秆肥是重要有机肥源之一。作物秸秆中含有相当数量的作物所必需的营养元素，在适宜条件下通过土壤微生物或牲畜的消化作用，可使营养元素返回土壤，被药用植物吸收利用，称为秸秆还田。秸秆还田可采取堆沤还田、过腹还田（牲畜粪尿）、直接翻压还田、覆盖还田等多种形式。直接翻压还田时秸秆要直接翻入土中，注意与土壤充分混合，不要产生根系架空现象，并加入含氮丰富的人畜粪尿，也可用一些氮素化肥，调节还田后的碳氮比为 20 : 1。

④商品有机肥。以动植物残体、排泄物、生物废弃物等为原料加工制成的肥料。

⑤腐殖酸类肥料。腐殖酸是动、植物残体在微生物作用下生成的高分子有机化合物，广泛存在于土壤及泥煤中，以含有腐殖酸的自然资源为主要原料制成，含有氮、磷、钾等营养元素及某些微量元素，有改良土壤性质、优化土壤结构、提高植物营养、刺激植物生长等作用。可作基肥和追肥用，也可以用于浸种、拌种和蘸根。常见的腐殖酸类肥料，有腐殖酸铵、腐殖酸磷、腐殖酸钾、腐殖酸钠、腐殖酸钙、腐殖酸氮磷等。

⑥微生物类肥料。由特定的微生物菌种生产的活性微生物制剂，具有无毒无害、不污染环境的特点。可通过微生物活动改善药用植物的营养或产生激素，促进植物生长，对减少中药材硝酸盐含量、改善中药材品质有明显效果。目前微生物肥料可分为五类。

a. 微生物复合肥：以固氮类细菌、活化钾细菌、活化磷细菌 3 类有益细菌共生体系为主，互不拮抗，能提高土壤营养供应水平，是生产无污染绿色中药材的理想肥源。

b. 固氮菌肥：能在土壤中和药用植物根际固定氮素，为药用植物植株提供氮素营养。

  c. 根瘤菌肥：能提高根际土壤中氮素供应。

  d. 磷细菌肥：能把土壤中难溶性磷转化为可利用的有效磷，改善土壤中的磷素营养。

  e. 磷酸盐菌肥：能将土壤中的云母、长石等含钾的磷酸盐及磷灰石分解，释放出钾素营养。

  ⑦有机复合肥。有机和无机物质混合或化合制剂。例如，经无害化处理后的禽粪便，加入适量锌、锰、硼等微量元素制成的肥料。

  ⑧无机（矿质）肥料。无机矿质肥料包括矿物钾肥和硫酸钾、矿物磷粉、煅烧磷矿盐、粉状硫肥（限定在碱性土壤中适量施用）、石灰石（限定在酸性土壤适量施用）。

  ⑨叶面肥料。叶面追肥中不得含有化学合成的生长调节剂。允许使用的叶面肥有微量元素肥料，即以铜、铁、锰、锌、硼等微量元素及有益元素配制成的肥料。使用此类肥料要注意选择合适的浓度和用量，在确保肥效和药效的情况下，可结合病虫害防治，将肥料与农药混合喷施。

  ⑩植物生长辅助物质肥料。在天然有机物提取液或接种有益菌类的发酵液中，再添加一些腐殖酸、藻酸、氨基酸、维生素等营养元素配制的肥料。

  ⑪允许使用其他肥料。不含合成添加剂的食品、纺织工业品的有机副产品；不含防腐剂的鱼渣、牛羊毛废料、骨粉、氨基酸残渣、家畜加工废料、糖厂废料、城市生活垃圾等有机物制成的肥料。使用前一定要经过无害化处理，达到标准后才能使用，而且每年每公顷农田限制用量为黏性土壤不超过 45t，沙性土壤不超过 30t。

  《中药材生产质量管理规范》在限制商品药材硝酸盐含量的同时，还要求在施肥过程中保持或增加土壤肥力及土壤的生物活性。氮肥施用过多会使商品药材中的亚硝酸盐积累并转化为强致癌物质亚硝酸铵，同时还会使药材质地松散，易患病害，药用果实中含氮量过高还会促进腐烂，不易保藏。但生产无公害中药材不是绝对不用化学肥料，而是在大量施用有机肥的基础上，根据所选植物的生长规律，科学合理地使用化肥，并要限量使用。原则上，化学肥料要与有机肥料、微生物肥料配合使用，可作基肥或追肥，有机氮与无机氮之比以 1∶1 为宜（转换为实际施用情况即大约按照厩肥 1000kg 加尿素 20kg 的比例施加），如用化肥追肥应在采收前 30 天停用。另外，要慎用城市垃圾肥料。各种肥料必须经国家有关部门批准才能使用。

  （2）施肥依据

  ①根据药用植物的需要合理施肥。根据植物营养特点及土壤供肥能力，确定施肥的种类、数量和时期。由于各种药用植物入药部位不同，对肥料的要求也不同，为保证高产优质药材的生产，必须适当调整施用肥料的种类和比例。一般氮肥能促进叶片生长；磷肥能提高种子产量；钾肥能促进块根、块茎的发育等。但也仅作为施肥时的参考，实际生产中不能单纯施用某一肥料，而应视具体情况将三者配合施用。此外，根据药用植物不同生长期的养分需求特性，合理施用基肥、种肥或进行合理追肥对于植物的生长发育也十分重要。一般在植物的速生期到来前，应追施一些速效肥料；在播种前或移栽前耕地时，可施用长效肥作为基肥。各种药用植物都需要多种必需元素，但不同药用植物所要求的绝对量

和相对量都不一样，即使是同一药用植物，其要求量也因品种、土壤和栽培条件等不同而有差异。栽培以果实籽粒为主要收获对象的药用植物时，要多施一些磷肥，以利籽粒饱满；栽培根茎类作物(如地黄、山药)时，则可多施钾肥，促进地下部分累积糖类；栽培全草或叶类药用植物时，可偏施氮肥，使叶片肥大。营养元素种类对药材中药用活性成分含量也具有明显影响。有研究表明，在肥料三要素中，磷与钾有利于糖类与油脂等物质的合成，氮素对植物体内生物碱、皂苷和维生素类的形成具有积极作用，特别是对生物碱的形成与积累具有重要影响。施用适量氮肥对生物碱的合成与积累具有一定的促进作用，但施用过量则对其他成分如绿原酸、黄酮类等都产生抑制作用。因此，可以根据药用植物的药用活性成分，通过施肥试验，选择合理的施肥配方。

②根据土壤性质和养分供应能力施肥。土壤的性质不同，如土壤结构、化学成分、有效养分含量等不同，都会影响施肥效果，所以应根据不同土壤合理施肥。例如，黏土板结不透气，应多施有机肥，需浅施加快分解，以改善土壤物理性状，从而改善养分供给；砂质土壤保水保肥力差，应施用半腐熟的堆肥、厩肥，而不宜施用完全腐熟肥，以防流失。施速效肥时应分期多次施用，并控制灌溉量，防止大水漫流。土壤的酸碱性对肥料也有很大影响，有的肥料能溶于酸，但不溶于水，如骨粉、磷矿粉、钙镁磷肥等，它们施入酸性土壤中可以慢慢溶解，供给植物吸收，而施入碱性土壤和石灰性土壤中就不能溶解，因而效果不显著。土壤中的养分是不断变化的，施肥前，最好对土壤进行理化分析，以了解土壤中含有多少可被植物吸收的养分，以及土壤养分的总含量，药用植物所需的养分中哪些可由土壤所贮藏的养分来供应，哪些由肥料来补充，并以此为依据为施肥管理提供参考。

③根据肥料的性质施肥。即根据肥料的养分含量、养分形态、养分在水中的溶解度和土壤中的变化施肥。对于如厩肥、绿肥及无机肥中的磷矿粉、骨粉等迟效性肥料，由于其肥效慢、肥效长，在生产上多作基肥施用，化肥等速效肥料多作追肥使用。此外，施肥前，应了解一些常用的规则，如绿肥最好在盛花期积压翻埋；叶面肥料最后一次喷施必须在收获前 20 天进行；微生物肥料可用于拌种，也可作基肥和追肥；使用时应严格按说明书操作；化肥与有机肥配合施用或化肥与有机肥、微生物肥配合施用时，应先了解肥料的性质和养分含量；施肥时，根据药用植物的需要选择肥料，并按肥料养分数量计算施肥量；在肥料混合施用时，要注意不同肥料间是否存在相互反应或降低肥效的情况；最后一次追肥必须在收获前 30 天进行。

(3)施肥技术

根据药用植物不同生长期的养分需求特性，合理施肥，对提高产量和质量尤其重要。例如，在播种前或移栽前耕地时，可施用长效肥作基肥；一般在植物的速生期到来前，应追施一些速效肥料。在秋季树木进入休眠期前的施肥至关重要。因为树木从早春萌芽到开花结果所需的养分主要是靠前一年贮藏在树体内的有机养分提供，而树体内养分的积累是在秋梢停止生长和果实采收后进行的。所以，在秋冬季将大量的有机肥配合少量化肥施下，有效增强树体叶片的光合效率，提高根系吸收和合成养分的能力，对树体内养分的积累至关重要，可为下一年丰产奠定物质基础。此外，还应综合考虑土壤性质、养分供应能力及肥料性质合理施肥。

常见的施肥方法有：沟施、穴施、撒施、水肥浇施等。为了提高肥效，在生产中常采用根外施肥、深层施肥等技术。根外施肥是经济用肥的方式之一，但要注意肥料浓度、喷洒时间、方法等。肥料有液体或固体(无机肥料与腐熟有机物或菜园土混合成球体制成)之分，深层施肥方式是将肥料施于药用植物根系附近土层深 5~10cm 处。肥料深施，可减少挥发，铵态氮硝化作用慢，流失就少，使供肥稳定持久；加上根系生长有趋肥性，深施使根系深扎，植株活力强、健壮，增产显著。

目前，在农业生产上，推荐的施肥技术有植物需肥量估算法、目标产量法、丰缺指标法、肥料效应函数法、土壤肥力分区分配法、氮肥分期调控施肥法等。为了使肥效得到充分发挥，除了合理施肥外，还可采用以下措施：适当灌溉，可以提高药用植物对矿物质的吸收和利用，还可以免除无机肥料会烧伤作物的弊病；适当深耕，可以促进根系生长，增大吸肥面积；种植密度合理，可以改善光照条件。

3.1.3 灌溉与排水

灌溉与排水是调节植物对水分要求的重要措施。药用植物种类不同，对水分的需求各异，耐旱植物一般不需要灌溉；而喜湿植物需水较多，要保持土壤湿润。植物的不同生长发育时期对水分的需求也有变化。苗期根系分布浅，抗旱能力弱，要多次少灌；封行以后植株正处在旺盛生长阶段，根系深入土层需水量多，而这一阶段多处于酷暑炎热高温天气，植株蒸腾和土壤蒸发量大，可采用少次多量灌溉，灌水要足。花期及时灌水可防止落花，并促进授粉和受精。花芽分化前和分化阶段以及果期在不造成落果的情况下土壤可适当偏湿一些，接近成熟期应停止灌水。灌溉应尽量在早晨、傍晚进行，这不仅可以减少水分蒸发，而且不会因土温发生急剧变化而影响植株生长。土壤质地和土壤结构不同，土壤吸水和保水性能也有差异，故灌溉的多少、次数要以此为依据来设计。

（1）灌溉

灌溉的方法很多，有地面灌溉、喷灌、滴灌等。

①地面灌溉。地面灌溉是传统的灌溉技术。最常用的形式有渠道畦式灌溉，适用于按畦田种植的草本药用植物。本方法灌水量较大，存在可能破坏土壤结构、费工时等缺点。渠道常用防漏的水泥衬板或管道铺设，也可用塑料软管。按现代化的要求，应采用地下式输水管，这样不但可以避免水分在途中因渗漏而损失，同时也不影响地面的土壤耕作。无论在国内还是在国外，目前仍以这种灌溉形式为主。

②喷灌。喷灌是把灌溉水喷到空中形成细小水滴后再落到地面，像阵雨一样的灌溉方法，有固定式、移动式和半固定式 3 种形式。喷灌的优点是节约用水，土地不平也能均匀灌溉，保持土壤结构，减少田间沟渠，提高土地利用率，省力高效，除供水外还可喷药、施肥、调节小气候等。喷灌的缺点是设备一次性投资大，风大地区或风大季节不宜采用。

③滴灌。滴灌是一种直接供给过滤水和肥料到园地表层或深层的灌溉方式，它可避免将水洒散或流到垄沟或径流中，可按照要求的方式将水分分布到土壤中供作物根系吸收。滴灌水由管道网输送到每一株或几株植物，其所润湿的土壤连结成片，即可满足植物对水

的要求。滴灌优点很多，可给根系连续供水而不破坏土壤结构，土壤水分状况较稳定，更省水、省工，不要求整地适于各种地势，可连接计算机实现灌水完全自动化。

（2）排水

当地下水位高、土壤潮湿，以及雨季雨量集中，田间有积水时，应及时清沟排水，以减少植株根部病害，防止烂根，改善土壤通气条件，促进植株生长。排水方式有以下几种。

①明沟排水。此法是国内外传统的排水方法，即在地面挖敞开的沟排水，主要排地表径流。若挖得深，也可兼排过高的地下水。

②暗管排水。在地下埋暗管或其他材料，形成地下排水系统，将地下水降到要求的高度。井排是近十几年发展起来的，国外许多国家已应用，分为定水量和定水位两种形式。

3.2 林源药用植物栽培个体及群体管理

拓展知识：国内外除草新技术

3.2.1 间苗、定苗与补苗

间苗是田间管理中一项调控植物密度的管理措施。对于用种子或块根、块茎繁殖的药用植物，在生产上为了防止缺苗和便于选留壮苗，其播种量一般大于所需苗数；播种出苗后为避免幼苗苗芽拥挤、争夺养分，需适当拔除一部分过密、瘦弱的幼苗，选留壮苗，如发现杂苗及染病虫的也要及时拔除，这些均称为间苗。间苗宜早不宜迟，过迟间苗，幼苗生长过密、通风不良、植株细弱、易遭病虫害，同时苗大根深，间苗困难，且拔除时易伤害附近植株。间苗一般进行 2~3 次，小粒种子间苗次数一般多些，最后一次间苗称为定苗。

播种后出苗少，或出苗后遭受病虫侵袭，造成缺苗的，须及时补苗。大田补苗与间苗同时进行，即从间苗中选生长健壮的幼苗带土进行补栽。补苗最好选阴天或晴天傍晚进行，并浇足定根水，保证成活。补苗后必须加强田间管理，保证苗齐、苗全、苗壮，为药用植物的优质高产打下良好基础。

3.2.2 中耕除草

（1）适时中耕

中耕是药用植物栽培过程中经常性的田间管理工作，是在药用植物生长期间对土壤进行的表土耕作，是借助畜力、机械力使土壤疏松、消灭杂草的作业方式。其作用是消灭杂草，减少养分损耗；防止病虫滋生蔓延；疏松土壤，流通空气，加强保墒；早春中耕提高地温；结合除蘖或切断一些浅根，控制植物生长。中耕除草一般在封垄前、土壤湿度不大时进行。中耕深度要视根部生长情况而定，根群多分布于土壤表层的宜浅耕，根群深的可适当深耕。中耕次数根据气候、土壤和植物生长情况而定，苗期杂草易滋生、土壤易板结，中耕宜勤；成株期枝叶繁茂，中耕次数宜少，以免损伤植物；气候干旱或土质黏重板结，应多中耕；雨后或灌水后，为避免土壤板结，应待地表稍干时中耕。

（2）科学除草

除草能够消灭田间杂草，减少水肥的无谓消耗，防止病虫害的滋生和蔓延。除草一般与间苗、中耕培土等结合进行。清除杂草的方法很多，主要为人工除草和化学除草。

①人工除草。多与中耕结合进行，一般全年进行4~8次，但杂草刚刚出土及秋季杂草结籽前是灭草的关键时期，此时期除草可有效防止杂草泛滥。对于宿根性杂草，如茅草、拉拉秧等，应在深翻、整地或雨季深刨时，捡净草根，以使杂草得到彻底消灭。综合而言，除草应掌握"锄早、锄小、锄了"的原则。

②化学除草。本法是采用化学除草剂代替人工进行除草的一种方法。化学除草可以节省劳力，降低成本，提高生产效率。但化学除草容易导致药材农药残留增加，影响药材质量。同时，长期使用除草剂还会导致土壤生产力下降。因此，在选择化学除草时应避免使用长效除草剂，以及含有无机砷（如砷酸钠）和有机磷（如草甘膦）的除草剂。最好在用之前进行反复试验，选择除草效果好、农药残留低的除草剂，以确保除草的安全、经济、高效，保证所产药材符合《中药材生产质量管理规范》标准。同时化学除草最好与人工除草交替进行，并适当减少施用面积和施用次数，降低对植物生长的影响。

3.2.3 打顶和摘蕾

打顶和摘蕾是利用植物生长的相关性，人为控制植物体内养分的重新分配，促进药用部位生长发育协调统一，从而提高药用植物的产量和品质。其作用是根据栽培目的，及时控制植物体某一部分的无益徒长，且有意识地诱导或促进药用部分生长发育，使无谓的养分消耗减少，提高产量和药材品质。例如，红花、菊花等花类或薄荷、穿心莲等叶及全草类常采用打顶的措施来促进多分枝，以增加单株开花数或枝叶、全草产量；乌头栽培常采用打顶和去除侧芽的措施来抑制地上部分生长，促进块根生长。打顶时间和长度视药用植物种类和栽培目的而定，一般宜早不宜迟。打顶选晴天上午9:00以后进行，不宜在有雨露时进行，以免引起伤口溃烂，感染病害，影响植株生长。

药用植物开花结果会消耗大量的养分，为了减少养分的消耗，对于根及根茎类药材，要及时摘除花蕾，以利增产。摘蕾时间与次数取决于花芽萌发和现蕾时间的延续长短，宜早不宜迟，除留种田外，其他地块上的花蕾都要及时摘除。药用植物发育特性不同，摘蕾要求也不同。留种植株不宜摘蕾，但可以疏花疏果，尤其是果实种子入药的药用植物或靠果实种子繁殖的药用植物，疏花疏果可以获得果大、籽大、质量好的产品。

3.2.4 搭支架

栽培药用藤本植物时需要设立支架，以便牵引藤蔓上架，扩大叶片受光面积，增加光合产量，并使株间空气流通，降低湿度，减少病虫害的发生。

设立支架是促进药用藤本植物增产的一项重要措施。生产实践证明，设立支架的药用藤本植物比伏地生长的产量增长1倍以上，有的可高达3倍。

设立支架要及时，过晚则植株已长大互相缠绕，不仅费工，而且对其生长不利，影响产量。设立支架要因地制宜、因陋就简，以便减少用地、节约材料，从而降低生产成本。

3.2.5 人工(辅助)授粉

风媒传粉植物(如薏苡)往往由于气候、环境条件等因素不适而授粉不良，影响产量；昆虫传粉植物(如砂仁、天麻)则会由于传粉昆虫的减少而降低结实率。此时进行人工辅助授粉以提高结实率便成为增产的一项重要措施。

人工(辅助)授粉方法因植物不同而异。有振动植株法(用绳子振动植株上部，使花粉飞扬，以便于传粉)、抹粉法(用手指抹下花粉涂入柱头孔中)、推拉法(用手指推或拉雄蕊，使花粉进入柱头孔中)和镊子授粉法(用小镊子将花粉块夹放在柱头上)等。不同植物由于其生长发育的差异，各有其最适授粉时间及方法，必须正确掌握，才能取得较好的效果。

3.2.6 修剪与整形

草本药用植物通过修剪主枝主蔓可以促进侧枝侧蔓的生长和开花结果，而修剪侧枝侧蔓可以促进主枝主蔓的生长和开花结果；修剪根部可以促进植物主根生长，使其达到药用品质和规格要求。

木本药用植物若任其自然生长发育，植物体自身各器官间的生长往往会不平衡。例如，有些药用植物枝叶繁茂，冠内枝条密生、紊乱而郁蔽，影响通风透光，降低了光合效率，易受病虫危害，导致生长和结果不平衡，出现严重的大小年结果现象，还降低了花、果、种子的产量和品质。

整形是通过修剪，把树体建造成某种树形，也称为整枝。修剪不仅指剪枝或梢，还包括一些直接作用于树体上的"外科手术"和化学药剂处理，如刻伤、曲枝、环剥和使用植物生长调节剂。

(1)修剪

①修剪方法及作用。木本药用植物管理的基本修剪方法包括短截、缩剪、疏剪、长放、曲枝、刻伤和多道环刻、除萌、疏梢、摘心、剪梢、扭梢、拿枝、环状剥皮等多种。了解不同修剪方法及作用特点，是正确采用修剪技术的前提。

a. 短截：又称为短剪，即剪去 1 年生枝梢的一部分，需要增加分枝时，常采用短截。通过缩短枝轴，可使留下部分更靠近根系，从而缩短养分运输距离，促进生长和更新复壮。采取"强枝短留，弱枝长留"的方法可以改变枝梢的角度和方向，改变顶端优势部位，从而调节主枝的平衡。按照修剪强度的不同，短截又可分为轻、中、重和极重短截，轻至剪除顶芽，重至基部只留 1~2 个侧芽。

b. 缩剪：又称为回缩，即在多年生枝上短截。缩剪对剪口后部的枝条生长和潜伏芽的萌发有促进作用，而对母枝起到较强的削弱作用。例如，缩剪留强枝，伤口较小、缩剪适度，可促进剪口后部枝芽生长；过重则会抑制生长。缩剪的促进作用常用于骨干枝、枝组或老树的复壮更新；削弱作用常用于骨干枝之间的平衡，以及控制或削弱辅养枝的生长。

c. 疏剪：又称为疏删，即将枝梢从基部疏除，可减少分枝，使树冠内光线增强。为减少分枝和促进结果时多用疏剪。疏剪对母枝有较强的削弱作用，常用于骨干枝之间的均衡调节，强的多疏，弱的少疏或不疏。

d. 长放：又称为甩放，即1年生长枝不剪。中庸枝、斜生枝和水平枝长放，由于其留芽数量多，易发生较多中短枝，生长后期可积累较多养分，从而促进花芽形成和结果。

e. 曲枝：即改变枝梢方向，一般是加大与地面垂直线的夹角，直至水平、下垂或向下弯曲，也包括向左右改变方向或弯曲。加大分枝角度和向下弯曲可削弱顶端优势或使其下移，有利于近基枝更新复壮和使所抽新梢均匀，防止基部光秃。开张骨干枝角度，可以扩大树冠，改善光照，充分利用空间。曲枝使生长素、类赤霉素、氮含量减少，糖类以及乙烯含量增加，因而曲枝具有缓和生长、促进生殖的作用。

f. 刻伤和多道环刻：在芽、枝的上方或下方用刀横切皮层达木质部称为刻伤。春季发芽前后在芽、枝上方刻伤，可阻碍顶端生长素向下运输，促进切口下的芽、枝萌发和生长。多道环刻，亦称为多道环切或环割，即在枝条上每隔一定距离，用刀或剪子环切一周，深至木质部，能显著提高萌芽率。单芽刻伤多用于缺枝一方；而多芽刻伤和多道环刻，主要用于轻剪、长放的辅养枝。

g. 除萌和疏梢：芽萌发后抹除或剪去嫩芽称为除萌或抹芽，疏除过密新梢称为疏梢。二者的作用都是选优去劣、除密留稀、节约养分、改善光照、提高留用枝梢质量。

h. 摘心和剪梢：摘心是指摘除幼嫩的梢尖，而剪梢除梢尖外包括部分成叶在内。摘心和剪梢可削弱顶端生长，促进侧芽萌发和二次枝生长，增加分枝数；促进花芽形成，有利提早结果；提高坐果率；促进枝芽充实。秋季对将要停长的新梢摘心，可促进枝芽充实，有利越冬。摘心和剪梢通过削弱顶端优势，暂时提高了植株各器官的生理活性，改变了营养物质的运转方向，从而增加营养积累，促进分枝。因此，摘心和剪梢必须在急需养分调整的关键时期进行。对于以花、果实入药的木本药用植物，在花芽形成过多的年份，还应除去一部分花芽，以减轻植物本身负担，防止过早衰老和大小年结果现象的发生。

i. 扭梢：在新梢基部处于半木质化时，从新梢基部扭转180°，使木质部和韧皮部受伤而不折断，新梢呈扭曲状态。树木进行扭梢可使树梢淀粉积累增加，全氮含量减少，有促进花芽形成的作用。

j. 拿枝：又称为捋枝，在新梢生长期用手从基部到顶部逐步使其弯曲，伤及木质部，响而不折，可使旺梢停长，从而形成较多副梢，有利形成花芽。例如，秋梢开始生长时拿枝，减弱秋梢生长势，形成少量副梢和腋花芽；秋梢停长后拿枝，能显著提高翌年萌芽率。

k. 环状剥皮：简称环剥，即将枝干韧皮部剥去一圈。环割、环状倒贴皮、大扒皮等都属于这一类，只是方法和程度有差别，此外，绞缢也有类似作用。环剥暂时中断了有机物向下运输，促进地上部分糖类的积累，生长素、赤霉素含量下降，乙烯、脱落酸、细胞分裂素增多，但同时也阻碍了有机物质的向上运输。环剥后必然会抑制根系的生长，降低根系吸收功能，同时环剥切口附近的导管中产生伤害充塞体，也阻碍了矿质营养元素和水分向上运输。因此，环剥具有抑制营养生长、促进花芽分化和提高坐果率的作用。

除上述各种基本方法外，还有击伤芽、断根、折枝等修剪方法，需要时也可应用。

②修剪时期。药用植物按照一年中的不同修剪时期，可分为休眠期修剪（冬季修剪）和

生长期修剪。要提高修剪效果，除应重视休眠期修剪外，还应重视生长期修剪，尤其是对于生长旺盛的幼树更为重要。

a. 休眠期修剪：指落叶树从秋冬落叶至春季芽萌发前，或常绿树从晚秋梢停长至春梢萌发前进行的修剪。由于休眠期修剪是在冬季进行，故又称为冬季修剪。休眠期树体内贮藏养分较充足，修剪后枝芽减少，有利于集中利用贮藏养分。落叶树枝梢内营养物质的运转，一般在进入休眠期即开始向下运入茎干和根部，至开春时再由根茎运向枝梢。因此，落叶树冬季修剪时期以在落叶以后、春季树液流动以前为宜。常绿树叶片中的养分含量较高，因此，常绿树的修剪宜在春梢抽生前、老叶最多并将脱落时进行。此时树体贮藏养分较多而剪后养分损失较少。

b. 生长期修剪：指春季萌芽后至落叶树秋冬落叶前或常绿树晚秋梢停长前进行的修剪，由于主要修剪时间在夏季，故常称为夏季修剪。生长期修剪可细分为春季修剪、夏季修剪和秋季修剪。

● 春季修剪：其主要内容包括花前复剪、除萌抹芽和延迟修剪。花前复剪是在露蕾时，通过修剪调节花量，补充冬季修剪的不足。除萌抹芽是在芽萌动后，除去枝干的萌蘖和过多的萌芽。为减少养分消耗，时间上宜早进行。延迟修剪，又称为晚剪，即休眠期不修剪，待春季萌芽后再修剪。此时贮藏养分已部分被萌动的芽梢消耗，一旦先端萌动的芽梢被剪去，顶端优势受到削弱，下部芽将重新萌动，生长推迟，因此能提高萌芽率和削弱树势。此法多用于生长过旺、萌芽率低、成枝少的品种。

● 夏季修剪：指新梢旺盛生长期进行的修剪。此阶段树体各器官处于明显的动态变化之中，根据目的及时采用某种修剪方法，才能收到较好的调控效果。例如，为促进分枝，摘心和涂抹发枝素宜在新梢迅速生长期进行。夏季修剪的关键是"及时"。夏季修剪对树生长抑制作用较大，因此修剪量要从轻。

● 秋季修剪：指秋季新梢将要停长至落叶前进行的修剪，以剪除过密大枝为主。此时树冠稀，密度容易判断，修剪程度较易掌握。由于带叶修剪，养分损失比较大，翌年春季剪口反应比冬剪弱。因此，秋季修剪具有刺激作用小、能改善光照条件和提高内膛枝芽质量的特点。北方为充实枝芽以利越冬，对即将停长的新梢进行剪梢，也属于秋季修剪。秋季修剪在幼树、旺树、郁蔽的树上应用较多，其抑制作用弱于夏季修剪，但比冬季修剪强。

（2）整形

整形是运用修剪技术使树冠的骨干枝形成一定的排列形式，并使树冠形成一定的形状或样式的技术措施。正确的整形修剪，可以使木本植物各级枝分布合理，优化通风透光情况，减少病虫害，使其成型早、骨干牢固、管理方便，从而降低生产成本、增加收益，最终达成高产优质的目的。在进行木本植物整形时，要充分考虑以下条件。

①木本植物栽培群体类型。随着栽植密度的增加，木本植物栽培群体类型趋于多样化。按照株间群体叶幕的连续性，可分为不连续和连续两大类。

在栽植密度不大的情况下，株与株虽然相互独立，叶幕不连续，但树冠大小、形状和间隔，也会影响果树群体光照条件，此时，多以单株整形为主。

株间群体叶幕呈连续状的，按其栽植方式和密度不同，也可分为不同类型：单行篱栽，树冠株间叶幕相连，行间保持适当间隔，把一行树当作一个整体进行整形；双行篱栽，即每两行树成为一树篱，由于减少操作通道，栽植密度提高，群体叶幕连续性增强，把两行树当作一个整体进行整形；多行篱栽，即数行成为一树篱，其中间保持较大间隔，利于机械操作，把数行树当作一个整体进行整形此类型栽植密度若进一步提高，群体叶幕连续性更强。

②木本植物栽培群体结构。群体结构会随着树龄和一年内物候期的变化而改变，应采取相应的整形修剪技术措施，遵循群体结构动态，使木本植物栽培群体发挥最大生产效能和收获最高经济效益。

幼年田园植株间距大，光照充足，一般生长较旺，不易结果。此时，整形修剪的任务是要迅速扩大树冠，增加枝量、树冠覆盖率和叶面积指数。因此，要轻剪，多留枝，干性强的可留中心干，以充分利用光照，加速群体形成和提早结果。随着植株长大，侧光与下光逐步减弱，待植株封行时，甚至只剩下上光，使得植株下部、内膛枝叶逐步枯死，最后群体叶幕形成天棚形，产量和品质下降。因此，为保证足够光照和操作方便，随着植株长大，要适当减少枝量，控制树高和冠径，保证行间树冠有适当间隔和合理的树冠覆盖率。

③木本植物树体结构。乔木的地上部包括主干和树冠两部分。合理分析和制定不同条件下的树木个体结构，对木本植物的栽培有重要意义。

主干是指地面至第一层主枝之间的树干部分。主干高度(简称干高)对树体结构影响较大。高干，根与树冠之间距离大，树冠形成晚，体积小；矮干，根与树冠之间距离小，树冠形成快，体积大，树势生长强，干周增长快，便于树冠管理，有利于防风、积雪、保温、保湿，但不利于地面管理，通风透光较差。目前生产上趋向于矮干栽培，但具体情况要具体分析。

树冠是树木的主体部分，由中心干、主枝、侧枝(副主枝)和枝组构成，中心干、主枝和侧枝构成树冠的骨架，统称为骨干枝。树冠的体积，树高、冠径和间隔，树冠形状，树冠结构和叶幕配置等，对充分合理利用空间和光能、生长结果和果实品质以及劳动效率等，都有重要影响。树冠体积由冠高和冠径决定。树大冠高，可以充分利用空间，立体结果，延长经济寿命，适应性较强。但其成形和群体叶幕形成慢，早期光能利用差，结果晚。树冠形成后，叶片、果实与吸收根的距离加大，枝干增多，有效容积和叶面积反而减少。要使树木形成合理的树冠结构，应重点把控以下几个关键方面。

a. 要使树木形成合理的树冠结构，应重点把控以下几个关键方面。中心干：有中心干的树形可使主枝和中心干结合牢固，且主枝可上下分层，有利于立体结果和提高光能利用率。但当前对药用果实的品质要求越来越高，因此，也可将有中心干的大冠树形改为单层的自然开心形。无中心干的开心形，树冠矮，光照好，对生产优质果实有利。但由于开张角度较大时，开心形的骨干枝背上易发生旺条，有时主枝基部结合不够牢固，是其劣势。

b. 主枝分枝角度：主枝与中心干的分枝角度，对树体骨架的坚固性、结果早晚、产量高低和品质影响很大，是整形的关键之一。角度小，树形直立、冠内郁蔽、光照不良，容易导致树体上强下弱，花芽形成少，易落果，早期产量低，后期树冠下部易光秃，影响产量和品质，结合部位易劈裂。基角合适时可使枝干结合牢固；腰角可适当大些，有利于改善光照条件和防止后部秃裸；梢角可适当小些，有利于保持顶端优势，防止主枝衰弱。

c. 从属关系和树势均衡：从属关系是指中心干强于主枝，主枝强于侧枝，侧枝强于枝组。只有从属分明，才能保持树形结构牢固，光照良好。一般骨干枝直径与其着生母枝直径之比不超过 0.6 时，结合才牢固，如两者粗细相近，则容易劈裂，而且主枝越粗，向外延伸潜力越强。密植采用有中心干树形时，必须保持强中干弱主枝，由中心干分生的主枝与着生部位直径之比要小于1/2。树势均衡是指各级骨干枝势力之间保持相对平衡，同级骨干枝之间生长势应当相近。不同级别骨干枝之间应有一定的从属关系，两者在粗度上应保持适度差别。主枝与中心干，主枝与主枝，主枝与侧枝，其中一方出现过强或过弱时，都要在整形修剪中进行适当调整。

d. 辅养枝：又称为控制枝，是整形过程中留下的临时性枝。幼树要多留辅养枝，以充分利用空间和光能，促进生长、扩大树冠、缓和树势、提早结果。大树冠辅养枝多，存留时间也长；密植树冠小，辅养枝少且存留时间短。辅养枝影响骨干枝生长时，要及时去除或回缩。

e. 枝组：又称为单位枝、枝群或结果枝组。在树体结构中，骨干枝构成树体的骨架，枝组则是着生在骨干枝上的独立单位，是植株叶片着生和开花结果的主要部分。所以在整形修剪时，要注意培养和多留枝组，为增加叶面积、提高产量创造条件。枝组按其大小和生长强弱，可分为大型、中型和小型枝组。大型、中型枝组寿命长，但大型枝组较难控制，结果晚；小型枝组易控制，结果早，但寿命短。大型、中型枝组起占领冠内空间的作用，小型枝组起填补大型、中型枝组空间的作用。按枝组在骨干枝上着生的位置可分为背上、两侧和背下枝组。背下枝组生长势缓和，容易控制，结果早，但易衰退、寿命短；背上枝组生长势强，较难控制，结果晚，但寿命长；两侧枝组介于背上、背下枝组，宜多培养两侧枝组。

3.2.7 抗寒防冻与高温预防

（1）抗寒防冻

抗寒防冻是为了避免或减轻冷空气的侵袭，提高土壤温度、减少地面夜间的散热、加强近地层空气的对流，使植物免遭寒冻危害。抗寒防冻的措施很多，除选择和培育抗寒力强的优良品种外，还可采用以下措施。

①调节播种期。各种药用植物在不同的生长发育时期，其抗寒力也不同。一般苗期和花期抗寒力较弱，因此适当提早或推迟播种期，可使苗期或花期避开低温的危害。

②灌水。灌水是一项重要的防霜冻措施。根据灌水防霜冻试验，灌水地较非灌水地的温度可提高2℃以上。灌水防冻的效果与灌水时期有关。越接近霜冻日期，灌水效果越好，最好在霜冻发生前一天灌水。因此，灌水防霜冻的应用，必须建立在预知天气情况和霜冻特征的前提下。一般潮湿、无风而晴朗的夜晚或云量很少且气温低时，就有降霜的可能，因为此时地面的热能迅速发散，近地面的温度急剧下降，极易结霜。此外，春、秋季大雨后，或由东南风转西北风的夜晚，也容易降霜，必须注意预防霜冻。

灌水防冻措施最适用于春季晚霜的预防，灌水后既能防霜，又能使植株免受春季干旱的胁迫。

③增施磷、钾肥。此法可增强植株的抗寒力。磷是植物细胞核的组成成分之一，在细胞分裂和分生组织发展过程中尤为重要。磷能促进根系生长，扩大根系吸收面积，使植株生长充实，提高对低温、干旱的抗性。钾能促进植株纤维素的合成，利于木质化，在生长季节后期，还能促进淀粉转化为糖，提高植株的抗寒性。因此，为增强药用植物幼苗的防冻能力，除在其生长前、中期加强管理外，还需在生长后期，即在降霜前一个半月内适当增施磷肥、钾肥，促其充分木质化，以便安全越冬。

④覆盖。对于珍贵或植株矮小的药用植物，用稻草、麦秆或其他草类将其覆盖，可以防冻。覆盖厚度应超过苗梢5cm左右，同时应采取固定措施，防止被风吹走。如果土壤太干，可在土壤结冻前灌一次冬水。对寒冻较敏感的木本药用植物，可进行包扎并结合根际培土，以防冻害。

药用植物遭受霜冻危害后，应及时采取补救措施，如扶苗、补苗、补种和改种、加强田间管理等。木本药用植物可将受冻害枯死部分剪除，促进新梢萌发，恢复树势。剪口可进行包扎，以防止水分散失和病菌侵染。

（2）高温预防

高温常伴随大气干旱，高温干旱对药用植物的生长发育具有重大威胁。生产上可通过培育耐高温、抗干旱的品种，或应用灌水、喷水、覆盖遮阴等措施来降低温度、增加湿度，以减轻高温危害，保证药用植物正常生长发育。

实训

[**实训十五**]校园及周边林源药用植物土肥水管理。通过资料查阅及现场操作，了解并完成林源药用植物土肥水管理的相关工作，填写表3-1，要求步骤详细，并总结实训体悟。

表3-1　林源药用植物土肥水管理

实施项目	工具材料	实训时间	操作步骤与技术要点	难点与重点	结果与体会

[**实训十六**]校园及周边木本林源药用植物修剪管理。通过资料查阅，完成木本林源药用植物的修剪工作，填写表3-2，要求步骤详细，并总结实训体悟。

表 3-2　木本林源药用植物修剪管理

实施项目	工具材料	实训时间	操作步骤与技术要点	难点与重点	结果与体会

课后自测

一、填空题

1. 土壤深翻方式较多，常用的主要有_____和_____。

2. 若为了防寒，则在_____季覆盖；若为了防旱，则在_____季来临前覆盖。

3. _____是把灌溉水喷到空中成为细小水滴再落到地面，像阵雨一样的灌溉方法。有固定式、_____和半固定式 3 种。

4. 排水方式有明沟排水和_____。

5. _____是田间管理中一项调控植物密度的管理措施。

6. 清除杂草的方法很多，主要为_____和化学除草，化学除草容易导致药材_____含量增加，影响药材质量。

7. 红花、菊花等花类或薄荷、穿心莲等叶及全草类常采用_____的措施来促进多分枝，以增加单株开花数或枝叶、全草产量。

8. 药用植物开花结果会消耗大量的养分，为了减少养分的消耗，对于根及根茎类药材，要及时摘除_____，以利增产。

9. 乔木的地上部包括_____和_____两部分。树冠由中心干、_____、侧枝（副主枝）和枝组构成。

10. 短截可分为轻、中、重和_____短截，轻至剪除顶芽，重至基部只留 1～2个_____。

11. 将枝梢从基部疏除的修剪方法称为_____。

12. 药用植物一年中的修剪时期，可分为_____（_____修剪）和生长期修剪。

13. 浙贝母留种地在夏、秋高温季节，必须用稻草或秸秆_____，才能保墒抗旱，安全越夏。

二、判断题(正确的打√，错误的打×)

1. 土壤深翻只能在秋、冬进行。（　　　）

2. 灌水是防冻的重要措施之一。（　　　）

三、简答题

1. 合理施肥的依据主要有哪些？

2. 请简述抗寒防冻技术措施。

单元 4　林源植物药材采收、产地加工与贮藏

知识目标：

(1) 了解当地常见林源药用植物采收的季节和年限，以及产地加工的一般环节；

(2) 理解林源植物药材采收时期确定的主要依据；

(3) 熟悉采收的基本知识和方法、产地加工及贮藏的一般要求。

技能目标：

(1) 能根据药用植物的有效成分含量和产量确定采收时期；

(2) 会对当地常见的植物药材进行采收、产地加工和贮藏；

(3) 能组织采收、初加工、贮藏活动。

素质目标：

(1) 培养爱岗敬业、知行合一、吃苦耐劳、乐观向上、团结协作的职业精神；

(2) 培养遵循自然规律、求真务实、重视产品质量和资源保护的科学态度；

(3) 激发家国情怀、用劳动创造价值、服务个人和社会发展的坚定信念。

拓展知识：根
茎类药材的
机械采收

4.1　林源植物药材采收

4.1.1　采收对植物药材质量的影响

植物药材采收是指药用植物生长发育到一定阶段，入药部位或器官已经符合药用要求时，采取相应的技术措施，从田间将其收集运回的过程。植物药材质量的好坏，与其所含有效成分的多少密切相关。有效物质含量的高低除取决于药用植物品种、药用部位、产地、生产技术外，药材的采收年限、季节、时间、方法等也直接影响药材的质量、产量和收获率。例如，槐花在花蕾期芦丁的含量最高可达 28%，如已开花，则芦丁含量急剧下降；甘草在生长初期甘草酸的含量为 6.5%，开花前期为 10.5%，开花盛期为 4.5%，生长末期为 3.5%。植物药材的适时、合理采收是生产优质药材的重要环节，对保证药材优质高产，保护和扩大药源以及中药资源的可持续利用具有重要意义。对此，历代本草著作中早有记载，如《本草经集注》载："其根物多以二月八月采者，谓春初津润始萌，未充枝叶，势力淳浓也。至秋枝叶干枯，津润归流于下也。大抵春宁宜早，秋宁宜晚，花、实、茎、叶，各随其成熟尔。古代药物学家"李果也提出了："凡诸草、木、昆虫，产之有地；

根、叶、花、实，采之有时。失其地，则性味少异；失其时，则气味不全。"

4.1.2　植物药材的适宜采收期

俗话说"春采茵陈夏采蒿，知母黄芩全年刨，秋天上山挖桔梗，及时采收质量高。"确定植物药材的适宜采收期，必须把有效成分的积累动态与药用部分的产量变化等因素结合起来考虑。一般以药材质量的最优化和产量的最大化为原则，而这两个指标有时是不一致的，所以必须根据具体情况来确定。植物药材适宜采收期确定的一般原则主要有以下几项。

（1）综合分析有效成分含量和产量高峰期情况（双峰期）采收

当有效成分含量高峰期与产量高峰期基本一致时，即以共同的高峰期为适宜采收期。许多根及根茎类植物药材，在秋冬季节地上部分枯萎后至初春植物发芽前或刚露苗时，既是有效成分高峰期，又是产量高峰期，这个时期就是它们的最适宜采收期，如莪术、郁金、姜黄、天花粉、山药等。

当有效成分含量高峰期与产量不一致时，有效成分总含量最高时期即为适宜采收期。例如，对吉林抚松栽培的不同年龄人参的皂苷含量测定结果表明，皂苷的积累是随人参栽培年限的递增而逐渐增加，4年生者皂苷含量达到最高为4.8%，之后两年增加较慢或略有下降，而6年生者在秋季药材产量和人参皂苷总含量均较高，故栽培人参应以6年生者秋季为适宜采收期。

对于多年生植物药材适宜采收期的选择，应根据有效成分含量高峰期，兼顾产量高峰期，综合分析确定。某些全草类药材，有效成分存在于各种器官中，而各器官中物质的积累在不同的发育阶段又各不相同。此时，仅凭一种器官有效成分的积累动态确定合理的采收期是不可行的，应综合分析各器官情况再做决定。

（2）在有效成分含量的高峰期采收

当有效成分的含量有一显著的高峰期，而药用部分的产量变化不大时，此含量高峰期即为适宜采收期。例如，三颗针的根在营养期与开花期小檗碱含量差异不大，但在落果期小檗碱含量增加一倍以上，故三颗针根的适宜采收期应是落果期。

（3）在药材产量的高峰期采收

当有效成分含量无显著变化时，则以植物药材产量的高峰期为最适宜采收期。例如，牡丹皮5年生者含丹皮酚最高为3.71%，3年生者为3.20%，两者的含量差异并不显著，而3年生者可以提前2年收获总产量更高，故以3年生者为最佳采收年限。

（4）在有效成分含量最高、毒性成分最低时采收

有些植物药材，除含有效成分外，也含有毒成分，故应以药效成分总含量最高、毒性成分含量最低时为适宜采集期。

4.1.3　不同类别植物药材的采收时期及采收方法

利用传统的采药经验，根据各种药用部位的生长特点，分别掌握合理的采收季节是十分必要的。在采收植物药材时要注意保护野生药源，计划采药，合理采挖。凡用地上部分者要留根，凡用地下部分者要采大留小，采密留稀，合理轮采，轮采地要分区封山育药。

不同的药用部分，采收时间也不同。

（1）根及根茎类

一般在秋、冬两季植物地上部分将枯萎时至春初发芽前或刚露苗时用掘取法进行采收，此时根或根茎中贮藏的营养物质最为丰富，通常所含有效成分也比较高，如牛膝、党参、黄连、大黄、防风等。有些植物药材由于植株枯萎时间较早，则在夏季采收，如浙贝母、延胡索、半夏、太子参等。但也有例外，如明党参在春天采集较好。

（2）茎木类

一般在秋、冬两季采收，通常用割取法。此时有效物质积累丰富，如大血藤、密花豆、首乌藤、忍冬藤等。有些木类药材全年均可采收，如苏木、降香、沉香等。

（3）皮类

一般在春末夏初通过剥皮的方法进行采收，此时树皮养分及液汁增多，形成层细胞分裂较快，皮部和木部容易剥离，伤口较易愈合，如黄柏、厚朴、秦皮等。少数皮类药材于秋、冬两季采收，此时有效成分含量较高，如川楝皮、肉桂等，根皮通常在挖根后剥取，或趁鲜抽去木心，如牡丹皮、五加皮等。采皮时可用环状、半环状、条状剥取或砍树剥皮等方法，如杜仲、黄柏采用的再生环剥技术，即在一定的时间、温度和湿度条件下，将离地面 15~20cm 处向上至分枝处的树皮全部环剥下来，剥皮处用塑料薄膜包裹，不久便长出新皮，一般 3 年左右可恢复。

（4）叶类

多在植物光合作用旺盛期，开花前或果实成熟前采收，如艾叶、臭梧桐叶等。少数药材宜在秋、冬季节采收，如桑叶等。

（5）花类

一般不宜在花完全盛开后采收，开放过久或近衰败的花朵，不仅药材的颜色和气味不佳，而且有效成分的含量也会显著减少。花类中药在含苞待放时采收的有金银花、辛夷、丁香、槐米等；在花初开时采收的有洋金花等；在花盛开时采收的有菊花、番红花等；红花则要求花冠由黄色变为红色时采摘。对花期较长、花朵陆续开放的植物，应分批采摘，以保证质量。有些中药如蒲黄、松花粉等不宜迟收，过期则花粉自然脱落，影响产量。

（6）果实种子类

一般果实多在自然成熟时采收，如瓜蒌、栀子、山楂等；有的在成熟经霜后采摘为佳，如山茱萸经霜变红，川楝子经霜变黄；有的采收未成熟的幼果，如枳实、青皮等。若果实成熟期不一致，要随熟随采，过早肉薄产量低，过迟则果肉松软，影响质量，如木瓜等。种子类药材需在果实成熟时采收，如牵牛子、决明子、芥子等。

（7）全草类

多在植物充分生长、茎叶茂盛时采割，如青蒿、穿心莲、淡竹叶等；有的在开花时采收，如益母草、荆芥、香薷等。全草类中药采收时大多割取地上部分，少数连根挖取全株药用，如金钱草、蒲公英等。茵陈有两个采收时间，春季幼苗高 6~10cm 时或秋季花蕾长成时。春季采的习称绵茵陈，秋季采的习称花茵陈。

（8）藻、菌、地衣类

不同的药用部位，采收情况也不一样，如茯苓在立秋后采收质量较好；马勃宜在子实体刚成熟时采收，过迟则孢子散落；冬虫夏草在夏初子座出土、孢子未发散时采挖；海藻在夏、秋两季采捞。

拓展知识：中药材硫黄熏蒸及二氧化硫监测

4.2　林源植物药材产地加工与贮藏

植物药材产地加工对中药材商品的形成，中药饮片的市场流通和临床使用等方面具有重要意义，也是影响中药材质量的重要因素之一。植物药材的产地加工可简单地定义为中药材的初加工，它是中药材生产的最后一个环节，是保证中药材质量的首要环节，是实施《中药材生产质量管理规范》十分重要的一个步骤，也是生产中药饮片的第一车间。

4.2.1　植物药材产地加工的目的

植物药材采收后，绝大多数尚为鲜品，药材内部含水量高，若不及时加工处理，很容易霉烂变质，其药用的有效成分亦随之分解散失，严重影响药材质量和疗效。除少数要求鲜用或保持原状外，大部分药材必须在产地进行初加工。

产地加工的目的：一是除去杂质及非药用部位，保证药材的纯净度。二是按《中国药典》规定进行加工或修制，使药材形状符合商品要求，也使药材尽快灭活、干燥、色泽好、香气散失少、有效成分含量高、水分含量适度，保证药材质量。对需要鲜用的药材如生姜、鱼腥草、石斛等进行保鲜处理，防止霉烂、变质。三是降低或消除药材的毒性或刺激性，保证用药安全。有的药材毒性很大，通过浸、漂、蒸、煮等加工方法可以降低毒性，如附子等。有的药材表面有大量的毛状物，如不清除，服用时可能刺激口腔和咽喉黏膜，引起炎症或咳嗽，如狗脊、枇杷叶等。四是有利于药材商品规格标准化。通过加工分等，对药材制定等级规格标准，使商品规格标准化，有利于药材的国内外交流与贸易，方便包装、运输与贮藏。

4.2.2　植物药材产地加工的方法

（1）净制

净制方法可分为挑、拣、颠簸、筛选、刮、摘、挖、风选、水选等，可根据药材质地与性质，选择适合的净制方法。

①挑、拣。即将药材放在竹匾内或摊放在桌上，用手拣去通过簸、筛等方法未能分离出且不能入药的杂质，如泥土、砂、石块、果核、果柄、果壳、花梗等，或变质失效部分，如虫蛀、霉变及走油部分，或分离不同的药用部位，或将药材按大小、粗细、长短、厚薄、软硬、颜色等不同档次分类挑选。

②颠簸。用簸子、竹匾或畚箕，上下左右颠簸振动，利用药材与杂质的不同比重或借簸动时的风力，将杂质簸除、扬净，用以去除碎叶、皮屑等，使药材纯净，适用于大多数植物类药材。

③筛选。根据药材和杂质的体积大小不同，选用不同规格的筛和箩，以筛去药材中的

砂石、杂质，使其达到洁净的要求。有些药材大小不等，需用不同孔径的筛子进行筛选分开，如延胡索、浙贝母、半夏等。

④刮。即用金属刀片和木片、竹片、玻璃片、瓷片等刮去药材表面的附着物或不入药部分。此法常用于树皮类药材，如对厚朴、黄柏等刮去粗皮等。

⑤摘。将根、茎、叶、花类药材放在操作台上，用手或剪刀将其不入药的残基、叶柄、花梗及根须等摘除，使之纯净。例如，辛夷除去花梗、拣去杂草残叶，留取净药材。

⑥挖。采用金属刀或非金属刀(如竹片等)，挖去果实类药材中的内瓤、毛核以便于药用，如枳壳挖去内瓤，金樱子挖去毛核。

⑦风选。即利用药材和杂质的质量不同，借风力将杂质除去。一般可利用箕或风车、风扇等通过扬簸或吹风等操作，把不同比重的药材和杂质分开，以达到纯净药材的目的，如苏子、车前子、吴茱萸、青葙子、莱菔子、葶苈子等。有些药材通过风选可将果柄、花梗、干瘪部位等非药用部位除去。

⑧水选。即将药材通过水洗或浸漂除去杂质的方法，以使药物洁净。实际操作过程中，根据药材性质，水选可分为清洗和淘洗两种方法。清洗，即用清水将药材表面的泥土、灰尘、霉斑或其他不洁之物洗去。先将洗药池注入清水至七成满，倒入挑选整理过的药材，搓揉干净，捞起，装入竹筐，再用清水冲洗一遍，沥干水，干燥，或进一步加工。淘洗，即用大量清水荡涤附在药材表面的泥沙或杂质。把药材置于小盛器内，一边倾斜浸入水中，轻轻搅动药材，并来回抖动小盛器，使杂质与药材分离，除去上浮的皮、壳杂质和下沉在小盛器中的泥沙，取出药物，干燥。多数药材可趁鲜洗涤，除净泥沙及杂质。在药材水洗时，应严格掌握时间，对其有效成分易溶于水的药材，一般采用抢水法(快速洗涤药材，缩短药材与水接触时间)，以免损失药效成分。此外，具有芳香气味的药材一般不宜水洗，如薄荷、细辛、木香、防风、当归等。清洗和水选用水要求干净无污染，符合《中药材生产质量管理规范》中的相关规定。

(2)切制

植物药材产地切制的目的是将较大的根及根茎类、坚硬的藤木类和肉质的果实类药材如大黄、鸡血藤、木瓜等切成较小的块、片，以利于干燥。此时切制不需要用水软化干药材，既省工，又不损失药材成分，可以提高饮片质量。但是对于某些具挥发性成分或有效成分容易氧化的药材，不宜提早切成薄片干燥或长期贮存，否则会降低药材质量，如当归、川芎等。

切制的方法有手工切制和机器切制，手工切制工具主要有切药刀(铡刀)和片刀。切药刀一般用于切制全草类、木质类部分根与根茎类药材。机器切制速度快，节省劳力，减轻劳动强度，提高生产效率。常见的切药机有铡刀式切药机、旋转式切药机、多功能切药机、镑片机及粉碎机。

切制的饮片类型和厚度需符合相关质量标准，《中国药典》规定了各种类型饮片的厚度标准及各种药材应切制的饮片类型，常见的饮片类型有以下几种。

①极薄片。厚度为 0.5mm 以下。适用于木质类药材，如松节、苏木、降香等及动物

骨角类药材如羚羊角、鹿茸等，可根据入药需要，切制成极薄片。

②薄片。厚度为 1~2mm。适用于质地致密坚实、切薄片不易破碎的药材，如乌药、木通、三棱、槟榔、当归等。

③厚片。厚度为 2~4mm。适用于质地松泡、黏性大、切薄片易破碎的药材，如茯苓、天花粉、山药、升麻、泽泻、黄芪、南沙参等。

④斜片。厚度 2~4mm。适用于长条形而纤维性强的药材，如桂枝、桑枝、甘草、黄芪、鸡血藤、木香、川牛膝、苏梗。

⑤直片。又称为顺片，厚度 2~4mm。适用于粗大致密、色泽鲜艳，需突出鉴别特征的药材，如大黄、天花粉、附子、白术、何首乌、防己等。

⑥丝。分细丝和宽丝，细丝 2~3mm，宽丝 5~10mm。适用于皮类、叶类和较薄的果皮类药材，如黄柏、枇杷叶、陈皮、瓜蒌皮等。

⑦段。分短段和长段，短段 5~10mm，长段 10~15mm。适用于全草类和形态细长、内含成分易于煎出的药材，如麻黄、荆芥、白茅根、夏枯草等。

⑧块。边长为 8~12mm 的立方块。有些药材煎熬时，易糊化，需切成不等的块状，如茯苓、粉葛根、神曲等。

（3）干燥

除少数药材，如石斛、鱼腥草、地黄、益母草等，有时要求鲜用外，大多数药材经加工均应及时干燥。干燥的目的是及时除去药材中的大量水分，避免发霉、虫蛀以及有效成分的分解和破坏，保证药材质量，同时利于贮藏和运输。

《中华人民共和国药典》规定植物药材产地加工的干燥方法如下。

①晒干法。利用太阳光的能量直接照射，将药用部位中的水分转移出来，直至达到经验干燥的程度，称为晒干。在此过程中可利用紫外线杀灭附着或残存的虫卵、霉菌等微生物菌群。但对于一些富含挥发油类，或易变色、变质的全草类、花类等中药材，不宜采用直接晒干的方法。

②阴干法。阴干是将植物药材放置于室内或遮阴棚等阴凉通风处，避免太阳直射，利用流动空气使植物药材自然干燥。该法适用于不宜久晒或暴晒的植物药材（富含挥发油、油脂或其他挥发性成分药材；富含色素类化学物质的花类、叶类药材）。

③烘干法。植物药材产地加工时可因地制宜地采用火炕、火墙或直接燃烧农作物秸秆、树枝、薪柴等提供热量，加速中药材内部水分的动力学过程而加快水分转移释放，达到快速干燥的目的。对于富含淀粉类物质的根及根茎类药材，烘干温度宜缓缓升高，以防淀粉遇高热糊化；对于多汁的果实类药材，可用 70~90℃ 的温度迅速干燥，以免维生素类成分被大量破坏。

④其他干燥方法。近年来常使用热风干燥、太阳能干燥、远红外加热干燥、微波干燥、真空冷冻干燥等新方法干燥药材。

a. 热风干燥法：即在烘箱或烘干室内吹入热风，使植物药材内部的水分被加热而逸出，并被流动的热风带走，以打破湿热空气平衡。以煤、电或蒸气作为热源，植物药材热风干燥常用的设备有厢式干燥机、网带式干燥机、洞道式干燥机、振动流化床干燥机等。

热风干燥设备干燥植物药材的成本较低、耗时少、效率高、不受天气限制，可起到杀虫防霉的作用，温度可控，适用于大多数植物药材的干燥，如粉葛片、枸杞子、红枣、金银花、龙眼、三七、山楂、五味子等。

b. 太阳能干燥法：是指待干燥物料直接吸收太阳能，或通过太阳空气集热器所加热的空气进行对流传热，待物料表面获得热能后，再传至物料内部，水分从物料内部以液态或气态方式扩散，透过物料层达到表面，最后通过物料表面的气膜扩散到热气流中，经过以上的传热传质过程，物料逐步干燥。

利用太阳能干燥法加工后的植物药材色泽等性状保持较好，且具有干燥效率高、干燥用时少、植物药材损失少、避免植物药材二次污染，以及干燥成本低、节能环保的优点。太阳能干燥法尤其适合于中、低温干燥的要求，如陈皮、独活、丹参、山药、当归、天麻、人参、西洋参等。

c. 远红外加热干燥法：是将电能转变为远红外辐射，被植物药材的分子吸收并产生共振后，引起分子和原子的振动和转动，使物体产热，经过热扩散、蒸发和化学转化过程，最终达到干燥的目的。

远红外加热干燥法具有干燥速度快、穿透力强、加热均匀、物料表面和内部同时干燥的特点，具有较强的杀菌、杀虫及灭虫卵能力，且需要的设备造价低、运行成本相对便宜。远红外加热干燥法适用于含水量大、有效成分对热不稳定、易腐烂变质或贵重植物药材及中药饮片的快速干燥，如牡丹皮、西洋参、黄芩、陈皮、金银花、人参等。

d. 微波干燥法：是利用频率为 300~300 000MHz，波长为 1~1000mm 的高频电磁波产生的感应加热和介质加热，植物药材中的水和脂肪等不同程度地吸收微波能量，并将其转变为热能，使植物药材产热达到干燥与物理灭菌的目的。

微波干燥法具有热穿透力强、干燥速度快、加热均匀、对植物药材品质影响小、热效率高等特点，且工业化、自动化程度高。微波干燥技术适用于对人参、鹿茸、天麻等贵重植物药材的干燥，不适用于富含蛋白质类、多肽类、氨基酸类等热敏类化学成分的植物药材、中药饮片及其资源性产品的干燥加工。

e. 真空冷冻干燥法：是指物料经完全冻结，中心温度降至 -18℃ 以下，通过低温真空使冰晶升华，从而达到低温脱水干燥的目的。真空冷冻干燥法具有可最大限度地保留物料原有天然品质的特点，且冻干产品的收缩率低，挥发性成分丢失少，保证了干燥产品的风味及口感，复水后能使物料的物理变化、化学变化、细胞组织变化以及生物生理变化等达到最大的可逆程度。

冻干技术适合于富含植物蛋白、动物蛋白、微生物、挥发性成分等有效成分易受破坏的物料，如人参、鹿茸、三七、荆芥、黄芩、丹参、连翘、牡丹皮、细辛、枸杞子、薄荷等药材。

(4) 蒸、煮、烫

含浆汁、淀粉或糖分多的药材，用一般方法不易干燥，需先经蒸、煮或烫等处理后再干燥，同时可使药材中的酶失去活力，不致分解药材的有效成分。但加热时间的长短不等，应视药材的性质而定，如天麻、红参蒸至透心，白芍煮至透心，太子参置沸水中略烫。需要注意的是，根据我国《中药材生产质量管理规范》规定，加工用水要达到生活饮用水的标准。

（5）搓揉

有些药材在干燥过程中皮、肉易分离而使药材质地松泡，在干燥过程中要时时搓揉，使皮、肉紧贴，达到油润、饱满、柔软或半透明等目的，如玉竹、党参、三七等。

（6）发汗

将鲜药材加热或半干燥后，密闭堆积发热，使其内部水分向外蒸发，并凝结成水珠附于药材的表面，犹如人体出汗，故称为发汗。发汗有利于药材干燥，易于药材贮藏，能提升药材的质量。《中国药典》中规定玄参、杜仲、茯苓、厚朴、续断等药材采用发汗炮制法进行产地加工。传统医学认为发汗后药材的质量好于未发汗药材，并以厚朴"紫色多润"、玄参"色黑微有光泽"、续断"断面墨绿色"、秦艽"色棕黄"、杜仲"内皮暗紫色"为发汗后显著特征。发汗的操作方法具体如下。

①直接堆置发汗炮制法。取药材，直接堆置发汗至药材变色。如杜仲、秦艽。

②反复发汗炮制法。对于不易干燥的药材，药材堆置发汗后，摊开晾至表面干燥，再堆积发汗，反复数次至药材表面出现皱纹，内部水分大部分散失后阴干，如玄参、茯苓。

③水汗炮制法。药材放入盛器内，以水蒸或者置于沸水中微煮，至药材变软、表面发生颜色变化时取出，堆置阴湿处（如土坑内），盖上青草发汗，如白芍、厚朴。

④火汗炮制法。将药材用微火烘至半干，堆置发汗至内部变色时再烘干，如地黄、川芎、天麻、大黄。

⑤加辅料发汗炮制法。将新鲜的药材放入甑中，以少量花椒、白矾及水蒸煮，待蒸气均匀后取出，堆于草中发汗 12~24h，如厚朴。

4.2.3 植物药材的贮藏

植物药材大都含有淀粉、糖类、蛋白质、脂肪油、维生素、鞣质等成分，在贮藏与保管中，因受周围环境和自然条件的影响，常会发生霉烂、虫蛀、变色、泛油、气味散失、风化、融化粘连等现象，导致药材变质，使药材疗效降低，甚至完全丧失药用价值，在经济上造成很大的损失。为了保证药材质量和疗效，正确贮藏与保管对减少药材损耗和用药安全有重要意义。

贮藏植物药材应根据不同种类采取不同的措施，以保证干燥、通风，防止霉烂、虫蛀、变色、泛油、变味等现象，避免虫、鼠危害及植物药材变质。贮藏环境必须洁净卫生，避免植物药材受到污染。

（1）影响植物药材质量的常见外界因素

影响植物药材质量的常见外界因素包括温度、湿度、空气、日光、微生物、虫害及鼠害。

①温度。常温下植物药材的成分基本稳定，利于贮存，但当温度升至34℃及以上就会发生某些植物药材的变异，如含油脂较多的苦杏仁、柏子仁等油分外溢，含糖类较多的黄精、玉竹会粘连、变味等。而温度低于0℃时，某些含水量较高的植物药材（如鲜地黄、

鲜石斛等)所含水分就会结冰，细胞壁及原生质受损，从而导致植物药材疗效降低。

②湿度。湿度可影响植物药材的含水量，直接引起植物药材潮解、溶化、糖质分解、霉变、风化、干裂等。

③空气。空气中的氧气和臭氧也对植物药材的质变起着重要的作用。害虫的生长发育及繁殖都离不开氧气，因此，改变空气成分的组成比例是防治害虫的有效途径之一。

④日光。长时间日光照射会促使植物药材成分发生氧化、分解、聚合等光化反应，日光中的紫外线和热能还可使含蛋白质的植物药材变性、色素分解、鞣质沉淀加速。

⑤微生物。微生物是植物药材发霉、腐烂的主要因素。植物药材中的营养物质，包括脂肪、蛋白质、碳水化合物、水分等有利于微生物的生长繁殖，其中霉菌类是引起植物药材发霉变质的主要微生物。

⑥害虫。植物药材来源广泛，受采收、加工、运输、贮存、包装等多种途径的影响，以及害虫生物学特性多样，容易对药物造成不同程度的污染和危害。在常用的中药饮片中，易被虫蛀的占40%以上。

⑦鼠害。鼠类易破坏植物药材的包装，窃食药物，同时还会带来排泄物污染、病毒及致病菌传播等危害，尤其以死鼠对植物药材的危害更大。

(2)植物药材贮藏过程中常见的变质现象

①霉变。大气中存在的真菌孢子落在植物药材表面后，在适当的温度和湿度下即萌发为菌丝，分泌的酶能溶蚀药材组织，使植物药材有效成分遭到破坏，失去药用价值。许多植物药材都含有蛋白质、淀粉、糖类及黏液质等，这给霉菌的生长繁殖提供了丰富的营养物质。

②虫蛀。虫蛀是指害虫侵入植物药材内部所引起的破坏性作用。植物药材、中药饮片及其制剂大都含有淀粉、脂肪、糖、氨基酸等，营养丰富，当温度在25~32℃、空气相对湿度在70%~80%，植物药材及饮片含水量在15%以上时，极易滋生害虫，发生虫蛀。中药经虫蛀会出现空洞、破碎，被虫的排泄物污染，甚至完全被蛀成粉状，严重影响中药疗效，以致不能药用。易发生这类危害的植物药材有北沙参、党参、人参、当归、黄芪、甘草等，其含糖分高，易生虫。

③泛油。泛油又称为走油或浸油，指某些含油植物药材的油质溢于植物药材表面的现象，一般表现为干燥植物药材表面呈现出油样物质，气味强烈(即酸变)，并常伴随有变色、变质。易发生这类危害的植物药材有杏仁、柏子仁、桃仁等，都属于高脂肪中药。

④气味散失。自古以来医家、药师对植物药材的气味都十分重视，取药时除观其外形，必首闻其味。植物药材久贮或贮藏不当会引起气味严重失散，甚至失效。有些气味散失是发霉、酸败等化学变化引起的，发现后应及时处理。易产生这类现象的中药有砂仁、檀香、豆蔻、薄荷等，都具有一定的挥发性成分。

(3)不同类别植物药材的贮藏方法

①富含油脂的药材。富含油脂的药材在日光、空气的作用下会氧化导致汽油，或是药物受潮，未干透就堆放在一起而发热，从而促使氧化作用加快，油脂分解。如柏子仁、郁李仁、杏仁、当归、桃仁等。对这类药材的保管，最忌闷热。故应置于通风干燥处，严防

潮湿，或冷藏避光保存，或贮存于密闭容器中。

②易变色及散失气味的药材。酶引起的变色是因为药材所含成分的结构中有酚羟基，在酶作用下，经过氧化、聚合，形成大分子的有色化合物，使药材变色。如含黄酮类、羟基蒽醌类、鞣质类等药材。非酶引起的变色原因比较复杂，或因药材中所含糖及糖酸分解产生糠醛及其类似化合物，与一些含氮化合物缩合成棕色色素；或因药材中所含有的蛋白质中的氨基酸与还原糖作用，生成大分子的棕色物质，使药材变色。部分花、叶、全草及果实种子类药材，所含的色素、叶绿素及挥发油等，受温度、湿度、空气、阳光等的影响，易失去原有的色泽和气味，如莲须、红花、丁香等。在贮存保管中，应根据药材的不同性质以及具体条件，进行妥善养护，贮存场所要干燥阴凉，严格控制温、湿度；有的药材需用棕色的容器或瓷坛密封；贮存时间不宜过长，并要做到先进先出；最好单独堆放，以免与其他有特殊气味的药材串味。

③易融化、怕热的药材。易融化、怕热的药材主要指熔点比较低，受热后容易粘连变形，或使结晶散发的药材，如儿茶、樟脑等。这类药材必须选择能经常保持干燥阴凉的库房，并将药材包装好或装在容器里。

④易潮解、风化的药材。含有盐类物质的结晶体药材，如大青盐等，在潮湿的地方或空气中湿度大时，会受到影响而逐渐融化，一般称为返潮或潮解。对这类药材的保管，应选择阴凉、避风和避光的库房，包装物以能防潮不通风为宜，可以在库房内放入一定量的生石灰等吸潮。

⑤易自然分解挥发的药材。有的药材的化学成分易自然分解挥发、升华，从而导致性质改变，不宜久贮，要注意贮存期限。例如，松香久贮，在石油醚中溶解度降低；地黄、麦冬等，久贮有效成分易分解。对这一类药材首先不宜大量采购，或要在较短的期限内用完。

⑥需要特殊保管的药材。对毒、剧、麻醉药，易燃性药材，贵重药材及粉末状或颗粒小的药材应根据各自的特殊性质分别保管。

a. 毒、剧、麻醉药：如马钱子等应按相关管理条例进行严格管控，专人、专库（专柜）、专账保管。

b. 易燃性药材：如松香等遇火或高温易燃烧药材，数量较多时应放专库贮存，数量少时也应单独存放，并远离电源、火源等。

c. 贵重药材：如人参等贵重药材，在贮存中可能会发生各种不同的变异现象，使疗效降低，带来经济损失，如人参易生虫、麝香易受潮走味等。对贵重药材应专库或专柜、专账、专人负责保管。对于怕光、怕潮、怕热、怕碎、怕鼠咬的贵重药材，可用各种木箱盛装，以保证药材安全有效。

d. 粉末状或颗粒小的药材：如蒲黄、海金沙、青葙子、车前子等在贮存中可用布袋等包装使其不易散失。还应根据季节的需要选用不同的包装，如高温高湿季节易生虫品种不宜用塑料袋包装，以免生虫后不方便杀虫养护等。

目前，植物药材产地加工与贮藏配套设施、初加工技术还较为落后，但近年来随着栽培面积、种类快速增加，植物药材的产地加工已引起人们的重视。利用我国各地的植物药材资源和道地药材基地生产优势，运用可持续发展理论，有效地指导我国植物药材加工向基地化、规模化、无公害生产化方向发展，提高生产效率，保障植物药材质量，对于促进植物药材生产和开发的现代化和国际化，具有极其重要的意义。

实训

[**实训十七**]校园及周边药用植物采收及初加工。通过资料查阅，完成某几种常见药用植物的采收及初加工，填写表4-1。

表4-1　校园及周边药用植物采收及初加工记录

植物名称	入药部位	采收季节	采收方法	初加工方法	干燥方法	贮藏方法

课后自测

一、填空题

1. 花类药材，在含苞待放时采收的有_____、_____等；在花盛开时采收的有_____、_____等；而以花粉入药的，如_____、_____等，则宜在花粉未散落前采收。

2. 植物药材产地加工的方法有：_____、_____、_____、_____、_____等。

3. 植物药材产地加工时，净制方法有_____、_____、_____、_____、_____、_____、_____，具体可根据药材质地与性质选择。

4. 植物药材贮藏过程中常见的变质现象有_____、_____、_____、_____。

二、单项选择题

1. 皮类药材如（　　），一般在春末夏初旺盛生长期采用再生剥皮技术采收。
A. 牡丹皮　　　　B. 杜仲　　　　C. 肉桂　　　　D. 五加皮

2. 全草类药材如蒲公英、益母草、香薷等，一般在（　　）采收，有效成分含量比较高。
A. 开花时　　　　B. 茎叶茂盛时　　C. 果实成熟时　　D. 落叶时

3. 富含挥发油、油脂或其他挥发性成分的药材，以及富含色素类化学物质的花、叶类药材，一般采用的干燥方法是（　　）。
A. 晒干　　　　　B. 阴干　　　　C. 烘干　　　　D. 其他

4. 含( )多的药材，用一般方法不易干燥，需先经蒸、煮或烫，在易干燥的同时使一些药材中的酶失去活力，不致分解药材的有效成分。

A. 蛋白质　　　　　B. 脂肪　　　　　C. 油脂　　　　　D. 淀粉、糖

三、判断题(正确的打√，错误的打×)

1. 植物药材采收期的确定，主要考虑的因素是药材的产量。(　　　)

2. 大多数根茎类药材，一般在秋、冬两季植物地上部分将枯萎时至春初发芽前挖掘采收。(　　　)

3. 较大的根及根茎类、坚硬的藤木类和肉质的果实类药材如大黄、鸡血藤、木瓜等，切成较小的块、片，以利于干燥。(　　　)

4. 高脂肪类植物药材如杏仁、柏子仁、桃仁等，如果贮藏环境不合适，容易发生泛油现象，导致药材变色、变质。(　　　)

5. 部分花、叶、全草及果实种子类药材，如莲须、红花、丁香等，所含的色素、叶绿素及挥发油等，易变色及散失气味，贮存场所要干燥阴凉，严格控制温度和湿度。(　　　)

6. 根据我国《中药材生产质量管理规范》，蒸、煮、烫等使用的水要达到农田灌溉水的标准。(　　　)

四、问答题

1. 什么是药材发汗？作用有哪些？哪些药材需要发汗？

2. 介绍一种植物药材的现代干燥技术及其特点。

各论

单元5　根及根茎类林源药用植物栽培技术

学习目标

知识目标：

(1) 了解当地常见的4~5种根及根茎类林源药用植物的分布和栽培意义；

(2) 理解其生物学和生态学特性、栽培品种；

(3) 熟悉其栽培管理、采收、初加工的基本知识和方法。

技能目标：

(1) 能对当地常见的4~5种根及根茎类林源药用植物进行栽培地选择、栽培设计；

(2) 会开展苗木繁殖、移植、田间管理、采收、初加工等绿色生产操作；

(3) 能进行初步的生产组织和管理。

素质目标：

(1) 培养善于沟通、自主学习、独立思考、团结协作的职业素养；

(2) 培养爱岗敬业、知行合一、吃苦耐劳、乐观向上的职业精神；

(3) 培养遵循自然规律、求真务实、重视产品质量和资源保护的科学态度；

(4) 激发学生的家国情怀，具有用劳动创造价值，服务个人和社会发展的坚定信念。

拓展知识：人
参名称的来源

5.1　人参栽培技术

人参(*Panax ginseng* C. A. Mey.)，为五加科植物，主要以根入药，叶、花、果实也可入药(图5-1)。性平、味甘、微苦，归脾、肺、心经，具有大补元气、复脉固脱、补脾益肺、生津安神等功效。我国人参栽培历史悠久，主产于东北地区，以长白山区、小兴安岭为主。栽培的人参习称园参，野生人参习称山参，播种在山林野生状态下自然生长的称为林下参。山参经晒干，称为生晒山参。园参经晒干或烘干，称为生晒参，蒸制后干燥，称为红参。

5.1.1　生物学特性

人参为多年生宿根草本，高30~60cm。主根肥厚，肉质，圆柱形或纺锤形，外皮黄白色。上端有横向凹陷的细纹，下

图5-1　人参

部有分枝，支根上生须根，须根上生有许多小瘤子。主根与茎的交接处为报茎(根茎)，根茎短，直立，每年增生一节，统称芦头，根茎上着生不定根(俗称芋)。茎枯死后芦头上便产生 1 个凹窝状的痕迹——茎痕(俗称芦碗)。芦头上端的侧面生有芽苞(越冬芽)和潜伏芽。人参茎单一直立，具掌状复叶。核果浆果状，扁球形，直径 5~9cm，熟时鲜红色，内有两粒半圆形种子，肾形，乳白色。花期 6~7 月，果期 7~9 月。

人参为多年生植物，生长发育缓慢，生长期长。人参每年只形成 1 个越冬芽，其生长发育是在 7 月，地上茎叶基本停止生长时开始。有 4~7 个月的休眠期。人参从播种出苗到开花结实需 3 年时间，3 年以后每年都会开花。年生育期分为苗期、展叶期、开花期、结果期、果后参根生长期、枯萎休眠期 6 个阶段。

5.1.2　生态学习性

人参为喜阴植物，喜凉爽温和气候，耐寒，忌强光直射。生长温度范围是 10~34℃，最适温度范围是 15~25℃。低于 10℃或高于 34℃，人参处于休眠状态，可耐-40℃低温。土壤要求排水良好、疏松、肥沃、腐殖质层深厚，森林腐殖土最适宜栽培人参，适合在柞树、椴树、桦树等阔叶林地种植，土壤中性或弱酸性。

5.1.3　栽培管理技术

5.1.3.1　选地与整地

选地多与人参栽培方式有关，常用方式有伐林栽参、林地栽参和农田栽参。其中林地栽参为我国传统栽培方式，实行林参间作，以参促林，林、参双丰收。选用坡度在 5°~20°的山地，坡度过大作业不方便；植被以柞树、椴树、桦树为主；土壤多为森林棕壤，土层厚度 10cm 以上。

人参栽培用地选定后，栽参前一年要进行休闲整地。清除树根、杂草、石块等，多次翻耕、熟化土壤；并结合耕翻施入有机肥，或将树根、杂草晒干后烧掉，草木灰翻入土中作肥料。耕翻深度一般为 15~20cm。在栽种前十几天作畦，畦床走向以南北为宜。通常畦宽 1.2~1.5m，畦间距 0.5m，畦高 25~30cm，畦长因地势而定。

5.1.3.2　苗木繁殖

生产上人参主要采用播种方法进行繁殖，先育苗再移栽。

(1)选种与种子处理

选健壮、无病虫害、4~5 年生参株，在果实成熟后，选果大、种子饱满的作为播种用。根据播种时期对种子进行处理。如果进行夏播，7~8 月可将采收后的种子趁鲜播种，无须处理，其在土壤中经后熟过程，翌年春天可出苗；如果进行秋播，需先将种子进行催芽处理，可采用室内催芽法或室外催芽法。

室内催芽法：将干种子置于清水中浸泡 48h，使其充分吸水，取出用两倍湿沙土(湿度约 40%)拌匀，装入盆钵内，置于 18~20℃温度下，保持湿润状态，经过 2~3 个月，种子绝大部分裂口，约 10 月中下旬即可进行播种。如不立即播种，应冷冻或冬季埋于室外土内贮藏，以抑制芽的生长，翌年春天播种。

室外催芽法：选向阳高燥的场地，挖 20~30cm 深的坑，其长和宽视种子量而定，坑底铺上一层小石子，上面再铺上一层细沙，将新鲜种子搓去果皮洗净，用清水浸泡 2h 后捞出，混拌两倍量的湿沙土(1/3 的细沙与 2/3 的腐殖土混合，淋水湿润至手握成团、落地散开的程度，再与种子混合)装入坑内，然后覆盖细沙 5～8cm，再覆盖一层土，踏实。晚间和雨天盖以草帘，白天和晴天揭开进行日晒，每半月检查翻动一次，调整水分，再装入坑内经自然变温，种子即可完成胚的后熟过程，2～3 个月种子可裂口。

（2）播种

按播种时间可分为春播、夏播和秋播。春播是在土壤解冻后，用头年经催芽处理的种子进行播种，当年就可出苗；产区多采用夏播和秋播，均是播后翌年春天出苗。

播种方法有撒播、点播和条播。撒播用木板将畦面刮成 5～6cm 深槽，撒入种子，将原土覆平，保持土壤湿润。如果翌年出苗，则须盖一层草，压土 3～6cm。撒播每平方米用催芽种子 30～40g，鲜种子 40～50g。点播即按行株距各 3cm 距离压孔，放入催芽种子 1粒，播后覆土 5～6cm，用木板轻轻镇压畦面，最后覆盖秸秆或稻草，再覆盖防寒土。此法使参苗生长均匀，节省种子，但是费工。条播的按行距 6～7cm 进行播种。

（3）移栽

目前栽培上多采用"二三制""二四制"和"三三制"。"二三制"和"二四制"即育苗 2年，移栽后 3 年或 4 年收获。"三三制"指育苗 3 年，移栽后 3 年收获。如土壤肥力不高，也有移栽两次的，即"三三三"制或"四三三"制。"三三三"制是育苗 3 年，每 3 年移栽 1次，9 年收获。"四三三"制是育苗 4 年，每 3 年移栽 1 次，共移栽 2 次，10 年收获。

春秋两季均可移栽。春季移栽，应在参苗尚未萌动时，土壤化冻后立即进行。秋季移栽一般在秋季地上茎叶枯黄至地表结冻前进行。2 年生参苗移栽能使小苗充分利用土壤中的水分、肥料和光照，利于参苗生长，且因参苗小，易缓苗，参苗成活率高。移栽时选用根部乳白色、无病虫害、芽苞肥大、根条长的壮苗。栽参头一天起苗，栽多少起多少，远距离运输，要用苔藓外包装。栽前可适当整形，除去多余的须根，并用 100～200 倍液的代森锌或用 1：1：140 波尔多液浸根 10min，勿浸芽苞。移栽时，以畦横向成行，行距 25～30cm，株距 13cm。

将参苗按芦头向畦端摆匀，参根与畦基呈 30°～40°角，用刮板覆土顺参压好参须，再行覆土。栽到最后一行要倒栽，即芦头向畦末端，参须相对。栽完耙平畦面，使畦中略高，以便排水。覆土深度应根据参苗的大小和土质情况而定，一般 4～6cm。秋栽后，畦面上应用秸秆或干草等覆盖，保湿防寒。冻害严重的地区，在覆盖物上还要加盖防寒土。

5.1.3.3　田间管理

（1）搭设遮阴棚

刚刚出苗或没有出苗时搭遮阴棚，棚架高低视参龄大小而定，棚前檐高 1.0～1.3m，后檐高 0.6～1.0m，其差度称为张口，一般在 26～33cm。上面覆草帘、芦苇帘、板，也可以用芦苇、枝条等材料编成透光漏雨的简易帘，帘宽 2～2.5m，透光度 30% 左右。人参展叶后，可在畦面上盖碎稻草或半腐熟落叶，以保持土壤水分，防止土壤板结和雨水冲刷，减少病害。

（2）中耕除草

在人参栽培中，松土除草是一个重要环节。人参出苗前，或者土壤板结、土壤湿度大、畦面杂草多，应及时进行松土除草。一般每年进行 3~5 次，消除杂草病株，培土扶苗。注意不可碰伤参根和芽苞。

（3）追肥

人参以基肥为主，多施有机肥可改良土壤。追肥宜早施，开沟根侧施有机肥。肥料必须腐熟，以免肥害。移栽后的参苗可于出土后在行间开浅沟，将农家肥（猪粪、牛粪、马厩肥）按照 5~10kg/m^2，或者饼肥、过磷酸钙或复合化肥 50gm^2 左右施入沟内，覆土。施肥后应及时浇水，否则易发生肥害。

（4）排水与灌溉

土壤干旱时要适当浇水，水分适宜，人参生长健壮，病害轻，浆气足，质量好，产量高。雨季防止积水，土壤水分过大易烂根，易患病。早春晚秋土壤水分过大，易遭冻害。土壤缺水，会产生生理干旱，使植株枯萎死亡造成减产。因此，要注意合理灌溉，适当培土，防止雨水浸泡畦面。

（5）疏花摘蕾

留种田开花初期疏掉 1/3~1/2 花序中部花蕾。其他地块要在花蕾期掐除花序，增加参根产量。摘蕾时注意手法，不要损伤植株。掐下来的花蕾集中晒干，可做参花茶、参花精或提取人参皂苷。一般只留 5 年生种子。

（6）越冬防寒

封冻前畦面培土或覆盖落叶，厚 5~15cm。入冬以后，应将板棚或帘棚撤下来，防止冬季风雪损坏。下帘后，先在畦面上盖一层稻草或秸秆，其上覆盖 8~10cm 厚的防寒土。初冬和早春的气温变化大，特别是向阳坡和风口地方，白天化冻、晚间结冻，易冻坏参根，俗称缓阳冻。因此在覆盖防寒土或防寒物时，一定要符合标准，结合排水沟清理时，要往畦面多加些土或盖一层帘子，防止发生暖阳冻害。另外，参畦四周或风口处搭设防风障，以防冻害。

5.1.3.4 *病虫害防治*

（1）立枯病

立枯病是人参苗期主要病害，主要发生在出苗展叶期，1~3 年生人参发病重。病菌使幼苗在土表下干湿土交界处的茎部呈褐色环状缢缩，腐烂、切断输导组织，致使幼苗倒伏。发病时期一般是 5~7 月。防治方法：①选用疏松的土壤或砂壤，土壤要充分熟化。②播种或移栽前，每平方米用 50% 多菌灵 10~15g 拌入 3~5cm 深的土层内进行土壤消毒，或每 100kg 种子用 50% 福美双可湿性粉剂 0.4~0.8kg 与 70% 土菌消可湿性粉剂 0.4~0.7kg 混合均匀后拌种，然后播种。③苗床发现病株及时拔除，用 50% 多菌灵 500~800 倍液对病土周围消毒，每平方米用药液 5~10kg，浇灌时渗入土壤 3~5cm，防止蔓延。

（2）黑斑病

黑斑病多在 6 月初发生，7 月中下旬发病较重，危害全株。开始时叶片出现黄色，逐渐扩大变成黑褐色，下雨或空气湿度大时出现黑色孢子，若不防治几周内全田蔓延落叶枯死。红熟果实受害后变黑色干瘪，种子亦呈不同程度的黑色。防治方法：①加强田间管理，注意田间卫生，及时清除并烧毁病原体。②实行全面消毒，包括种子消毒，土壤消毒，撤除防寒物后，用 1% 硫酸铜溶液将参地、参棚全面消毒。③人参裂叶时每亩用 10% 可湿性粉剂 100~200g，兑水 50~75kg 喷洒，每周喷施 1 次，进入雨季可用 1：1：120 波尔多液、多菌灵 500 倍液、50% 扑海因 500~800 倍液等，交替使用。

（3）疫病

疫病多在 6 月发生，危害全株。病叶呈暗绿色水渍状。根受害后呈浅黄褐色软腐状，根皮易剥离，内部组织具黄褐色不规则花纹。雨季发病较重。防治方法：①发病初期用 1：1：120 波尔多液、40% 乙磷铝 300 倍液或 65% 代森锌 500 倍液淋浇植株中下部和土面，最好在大雨后喷洒，7~10 天喷施 1 次，连续 2~3 次。②发现中心病株立刻拔掉，并用铜铵合剂 1：1：1500、1% 硫酸铜溶液对病穴及周围土进行消毒，防止蔓延。③加强田间管理，雨季及时排水。

（4）锈腐病

锈腐病多在 5 月发生，主要危害根部和芽孢，呈黄褐色干腐状，病部出现松软的小颗粒状物，从而使表皮破裂，最后造成根部腐烂。防治方法：①加强栽培管理，移栽时减少伤口，可用多种杀菌剂浸根。②雨季及时排水，及时拔去死亡病株，用石灰处理病穴。③发病期用 50% 多菌灵或 50% 甲基托布津 500 倍液浇灌病穴。

（5）虫害

人参地下虫害主要有金针虫、蝼蛄、蛴螬、地老虎、草地螟，主要危害根部，是造成人参缺苗的一个原因。防治方法：①清洁田园，将田边与地边杂草、枯枝落叶集中烧毁。②施用的粪肥要充分腐熟，最好用高温堆肥。③人工捕杀或灯光诱杀成虫，在田间用黑光灯进行诱杀。④毒饵诱杀，用 50 辛硫磷乳油 50g 拌炒香的麦麸 5kg 加适量的水配成毒饵进行诱杀。⑤害虫发生时用 75% 辛硫磷乳油 700 倍液浇灌。

5.1.4 采收与产地加工

5.1.4.1 采收

人参产区一般在 5~6 年时收获参根，在 9 月中旬至 10 月中旬茎叶枯萎时即可挖取，挖时注意防止参根创伤。挖取前先拆除参棚，起参时从畦的一端开始，将参根逐行挖出，深度以不伤须根为度。边挖边拣，抖去泥土，并按大小分等。整齐摆放筐或箱内，运回加工。

5.1.4.2 产地加工

（1）生晒参

生晒参按产地加工方法可分为下须生晒和全须生晒。下须生晒，选体短有病疤的参，留主根及大的枝根，其余的全部去掉，洗净泥土，病疤用竹刀刮净，晒干或烘干即可。全须生晒，选体大、形好、须全的参，不下须，直接进行晒干或烘干。

（2）红参

在鲜参中选择体形好、浆足、完整无损的大参洗净，疤痕刮净，水沸后蒸 3~4h，取出晒干或烘干即为红参。干燥过程中剪掉芦头和支根的下段，剪下的支根晒干捆成把，即为红参须。捆不成把的小毛须蒸后晒干也呈红色，即为弯须。

（3）白糖参

白糖参简称糖参，缺头少尾、浆液不足、体形欠佳、质地较软的鲜参适合加工成糖参，是将鲜参经过洗刷、排针（在参根上扎眼以便糖渗入）、浸糖干燥而成的产品。加工糖参的工艺烦琐，多次浸糖使人参的有效成分严重损失，而且贮藏、运输过程中易吸潮、污染，夏季易发霉变质，故其应用受到许多限制。

（4）保鲜参

选择形体好的全参根，将整条的鲜人参与装人参的透明塑料容器一起消毒灭菌后，真空保存，即为保鲜参。

5.1.5 质量标准

（1）总体标准

生晒参以主根圆柱形，有芦头、艼帽；表皮土灰色或土褐色，有横纹，皱细且深，质充实；根内呈白色，无杂质、虫蛀和霉变者为佳。红参要求主根圆柱形，有芦头、无艼帽，质坚实，内外呈深红色或黄红色，有光泽，半透明。糖参根以内外呈黄白色，无返糖、虫蛀和霉变者为佳。

（2）等级规格划分

普通鲜参主要以人参重量划分 7 个等级。特等参每支 100~150g；一等参每支 62.5g 以上；二等参每支 41.5g 以上；三等参每支 31.5g 以上；四等参每支 25g 以上；五等参每支 12.5g 以上；六等参每支 5g 以上，不合以上规格和缺须少芦折断者。

5.2 三七栽培技术

拓展知识：三
七连作障碍

三七［*Panax notoginseng*（Burk.）F. H. Chen］，五加科植物，别名田七、田三七、参七、参三七、金不换、滇七等（图 5-2）。性温，味甘、微苦，为"云南白药"的主要原料，生品具有止血、散瘀、消肿、止痛的功效，熟品补血活血。三七入药历史悠久，被历代医家视为药中之宝，有"人参补气第一，三七补血第一""金不换"之说。

云南和广西为三七的道地产区，主产云南文山、砚山、马关、广南、富宁、红河，广西百色等地，江西、湖北、四川等省份也有引种栽培。

5.2.1 生物学特性

三七为多年生草本植物，高 30cm~60cm。主根

图 5-2 三七

肉质，多呈短圆锥形，根茎短粗，俗称"羊肠头"。地上茎直立，伞形花序单生于茎顶，两性，初开时黄绿色，盛开时白色；浆果肾形，成熟时鲜红色。花期 7~9 月，果期 9~11 月。

三七种子具后熟性，保存在湿润条件下，才能完成生理后熟而发芽。种子发芽适温为 20℃左右。种子在自然条件下的寿命为 15 天左右，种子一经干燥就丧失生命力，因此，宜随采随播，或层积处理。

三七在产区 2~3 月出苗，出苗期 10~15 天。三七出苗后便进入展叶期，展叶初期茎叶生长较快，通常 15~20 天株高就能达到正常株高的 2/3，其后茎叶生长缓慢，随着萌发出苗一次性长出，一旦形成的芽苞或长出的茎叶受损伤，地上就无苗。

1 年生三七只有 1 枚掌状复叶；2 年生有 2~3 枚掌状复叶，每枝由 5~7 片小叶构成，此时开始抽薹开花，主根增重和膨大加快；3 年生、4 年生三七一般生 3~5 枚掌状复叶，每枚多数由 7 片小叶构成，少数多达 9 片小叶，此时是生长的高峰期，主根增重和膨大速度达到最高峰；5 年生以上的三七，复叶数可达 6 枚。

三七没有品种之分，大面积栽培的三七是一个混杂群体。但经过几百年人工栽培不断选择和提纯复壮，已产生了一些变异类型，如茎干有绿色、紫色、过渡色(绿色和紫色之间，或绿紫相间)，块根断面有绿色(绿三七)、紫色(紫三七)等不同类型。绿三七的折干率高于紫三七，淀粉含量比紫三七高 38.07%，但紫三七的总皂苷含量比绿三七高 48.52%，绿茎三七在田间表现出植株高大、块根大、产量高的优良性状。因此，三七栽培应以绿茎、紫块根三七为主要对象。

5.2.2 生态学习性

三七属喜阴植物，喜冬暖夏凉的环境，畏严寒酷热；喜潮湿但怕积水，土壤含水量以 22%~40% 为宜。夏季气温不超过 35℃，冬季气温不低于-5℃，均能生长，生长适宜温度 18~25℃。土壤要求疏松红壤或棕红壤，微酸性，持水性太差的砂土以及低洼易积水的地段不宜种植。

三七对光敏感，喜斜射、散射、漫射光照，忌强光。一般透光度以 30% 为宜。光照过弱，植株徒长，叶片柔软，主根增长缓慢，容易得病；光照过强，植株矮小，叶片容易灼伤。

5.2.3 栽培管理技术

5.2.3.1 选地与整地

优先选择道地中药材产区，在非道地产区，应充分论证其种植适宜性和生态风险。

进行林下三七种植时要选择远离交通要道等未被污染的阔叶林或针阔混交林地，且要符合国家森林保护的相关规定，以郁闭度 0.5~0.7、坡度 5°~15°、排水良好的缓坡地为宜，土壤要求为富含有机质的砂壤土。如果是人工林下间作，前作以玉米、花生或豆类为宜，切忌茄科植物作前作。云南在华山松、思茅松林下开展林下三七种植，发现其对克服三七连作障碍有比较好的效果。

进行林下种植时应清除林下地面杂草、枯枝落叶、石块及树干 2m 以下的侧枝，严禁使用化学除草剂。翻耕土壤深 15~20cm，有条件的地方，可在翻地前铺火烧土或每亩施生石灰 100kg，进行土壤消毒。每亩施充分腐熟的厩肥 2000~2500kg、饼肥 20~50kg，整平耕细后作畦，畦向南，畦宽 1.2~1.5m，畦间距 40~50cm，畦长依地形而定，畦高 30~40cm，畦周用竹竿或木棍拦挡，以防畦土流坍，畦面呈瓦背形。

5.2.3.2 苗木繁殖

（1）选种及种子处理

每年 10~11 月，选 3~4 年生植株所结的饱满成熟变红果实，摘下，放入竹筛，搓去果皮，洗净，晾干表面水分。用 65% 代森锌 400 倍液，或 50% 托布津 1000 倍液浸种 10min 消毒处理。三七种子干燥后易丧失生命力，因此，应随采随播或采用层积处理保存。

（2）播种

播种时先用工具划印行，以株行距 6cm×5cm 进行点播，然后均匀撒一层混合肥（腐熟农家肥或与其他肥料混合），畦面盖一层松针或稻草，以保持畦面湿润，抑制杂草生长，每亩用种 7 万~10 万粒，折合果实 10~12kg。播种浇水后如果能采取覆盖银灰色地膜的方法，可起到明显的增产和良好的保水节肥等效果。

（3）苗期管理和移栽

天气干旱时应经常浇水，雨后及时排去积水，定期除草。苗期追肥一般以氮肥为主，通常追施 3 次，第 1 次在 3 月苗出齐后进行，后两次分别在 5 月、7 月进行。苗期顶棚透光度要根据不同季节的光照度变化加以调节。

三七育苗一年后移栽，一般在 12 月至翌年 1 月移栽。要求边起苗、边选苗、边移栽。起根时，严防损伤根条和芽苞。选苗时要剔除病、伤、弱苗，并分级栽培。三七苗根据根的大小和重量分 3 级：千条根重 2kg 以上的为一级，千条根重 1.5~2kg 的为二级，千条根重 1.5kg 以下的为三级。移栽行株距：一、二级为 18cm×（15~18）cm；三级为 15cm×15cm。种苗在栽前要进行消毒，多用 300 倍代森锌浸蘸根部消毒，浸蘸后立即捞出晾干并及时栽种。

5.2.3.3 田间管理

（1）除草和培土

三七为浅根植物，根系多分布于 15cm 的地表层，因此不宜中耕，以免伤及根系。幼苗出土后，畦面杂草应及时除去，在除草的同时，如发现根茎及根部露出地面应进行培土。

（2）淋水、排水

在干旱季节，要经常淋水保持畦面湿润，淋水时应喷洒，不能泼淋，否则造成植株倒伏。灌溉用水执行《农田灌溉水质标准》（GB 5084—2021）。低洼易涝区根据需要设置排水设施。在雨季，特别是大雨过后，要及时除去积水，防止根腐病及其他病害发生。

（3）搭棚与调节透光度

三七喜阴，如果森林郁闭度过小，遮阴度不够，需要人工搭棚遮阴，棚高 1.0m 左右，棚四周搭设边棚。棚料就地取材，一般用木材或水泥预制件作棚柱，棚顶拉铁丝作横梁，再用竹子编织成方格，铺设棚顶盖。棚透光的多少，对三七生长发育有密切影响。透光过少，植株细弱，容易发生病虫害，而且开花结果少；透光过足叶片变黄，易出现早期凋萎现象。一般应掌握前稀、中密、后稀的原则，即春季透光度为 60%~70%，夏季透光度稍小，为 45%~50%，秋季天气转凉，透光度逐渐提高到 50%~60%。

（4）追肥

三七追肥要掌握多次少量的原则。一般幼苗萌动出土后，撒施 2~3 次草木灰，每亩用 50~100kg，以促进幼苗生长健壮。4~5 月施 1 次混合有机肥（厩肥、草木灰比为 2:1），每亩用 1000~1500kg，留种地块每亩加施过磷酸钙 15kg，以促进果实饱满。冬季清园后，每亩再施混合有机肥 2000~3000kg。

（5）打薹

为防止养分的无谓消耗，集中供应地下根部生长，7 月出现花薹时，应摘除全部花薹，可有效提高三七产量。打薹应选晴天进行。

5.2.3.4　病虫害防治

（1）立枯病

立枯病主要危害幼苗，2~4 月开始发病，低温阴雨天气发病严重。防治方法：①结合整地用杂草进行烧土或每亩用 1kg 氯硝基苯做消毒处理；②施用充分腐熟的农家肥，增施磷钾肥，以促使幼苗生长健壮，增强抗病力；③严格进行种子消毒处理；④未出苗前用 1:1:100 波尔多液喷洒畦面，出苗后用苯并咪唑 1000 倍液喷洒，7~10 天喷 1 次，连喷 2~3 次；⑤发现病株及时拔除，并用石灰处理病穴消毒，用 50% 托布津 1000 倍液喷洒，5~7 天喷 1 次，连喷 2~3 次。

（2）疫病

疫病主要危害茎、叶，5 月开始发病，6~8 月气温高，雨后天气闷热、暴风雨频繁、天棚过密、园内湿度大，都会导致发病较快而且严重。防治方法：①冬季清园后用 2°Bé 石硫合剂喷洒畦面，消灭越冬病菌；②发病前用 1:1:200 倍波尔多液，或 65% 代森锌 500 倍液，或 50% 代森铵 800 倍液，每隔 10 天喷 1 次，连喷 2~3 次；③发病后用 50% 甲基托布津 700~800 倍液，每隔 5~7 天喷 1 次，连喷 2~4 次。

（3）蚜虫

蚜虫主要危害茎叶，使叶片皱缩、植株矮小，影响生长。防治方法：用 40% 乐果乳油 800~1500 倍液喷杀。

（4）短须螨

短须螨又称红蜘蛛，主要危害叶，常群集于叶背吸取汁液，使其变黄、枯萎、脱落，以 6~10 月危害严重，花盘和果实受害后萎缩、干瘪。防治方法：①清洁三七园；②3 月下旬以后喷 0.2~0.3°Bé 石硫合剂，每隔 7 天喷一次，连喷 2~3 次；③6~7 月发病盛期，喷 20% 三氯杀螨砜 800~1000 倍液。

5.2.4　采收与产地加工

5.2.4.1　采收

三七一般种植 3 年以上即可收获。在立秋前后采收的称为春七，品质好，产量高。在

12 月至翌年 1 月采收红籽后收获的质量较差，称为冬七。春七是摘去花薹不让结实，主根肥实，折干率高，品质好，到 10 月收挖的品质更好。采收时，在离畦面 6~10cm 高处剪去茎秆，用铁耙挖出全根。

5.2.4.2　产地加工

将挖回的根摘除地上茎，洗净泥土，剪去芦头（羊肠头）、支根和须根，剩下部分称为头子。将头子暴晒 1 天，进行第 1 次揉搓，使其紧实，直到全干，即为毛货。将毛货置于麻袋中加粗糠或稻谷来回冲撞，使外表呈棕黑色光亮，即为成品。如遇阴雨，可用 50℃ 以下温度烘干。

5.2.5　质量标准

（1）总体标准

要求主根呈圆锥形或类圆柱形，表面灰黄色或黄褐色，质坚实、体重，断面灰褐色或灰绿色，味苦微甜，无杂质、虫蛀、霉变。

（2）等级规格划分

三七主要以大小划分等级，即以每 500g 的头数及单个的长度进行分级，共分为 13 个等级：一等（20 头）、二等（30 头）、三等（40 头）、四等（60 头）、五等（80 头）、六等（120 头）、七等（160 头）、八等（200 头）、九等（250 头）、十等（300 头）、十一等（无数头）、十二等（筋条）、十三等（剪口）。

拓展知识：中药山豆根栽培技术规程

5.3　广豆根栽培技术

广豆根，又名山豆根、柔枝槐、苦豆根，原植物是豆科植物越南槐（*SopHora tonkinensis Gagnep.*）的根（图 5-3）。根入药，具有清热解毒、消炎止痛、利咽的功效。

5.3.1　生物学特性

广豆根为藤状小灌木，直立或平卧，高 1~2m。根圆柱状，少分枝，根皮黄褐色。茎分枝少，密被短柔毛。奇数羽状复叶，互生；小叶 11~19，椭圆形或长圆状卵形，顶端小叶较大，先端急尖或短尖，基部圆形，叶面被短茸毛，叶背密被灰棕色短柔毛。总状花序顶生；花萼阔钟状；花冠黄白色，荚果长，呈念珠状。种子 3~5 粒，黑色，有光泽，椭圆形，种脐小。花期 5~6 月，果期 7~8 月。

5.3.2　生态学习性

广豆根对生长环境要求比较苛刻，喜温暖湿润、阳光充足的气候，适生于亚热带无霜地区；大多生长于海拔 800~1100m 的石山脚下、岩缝或灌丛林缘，主

图 5-3　广豆根

要分布于云南、贵州、广西、广东、江西等温度较高的省份。

5.3.3 栽培技术

5.3.3.1 选地与整地

育苗地、种植地宜选择排水良好、湿润肥沃、土层深厚、疏松的砂质石灰岩壤土。选地后，于头年冬季耕翻土壤，经过一整个冬季的充分风化、熟化、碎土，除去宿根性草根和石块。于播种前1个月，施腐熟有机肥，耙平后作畦，畦面宽1m左右，高15~20cm，畦间距30cm，四周开好排水沟。

5.3.3.2 苗木繁殖

（1）繁殖方法

繁殖方法分为种子繁殖和扦插繁殖，生产上多采用种子繁殖，随采随播。

①种子繁殖。每年10~11月，当蓇葖果由青绿渐变黄时及时将蓇葖果采回，脱种子晾干，置室内通风干燥处保存。秋播在采种晾干后进行，春播在2月底至3月中旬进行。种子经催芽露白，在畦面上按株行距40cm×40cm，以品字形开穴呈两行点播，覆土3cm。或采用育苗移栽，将种子在整好的河沙苗床上按株行距5~10cm条播，当苗高10cm以上后移栽。

②扦插繁殖。插穗选择生长健壮、无病虫危害的植株，剪取直径0.5~1.0cm的1年生枝条，取中下段截成长25cm带有2~3个节的短枝段。插穗处理用IBA 150mg/L溶液浸泡插条的1/3，浸泡5h，取出后扦插。插床与基质以洁净河沙或蛭石为基质，宽120cm，深30cm，有遮阳网。扦插时间春季在3月，秋季在10月中旬至11月。扦插规格扦插时用小铲在插床内开15cm深的沟，将插条按株行距5cm×15cm斜摆入沟内，入沙深2/3，覆沙使插条与沙面成45°，浇透水。

（2）种植

整地种植前一个月深耕翻晒。种植前犁耙土块至细碎，起畦，畦宽70cm、高15~20cm，整平畦面。按行距40cm、株距40cm挖穴，穴长、深、宽为20cm×15cm×15cm，每穴施入厩肥、堆肥、草木灰混合肥2~3kg，肥土拌匀后，即可种植。每穴放种苗1株，放苗时要让其根自然伸展开，以覆土过根颈为宜，把土稍压实，并浇足定根水。

（3）苗期管理

天气干旱时要注意经常浇水，保持苗床湿润，雨季注意排水，防止积水。苗期除草2~3次，施肥2~3次，以薄施氮肥为主。每亩每次施腐熟农家水肥1000kg或尿素10kg兑水淋施。

5.3.3.3 田间管理

每年3~4月、7~8月和11月各浅中耕除草1次。幼苗期宜在畦面铺上稻草或蕨草。生长发育期要保持土壤湿润，遇旱要及时灌水，雨后做好排水工作。

施肥配合中耕除草一起进行，每年施2次复合肥，在3~4月与11月中耕除草后一起进行。幼苗生长期平均每株10g，第2年后平均每株20g，均匀撒施于植株旁的地面，施后培土。

5.3.3.4 病虫害防治

病虫害防治要以"预防为主，综合防治"为方针，遵照"农业防治、物理防治、生物防治为主，化学防治为辅"的无害化控制原则。使用农药防治时，严格按照《农药安全使用标准》(GB 4285—1989)有关规定执行。农业防治即要加强田间管理、增施磷钾肥、保持适当的荫蔽度和湿度、防止地面积水，还可采取剪除或拔除病虫株、清除枯叶(烧毁或深埋)，科学施肥，轮作倒茬，深翻土地后用日光暴晒等措施抑制病虫害发生。

(1)根腐病

病原菌主要由根部侵入，造成根部腐烂，地上部分呈萎蔫状。该病全年均有发生，以夏、秋季为严重发生期。在发病初期以百菌清或甲基托布津兑水 500~800 倍灌根，连续2~3 次。

(2)白绢病

病原菌主要危害茎基部和根部，使受害部纵裂变褐，后期腐烂。该病主要在高温高湿季节发生。发病初期以多菌灵或脱菌特兑水 500~800 倍灌根或喷雾，连续 2~3 次。

(3)蛀茎螟

以幼虫钻蛀茎部及枝条，造成内部完全中空，后期地上部分全部枯死。在受害株地面区域会发现白色长条形排出物。防治以卵期及幼龄期即 4~6 月进行为宜，以乐斯本或乙酯甲胺磷兑水 800 倍喷雾或从蛀口灌入。

(4)豆荚螟

在遇到干旱时幼虫会在豆荚内取食豆粒，使豆荚萎蔫干扁，无种子可收。所以在山豆根孕蕾开花期要注意观察，一经发现，用辛硫磷兑水 800~1200 倍喷雾防治。

(5)红蜘蛛

全年均可发生，主要在植株叶片背面刺吸危害，使叶片正面出现不规则褪绿并逐渐形成白色小斑，严重影响光合作用。发病初期用乐果或吡虫啉 1200~1500 倍喷雾防治。

(6)介壳虫

全年均可发生，集中在山豆根植株的幼嫩部位刺吸危害，使嫩叶卷缩畸形。可用吡虫啉兑水 1200~1500 倍喷雾防治。

5.3.4 采收与初加工

5.3.4.1 采收

种植 3~4 年后采收，于秋季将根部挖出，用枝剪除去地上部分，保留根和根茎。

5.3.4.2 初加工

洗净后晒干或烘干，置于干燥、阴凉、通风处贮藏。

5.3.5 质量标准

(1)药材性状

根茎呈不规则的结节状，顶端常存茎基，其下着生根数条。根呈长圆柱形，常有分枝，长短不等，直径 0.7~1.5cm。表面棕褐色，有不规则的纵皱纹及横长皮孔样突起。质坚硬，难折断，断面皮部浅棕色，木部淡黄色。有豆腥气，味极苦。

（2）化学成分

水分不得超过 10.0%；总灰分不得超过 6.0%。

（3）药用成分

按干燥品计算，含苦参碱（$C_{15}H_{24}N_{20}$）和氧化苦参碱（$C_{15}H_{24}N_2O_2$）的总量不得少于 0.70%。

（4）规格

直径 0.7~1.5cm。表面棕褐色，有不规则的纵皱纹及横长皮孔样突起。质坚硬，难折断，断面皮部浅棕色。

5.4 天麻栽培技术

拓展知识：天麻与"两菌"

天麻（*Gastrodia elata* BL.）兰科多年生草本植物，以其干燥块茎入药，别名定风草、明天麻、赤箭、神草、水洋芋等，是我国传统药食两用的名贵中药（图5-4）。天麻主要含天麻苷、天麻多糖，以及香草醛、对羟基苯甲醇、柠檬酸等多种成分。性平，味甘，具有息风止痉、平抑肝阳、祛风通络的功效，用于治疗头痛眩晕、肢体麻木、小儿惊风等症。由于过度采挖造成野生资源濒临灭绝，野生天麻已被世界自然保护联盟（IUCN）评为易危物种，并被列入《濒危野生动植物种国际贸易公约》（CITES）附录Ⅱ，同时被列入我国《国家重点保护野生植物名录（第二批）》，为二级保护野生植物。

天麻在我国的分布区域包括云南、贵州、四川、重庆、湖北、山东、陕西、辽宁、吉林、黑龙江等省份。其中云南昭通小草坝为天麻道地药材主产区。

5.4.1 生物学特性

天麻通过颜色可以分成 4 种不同的类型，分别是红天麻、绿天麻、黄天麻和乌天麻。

图5-4 天麻

天麻是与真菌共生的异养型多年生草本植物，无根，无绿色叶片，只有地上花茎和地下块茎，无法进行光合作用，也不能从土壤中大量吸收水分和营养物质，必须与蜜环菌共生，依靠蜜环菌分解养分生长。

成熟的天麻地下块茎肉质白色，长卵圆形或圆柱形，外皮具环节，其上有芽鳞包被的休眠芽。地上部分中，花莛呈黄色或蓝绿色。花莛经抽薹、孕蕾形成顶生总状花序，具花30~80 朵；蒴果长圆形或倒卵形；种子多而极小，呈粉末状，种子由种皮和胚组成，无胚乳，种皮白色半透明，胚为椭圆形，呈淡褐色或黑褐色。

天麻的生活史主要包括 4 个阶段：第 1 阶段为天麻种子萌发阶段，由种子萌发形成圆球形；第 2、第 3 阶段为天麻的营养生长阶段，由原球茎发育形成米麻或白麻，进而由白麻发育形成箭麻；第4阶段为天麻的生殖阶段，箭麻抽薹、开花、结果，最后形成种子。

5.4.2 生态学习性

天麻适宜生长在含有丰富腐殖质、pH 5~6.5 的湿润砂质壤土中，喜凉爽湿润环境，耐寒，怕干旱，怕积水。天麻有休眠越冬特性，作种用的白麻和箭麻，应在2~5℃低温条件下保存2个月左右，才能从休眠状态转入萌发阶段。

天麻依附蜜环菌分解养分生长，而蜜环菌是一种兼性寄生真菌，常寄生或腐生在树根及老树干的组织内。天麻在6~8℃时开始生长，要求土壤湿度60%~80%，生长最适温度为20~26℃，28℃以上生长缓慢，32℃以上停止生长。天麻与蜜环菌属营养共生关系，当蜜环菌的菌索侵入天麻块茎的表皮组织后，其菌索顶端破裂，菌丝侵入皮层薄壁细胞，将表皮细胞分解吸收，菌丝继续向内部伸展，又反被天麻消化层细胞分解吸收，供天麻生长。

5.4.3 栽培管理技术

5.4.3.1 选地

培育天麻要选择富含有机质、质地疏松、排水良好、保水能力强的林间空地，土壤以砂质壤土及腐殖质土为宜，pH 5.5~6.8，以阔叶疏林地、竹林、火烧二荒地和海拔800m以上地带为好。林下栽培可选杉木、核桃、光皮树等人工和自然林地，坡度10°~20°，半阴半阳，郁闭度以0.6~0.8为宜。

5.4.3.2 培养蜜环菌

（1）菌枝培养

一般选阔叶树，如桦树、野樱桃、青冈、毛栗、柳树等培育菌材。通常将长有蜜环菌的木棒称为菌材或菌棒。将长有蜜环菌的短树枝称为菌枝，菌枝选2~3cm粗的树枝，截成长20~25cm的小木段。菌棒选直径5~10cm的树干或枝丫，锯成长20~50cm的木棒，砍2~3排鱼鳞口，深达木质部，鱼鳞坑口间距2.5~3cm。菌枝培养：最适合在4~6月进行。

挖一个深30cm、长和宽均为60cm的坑，在坑底平铺一薄层树叶，在上面摆放两层树枝。将培养好的菌种摆在树枝上，覆盖一薄层腐殖土或砂土，覆土后在菌种上再摆放两层树枝，用同样方法培养6~7层，最后坑顶覆土6~10cm，盖上一层树叶保湿。40~60天蜜环菌即培育完成，称为菌枝。

（2）菌材培养

菌材是指长满了蜜环菌的段木；菌床则是指培养好菌材后栽培天麻的窖坑。

培育菌材时应先挖一个深50~60cm的坑，大小视菌材数量而定。坑底铺一层树叶，平摆一层树棒，树棒之间加2~3根菌枝，空隙处用土填满。按此方法摆放4~5层后，坑顶覆土10cm。待培育完成后取出树棒，即为菌材。

（3）菌床培养

播种用的菌床应在头年早春3月培养，先挖一个深30cm、长和宽均为60cm的坑，坑底平铺一薄层树叶，摆放新鲜木棒3~5根，棒间放菌枝2~3段，覆盖一层薄砂土；再用相同方法培养土层，穴不宜过大，每穴5~10根菌材为宜，穴顶盖土10cm，再盖一层树叶保湿，即为菌床。

5.4.3.3 繁殖方法

（1）有性繁殖

天麻可采用有性繁殖，即用箭麻抽薹开花结出的种子繁殖。缺点为生长周期长，技术较难掌握。

①箭麻的选择。挖收天麻时选留发育完好、顶芽饱满、重量在100~300g的箭麻作为培育种子的母麻。

②人工授粉。天麻为虫媒授粉，箭麻授粉率较低，获得质优量大的天麻种子，人工授粉是关键技术。花粉成熟的标志是花粉块松软膨胀，将药帽稍微顶起，药帽边沿微显花粉。授粉时用手轻握住花朵基部，同时用镊子慢慢压下花的唇瓣，将雌蕊柱头露出，然后用镊子自下向上挑开药帽，粘住花粉块，将其粘在雌蕊柱头上，即可完成授粉。

③播种方法。天麻主要采用拌萌发菌（紫萁小菇）播种的方法，可有效防止天麻品种退化。播种时揭开培养好的菌床，取出全部菌材；然后在穴底铺上一层湿树叶，将采收的天麻种子撒播于树叶层上；铺排一层菌棒，棒间撒上少量种子，盖上树叶及原土；再用同样方法重复铺撒树叶，播上种子；在穴底盖土约5cm使之与地面齐平，最后盖一层树叶保湿。一般5~6月播种，播种25~30天观察到原球茎，随后原球茎与蜜环菌建立共生关系，节间长出侧芽，顶芽和侧芽进一步发展便可形成米麻和白麻，米麻和白麻可作为无性繁殖的种麻。

（2）无性繁殖

天麻可采用地下块茎发育形成的白麻和米麻进行繁殖，称为无性繁殖，这是目前常用的栽培方法。缺点为用种量较多，多代繁殖后容易发生退化，产量下降。

①种麻的选择。种麻良种为野生或人工栽培的米麻和白麻，要选择颜色黄白且新鲜、无蜜环菌侵染、无病虫危害的健壮者作为种麻，单重以5~10g为宜，不得切割或有伤口。

②栽培穴的准备。天麻栽培以窝或穴为单位，穴不宜过大或过小，根据场地因地制宜即可。在穴底铺5~10cm细沙或细土，穴周边挖排水槽备用。

③种植方法。在穴底垫土层上平铺一层厚枯枝落叶，将菌材顺坡排放于栽培穴中，菌材间距3cm左右；菌材排好后，用培养土填充于菌材间；填到菌材一半时将间隙间所填土整平，取种麻紧贴菌材边上摆放，每个种麻相距约15cm，因菌材两端菌索生长较为旺盛且密集，应各放种麻一个；将土填至与菌材平齐或高出2~3cm，再铺一层枯枝落叶以排放菌材，然后填土栽第2层；覆土6~10cm，最后再盖一层草或树叶。

5.4.3.4 田间管理

（1）防冻

天麻在越冬期一般可耐-3℃的低温，但低于-5℃则会发生冻害，直接影响其产量与质量。因此在选择栽培场地时应选择阳坡或避风地块，或冬季加厚盖土层或铺设覆盖物保温，直至春天地温升高再揭去覆盖物以减轻冻害。

（2）控制高温

天麻与蜜环菌生长的最宜温度是20~25℃，在气温超过30℃时，须做好防暑降温工作，应在栽培穴表面撒枯枝落叶等遮阴以降低地温。

（3）防干旱

天麻与蜜环菌的生长繁殖都需要有较大的土壤湿度才能完成。土壤过于干旱，天麻块茎失水而萎蔫、蜜环菌停止生长、新生幼芽大量死亡。因此，可在天麻栽培穴表层覆盖一层枯枝落叶，能起到较好的保湿效果。

（4）防涝

天麻生长期水分过多也会对其生长造成较大危害。这是因为水分过多易使土壤板结、透气性差，导致蜜环菌缺氧而死亡，天麻块茎则变色腐烂。如发现有积水现象，应及时在栽培穴周边开排水槽。

5.4.3.5 *病虫害防治*

（1）腐烂病、杂菌感染

天麻一旦遭到腐烂病危害或受到杂菌感染，蜜环菌和天麻都不能正常生长，天麻生长受阻、表皮层溃烂，严重影响其产量与质量。防治方法：①栽培地应选择通气性、透水性良好的砂壤土；②选择优良的种麻与培育优良的蜜环菌，保持菌种纯净；③天麻不宜连作，换地种植是减轻天麻腐烂病发生的一项重要措施；④选择疏松、营养丰富的栽培基质；⑤加强田间管理。

（2）蛴螬

蛴螬主要危害块茎，幼虫在天麻栽培穴内啃食天麻块茎造成空洞，并在菌材上蛀洞越冬，破坏菌材。防治方法：①蛴螬成虫具有较强趋光性和趋未腐熟的骡马粪肥的生活习性，可据此诱杀成虫，减少成虫产卵数量；②用2%苦参碱或5%吡虫啉喷雾防治。

（3）地老虎

地老虎主要危害块茎，影响天麻生长。防治方法：地老虎成虫具有嗜好糖酒醋液气味的习性，可按糖∶酒∶醋∶水=4∶1∶5∶10配制糖酒醋液并加入占液体总量1%的40%毒死蜱乳油，将上述药液充分搅匀后置于盆中，放于离地1m左右高处，以诱杀成虫。

5.4.4 采收与加工

5.4.4.1 *采收*

天麻在我国产区分布较广，其自然条件、栽培时间及栽培方法等均不一致，故收获时间应依据栽培地具体条件确定。一般当天麻块茎停止生长或经过休眠即将恢复生长前即可采收，以10月下旬至翌年3月下旬为收获适期。收获后，选取麻体完好、健壮的少量箭麻作有性繁殖用，白麻、米麻留作种用，其余箭麻和大米麻均作产品加工入药。

5.4.4.2 *加工*

天麻加工主要包括分级、清洗、蒸制、干燥、存放5个环节。

（1）分级

一般天麻按照大小将其分为5个等级，依次为特级（≥250g/个）、一级（200~250g/个）、二级（150~200g/个）、三级（100~150g/个）和四级（<100g/个），各级天麻均要求箭芽完整，无病虫害、无创伤破皮、无腐烂。如果有破损及有病虫害等情况均属于等外品。

（2）清洗

将分级后的天麻用水冲洗干净，不宜用水长时间浸泡，以免有效成分溶于水中。天麻随洗净随加工，放置时间过久，其色泽会受到影响。

（3）蒸制

天麻洗净后，将不同等级天麻放入蒸笼或蒸锅中，用猛火蒸 15~40min，以无白心为度。一般特级天麻需蒸 35~40min，一级天麻需蒸 30~35min，二级天麻需蒸 25~30min，三级天麻需蒸 20~25min，四级天麻需蒸 15~20min。

（4）干燥

天麻加工量不大时，常采用烘炕干燥。烘炕开始温度以 50~55℃ 为宜，不能超过 65℃，温度过高易出现硬壳、起泡；开始温度过低则易致霉菌滋生而引起腐烂。干至七八成时取下压扁，继续上炕，烘炕温度保持在 70℃ 左右，继续烘至全干。如加工量大，可采用烤房热风循环干燥的方法。

（5）存放

天麻烘干后，及时装入木箱、竹筐、纸箱内，注意防潮和霉变。存放空间应清洁、干燥、通风，天麻存放按加工批次及等级依次有序存放，并及时抽样检查，以确保天麻品质。

5.4.5　质量标准

（1）药材性状

本品呈椭圆形或长条形，略扁，皱缩而稍弯曲，长 3~15cm，宽 1.5~6cm，厚 0.5~2cm。表面黄白色至黄棕色，有纵皱纹及由潜伏芽排列而成的横环纹多轮，有时可见棕褐色菌索。顶端有红棕色至深棕色鹦嘴状的芽或残留茎基；另一端有圆脐形疤痕。质坚硬，不易折断，断面较平坦，黄白色至淡棕色，角质样，无空心、枯炕（焦枝）、杂质、虫蛀、霉变。气微，味甘。

（2）等级规格划分

天麻按加工的质量规格，可分 4 个等级。

一等：干货，呈长椭圆形，26 支/kg 以内；

二等：干货，46 支/kg 以内；

三等：干货，90 支/kg 以内；

四等：干货，90 支/kg 以上，凡不合一、二、三等的碎块、空心及未去皮者均属此等。

5.5　白及栽培技术

拓展知识：白及的组培繁育

白及［*Bletilla striata*（Thunb. ex. A. Murray）Rchb. f.］为兰科植物，以其干燥块茎入药，别名白芨、白根、连及草、白鸡儿等（图 5-5）。野生种生长于山野川谷较潮湿处。有止血收敛、清热利湿和消肿生肌的功效。由于白及含白及胶，可代替阿拉伯胶和西黄胶，作为增稠剂、润滑剂、乳化剂和保湿剂应用于石油、食品、医药、化妆品工业等。主产于四川、云南、陕西、甘肃等省份。

5.5.1 生物学特性

白及为多年生草本植物，植株高可达 30~70cm，假鳞茎扁球形，富黏性。茎粗壮，劲直。叶片狭长圆形或披针形，基部收狭成鞘并抱茎。花序具 3~10 朵花，常不分枝或极罕分枝；花序轴或多或少呈之字状曲折。花期 4~6 月，果期 7~9 月。

5.5.2 生态学习性

白及为阴生植物，喜温暖、阴凉湿润的环境，不耐寒，耐阴，忌强光，夏季高温干旱时叶片容易枯黄。年平均气温 13~20℃、年降水量 1000~1800mm、空气相对湿度 60%~90% 的环境适宜其生长。极端最高温 36℃，极端最低温 9℃，全年无霜冻的条件下可以生

图 5-5 白及

长。适宜栽培在阴坡或较阴湿的地块，最适宜在肥沃、疏松、排水良好的砂质壤土或腐殖质壤土中生长；土壤含水量以 30%~35% 为宜，水分过多可能引起假鳞茎及根系腐烂甚至全株死亡，在干旱的山坡或山梁上种植，虽然能生长，但是产量低；相对空气湿度 70%~85% 的地方，生长良好。

5.5.3 栽培管理技术

5.5.3.1 选地与整地

选择树龄在 5 年以上、阴闭度 0.3~0.5 的松林、阔叶林或针阔混交林下，土壤肥沃、排水良好、富含腐殖质的砂质壤土以及阴湿的地块种植。坡地宜选择坡度<20°，坡向朝东或东南的山坡中下部地段。

林地清理后根据地形地貌规划种植区，作宽 1.3m~1.5m、长 10~20m 的种植床，床间留出 50cm 宽作业道，将常年落叶用耙子搂至人行道以待播种，同时将床面上的恶性杂草根和小灌木根刨除，但要注意床面尽量不要破坏原土层，并做好水土流失防护措施。

白及怕夏季直接照射，为了方便操作最好在上苗前就做好遮阳棚，可选用 45 目遮阳网，同时安装好喷淋系统，方便日后科学管理。

5.5.3.2 苗木繁殖

（1）分块茎繁殖

白及分块茎繁殖一般在 9~11 月初进行，将白及挖出，选大小中等、芽眼多、无病的块茎，每块带 1~2 个芽，沾草木灰后栽种。开沟沟距 20~25cm，深 5~6cm，按株距 10~12cm 放块茎 1 个，芽向上，填土压实，浇水，覆草，使其保持潮湿状态，3~4 月出苗。

（2）种子繁殖

白及可以采用种子繁殖，但是白及的种子比较细小而且还没有胚乳，一般在自然条件下很不容易发芽和生长，且生出来的小苗栽培比较难。可以通过组织培养技术，在培养基

上进行无菌播种，繁殖出幼苗后再进行移栽。

（3）移栽

移栽时把白及苗的根放在种植坑内，盖土 2/3，把苗的根部全部覆盖，不能有根露于土上；用手拿住白及苗根部轻轻往上提，让白及种球全部露于土面上，根全部舒展直；用手压紧土再盖土，以盖住种球 4/5 为宜，种球不能栽太深，种球栽得太深，对白及生长不利。栽种好以后，覆盖一层松针，覆盖厚度以 3~5cm 为宜（松针要预先准备并消毒处理），也可以覆盖黑色地膜。栽种好后要浇定根水，将叶片上的泥巴用水冲洗干净，以免烧苗，雨天可以不浇水。

5.5.3.3 田间管理

（1）排灌溉水

灌溉量、灌溉次数和时间要根据白及需水特性确定，如生育阶段、气候、土壤湿度，要适时、适量、合理灌溉，过涝、过旱均不利于白及生长，要保持土壤湿润状态。旱季每天早晚喷水 1 次，使湿润土壤深度达到 3cm，同时注意控水，土壤水分过多会引起烂根、整株死亡。

（2）覆盖及中耕除草

白及移栽后可以利用稻草、松针、麦秆等撒铺在种植地面上，防止水分蒸发，使土壤不容易板结，改善土壤肥力，并起到保温防冻、防止鸟害和杂草等作用，有利于白及苗生长，提高移栽成活率。中耕除草一般在土壤湿度不大时进行，因白及植株不高，应见草即除。

（3）培土及遮阳

培土能保护白及越冬过夏，避免白及根部裸露，保护芽苞，促进生根。培土时间视不同时期不同季节而定，在生长期可以结合中耕除草进行。

为了避免高温和强光对白及的危害，需要搭建棚遮阳。在不同的生长发育期对光的要求是不一样的，因此，白及移栽后根据不同生长发育时期对棚内透光度进行合理的调节。棚的高度和方向，应根据地形、气候和白及生长习性而定。

（4）追肥

白及移栽后，应及时追肥以满足生长发育对养分的要求，追肥应根据白及栽培土壤质地、水分状况、气候条件及肥料种类灵活掌握。白及在气温 20~30℃时生长旺盛，每月需追肥 1 次，有新芽出土，叶没展开时，施氮、磷、钾分别为 17%、17%、17% 的速效肥10kg/亩。苗高 30cm 时，追施氮、磷、钾分别为 15%、8%、22% 的速效肥 15kg/亩。叶片变老叶尖开始变黄时，追施土杂肥 1500~2000kg/亩。

5.5.3.4 病虫草害防治

（1）病害防治

白及病害较少，根腐病发生在雨季，需要注意梳理畦沟，防涝排水，沟内不见积水，可以适当喷施甲基硫菌灵 600~800 倍液。叶斑病、炭疽病锈病可用甲基托布津或代森锰锌进行预防，每隔 10 天喷施一次，接连喷施 2~3 次，尤其是针对锈病应在每年的 4 月和 10 月各用 20% 三唑酮乳油 1000 倍液进行预防，发病时用 20% 三唑酮乳油复配阿米西达 1500 倍液进行防治，如果发病比较严重，防治 1 次后随即进行检查，如果发现还有病斑存在，继续防治第 2 次，必须注意三唑酮不能超量使用，一个生长季节使用不要超过两次。平时打药可同时复配阿米西达、凯润、吡唑醚菌酯喷施，增加叶片抗病能力。

（2）虫害防治

危害白及的虫害常见有小地老虎，其幼虫咬食或咬断幼苗及嫩芽，影响白及生长，以 3~5 月发生为主，可用毒辛颗粒剂撒施或者 5% 高效氯氟氰菊酯 800 倍液喷施防治。

菜心虫（夜蛾类）可用甲维盐配氯氰菊酯溶液喷施。

蚜虫可以在防治夜蛾类害虫的同时复配吡虫啉或啶虫脒或噻虫嗪进行防治，以上几种害虫可以同时复配甲维盐和高效氯氟氰菊酯和啶虫脒 3 种药剂综合防治。

蛞蝓，俗称鼻涕虫和蜗牛，对白及的危害也相当大，一般在早晚温度偏低的时候出来危害，平常可撒施四聚乙醛类的颗粒剂（密达或梅塔），一般 3 个月左右施用一次，降低虫口密度。在白及的开花期，若花心里面开始有蓟马和蚜虫，即可开始使用防治蓟马的药剂，以高含量的吡虫啉防治为主。

（3）草害防治

杂草的生长会争夺白及的养分，为蚜虫及夜蛾类害虫提供栖息地，所以要及时拔除杂草。拔除杂草之前最好先喷一遍水，拔除离白及比较近的杂草时，容易伤及白及根系，要特别注意。

5.5.4 采收与产地加工

5.5.4.1 采收

白及种植 3~4 年，于 9~10 月地上茎叶枯萎时便可采收，此时地下茎块已长成 8~10 个。采挖时，把地上茎叶清除干净，然后用四齿小铁耙小心挖出块茎，抖去泥土，运回加工。

5.5.4.2 产地加工

将白及块茎单个摘下后，要立即加工，否则易变黑。剪去茎秆，放入箩筐内，置于流水处或盛满清水的大木盆内，浸泡 1h；然后踩去粗皮，洗去泥土，放入沸水锅内煮 5~10min，至无白心时，便捞出晒干。若遇阴雨天气，可用火烘干。烘时温度保持在 50~60℃，烘 5~6h，待表皮干硬后，取出再晒至全干；然后放入箩筐内来回撞击，去净粗皮与须根，筛去杂质即成商品。

5.5.5 质量标准

（1）药材性状

本品呈不规则扁圆形，多有 2~3 个爪状分枝，少数具 4~5 个爪状分枝，长 1.5~6cm，厚 0.5~3cm。表面灰白色至灰棕色，或黄白色，有数圈同心环节和棕色点状须根痕，上面有突起的茎痕，下面有连接另一块茎的痕迹。质坚硬，不易折断，断面类白色，角质样。气微，味苦，嚼之有黏性。

白及饮片呈不规则扁形，厚约 3mm，部分饮片有 2~3 个爪状分枝。表面灰白色或黄白色，有数圈同心环节和棕色点状须根痕，上面有突起的茎痕。断面类白色，角质样。质坚硬，不易折断。

（2）化学成分

《中华人民共和国药典》（2020年版）规定：白及水分不得超过15.0%，总灰分不得超过5.0%；二氧化硫残留量不得超过400mg/kg。按干燥品计算，含1,4-二［4-（葡萄糖氧）节基］-2-异丁基苹果酸酯（$C_{34}H_{46}O_{17}$）不得少于2.0%。

（3）规格

白及单个重量不低于5g为选货；重量不均一、偏小，且每千克200个以内的为统货。

白及饮片单片重量≥1.10g为选片；重量范围不等的为统片。

5.6 百合栽培技术

拓展知识：百合鳞茎的食用和药用价值

中药材用百合为百合科百合属植物卷丹百合（*Lilium lancifolium* Thunb.）、百合（*L. brownii* var. viridulum Baker）、细叶百合（*L. pumilum* DC.）鳞茎的干燥肉质鳞叶（图5-6）。百合是一味应用历史悠久的良药，具有养阴润肺、清心安神之功。生品以清心安神力胜，常用于热病后余热未清、虚烦惊悸、精神恍惚、失眠多梦。蜜炙后润肺止咳作用增强，多用于肺虚久咳或肺痨咯血。

中国是百合的主要原产地之一，种类丰富，且特有种多，北起黑龙江，西至新疆，东南起台湾，西南可至云南，从山东半岛到华中地区，从黄河流域到长江流域，基本上各地均有百合的分布，中国是名副其实的百合种质自然分布中心。

图5-6 百合

5.6.1 生物学特性

多年生宿根植物，每年冬季地上部分枯死，以鳞茎在土中越冬，鳞茎耐寒性极强，即使在我国北方也能安全越冬。以下为《中国药典》中记载的中药材百合3种原植物百合、卷丹百合和细叶百合的形态特征。

①百合。鳞茎球形，鳞片披针形，无节，白色。茎高0.6~2m，有紫色条纹，有的下部有小乳头状突起。叶散生。花单生或几朵排成近伞形。蒴果矩圆形，具多数种子。花期5~6月，果期9~10月。

②卷丹百合。鳞茎近宽球形，鳞片宽卵形，白色。茎高0.7~1.5m，带紫色条纹，具白色棉毛。叶散生，矩圆状披针形或披针形。花3~6朵或更多。蒴果狭长卵形，长3~4cm，有棱，具多数种子。花期7~8月，果期9~10月。8~9月地上部逐渐枯萎，留下休眠鳞茎越冬。

③细叶百合。鳞茎圆锥形或长卵形，具薄膜；鳞茎瓣矩圆形或长卵形。叶条形。花数朵，下垂，鲜红色。蒴果近球形。花期6~7月，果期8~9月。

5.6.2　生态学习性

百合适应性广，对气候要求不甚严格，我国南北方均可栽培。一般生长温度在 10～30℃，最合适生长的温度为 15~25℃。温度低于 10℃，百合生长缓慢，甚至停滞。百合喜温暖气候，稍冷凉的气候也能生长，耐寒力较强，耐热力较差，喜土层深厚、排水良好、肥沃、富含腐殖质的砂质壤土或壤土，忌黏土，宜酸性至微酸性土壤，稍耐碱性或石灰岩土。忌连作。

百合喜湿润，怕干燥，湿润的空气对百合茎叶的生长十分有利。百合不耐水涝，在酷热高温多湿的环境中生长不良，容易引发病害。在生长盛期和开花期则需要充足的水分。百合喜欢半阴半阳的环境，在过于遮阴或长时期阳光直射的情况下，生长均受抑制。

5.6.3　栽培管理技术

5.6.3.1　选地与整地

百合野生于林地下、山沟边、溪旁，性喜冷凉、湿润的环境和小气候，忌涝忌酷热。因此，百合宜选择排水良好、疏松、腐殖质丰富、土层深厚、半阴疏林下或坡地的微酸性土壤种植。

在选好的地块每亩施入优质腐熟农家肥 2500～3000kg、腐熟菜籽饼肥 50～75kg、25% 氮磷钾三元复合肥 100kg、尿素 10kg 作基肥，肥料撒匀后将土地整平耙细，以备作畦。林下栽培作畦要因地制宜，一般畦长 300cm，畦宽 100～120cm，畦高 25cm，沟宽 30cm，沟深 25cm，畦四周依地势挖排水沟。种植前先对土壤消毒，以预防土传病害。一般采用化学消毒方法，可用 40% 的福尔马林配成 1∶50 或 1∶100 药液洒在土壤上，然后盖上塑料薄膜，7 天后揭开晾晒，15 天后即可种植。

5.6.3.2　苗木繁殖

（1）鳞片繁殖

选择无病虫害健壮的老鳞茎，用刀切去基部，剥下鳞片，阴干数日后于 5~6 月生长季节，将鳞片插入预先准备好的苗床内。扦插土宜用粗砂或黑土粒，其质地松软，保水、排水和通气性能良好，有利于发根。插前苗床用 50% 地亚农乳剂 10kg/hm² 拌土撒施消毒。然后将鳞片按行株距 10cm×3cm 插入土中，顶端稍微露出即可。一般春季扦插的，经 3～4 个月大部分即可生根发叶，并在鳞片基部长出小鳞茎，即可进行移栽。再连续培育 2～3 年，挖取大鳞茎供药用，小鳞茎留作种栽。

（2）小鳞茎繁殖

百合老鳞茎（母球）在生长过程中，于茎轴上逐渐形成多个新的小鳞茎（子球），可用作种栽，继续繁殖。一般于秋后挖起沙藏，翌年春季，在整平耙细的高畦上，按行株距 15cm×3cm 开沟条播。为了预防病虫害，在栽种前用 2% 福尔马林溶液浸泡小鳞茎 15min 进行消毒，取出稍晾干后再进行栽种。

（3）珠芽繁殖

对于卷丹百合，其叶腋间长出的珠芽，可以用作繁殖材料。夏季百合花谢后，珠芽开始脱落前，及时采收。采后与干细砂混合，并贮藏于阴凉通风处。9月中下旬，在整好的苗床上，按行距15cm，开5cm深的浅沟，将珠芽均匀地埋入沟内，播后覆盖细土，以不见珠芽为度。上层再覆盖稻草，保持土壤湿度，15天左右，幼苗便可出土。苗期应加强水肥管理，翌年秋季便可获得1年生小鳞茎(子球)。然后按照小鳞茎繁殖方法，再培育1年，便可以作为商品百合。

(4)种子繁殖

9~10月采收种子，可随采随播，也可将种子进行湿沙层积保存至翌年3月播种。在整好的苗床上按行距15cm、深3~4cm开沟播种，覆薄土轻压，浇水保持苗床土壤湿润，当土温在15~16℃时种子萌芽，幼苗出土，3年后可采收。

(5)组织培养法

一般选用鳞片进行百合组织培养，其他组织体也可采用。将无病虫害的鳞片进行灭菌处理，切成小块在无菌条件下植入MS+2,4-D培养基中进行培养，对育成的试管苗进行炼苗处理后即可按小鳞茎繁殖法进行移栽。组织培养技术可以应用于工厂化高效繁殖，已在观赏植物的生产中广泛应用。

(6)适期栽种

药用百合可在春季和秋季栽种。但对于冬季寒冷回春迟的地区，春栽后生长迟缓，植株根系不发达，抗病性不强，容易发生根腐病。此外，即使植株不发病，地下鳞茎也会因整个生长期较短而产量有限，因此这样的地区最好在秋季9~11月栽种。此时栽种，百合当年生根，翌年春天气温回升后可迅速进入生长旺盛期，有利于地下茎的生长和抗病性的增强。一般行距20~25cm，开深10~12cm的沟，小鳞茎按株距10~15cm栽入沟内，也可在株间施适量的桐粕和缓释复合肥作基肥，但肥料不要与鳞茎接触，以免烧伤。覆厚5cm左右细土，覆土不宜过浅，否则鳞茎易分瓣，影响产量和质量；覆土后稍加压紧，加盖地膜或稻草，以保温保湿，防止杂草生长。

5.6.3.3　田间管理

(1)中耕除草

在苗出齐后和开花前各中耕除草1次，开花后百合鳞茎进入休眠期，不再中耕除草。中耕宜浅，以免损伤鳞茎。

(2)排灌

在春季苗期，土壤过分干燥时可适当浇水；7~8月鳞茎生长期，宜做好排水、松土工作，保持土壤干燥、疏松。

(3)追肥

第1次在4月上中旬，大约为百合苗萌发后1个月，结合浅中耕除草，每亩施有机酸缓控复合肥20kg；第2次在5月上旬，每亩施人畜粪尿水1500kg；第3次在6月中下旬，大约为现蕾前，以有机肥和复合肥为主，每亩补施0.2%磷酸二氮15~20kg，以促进鳞茎迅速膨大。作种用的百合，不宜追施氮素化肥，以免影响繁殖力，作商品用的百合不宜多施氮肥，否则影响百合的色泽。

（4）打顶摘芽

除留种外，5月下旬至6月上旬现蕾期，要及时打顶；6月上旬珠芽分化和成熟期，要及时摘除，可促进地下鳞茎的形成和生长。同时，在收获前1个月左右，自生长点往下10cm左右打顶，可减少养分消耗，促进鳞茎生长发育。

5.6.3.4　病虫害防治

病虫害防治要坚持贯彻保护环境、维持生态平衡的环保方针，遵循预防为主、综合防治的原则，优先采用农业防治、生物防治，结合化学防治，做好病虫害预测预报，提高防治效果，若使用农药则要优先采用生物农药和低毒安全环保型农药。

百合主要病害有枯萎病、疫病、立枯病、病毒病等，主要虫害有地老虎、蛴螬、蚜虫、螨类等。

（1）农业防治

严格实行轮作制度，3年内忌种植百合科和茄科作物；减少农药、化肥使用量；加强田间管理，雨季要及时清沟沥水，忌湿涝。

（2）物理防治

选用30cm×20cm的黄板、蓝板诱杀有翅蚜，黄板、蓝板的比例为3∶1，悬挂于植株上方20cm处，悬挂密度为450块/hm^2；选用频振式杀虫灯（如黑光灯）诱杀地老虎、蛴螬、蝼蛄等。

（3）防治

以高效、低毒、无残留的生物农药防治为主。

枯萎病可在发病前后喷洒50%多菌灵可湿性粉剂800倍液，或50%甲基硫菌灵可湿性粉剂500倍液，或77%可杀得可湿性粉剂500倍液，每5~7天喷1次；疫病可在生长期用1000亿CFU/g枯草芽孢杆菌、65%代森锰锌可湿性粉剂、25%甲霜灵可湿性粉剂、25%密菌酯悬浮剂进行喷雾或灌根；立枯病可在苗期用0.1亿CFU/g多粘类芽孢杆菌细粒剂、20亿孢子/g蜡质芽孢杆菌可湿性粉剂、75%百菌清可湿性粉剂、波尔多液等进行喷雾或灌根；病毒病可在百合的整个生育期用2%氨基寡糖素水剂、20%毒克星进行喷雾或灌根。对大部分地下害虫，种植前可用50%敌克松适量拌成毒土，均匀撒入种植沟内；蚜虫危害嫩茎、叶，可用10%吡虫啉可湿性粉剂1500倍液，或2.5%天王星乳油3000倍液，或20%灭扫利乳油2000倍液喷雾防治。

5.6.4　采收与产地加工

5.6.4.1　采收

栽种后第3至5年夏末秋初，当百合地上茎叶枯萎、下部落叶时即可收获。收获时，挖起全株，除去茎秆和须根。大鳞茎可鲜销或加工成干片，50g以下小鳞茎储藏作种。

5.6.4.2　产地加工

挖掘的百合剔除附带的须根及泥土，将鳞茎逐层剥成片，按大、中、小不同等级分别放置；然后洗去鳞片泥土，沥去水分，倒入沸水锅中烫煮；注意观察鳞片的变化情况，当鳞片的外缘具柔软感、背面出现很小的裂纹状时，立即捞起，置于干净的清水中不断漂洗，充分洗去鳞片上的黏液；摊于竹晒席上，在阳光下晒到足干，注意在晒干以前不要任意翻动，以免弄碎，影响成品率。若遇阴雨天，则用文火烘干。在室内建一方形烘房，底部均匀放置加热装置，房内设分层烘架，层距25cm；将洗净的鳞片摊于烘具上，移入烘架；每隔2~3h观察1次，将上下层轮换放置，当鳞片摆之有声、抓之即碎、色泽纯正时即可。以肉厚、色白、质坚、半透明者为佳品。切忌为了美观而用硫黄熏蒸，以免造成安全事故。

5.6.4.3 质量标准

（1）药材性状

百合药材呈长椭圆形，长2~5cm，宽1~2cm，中部厚1.3~4mm。表面类白色，淡棕色或微带紫色，有数条纵直平行的维管束，顶端稍尖，基部较宽，边缘薄，微波状，略向内弯曲。质硬而脆，断面平坦，角质样。气微，味微苦。

（2）商品规格

①按部位划分。

心材大片：长3.0~3.5cm，宽1.5~1.8cm，厚2.2~2.5mm。

心材中片：长2.5~3.0cm，宽1.3~1.5cm，厚1.8~2.2mm。

心材小片：长小于2.5cm，宽小于1.3cm，厚小于1.8mm。

②按商品等级划分。

特级：表面浅黄白色，色泽、片形均匀。长不小于3.5cm，宽不小于1.8cm，厚不小于2.5mm，无褐斑片。

大统货：长不小于2.5cm，宽不小于1.4cm，厚不小于2.0mm。

小统货：长小于2.5cm，宽小于1.4cm，厚小于2.0mm。

5.7 当归栽培技术

拓展知识：当归的种类

当归[*Angelica sinensis*(Oliv.)Diels]，为伞形科当归属多年生草本植物，别名秦归、云归(图5-7)。《中华人民共和国药典》中收录了当归以干燥根入药，具补血活血、调经止痛、润肠通便等功效。当归也被历版《中华人民共和国药典》收载，在中医处方和中成药制剂中被广泛使用，有"十方九归"之说，也是当归补血汤、乌鸡白凤丸等著名中成药的重要原料，市场需求量大。

当归主产于甘肃东南部，其次为云南、四川、陕西、湖北等省份，均为人工栽培。云南当归种植历史悠久，属地道药材，习称云当归。传统产地为滇西和滇西北地区，现滇东地区发展较快，主产丽江、大理、迪庆、怒江的兰坪以及曲靖的沾益等地。

5.7.1 生物学特性

当归为多年生草本植物，高1~1.5m。根圆柱形，分枝，有多数肉质须根，表面呈黄棕色，有浓郁香气。茎直立，绿色或紫色，有纵深沟纹，光滑无毛。叶为2~3回奇数羽状复叶。花瓣5枚，白色。双悬果椭圆形至卵形，长0.4~0.6cm，宽0.3~0.4cm，成熟后

从合生面分开，分果有果棱 5 条。花期 6~7 月，
果期 7~9 月。

当归的个体发育在生产上可分为 3 个时期，
第 1 年为育苗期，第 2 年为移栽成药期，第 3 年
为采种期。前两年为营养生长阶段，主要形成
肉质根(商品药材)，第 3 年转入生殖生长，开
花结实、采收种子。

5.7.2 生态学习性

当归喜气候凉爽、湿润环境，对环境条件
有着特殊的要求。在云南海拔 2400~3300m 的山
林区，空气湿度大的自然环境下生长良好。当
归属低温长日照植物，在生长发育过程中，由
营养生长转向生殖生长时，需要经过一段时间
的低温。当归幼苗期喜阴忌阳光直射，荫蔽度
以 80%~90% 为宜，以后逐渐增大透光度。当归
对温度要求严格，当平均气温 5~8℃ 时，当归育

图 5-7 当归

苗(1 年生根作繁殖用)开始发芽，9~10℃ 时开始出苗，高于 14℃ 时地上部和根部迅速增
长；8 月平均气温 16~17℃ 时生长又趋缓慢；9~10 月平均气温降至 8~13℃ 时地上部开始
衰老，营养物质向根部转移，根部增长时进入第 2 个高峰；10 月底至 11 月初，地上部枯
萎，肉质根休眠。

当归的整个生长期对水分的要求较高。幼苗期要求有充足的雨水，生长的第 2 年较耐
旱，但水分充足也是丰产的主要条件。雨水太少会使抽薹率增加，雨水太多则易积水，降
低地温，影响生长且易发生根腐病。在土层深厚、肥沃疏松、排水良好、含丰富的腐殖质
的砂质壤土和半阴半阳林地种植当归为好，忌连作，可与木香轮作。

5.7.3 栽培管理技术

5.7.3.1 选地与整地

(1)育苗地的选择与整理

在云南宜选择海拔 2400~3300m 阴凉湿润的山坡或林地，土质疏松肥沃的砂质壤土作
育苗地为好，忌选择排水不良的地块种植。选好育苗地后要及时翻耕，于 4~5 月把草皮
连土铲起并晒干，堆成外圆内空的圆堆，内放柴草，烧成火土后均匀撒开。播种前结合整
地每亩施入腐熟农家肥 2500~3000kg，翻入土中作基肥，整平土地做成宽 1m 的墒，随即
播种。

(2)移栽地的选择与整理

当归栽植地宜选土层肥沃的熟地。前茬以青稞、木香类为好。前茬作物收获后及时翻
耙 1 次，使土壤风化，种植前再翻耙 1 次，亩施 2500~3000kg 腐熟农家肥作底肥，耙平地
块即可栽苗。

5.7.3.2 苗木繁殖

(1)选种及种子处理

选取 3 年生当归植株作为采种株，秋天当归花下垂、种子表面呈粉白色时分批采收，扎成小把悬挂在通风处，待干燥后脱粒，贮存备用。贮存 1 年以上的种子发芽率极低，不宜使用。生产上常采用育苗移栽，但在云南迪庆若选择种子直播的方法可抑制当归抽薹，且当归产量及商品率极高。

(2)育苗播种

育苗播种应根据产地海拔和气候条件确定播种期。云南在 6 月中下旬播种，播种量为 4~5kg/亩。将整理好的育苗地按 1m 宽开墒面耙平；播种前将种子用 30℃ 的温开水浸泡 24h 后捞出晾干，拌上 10 倍于种子的细土或细砂拌匀，均匀撒在墒面上；然后用筛子边筛土边盖种，土层厚度 1~1.5cm，要盖细、盖严、盖均匀；然后再覆盖松针，以不露土为宜，以便于喷水。

(3)直播种植

以云南迪庆为例，直播种植应选在 1~4 月进行，播种量为 0.4~0.5kg/亩。将整理好的地块按 1m 宽开墒面耙平；再选用打好孔的 1m 宽双色银黑膜（选用 3 排孔地膜）直接覆盖在开好的墒面上，把当归种子放入孔内，每孔放入当归种子 5 粒左右；在种子上面再覆盖细土，厚 2cm 左右，播种时土壤湿度一般不能低于 60%。

(4)苗期管理

当归育苗播种时要保持土壤湿润，以利出苗。一般 15~20 天即可出苗，待苗约高 1cm 时，将所盖的草逐步揭掉；当苗高 3cm 左右有 3 片真叶时，间苗并拔除杂草，使苗距在 1cm 左右。在幼苗生长中期可适当浇施发酵过的人粪尿以促进幼苗生长。

直播种植则要在离地面 1.5m 高处用遮阴网覆盖遮阴以提高当归的出芽率及成活率，选用林地套作则不需要拉遮阴网。当苗高 3cm 左右有 3 片真叶时，间苗并拔除杂草，每穴留苗 3 株，适当浇水；当苗高 20cm 左右时，再间苗并拔除杂草，每穴留苗 1 株，可适当浇施发酵过的人粪尿以促进幼苗生长，选择连续阴天或雨天拆除遮阴网。

(5)育苗移栽

每年 3 月下旬至 4 月上中旬移栽较为合适，过早容易遭受霜冻，过晚则种苗已发芽，会降低成活率。移栽时，按株行距 25cm×30cm 打塘，塘深 20cm 左右，每塘栽苗 3 株，呈品字形排列。边栽边覆土压紧，待覆土满塘耙平后再覆盖地膜。正常情况下，移栽后 20 天左右苗出齐时，进行间苗补苗，宜在阴雨天用带土的小苗补栽。栽后约 3 月定苗，拔除病苗、弱苗，每塘保留 1 株。种苗在栽前多用 300 倍代森锌浸蘸根部消毒，浸蘸后立即捞出晾干并及时种植。

5.7.3.3 田间管理

(1)除草和培土

当归为浅根植物，根系多分布于 15cm 的地表层，为不损坏地膜，除草以人工拔草为主。直播幼苗出土后，墒面杂草应及时除去，在除草的同时，如发现根茎及根部露出地面时应进行培土，忌用化学除草。

（2）淋水、排水

在干旱季节，要经常浇水保持墒面湿润，选择根部浇水或喷洒。灌溉用山泉水为佳。低洼易涝区根据需要及时清理排水沟。在雨季，特别是大雨过后，要及时除去积水，防止根腐病及其他病害发生。

（3）追肥

追肥要掌握多次少量的原则。一般幼苗长到 10cm 后，喷施 1000 倍的尿素水，以促进幼苗生长健壮。5~8 月每月浇施 1 次有机肥水（发酵羊粪水），每亩用 100~150kg 发酵羊粪，以促进根茎饱满。留种地块在 7 月加施 N：P：K＝15：15：15 的复合肥 20kg，以促进果实饱满。

（4）打薹

移栽后，当年开花结果的植株称为早期抽薹苗，根部不可药用，宜全部拔除。

（5）留种技术

育苗移栽的当归，在秋末收获时，宜选择土壤肥沃、植株生长良好、无病虫害、较为背阴的地段作为留种田，不起挖，待第 2 年发出新叶后，拔除杂草；苗高 15cm 左右时，进行根部追肥；待秋季当归花轴下垂、种子表皮粉红时，分批采收扎成小把，悬挂于室内通风干燥无烟处，经充分干燥脱粒贮存备用。

育苗移栽的当归在选留良种时，必须创造发育条件，促使早期抽薹，形成发育饱满充实、成熟度高的种子。

5.7.3.4 病虫害防治

（1）根腐病

根腐病地上部症状为叶片稍发黄或不发黄，植株枯黄萎蔫，似缺肥缺水状。地下部症状根据成因不同有所区别。由腐烂茎线虫引起的症状是：干燥时或前期，根部开纵裂口或根皮层糠腐干烂状；潮湿时或后期，根部部分或全部软腐稀烂不成形；发病后期地上部全部枯死，缺塘。由根结线虫引起的症状是，根部出现胞囊或根结。

防治方法：线虫是引起病害的罪魁祸首，要防治该病，先要防治线虫，常用方法为：①及时清理残根及病株，带出种植地外集中烧毁，降低线虫基数。②线虫高发地块在当归播种前用地膜覆盖土壤（最好在雨后覆膜）10 天以上，使膜下形成高温高湿环境，可杀死部分卵及二龄幼虫；在覆膜前撒上石灰粉（50% 氰氨基钙颗粒剂）80kg/亩，盖上稻草、秸秆碎屑增加土壤温度。③根结线虫多发地块在开春时先撒一些对根结线虫高感的植物种子如马铃薯、菠菜、芫荽等，种植 2~3 个月或感染线虫后，连根拔起这些植物集中处理，可带走土壤中的线虫。④用草木灰进行种苗处理，在播种或移栽时将草木灰施于苗床上或塘中。

（2）霜霉病

霜霉病典型症状为叶上有白色霜状霉层，其病原菌为卵菌类霜霉目假霜霉属菌。

防治方法：种苗药剂处理，播种前或在移栽当归苗前用种子质量 3‰的 68.75% 银法利悬浮剂和 3% 敌萎丹悬浮种衣剂混合后拌种或种苗。发现病株及时拔除，病穴以生石灰、5% 石灰乳或 40% 乙膦铝可湿性粉剂、68.75% 银法利悬浮剂 500 倍液浇灌消毒；发病后用 58% 瑞毒霉锰锌、58% 甲霜灵锰锌、64% 杀毒矾、72% 克露可湿性粉剂、72.2% 普力克水剂、68.75% 银法利悬浮剂 600 倍液或 33.5% 喹啉铜悬浮剂、50% 烯酰吗啉水分散粒剂、20% 氟吗啉可湿性粉剂 800 倍液一种或两种配合喷雾防治，10 天喷施一次，共 3 次。

（3）虫害

虫害主要为金针成虫和小地老虎危害。

防治方法：铲除田内外青草，堆成小堆，7~10 天后换鲜草，加入毒饵诱杀。

5.7.4 采收与产地加工

5.7.4.1 采收

10 月下旬割去地上部分，在阳光下暴晒加快成熟。用铁耙或条锄挖出全根，采挖时力求根系完整，向后抖净泥土，挑出病根，置于通风处存放。

5.7.4.2 产地加工

采挖出来的当归待水分蒸发、根条柔软后，按规格大小，扎成小把，堆放在竹筐内；用湿草作燃料生烟烘熏，忌用明火，2~10 天后，待表皮呈金黄色时，停火，待其自干。当归加工时不可经太阳暴晒或高温烘干。

5.7.4.3 质量标准

（1）药材性状

呈圆柱形，下部有支根 3~5 条或更多，长 15~25cm。表面浅棕色至棕褐色，具纵皱纹和横长皮孔样突起。根头（归头）直径 1.5~4cm，具环纹，上端圆钝，或具数个明显突出的根茎痕，有紫色或黄绿色的茎和叶鞘的残基；主根（归身）表面凹凸不平；支根（归尾）直径 0.3~1cm，上粗下细，多扭曲，有少数须根痕。质柔韧，断面黄白色或淡黄棕色，皮部厚，有裂隙和多数棕色点状分泌腔，木部色较淡，形成层环黄棕色。有浓郁的香气，味甘、辛、微苦。具油性，无杂质、虫蛀、霉变。

（2）规格等级划分

全归：一等，40 支/kg 以内；二等，70 支/kg 以内；三等，110 支/kg 以内；四等，110 支/kg 以外。

归头：一等，40 支/kg 以内；二等，80 支/kg 以内；三等，120 支/kg 以内；四等，160 支/kg 以内。

5.8 滇重楼栽培技术

拓展知识：华重楼和滇重楼的区别

滇重楼 [Paris polyphylla var. yunnanensis (Franch.) Hand. -Mazz.] 又称为独角莲、七叶一枝花，滇南谓之重楼一枝箭等，为百合科重楼属植物（图 5-8）。根状茎粗壮，无毛，常带紫红色，基部有 1~3 片膜质叶鞘抱茎。为"云南白药""宫血宁"等国家保护中药配方的主要成分之一，药用部位为干燥的根状茎。有清热解毒、消肿止痛、凉肝定惊的功效。

滇重楼主要分布在云南及四川和贵州的部分地区，主产于云南大理、丽江、楚雄、曲靖、昭通、迪庆等地。

5.8.1 生物学特性

滇重楼为多年生直立草本植物，全体光滑无毛，株高 30~80cm。根茎呈结节状扁圆柱形，多较平直，少数弯曲，表面棕黄色，较平滑；有稀疏环节；茎痕呈不规则半圆形或扁圆形，表面稍突起，茎环纹一面结节明显，另一面疏生须根或疣状须根，质坚，不易折断，断面粉质。茎单一，直立。叶 6~10 片轮生（多为 7 片叶）；叶柄长；叶片厚纸质，披针形或倒卵形。花梗从茎顶抽出，顶生 1 花；两性花，辐

图 5-8 滇重楼

射对称，萼片 5~6 片，叶状，披针形或长卵形，绿色；花瓣丝状，其雄蕊 8~12 枚，上位子房；蒴果紫色，种子具红色外种皮。滇重楼具有越冬期长、营养生长期较短、生殖生长期较长的点。一般头年 11 月中下旬倒苗后即进入越冬，翌年 2 月下旬至 3 月上旬，在气温 3~5℃即能出芽生长，5 月从台叶盘上抽薹开花。从 5 月开花至 10 月种子成熟，生殖生长期长 5 个多月。其营养生长贯穿于生长发育的全过程。

重楼根茎的质地有粉质和胶质两种。粉质重楼：断面洁白色、粉性，易粉碎，药粉洁白，药厂多用；胶质重楼：断面浅黄棕色，角质，或半透明状，难粉碎，色泽较差，价格较低。云南省农业科学院在 2011 年，选育登记了'滇重楼 1 号'和'滇重楼 2 号'这两个有效成分含量高、产量高的抗病新品种。

5.8.2 生态学习性

滇重楼有宜阴畏晒、喜湿忌燥的习性，喜凉爽、阴湿、水分适度的环境，既怕干旱又怕积水，要求较高的空气湿度和遮蔽度。适宜生长在海拔为 1600~3100m，年平均气温为 12~13℃，无霜期 270 天以上，年降水量 850~1200mm，降水集中在 6~9 月，空气湿度在 75% 以上的地区。在种植滇重楼时，遮阴度宜在 60%~70%，散射光能有效促进滇重楼的生长。在含腐殖质多、有机质含量较高的疏松肥沃的砂质壤土中生长良好。

5.8.3 栽培管理技术

5.8.3.1 选地与整地

选择郁闭度为 70% 左右的阔叶林地，腐殖含量高、土壤较湿润或有荫蔽条件的地块栽培。选好地块后，于冬季将土壤深翻 20~25cm，结合整地施入 3000kg/亩的农家肥，翻入土内作基肥，栽种前浅耕、耙碎、整平做厢，一般厢宽 1.5m，厢面呈瓦背形，四周开好排水沟。

5.8.3.2 苗木繁殖

重楼以种子繁殖为主，亦可用根茎繁殖。

(1)播种繁殖

选种及种子处理：成熟的滇重楼果实中种子的胚发育不全，需要完成后熟才能萌发，在自然情况下经过两个冬天才能出土成苗，且出苗率较低。10月将成熟的滇重楼种子采收后，洗去果肉，将种子与3倍湿沙拌匀，装于催芽框中，在室温下催芽，经常翻动，保持沙子的湿度在30%~40%；翌年5月有超过50%的种子胚根萌发时便可播种。将处理好的种子按株行距6cm×6cm点播或撒播于苗床上，每亩用种量150万~180万粒（种子约45kg）。播后覆土，厚约1.5cm，再盖1层松针（以不露土为宜）保湿，浇透水，经6个月左右即可出苗；第3年5月后陆续出苗，出苗率达80%以上，再经两年培育后滇重楼苗形成明显根茎时便可移栽。

(2)根茎育苗

秋季采收时，挖起地下根茎，选择有芽的根茎切成3~4cm的种块，并用药剂处理，消毒，按行株距6cm×6cm埋入苗床内育苗，保持床面温度和湿度；翌年每一切块即可长出一株新的植株。也可秋冬季采挖后置于阴凉干燥处沙贮，于翌年4月上中旬取出，按有萌发能力的芽及芽痕特征切成小段，每段保证带1个芽痕，切好后适当晾干并拌草木灰，同播种一样条栽于苗床，并盖薄膜。11~20天后断根上萌芽，待生根长芽后，于5月上旬按直播规格移栽大田。

(3)苗期管理和移栽

种子繁育出来的种苗生长缓慢，3年后重楼苗形成明显根茎时方可进行移栽。移栽时间10月中旬至11月上旬。株行距10cm×10cm，每亩种植1.8万~2.0万株。种植方法：在畦面横向开沟，沟深5cm，宽10cm，根据种植规格放置种苗，一定要将顶芽尖向上放置，用开第2沟的土覆盖畦面，厚度以不露土为宜，起到保温、保湿和防杂草的作用。栽后浇透1次定根水，以后根据土壤墒情浇水，保持土壤湿润。

(4)直播

于1月上中旬浇透水后，在整好的墒面上以行距30~35cm、株距20~25cm打3~5cm深的小浅塘，100cm的墒面打4行。播种前将种子用冷水浸泡24h后，拌草木灰播种，每塘下种2~3粒，播后覆盖细土2~3cm，加盖一层松针便于喷水。土壤过干应及时浇水。

5.8.3.3 田间管理

(1)搭棚遮阴

为便于管理，育苗床要用遮阴度为70%的遮阴网搭1.8~2m高的遮阴棚遮阴，在固定遮阴网时应考虑以后易收拢和展开。在冬季风大和下雪的地区，待重楼植株倒苗后（10月中旬），应及时将遮阴网收拢，翌年4月出苗前再把遮阴网盖好。根据季节、植株生长发育阶段、当地条件及时调整遮阴度。1~4月一般控制透光度在60%~70%；5~8月控制透光度在40%~60%。

(2)水分管理

在整个育苗期要保持苗床湿润、荫蔽的环境，避免土壤板结、干燥和过度日照，苗出齐后逐步揭去覆盖的松针查苗补苗，幼苗定植后，经常查看成活情况，发现缺苗及时补植。雨季注意排涝，防止水淹。

（3）中耕除草

苗齐后应经常进行中耕除草，避免杂草与幼苗争光争肥，严禁使用化学除草。

（4）追肥

滇重楼喜肥，追肥应做到熟、细、匀、足。根据其生长发育不同阶段的需要进行追肥。出苗展叶后施以氮为主的氮磷钾完全肥料，撒施在行间；4~5月撒施草木灰；6月以磷钾肥为主，入冬前剪除清理枯枝，施充分腐熟的厩肥盖住冬芽，保护芽头安全越冬，促进翌年发苗粗壮。

（5）摘除花薹

不留种的植株，及时摘除花薹，提高产量。

5.8.3.4 *病虫害防治*

（1）地老虎、蛴螬

每亩用毒死蜱2500g同农家肥撒施于种植床内予以防治。

（2）根腐病

根腐病的发病原因是6~7月田间湿度大、积水多、气温高以及根茎有创伤，易遭受病原物感染。防治方法：出苗后，用农用链霉素200mg/L加25%多菌灵可湿性粉剂250倍液混合后喷雾防治；发病初期用1%硫酸亚铁液或生石灰施在病穴内进行消毒。

（3）猝倒病

猝倒病发生的主要原因是土壤带菌、积水。防治方法：发病初期用25%甲霜灵可湿性粉剂300倍液喷雾防治，或用50%多菌灵可湿性粉剂喷施，每7天喷施1次，连续喷2~3次；及时拔除病株，用硫酸铜500倍液浇灌病区。

（4）茎腐病

茎腐病是指发生茎或茎基部腐烂，并导致全株迅速枯死症状的一类病害，它是由多种真菌和细菌单独或复合侵染引起的。此病多在苗床期发生，大田期高温多雨危害更为严重。首先在茎基部产生黄褐色病斑，后变黑褐色，引起根基组织腐烂。病斑扩大后，叶尖失水下垂，严重时茎基湿腐倒苗。当环境潮湿时，病部产生分生孢子器，表皮易剥落。当环境干燥时，病部表皮凹陷，紧贴茎上，发病部位多在茎基部贴近地面的位置。防治方法：与禾本科作物轮作；导致茎腐病的病原物都是弱寄生菌，仅能侵染长势较弱的植株，要加强栽培管理，通过合理施肥、降低土壤湿度等措施使植株健壮，减少茎腐病；采用药物和生物防治，可结合灌水喷洒各种杀菌剂。移栽前苗床喷50%多菌灵可湿性粉剂，大田发病初期用95%敌克松可湿性粉剂灌塘，每隔10天1次，连灌2~3次。

（5）立枯病

立枯病主要危害幼苗茎基部或地下根部，初为椭圆形或不规则黄褐色水渍状或暗褐色病斑，病部逐渐凹陷、缢缩，有的渐变为黑褐色，最后干枯死亡。轻病株仅见褐色凹陷病斑而不枯死。苗床湿度大时，病部可见不甚明显的淡褐色蛛丝状霉。此病为幼苗期病害，4~5月低温多雨时发病严重。防治方法：加强田间管理，注意降低土壤湿度，培育壮苗，雨后注意排水，防止湿气滞留。发病初期开始施药，用75%百菌清可湿性粉剂600倍液，或5%井冈霉素水剂1500倍液进行喷雾。施药间隔7~10天，视病情连防2~3次。

（6）细菌性穿孔病

细菌性穿孔病主要危害叶片，初在叶上近叶脉处产生淡褐色水渍状小斑点，病斑周围有水渍状黄色晕环；最后病斑交界处产生裂纹而形成穿孔，孔的边缘不整齐。温度适宜，雨水频繁或多雾、重雾季节适于病菌繁殖和侵染，发病重。防治方法：加强管理，注意排水、增施有机肥、保持通风透光，提高滇重楼抗病力；清除菌源，将落叶等收集后集中烧毁；喷药保护，如在病期适时喷洒20%叶青双可湿性粉剂600倍液，或10%叶枯净可湿性粉剂400倍液，都有良好的防治效果。

5.8.4 采收与产地加工

5.8.4.1 采收

以种子育苗移栽的滇重楼，一般种植5年以上才能采挖，而以根茎切块栽培的，则种植3~5年即可采挖。一般在秋季倒苗后至翌年出苗前，即当年10月至翌年3月，选择在晴天采挖，采收前先把厢面上的杂草及枯枝残叶清除干净。

挖取出的滇重楼去净泥土和茎叶，把带顶芽部分切下留作种苗。刚采挖的滇重楼不宜放置太阳下暴晒，应及时运送到室内摊开，注意不要堆积太高，以免发热后遭受损失。而后将其分级过筛除去须根，并拣去泥块、石块、杂草，洗净后滤干。

5.8.4.2 产地加工

可直接晒干或阴干，如遇雨天，也可在50℃的烘房内低温烘干。

5.8.4.3 质量标准

（1）药材性状

呈结节状扁圆柱形，略弯曲，表面黄棕色或灰棕色，外皮脱落处呈白色，肉质坚；密具层状突起的粗环纹，一面结节明显，结节上具椭圆形凹陷茎痕，另一面有疏生的须根或疣状须根痕；顶端具鳞叶和茎的残基。质坚实，断面平坦，白色至浅棕色，粉性或角质。气微，味微苦、麻。

（2）规格等级划分

选货：直径1.0cm以上，断面白色粉性的质量占比不低于50%，长5cm以上的不低于30%。

统货：直径1.0cm以下，断面白色粉性的质量占比不低于50%，长3cm以上的不低于40%，1cm以下的不超过10%。

5.9 黄芩栽培技术

黄芩（*Scutellaria baicalensis* Georgi），为唇形科黄芩属植物，别名山茶根、土金茶根，以干燥根入药。性寒、味苦，清热燥湿，泻火解毒，止血、安胎。主治温热病、上呼吸道感染、肺热咳嗽、湿热黄疸、肺炎、痢疾、咯血、目赤、胎动不安、高血压、痈肿疔疮等症。产于黑龙江、辽宁、内蒙古、河北、河南、甘肃、陕西、山西、山东、四川等地。

5.9.1 生物学特性

黄芩是多年生草本植物，高 30~80cm。主根粗壮，略呈圆锥形，棕褐色，断面黄色。茎钝四棱形，具细条纹，绿色或常带紫色；自基部分枝多而细。单叶对生，无柄或几无柄；叶片披针形，茎上部叶略小，全缘，叶面深绿色，无毛或疏被短毛，叶背淡绿色，中脉被柔毛，密被黑色下陷的腺点。总状花序顶生，花偏生于花序一边；花冠二唇形，蓝紫色。小坚果近球形，具瘤，黑褐色，包围于宿萼中(图 5-9)。花期 7~10 月，果期 8~10 月，成熟期不一致。

黄芩在春季播种，地温 15~18℃时 10 天左右出苗，3~5 天出齐。于 5~6 月开花，花期较长，可持续 3 个月之久，直至枯霜期。翌年 4 月上中旬返青，生长发育过程与第 1 年基本相似。2 年生、3 年生开花期和结果期比 1 年生仅提前几天，植株高度、单株地上鲜重则逐年明显增高，根长、根粗和鲜根也逐年增加。2 年生、3 年生的黄芩商品性状好，为条芩，而 4 年生以上者，虽地上植株生育和根系质量也有所增加，但根头中心部分易出现枯朽。

图 5-9　黄芩

5.9.2 生态学习性

黄芩多生于海拔 700~1500m、温暖凉爽、半湿润半干旱的向阳山坡或草原等处。在中心分布区常作为优势种群与一些禾草、蒿类或其他杂草共生。喜光，抗严寒能力较强。适宜野生黄芩生长的年平均气温一般为 4~8℃，最适年平均气温为 2~4℃，成年植株的地下部分在 -30℃ 低温下仍能安全越冬，35℃ 高温不致枯死，但不能经受 40℃ 以上连续高温天气。年降水量要求在 450~600mm。土壤要求中性或微酸性，并含有一定腐殖质层，在栗钙土和砂质土上生长良好，在排水不良或多雨地区种植生长不良，易引起烂根。

5.9.3 栽培技术

5.9.3.1 选地、整地

选择土层深厚、排水良好、疏松肥沃、阳光充足的地块，以中性或近中性的壤土或腐殖土为宜，地势低洼、排水不良、黏重土壤不适宜种植。适宜退耕还林的向阳荒山、荒坡种植，也可利用林间种植。采用林下栽培时，应将山坡或林间杂草和根茬清除干净，深翻 30~40cm，每亩施腐熟有机肥 2500~3000kg、磷酸二铵复合肥 7.5~10kg，深翻入土混合均匀后施入耕层作基肥，整平耙细，起垄做畦。畦高 15~25cm，畦宽 140cm，畦间距 40cm，畦长视实际需要而定，浇足底墒水。

5.9.3.2 苗木繁殖

黄芩主要采用种子繁殖，也可采用扦插繁殖和分根繁殖。

（1）种子繁殖

①直播。一般于春季 3~4 月播种。春季雨水不足、山坡地无灌溉条件的地方可以选择夏播，即 6~7 月雨季播种。按行距 30~40cm，开深 2~3cm、宽 5~8cm 的浅沟，每亩播种量 1~1.5kg，将种子均匀撒入沟内，覆土约 1cm 厚，稍加镇压，播种后要保持土壤湿润，以确保黄芩实现全苗、齐苗、壮苗。大约 15 天即可出苗，出苗后要间去过密的弱苗。当苗高 6~7cm 时，按株距 12~15cm 定苗，并对缺苗的地方进行补苗。补苗时一定要带土移栽，可把过密的苗移来补缺，栽后浇水，以利成活。

因黄芩种子小，为避免播种不均匀，播种时可掺 5~10 倍细砂拌匀后播种。由于播种时覆土浅，常因土壤干旱或表土不平、土粒较大，出苗困难，而导致大量缺苗。所以整地一定要整细整平，播种后要及时浇水，经常保持土壤湿润直到出苗；此外，旱地种植，应选雨季播种，也可用塑料薄膜覆盖或用草覆盖保墒，出苗后即可揭去覆盖物，保证出苗一致整齐。

②育苗移栽。应在早春进行，选择背风向阳、土质肥沃、土壤疏松的地块作苗床，床宽 120~140cm，长度视需要而定。整地后在育苗床上开行距 15~20cm、深 2~3cm、宽 5~8cm 的浅沟，覆土 0.5~1cm，每亩播种量 3~4kg，并适时覆盖薄膜或草苫保温，温度保持在 18~20℃，10 天左右可出苗。出苗后应及时去除薄膜或草苫通风，适时间苗、拔除杂草、追肥浇水，促苗齐苗壮。当苗高 5~7cm 时，按行距 30~40cm、株距 5~7cm 定植，定植后覆土压实并适时浇水，以利缓苗。春播苗，在雨季进行移栽；夏播苗，翌年春季移栽。

（2）扦插繁殖

最适宜扦插期为 4~5 月，植株正处于旺盛的营养生长期，剪取茎枝上端半木质化的幼嫩部分（茎的中下部作插条成活率很低），剪成 6~10cm 长，再去掉下面 2 节的叶，保留上面叶片，用 100mg/L 吲哚乙酸处理 1h，按行株距 8cm×6cm 扦插于床内，插后及时浇水，并搭棚遮阴。之后根据天气和湿度情况决定喷水次数和喷水量，不宜过湿，防止插条腐烂。插床最好用砂或比较疏松的砂壤土。一般随剪随插，若管理得当，成活率可高于 90%，插后生长 20~30 天，幼苗长出 2~3 片新叶时，即可移栽定植。

（3）分根繁殖

在植株收获时将全株挖起，切取主根留供药用。然后依据根茎生长的自然性状用刀劈开，每株根茎分切成若干块，每块都具有 8~12 个芽眼，作为繁殖材料；再按株行距 12cm×25cm 栽种，每穴 1 块，埋土深度 3cm。材料若经过生根剂处理后栽于田间，生长较好。如冬季挖收，应把根茎埋于室内阴凉处，翌年春季再分根栽种；如春季收获，则随挖随栽。

5.9.3.3　田间管理

（1）中耕除草

黄芩幼苗生长缓慢，出苗后至封垄前，中耕除草 3~4 次，应随间苗、定苗进行除草中耕。浇水和雨后及时中耕，保持田间土壤疏松无杂草。翌年返青前，及时清理田园；返青后至封垄前，视情况中耕除草 2~3 次。

（2）间苗、定苗、补苗

出苗后，苗高 3~5cm 时对过密处进行间苗；苗高 5~7cm 时，株距 6~8cm 交错定苗；结合间苗、定苗，对缺苗部位进行移栽补苗，要带土移栽，栽后及时浇水，以确保成活。

（3）追肥

第 1 年，定苗后要进行第 1 次施肥，每亩施尿素 3~5kg，于 6~7 月追施磷酸二铵，每亩 20~30kg。施肥时应开沟施入，施后盖土并浇水。黄芩未开花前，每亩喷施叶面肥磷酸二氢钾，6~7 天 1 次，连续 2~3 次，利于提高产量。

（4）灌水与排水

种子直播地块，播种后保持土壤湿润至出苗，出苗后土壤水分含量不宜过多，适当干旱有利于蹲苗和促根深扎，但如遇持续干旱要适当灌水。雨季注意排涝，地内不可积水。

（5）摘除花蕾

一般当年黄芩种子成熟度不好，应于现蕾或开花前，选晴天上午，将所有花枝剪除，共剪 2~3 次，以利根生长。

（6）越冬田管理

秋季，黄芩地上部分干枯，应割除并清除枯枝落叶。第 2 年除草施肥和浇水管理措施与第 1 年相同。

5.9.3.4 *病虫害防治*

（1）根腐病

根腐病发病初期，黄芩部分支根和须根变褐腐烂，之后逐渐蔓延至整个根部腐烂，全株死亡。防治方法：增施磷肥、钾肥，雨季适时排水防涝，及时拔除病株；对根腐病重发地块与油葵、豆类等作物实行 3 年以上轮作；发病初期用 50% 甲基托布津 800~1000 倍液浇灌，拔除病株并用石灰消毒病穴。

（2）茎基腐病

茎基腐病主要危害大苗或成株黄芩的茎基部及主根。病部初期呈暗褐色，后围绕茎基部或根颈部扩展，致使皮层腐烂，地上部叶片变黄，植株枯死；后期病部表面可形成大小不一的黑褐色菌核。防治方法：重病田实行 3 年以上轮作，与水稻轮作最好；秋后及时清除病残体；实行配方施肥，耕作除草时勿致伤口；及时防治地下害虫和根线虫，以防止致伤传病；发病初期用 3% 甲霜·噁霉灵水剂 1000 倍液喷淋茎基部，每 7~10 天喷药 1 次，连用 2~3 次。

（3）叶枯病

高温多雨季节易发生叶枯病，危害叶片。症状是从叶尖或叶缘向内延伸不规则的黑褐色病斑，并迅速自上而下蔓延，致使叶片枯死。防治方法：冬季处理病残株，将感染病菌的病残株连根拔出烧毁，消灭越冬病菌；发病前或发病初期用 50% 甲基硫菌灵悬浮剂 1000 倍液喷雾，7~10 天 1 次，连续 2~3 次即可，或用 70% 丙森锌可湿性粉剂 600 倍液喷雾，每 5~7 天喷洒 1 次，连续 2~3 次。

（4）白粉病

黄芩白粉病主要危害叶片和果荚，初期叶的两面产生白色小斑点，病斑逐渐汇合而布满整个叶片，最后病斑上散生黑色小粒点。田间湿度大时易发病，会导致提早干枯或结实不良甚至不结实。防治方法：加强田间管理，秋冬季及时清除病残体可减少越冬菌原，注意田间通风透光；发病初期用 75% 肟菌·戊唑醇水分散粒剂 3000 倍液喷雾，每 5~7 天喷洒 1 次，连用 2~3 次。

（5）虫害

虫害主要为甜菜夜蛾、小叶蛾等，在发生初期可采用 20% 氯虫苯甲酰胺悬浮剂进行喷洒，也可采用 300 倍液苏云金杆菌进行防治等。

5.9.4 采收与产地加工

5.9.4.1 采收

黄芩一般播种后 3 年收获为宜。在晚秋或春季萌芽前，可人工挖采，采收时要深挖采净，去净残茎和泥土，尽量避免伤根、断根，去除病腐组织和断根残茎。

5.9.4.2 产地加工

黄芩根挖出后抖去泥土，剪掉茎叶，晾晒至半干时撞去外皮，一般采用滚筒式撞皮机进行撞皮，每分钟 21~24 转，15min 撞 1 次皮，待基本将根皮撞净后，再迅速晒干或烘干。避免在强光下暴晒，过度暴晒会使颜色变红；还要避免被雨淋湿，否则根条会变绿或变黑，影响质量。

5.9.4.3 质量标准

（1）药材性状

呈圆锥形，上部比较粗糙，有明显的网纹及扭曲的纵皱，下部皮细，有顺纹或皱纹，表面黄色或棕黄色。质坚、脆，断面深黄色，上端中央间有黄绿色或棕褐色的枯心。气微，味苦，去净粗皮，无杂质、虫蛀和霉变。成品以紧实无孔洞，内呈鲜黄色为上品。一般 3~4kg 鲜根可加工成 1kg 干品。

（2）规格等级划分

条芩一级：条长 10cm 以上，中部直径 1cm 以上。

条芩二级：条长 4cm 以上，中部直径 0.4cm~1cm。

枯碎芩：即老根，多中空的枯芩和块片碎芩及破碎尾芩。

5.10 黄精栽培技术

拓展知识：黄
精炮制方法

黄精为百合科植物，又名老虎姜、鸡头参、黄鸡菜、节节高、仙人余粮等，《中华人民共和国药典》中黄精药材主要来源于黄精（*Polygonatum sibiricum* Red.）、多花黄精（*Polygonatum cyrtonema* Hua）和滇黄精（*Polygonatum kingianum* Coll. et Hemsl.）3 种植物，根据根茎形状差异，分别称为鸡头黄精、姜形黄精和大黄精（图 5-10）。黄精性平、味甘，具有益气养阴、补脾润肺的功能，主治脾胃虚弱、肺虚咳嗽、体倦乏力、口干食少、精血不足、内热消渴等症。现代研究认为，黄精含有黄精多糖、黄精皂苷、黄酮类以及人体所需的多种氨基酸等，具有抗衰老、降血压、防止动脉硬化的药理作用。作为传统药食两用中药，黄精在药品、保健食品、化妆品等方面都具有极大的开发及应用价值。

世界上有 40 多种黄精，广布于北温带，中国分布有 30 余种。黄精主产于中国东北、华北、西北及华东地区，如黑龙江、吉林、辽宁、河北、山西、陕西、内蒙古、宁夏、甘肃、河南、山东、安徽、浙江等地；朝鲜、蒙古和西伯利亚东部也有分布。多花黄精主产于中国华东、华中及西南地区，如四川、贵州、湖南、湖北、河南、江西、安徽、江苏、浙江、福建、广东、广西等地。滇黄精主产于中国西南地区，如云南、四川、贵州等地；此外，越南、缅甸也有分布。

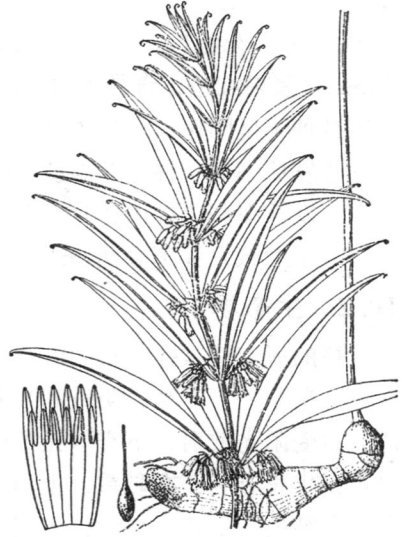

图 5-10 黄精

5.10.1 生物学特性

黄精：根状茎圆柱状，结节膨大，节间一头粗、一头细，在粗的一头有短分枝（《中药志》称这种根状茎类型所制成的药材为鸡头黄精），直径 1~2cm。茎高 50~90cm，或可达 1m 以上，有时呈攀缘状。叶轮生，每轮 4~6 枚，条状披针形。花序通常具 2~4 朵花，似呈伞状，俯垂；苞片位于花梗基部，膜质，钻形或条状披针形，长 3~5mm，具 1 脉；花被乳白色至淡黄色，全长 9~12mm，花被筒中部稍缢缩，裂片长约 4mm；花丝长 0.5~1mm，花药长 2~3mm；子房长约 3mm，花柱长 5~7mm。浆果直径 7~10mm，黑色，具 4~7 颗种子。花期 5~6 月，果期 8~9 月。

多花黄精：根状茎肥厚，通常连珠状或结节成块，少有近圆柱形，直径 1~2cm。茎高 50~100cm，通常具 10~15 枚叶。叶互生，椭圆形、卵状披针形至矩圆状披针形，少有稍镰状弯曲，长 10~18cm，宽 2~7cm，先端尖至渐尖。花序具 1~14 花，伞形，总花梗长 1~6cm，花梗长 0.5~3cm；苞片微小，位于花梗中部以下，或不存在；花被黄绿色，全长 18~25mm，裂片长约 3mm；花丝长 3~4mm，两侧扁或稍扁，具乳头状突起至具短棉毛，顶端稍膨大乃至具囊状突起，花药长 3.5~4mm；子房长 3~6mm，花柱长 12~15mm。浆果黑色，直径约 1cm，具 3~9 颗种子。花期 5~6 月，果期 8~10 月。中国这一类型常被错误地鉴定为欧洲的 *Polygonatum multiflorum*(L.) All.，后者花较小，长 9~15mm，花被筒直径约 2.5mm，中部稍缢缩，和本种迥然不同。

滇黄精：草本植物，根状茎近圆柱形或近连珠状，结节有时作不规则菱形，肥厚，直径 1~3cm。茎高 1~3m，顶端作攀缘状。叶轮生，每轮 3~10 枚，条形、条状披针形或披针形，长 6~25cm，宽 3~30mm，先端拳卷。花序具 1~6 花，总花梗下垂，长 1~2cm，花梗长 0.5~1.5cm，苞片膜质，微小，通常位于花梗下部；花被粉红色，长 18~25mm，裂片长 3~5mm；花丝长 3~5mm，丝状或两侧扁，花药长 4~6mm；子房长 4~6mm，花柱长 8~14mm。浆果红色，直径 1~1.5cm，具 7~12 颗种子。花期 3~5 月，果期 9~10 月。

黄精种子呈圆珠形，种子坚硬，种脐明显，呈深褐色，千粒重 33g 左右。高温干燥贮藏的种子发芽率低。种子低温沙藏和冷冻沙藏，有利于打破种子休眠，缩短发芽时间，发芽整齐，发芽率高。种子适宜发芽温度 25~27℃，在常温下干燥贮藏发芽率 62%，拌湿沙在 1~7℃下贮藏发芽率高达 96%。所以黄精种子必须经过处理后才能用于播种。

5.10.2　生态学习性

黄精的适应性很强，喜阴湿，耐寒性强。黄精通常自然生长在森林下湿润的山坡、林缘、林下杂草丛、灌丛、阴坡和半阴坡，在含有腐殖质比较多的森林土壤中生长旺盛。黄精适宜接受阳光散射，不宜强光照射，一般在阴坡栽植比较好，要求温暖气候，空气湿度高对黄精生长有利，在黏重、土薄、干旱、积水、低洼、石子多的地方不宜种植。这里主要介绍黄精的栽培管理技术，多花黄精和滇黄精的栽培管理可以参照。但需注意黄精、多花黄精和滇黄精分布区不同，对温度的要求不同。

5.10.3　栽培管理技术

5.10.3.1　半野生栽培技术

（1）选地整地

选择腐殖土较多的地块，坡度以 20°~40°为宜（利于夏季排水），林相一般为杂灌林，沟壑边不宜种植。

（2）根茎繁殖

栽种时间为 11 月上旬或 3 月上旬。11 月上旬栽种的，经过休眠期恢复生长后长势较好。挖取地下块茎和在采挖、运输时注意保留芽口，栽种时优先选用芽口保留全的块茎作种。有芽口的种子一般在栽种的第 2 年(11 月上旬栽种的)即可发芽生长，碰断芽口的种子则需要休眠 1 年重新发芽，而且碰断部分容易感染病菌。选好的林缘地先清除杂草，然后根据地形按株行距 15cm×30cm，挖深 5~6cm 小穴，放入种块，用林中腐殖土覆盖，以盖住种块为宜。

5.10.3.2　大田栽培技术

（1）选地整地

选用肥沃的砂壤土地块，每亩施 2000~3000kg 充分腐熟的农家肥，深翻 30cm，耙细整平。做畦备用，做畦宽 1m，畦埂宽 25~30cm。

（2）根茎繁殖

与半野生栽培技术中的根茎繁殖方法相同。

（3）种子繁殖

选择生长健壮、无病虫害的 2 年生植株留种，加强田间管理，待秋季浆果变黑成熟时采集，入冬前进行湿沙低温处理。具体方法是：在院落向阳背风处挖一深 40cm、宽 30cm 深坑。将 1 份种子与 3 份细沙充分混拌均匀，沙的湿度以手握成团、落地即散、指间不滴水为度，将混种湿沙放入坑内。中央插入秸秆，以利通气。然后用细沙覆盖，保持坑内湿润，经常检查，防止干旱和鼠害。待翌年春季 4 月初取出种子，筛去湿沙，在整好的苗床上按行距 15cm、深 3~5cm 开沟，将种子均匀播入沟内，覆土厚度 2.5~3cm，稍加深压。保持土壤湿润，土地墒情差的地块，播种后浇一次透水，然后插拱条，覆盖农膜。注意加强拱棚苗床管理，及时通风、炼苗，苗高 3cm 时，昼撤夜覆，逐渐撤掉拱棚，及时除草、浇水，促使小苗健壮生长。秋后或翌年春季将苗移栽到大田。

（4）移栽

一般北方地区移栽多在 4 月初进行。在整好的种植地块上，每亩施入底肥 3000kg；按行距 30cm、株距 15cm 挖穴，穴深 15cm，穴底挖松整平；然后将小苗栽入穴内，每穴 2 株，冠土压紧，浇透水一次，再次进行封穴，确保成活率。

5.10.3.3 田间管理

半野生栽培管理较简单，主要是夏季防涝和防止人畜践踏。夏季在暴雨过后要经常检查，若有被雨水冲刷覆盖层的，要及时盖土；在有牲畜放牧的地方要设置护栏，严防人畜践踏。

大田栽培生长前期要经常中耕除草，于每年 4 月、6 月、9 月、11 月各进行 1 次，宜浅锄并适当培土；后期拔草即可。若遇干旱或较向阳、干旱的地块需要及时浇水遮阴。每年结合中耕除草施迟肥，前 3 次中耕后每亩施用土杂肥 1500kg，加过磷酸钙 50kg、饼肥 50kg，混合拌匀后于行间开沟施入，施后覆土盖肥。黄精怕涝喜荫蔽，应注意排水，可间作玉米，在玉米长高至 50cm 之前应搭架，防止黄精植株长高后倒伏。

5.10.3.4 病虫害防治

（1）黑斑病

黑斑病多于春、夏、秋季发生，危害叶片。防治方法：认真落实轮作栽培制度，将染病植株及时清除和销毁，运用 1∶1∶200 倍波尔多液进行喷施防治，也可应用 1000 倍液 50% 的退菌特进行喷施防治，还可选用奥利克速净液进行喷施防治，间隔 7 天喷施 1 次，持续应用 1 个月以上。如果处在发病期，还可运用化学药剂与大蒜混合之后喷施，每 4 天喷施 1 次，喷施两次便能起到较好的防治效果。

（2）炭疽病

很多植物的常见病害分布范围极广，主要危害叶片、果实。黄精感染该病后，叶片的顶尖和边缘处会出现红褐色病斑，随着病情发展，病斑扩大，颜色变为黑褐色。病斑区域常常会穿孔脱落，危害极大，病情严重时，整个植株的叶片全部腐烂而死。防治方法：可采用 75% 代森锰锌 800 倍液进行喷施防治，也可采用 64% 噁霜锰锌 500 倍液进行喷施防治，还可选择 90% 三乙膦酸铝 300 倍液进行喷施防治，以上药剂交替应用，间隔 7 天喷施 1 次，持续应用 3 次便能起到较好的防治作用。

（3）灰霉病

灰霉病不仅会危害叶片，而且对植株根茎和花苞的生长状态都会产生不良影响，容易造成植株腐烂，进而死亡。叶片染病，先从下部叶片的叶尖或叶缘开始，产生近圆形或不规则水渍状病斑，后病斑逐渐扩展至直径 1cm 或更大，病斑由褐色变为灰褐色或紫褐色，有时产生不规则轮纹。天气潮湿时，病斑上长出灰色霉层。叶柄、茎秆上的病斑呈长条形，水渍状为暗绿色，后转变为褐色，凹陷、软腐，往往引起茎枝折断或植株倒伏，幼茎受害则危害更大，常突然萎蔫或倒伏。花器染病，花蕾、花瓣变褐腐烂，表面产生灰色霉层，病部有时可延伸到花梗。发病后期，在病组织内部产生 1mm 大小的黑色颗粒状小菌核。发病较重时可适当加入 50% 异菌脲 1500 倍液、80% 嘧霉胺 2000 ~ 3000 倍液、50% 腐霉利 2000 ~ 3000 倍液、38% 唑醚啶酰菌胺 2000 倍液，均匀喷雾。

(4) 蚜虫

蚜虫危害以桃蚜和棉蚜为主。春末夏初，气温迅速上升，降水量较少，此时黄精刚发芽，嫩叶和花是蚜虫繁殖和栖息的主要位置。蚜虫以吸食叶子的汁液为生，会造成叶片小、发黄，以及植株矮小的问题。蚜虫大量繁殖会导致植物顶部的叶和花大量脱落，严重时导致植株死亡，造成减产。在感染初期可在叶片喷施隆施 3000 倍液，每 7 天喷施 1 次，连续喷施 2 ~ 3 次即可。蚜虫较重时则可喷施隆施 1500 倍液，着重喷洒在被害虫侵害的部位。

(5) 红蜘蛛

被红蜘蛛侵袭，叶片会出现灰白色或淡黄色小点，严重时全叶呈灰白色或淡黄色，干枯脱落，缩短结果期，影响黄精产量。在感染初期可在叶片喷施 24% 联苯菊酯 2000 ~ 3000 倍液，每隔 15 天喷施 1 次，连续喷施两次即可。发病较重时，采用 24% 联苯菊酯 1500 倍液，每隔 10 天喷施 1 次，连续均匀喷雾两次即可。

5.10.4　采收与产地加工

5.10.4.1　采收

一般根茎繁殖的于栽后 3 ~ 4 年，种子繁殖的于栽后 4 ~ 5 年采挖。秋季采挖为好，此时黄精地上部分已经停止生长，根茎部肥壮饱满。挖取根茎后，去掉茎叶，抖净泥土，削掉须根，用清水洗净。

5.10.4.2　产地加工

黄精：原药材除去杂质后洗净，保持略湿润状态，切厚片，干燥后要及时收藏。

蒸黄精：取净黄精，润透，置蒸制容器内，反复蒸至内外滋润、色黑，切厚片，干燥后要及时收藏。

酒黄精：取净黄精，用黄酒拌匀(每 100kg 黄精用黄酒 20kg)，置罐内或适宜容器内，密闭，隔水蒸或用蒸气加热，炖至酒被完全吸收。或置蒸制容器内，蒸至内外滋润、色黑。取出，稍凉，切厚片，干燥后要及时收藏。

5.10.4.3　质量标准

(1) 药材性状

黄精(鸡头黄精)：呈结节状弯柱形，长 3 ~ 10cm，直径 0.5 ~ 1.5cm。结节长 2 ~ 4cm，略呈圆锥形，常有分枝。表面黄白色或灰黄色，半透明，有纵皱纹，茎痕圆形，直径 5 ~ 8mm。

多花黄精(姜形黄精)：呈长条结节块状，长短不等，常数个块状结节相连。表面灰黄色或黄褐色，粗糙，结节上侧有突出的圆盘状茎痕，直径 0.8~1.5cm。

滇黄精(大黄精)：呈肥厚肉质的结节块状，结节长可达 10cm 及以上，宽 3~6cm，厚 2~3cm。表面淡黄色至黄棕色，具环节，有皱纹及须根痕，结节上侧茎痕呈圆盘状，圆周凹入，中部突出。质硬而韧，不易折断，断面角质，淡黄色至黄棕色。气微，味甜，嚼之有黏性。

（2）等级划分

黄精商品等级划分见表 5-1 所列。

表 5-1　黄精商品等级划分

药材	等级	干货性状描述	每千克药材所含数量
鸡头黄精	一等	呈结节状弯柱形，结节略呈圆锥形，常有分枝；表面黄白色或灰白色，半透明，有纵皱纹，茎痕圆形。无杂质、虫蛀、霉变	50 头以内
	二等		100 头以内
	三等		多于 100 头
	统货	结节略呈圆锥形，长短不一。不分大小。无杂质、无虫蛀、无霉变	
姜形黄精	一等	呈长条结节块状，长短不等，常数个结节相连。表面灰黄色或黄褐色，粗糙，结节上侧有突出的圆盘状茎痕。无杂质、虫蛀、霉变	115 头以内
	二等		215 头以内
	三等		多于 215 头
	统货	结节呈长条块状，长短不等，常数个结节相连。不分大小。无杂质、无虫蛀、无霉变	
大黄精	一等	呈肥厚肉质的结节块状，表面淡黄色至黄棕色，具环节，有皱纹及须根痕，结节上侧茎痕呈圆盘状，圆周凹入，中部突出。质硬而韧，不易折断，断面角质，淡黄色至棕黄色。气微，味甜，嚼之有黏性。无杂质、虫蛀、霉变	25 头以内
	二等		80 头以内
	三等		多于 80 头
	统货	结节呈肥厚肉质块状。不分大小。无杂质、无虫蛀、无霉变	

5.11　川芎栽培技术

川芎栽培技术相关内容详见二维码。

5.12　云木香栽培技术

云木香栽培技术相关内容详见二维码。

5.13 党参栽培技术

党参栽培技术相关内容详见二维码。

5.14 黄连栽培技术

黄连栽培技术相关内容详见二维码。

5.15 绵马贯众栽培技术

绵马贯众栽培技术相关内容详见二维码。

实训

[**实训十八**]在实训基地完成根及根茎类药用植物栽培技术应用。通过资料查阅结合教学可及资源，选择3~4种根及根茎类药用植物，根据实际情况完成播种育苗、移植、园地管理、采收与初加工生产中的某一个或几个环节，完成表5-2，要求步骤详细，并总结心得体悟。

表5-2 根及根茎类药用植物栽培技术应用

实训项目	工具材料	实训时间	操作步骤与技术要点	难点与重点	结果与体会

课后自测

一、填空题

1. 1年生人参植株茎顶只有1枚掌状复叶，具有3小叶，俗名_____。

2. 人参茎枯死后，芦头上便产生1个凹窝状的痕迹——茎痕，俗称_____。

3. 人参为喜阴植物，适宜在_____、_____、_____等阔叶林地种植。

4. 三七被称为"金不换"，民间有"_____补血第一，_____补气第一"之说。

5. 三七应选_____年生植株所结的饱满成熟变红果实采种，种子具有_____特性，保存在湿润条件下才能完成生理后熟而发芽，因此，宜随采随播，或层积处理。

6. 三七苗是根据_____分级，一级苗指_____；三七药材等级划分主要根据_____分为 13 个级别，一般单价最贵的是_____级。

7. 广豆根为_____植物的_____，生产上常用的繁殖方法有_____、_____。

8. 天麻的繁殖方法有_____和_____。天麻的种子萌发需要拌萌发菌_____。无性繁殖的天麻种麻，主要选择_____和_____。

9. 白及为_____科的草本植物，以干燥的_____入药。白及的繁殖方法有_____、_____、_____。

10. 中药材百合为_____科_____属植物_____、_____、_____的_____。

11. 当归素有十方九归之称，是_____的圣药，适宜种植在_____、_____的区域。

12. 滇重楼素有_____、_____、_____的功效，适宜种植在_____、_____的区域。

13. 黄芩别名山茶根，是_____科草本植物。以干燥根入药。_____年的黄芩商品性状好。

14.《中华人民共和国药典》中黄精药材主要来自 3 种黄精植物，根据根状茎形状的不同，3 种黄精分别称为鸡头黄精、_____和_____。

15. 高温干燥贮藏的黄精种子发芽率低，_____的黄精种子发芽率高。

二、判断题(正确的打√，错误的打×)

1. 人参为喜阴植物，喜凉爽温和气候，耐寒，忌强光直射。(　　)

2. 三七种子寿命短，要随采随播或者湿沙贮藏。(　　)

3. "春七""冬七"分别是指春季、冬季采挖的三七。(　　)

4. 天麻必须与真菌共生才能正常生长发育和繁殖后代。(　　)

5. 白及属于阴生植物，栽培时需适当遮阴。(　　)

6. 白及一般种植 4~5 年后，在 4、5 月采收比较好。(　　)

7. 食用百合中最著名的是兰州百合。(　　)

8. 食用百合具有食疗价值，可以作为药用百合用于临床。(　　)

9. 百合原野生于林地下、山沟边、溪旁，性喜冷凉、湿润的环境和小气候。(　　)

10. 当归苗移栽后，当年开花结果的植株属于早期抽薹，根部不可药用，宜全部拔除。(　　)

11. 当归种子一般从第 3 年生的母株采收。留种的当归，要在露地越冬，完成春化作用，才能开花结实。(　　)

12. 黄芩一般播种后 3 年收获为宜。(　　)

13. 黄芩可以采用嫩枝扦插和分根进行繁殖。(　　)

14. 黄精属于药食同源的药材。（   ）

15. 大田栽培时，黄精可选用种子繁殖、根茎繁殖、育苗繁殖等方式。（   ）

16. 黄精怕涝喜荫蔽，应注意排水，可间作玉米，在玉米长高至 50cm 之前应搭架，防止黄精植株长高后倒伏。（   ）

17. 滇重楼对土壤水分和空气湿度要求较高。（   ）

三、选择题（1~9 为单选题，10~12 为多选题）

1. 人参属于（   ）药用植物。

A. 一年生   B. 二年生   C. 多年生木本   D. 多年生草本

2. 天麻全株无绿色叶片，常年以（   ）潜居于土中，不能自养，从共生蜜环菌菌丝中取得营养，才能生长发育。

A. 块茎   B. 鳞茎   C. 球茎   D. 根状茎

3. （   ）的种子比较细小且没有胚乳，一般在自然条件下很难发芽，生产上可以在培养基上进行无菌的播种繁殖。

A. 白及   B. 重楼   C. 三七   D. 山豆根

4. 百合适宜的采收期在（   ）。

A. 春季   B. 秋季   C. 夏季   D. 冬季

5. 成熟的滇重楼果实中种子的胚发育不全，需要完成后熟才能萌发，在自然情况下经过两个冬天才能出土成苗。生产上一般采用（   ）催芽。

A. 水浸   B. 湿沙层积   C. 加热   D. 小苏打

6. 当归、黄精等幼苗移栽前，在土壤中拌入腐熟的农家肥，有利于秧苗后期的生长，这次施肥称为（   ）。

A. 基肥   B. 刀口肥   C. 越冬肥   D. 叶面肥

7. 黄芩属于（   ）药用植物。

A. 一年生   B. 二年生   C. 多年生木本   D. 多年生草本

8. 黄精属于（   ）药用植物。

A. 一年生   B. 二年生   C. 多年生木本   D. 多年生草本

9. 百合的药用部位是（   ）。

A. 块根   B. 球茎

C. 带叶柄残基的根茎   D. 块茎

E. 鳞茎

10. 林下栽培三七、白及时，可以选择的林地有（   ）。

A. 林木稀疏的半阴坡、半阳坡   B. 中龄林或近熟林的针阔叶混交林、阔叶林地

C. 人工幼林地   D. 郁闭度较高的林地

11. 以下药用植物，栽培中需要遮阴的有（   ）。

A. 当归   B. 重楼   C. 三七   D. 山豆根

12. 以下药用植物，如果不采收种子，栽培中需要摘除花蕾的是（   ）。

A. 白及   B. 重楼   C. 百合   D. 黄精

四、简答题

1. 人参的栽培制度有哪几种？

2. 人参采收后按照不同的加工方式可分为哪几种？

3. 三七为什么要在种植 3~4 年后采挖？

4. 如何克服三七的连作障碍？

5. 简述林下广豆根种植的田间管理方法。

6. 简述广豆根的采收与加工方法。

7. 解决天麻退化的有效途径有哪些？

8. 白及为什么要在种植 3~4 年后采挖？

9. 如何进行白及的杂草防治？

10. 百合繁殖的方法有哪些？

11. 种植当归为什么必须用地膜覆盖？

12. 当归药材为什么不能暴晒，需要半阴半晒干？

13. 滇重楼种植多长时间后可以采挖？为什么？

14. 滇重楼种植可以不遮阴吗？

15. 黄芩的繁殖方法有哪些？

16. 如何评价鸡头黄精的商品质量？它有哪些规格？

17. 简述黄精的采收加工技术。

单元6 果实种子类林源药用植物栽培技术

学习目标

知识目标：

（1）了解当地常见的4~5种果实种子类林源药用植物的分布和栽培意义；

（2）理解其生物学和生态学特性、栽培品种；

（3）熟悉其栽培管理、采收、初加工的基本知识和方法。

技能目标：

（1）能对当地常见的4~5种果实种子类林源药用植物进行栽培地选择、栽培设计；

（2）会开展苗木繁殖、移栽、田间管理、采收、初加工等生产操作；

（3）能进行初步的生产组织和管理。

素质目标：

（1）培养自学、交流沟通、信息化应用的能力，具备独立思考、团结协作的职业素养；

（2）培养爱岗敬业、知行合一、吃苦耐劳、乐观向上的职业精神；

（3）培养遵循自然规律、求真务实、重视产品质量和资源保护的科学态度；

（4）激发学生的家国情怀，具备用劳动创造价值、服务个人和社会发展的坚定信念。

拓展知识：八
角特色资源加
工利用产业

6.1 八角栽培技术

八角（*Illicium verum* Hook. f.）为八角茴香科八角属植物，又称为茴香、八角茴香、大料和大茴香（图6-1）。原野生于中国南亚热带地区，其产品有八角和八角油。产品八角一般是指八角的果实，是优良的调味香料和医药原料，味香甜，可作健胃、止咳、镇痛之用，能治神经衰弱、消化不良及疥癣等症；八角油，又称为茴油，是从树叶或果皮中提取的芳香油，其主要有机成分为茴香脑，占85%~95%，是制作甜香酒及食品工业的重要香料，经过氧化作用制成的茴醛和茴香腈可作为香精，常用于高级香水、香皂、牙膏及化妆品。此外，还可以合成抗癌药"派洛克萨龙"，用作无氧电镀添加剂、涂料充剂等。

6.1.1 生物学特性

八角的生长发育可分为3个阶段：第1阶段是幼林期，从幼苗栽植到成年树冠形成，需3~10年，成年树冠指达到要求的高度、幅度和形状，并开始大量结实；第2阶段为开花结果的旺盛时期，在立地条件好和管理工作正常的情况下为 50~70 年，在立地条件不好、管理工作差的情况下，30~40 年后产量便显著下降；第 3 阶段是衰老期，在这一阶段果实产量开始下降，立地条件好的可以维持 50~60 年，否则 25 年后即开始衰老死亡。

八角主干枝条每年抽梢两次，侧枝每年只抽梢一次，春梢 2 月开始萌动发芽，3 月进入展叶盛期，抽梢 20~30cm（侧枝梢长较短，2~7cm）；秋梢出现在 8~9 月，长 6~10cm。

八角花芽的形成、现蕾、开花、结果在时间上不一致，从初春到秋末或冬季均有开花，以 7~9 月开花较多。当年花结幼果过冬，第 2 年大量果实在霜降期成熟，极少数果在春季成熟。开花至果熟需

图 6-1 八角

14~16 个月，八角是花果并存的树种。幼果在越冬阶段生长缓慢，甚至停止生长，且幼果因老嫩不同而抗寒能力有别，晚秋花结的果较幼嫩，抗寒力弱，易受冬季低温冻害。春季大部分幼果脱落，较老化的能安全越冬，健壮的幼果在开春温度回升后恢复活力。夏季光照、温度、水分条件适宜，果实饱满，至秋季完全成熟，俗称秋果，是决定产量高低的一造，故又称为大造果。有少数弱果，因遇低温或营养不足等，果子干瘪、早熟，春季成熟的称为春果，又称为小造果，产量很低，因干瘪不结实，发芽能力极差，不能作为种子。

八角品种资源丰富，目前确定的八角品种共 17 个，比较优良的品种有'柔枝淡红花'八角、'柔枝白花'八角、'普通红花'八角、'普通淡红花'八角和'普通白花'八角 5 种，这 5 种八角分布广、面积大、产量高、寿命长，抗性强且稳产，可作为目前种植八角的主要品种来发展。

6.1.2 生态学习性

八角适生于北热带至南亚热带海拔 200~1000m，年平均温度为 20~23℃，年降水量 1200~2800mm，日照时间较短，常有大雾，植被茂盛，土壤水分和空气湿度大，地形多起伏的中低山、高丘地带；抗寒能力较差，幼林在 -3℃ 时受冻害严重，成林在 -5℃ 左右的低温条件下能安全越冬；以砂岩、砂页岩或页岩为母质发育而成的酸性红壤土或黄壤土，土层深厚、土质疏松、腐殖质多、排水良好的砂质壤土或灰化黄壤土生长良好，黏性土与碱性土均不宜发展八角生产。

6.1.3 栽培管理技术

6.1.3.1 苗木繁殖

（1）实生苗培育

①采种与种子处理。

a. 采种：在优良品种中选择生长旺盛，结果多的壮年树为母树，或者在已划定的母树

林内采种。由于八角花期长，果熟期也长，过早成熟的果实大多发育不健全或受病虫危害；过迟成熟的种子，因母树营养不足和气候渐凉而发育不饱满，故要注意在霜降前后果实大量成熟而未开裂时采收。采种时勾取果枝，用手摘果，不得用棒敲打，以免损伤枝芽，影响翌年春季开花结实。

b. 种子处理：处理方法有两种，一种是将采回的果实在室内摊开晾干，几天后果实开裂，种子自行脱出，随即捡收，或者待气干果实微裂，即用铁钩取出种子，但小心莫伤种皮，以免影响发芽率；另一种是把鲜果铺在晒场上暴晒至干裂，勤翻动，及时收集种子。

八角种皮甚薄，油质易挥发而丧失发芽力，故宜随采随播。如在春季播种或远途运输，必须将种子加以处理，常用以下两种处理方法。

湿润处理法：当地采种就地育苗可用此法。挖取半干黄泥(取心土)捣碎过筛堆于室内地上，在黄泥土堆中央开穴，将种子放于穴中，随放随洒少量清水，可以搅拌，使种子粘着黄泥土呈颗粒状(所用黄泥为种子的3~4倍)，将其堆积于室内阴凉处，每隔几天翻动一次，干燥时适当洒水，保持湿润，两个月后开始发芽，到翌年1~2月取出播种。

若种子贮藏时间不长(1个月左右)，可用湿沙代替黄泥粉更为方便，即筛取粗细均匀的湿河沙(湿度以手握不滴水，松手不成团为宜)与种子分层贮藏在通风阴凉之处，经常保持湿润，待整好苗圃地，即将种子筛出播种。

干燥处理法：先将种子湿润，再与过筛的黄泥粉拌成颗粒状，大如黄豆，然后贮藏于地窖内或水缸中，用板封好，以防鼠害，要经常检查有无霉烂发热。如需要远途运输，先将拌有黄泥粉的种子放入布袋压实绑牢，再装入木箱，以防在途中振动使种子与黄土分离，运到后，应于播种前洒水催芽处理。

②播种育苗。

a. 圃地选择和整地：圃地要求靠近水源，土层深厚肥沃，排水良好的山坡地(如生荒地)，应在前1年秋季将圃地犁耙好，到播种前再犁耙1次，并施用堆肥，然后起畦播种。

b. 播种时间：在冬季无霜或少霜地区，可用湿藏法催芽的种子，于1月份播种；在冬季有霜冻地区，可用干藏法的种子，于2月霜期过后催芽播种。

c. 播种方法：可采用开沟点播，每隔15~20cm开1条播种沟，沟深3~4cm，每隔3~4cm播种1粒，每亩播种量6~8kg，播种后用烧过的草皮泥拌细土覆盖，厚约3cm，再用草铺盖畦面，播种后应保持土壤湿润，7天左右种子发芽，发芽率60%~80%。

d. 苗圃管理：主要是施肥、除草、松土等，追肥用饼肥、化肥或人粪尿。第1次追肥在5月，以苗高3~4cm时为宜，6~7月是生长旺盛季节，应各施1次追肥，幼苗易受灼伤，播种后需要搭阴棚，至11月即拆去阴棚。第2、3年需要做好淋水、松土、除草、防虫、间苗等工作，要求1年生苗每亩有3万~4万株，2年生苗每亩有2万~3万株，3年生苗每亩1.5万株；1年生苗高30~45cm，地径0.4~0.5cm，2年生苗高45~60cm，地径0.8cm以上，3年生苗高1.3m以上；苗木出圃时分3级，一、二级苗可以造林，三级苗为不合格苗，应留床或移植，再培育1年。

e. 起苗：八角是常绿树种，应在起苗时剪去半数叶子和部分侧枝，以减少蒸腾作用失去水分。起苗后立即分级浆根，并将一、二级苗分别每 50 株为 1 捆，运往造林地，再浆根 1 次，放置阴凉处，当日起苗当日栽完，没有栽完的放置在湿泥地上，并用湿草盖根，次日栽完。

（2）嫁接苗培育

八角嫁接既能保持接穗母本的优良性状，又能利用砧木的良好性状增强植株的抗逆性，提高抗旱、抗涝、抗风、抗病虫害和耐低温的能力，并能矮化树冠，提早结实。

①接穗的采集与贮藏。采穗时要特别注意准确地选定品种，否则会造成品种混杂，给生产带来不必要的损失。根据当地品种区域化的要求，接穗应从适于当地生长的优良品种（类型）或优良单株中，选择柔枝窄冠型、生长健壮、产量高、无病虫害的壮年母树树冠中、上部向阳部位采集，所采枝条应是生长粗壮、芽眼饱满、充分成熟的 1~2 年生结果枝。幼树的枝条或徒长枝不适宜作接穗，因为这样的枝条嫁接后结实较晚。接穗要剪去叶片，最好随采随用，若需要外运或贮藏，应捆绑成扎，用湿布或湿木屑包装好挂上标签，写明品种、树号、采集地点、时间等内容。运输途中防止碰伤和堆沤，并注意保湿。

②砧木的选择和准备。砧木的质量直接影响到嫁接植株的生长势，树冠发育、种子产量和质量以及对环境的适应性。因此，嫁接时必须选择适于本地生长、根系发达、生长发育健壮、抗性强的 1 年生、地径 0.6cm 以上的八角实生苗。

③嫁接的时间与方法。在八角整个生长周期中都可以进行嫁接。目前生产中一般在春季（2~3 月）进行嫁接。嫁接的当天必须是在平均气温 15℃ 以上的晴天或阴天的上午和午后，切忌中午与雨天进行。常用的嫁接方法有切接、顶芽合接，具体操作方法分述如下。

a. 切接：切接法是目前八角嫁接方法中成活率最高的一种，此法尤其适用于较小的砧木。嫁接时先截取接穗，接穗长 5cm 左右，带有 2 个以上的叶芽，用嫁接刀在顶芽背面离第 2 个芽点下方约 0.5cm 处，向下平削成长为 2~2.5cm 的平滑斜面，深及木质部；再在斜面的背面末端削成约 30° 的小切面。砧木在离地面稍高处，保留苗木主干第 1 轮叶子或在青绿色处剪断削平；选取比较光滑平直的一侧用切接刀将断面边缘削去少许（削肩），使其形成一倾斜边；于此斜削边的木质部外缘向下垂直切开，深度略浅于接穗长削面；随即将接穗的长削面对着砧木切口木质部插入，至露出接穗面 2~3mm；接穗较细时则靠一边插，使砧、穗形成层紧密相接；然后用塑料带细心绑缚固定，封闭接口，绑缚时要特别注意勿使切口有丝毫移动。

b. 顶芽合接：适用于各种大小的砧木，操作简便，成活率高，生长较快。接穗取自母树上 1~2 年生半木质化的枝条，枝条必须具备健壮顶芽，穗长 5~6cm，削穗时于顶芽基部 1cm 处呈 20° 角向下经髓心削成 3~4cm 长的平滑斜面。砧木选取直径与接穗相近的实生苗切去顶芽，切口的长度和角度与接穗的切口相同，然后将削好的接穗贴于砧木的切口上，使两者的形成层紧密吻合，最后用塑料带自上而下严密绑扎。

④嫁接苗的管理。

a. 保湿、解绑、水肥管理：嫁接后用塑料薄膜拱棚保湿，遇高温天气揭开两头通风降温；约一个半月后揭除薄膜，松土，轻施水肥，3 个月后解绑。

b. 抹芽：枝接苗在接穗萌发后，只保留 1 个健壮的萌芽，其余全部抹去。砧木上发出的萌芽则一律抹去，以保证接枝的生长发育。砧木上的轮枝，直到接穗自身长出侧枝并足以维持自身营养时，再全部剪除。

c. 加固遮阴棚：八角苗期需要有较大荫蔽度的环境，有无荫蔽是育苗成败的关键。嫁接苗接口刚愈合，运送水分、无机盐和有机物质速度较慢，抗光、抗旱能力较差，必须及时架设遮阴棚，才能保证嫁接苗的正常生长。

6.1.3.2 八角造林技术

（1）造林地选择

选择海拔 1000m 以下的低山和中山的中、下坡，砂页岩、花岗岩、变质岩等发育而成的酸性土，要求土层深厚、疏松、肥沃和湿润。不宜选低洼积水之地。

（2）造林整地

通常采用全垦整地，垦深 20cm。若坡度在 20° 以上，宜带状整地，以减少水土流失。种植前需挖种植穴，穴的规格一般为 50cm×50cm×40cm，挖穴应在秋冬季，造林前 1~2 个月。在陡坡以及坡面破碎的地块，采用块状整地。按株行距定点挖穴，穴的规格一般为 50cm×50cm×40cm。挖出的表土和心土分别堆放，回土时先将打碎的表土填入穴底，再将打碎的心土放在上面，留 1/4 坎不填土，挖"半明坎"。

（3）造林密度

经营八角林的方式有 3 种，第 1 种是生产八角的果用林（又称为乔木作业），造林株行距采用 3m×3m 为宜，每亩 74 株；第 2 种是生产以蒸油为目的的叶用林（又称为矮林作业），株行距 1.33m×1.33m，每亩约 375 株；第 3 种是果油结合林，又称为中林作业，先进行密植造林，采叶蒸油时每亩保留 40 株左右，按一定的密度、品种选留，其余在 1.3m 处"砍头"蒸油。

要求造林后第 3 年开花第 5 年投产的果用八角林，其每亩初植密度：实生苗宜 34 株（4m×5m）~55 株（3m×4m），嫁接苗宜 45 株（3m×5m）~67 株（2.5m×4m），宜疏不宜密。要求造林后第 3 年投产的叶用八角林，每亩种实生苗 220 株（1.5m×2m）~333 株（1m×2m）。一般不营造果叶两用林。

（4）造林方法

通常采用植苗造林法，果用林用 1~2 年生苗，叶用林用 2~3 年苗，造林时间为 2 月新芽未萌动之前。

6.1.3.3 八角抚育管理

（1）八角幼林的抚育管理

八角造林后至植株普遍开花结实（能采叶蒸油），这段时期为幼林阶段。八角幼林生长与立地条件、水肥状况、经营水平密切相关，做好幼林抚育管理工作，创造良好的生境条件，满足八角生长发育的需要，以保证八角丰产稳产。

①保障蔽荫和保湿。八角是耐阴树种，树皮较薄，叶质地肥厚，夏天易遭日灼死亡。对大部分裸露的空地进行覆盖是八角幼林管理的一项重要工作。可利用杂木林、杂草灌丛

等天然植物作为荫蔽树和覆盖物，起到荫蔽土壤、保持林地湿润、均衡土壤温度、减少水土流失、防止日灼等作用。

②中耕除草。八角园每年至少进行1~2次中耕除草，1~2月和5~6月各1次。

③施肥。以穴施或全园撒施为主，每年结合中耕除草进行施肥。施肥以氮肥为主，对3年以上的幼林可兼施一些复合肥，第1~2年，每年每株施尿素50~150g，第3年每株每次施尿素150~250g，加复合肥100~200g。

④修枝整形。修枝整形的目的在于培育完整的树冠和合理的枝条结构，以充分利用空间，提高八角的产量和质量。最好的八角树形是枝条柔软下垂、呈均匀分布的圆柱形，其次是塔形或圆锥形。

八角树顶端优势很明显，无论叶用林还是果用林，在幼树期都要进行适当修枝整形工作。八角的果用林在幼树期，要注意保持顶芽，以形成强壮的主干和粗大的枝条，利于今后采果。由于八角是耐阴树种，树冠上下、里外均有果，枝下高越低，结果的面积越大，相对产量就越高。修枝整形一般在幼林高1.5~2m时即可截顶促分枝，每株保持2~3个分枝即可，对生长过旺，扰乱树形的徒长枝、交叉枝以及骨干枝上直立生长的枝条、过密枝、纤弱枝、病虫枝、枯枝，从基部剪除。

（2）八角成林的抚育管理

八角成林的抚育管理目标是高产稳产，因此必须强化以下抚育管理工作。

①垦复。可改变八角的土壤结构，补充水分来源，促进花芽分化和幼果正常发育。一般3~4年垦复1次。

②施肥。对果用林来说，八角终年不离花果，树体消耗养分大，必须加强施肥，才能维持体内养分平衡。可选用八角专用肥，施用后可增产25%~44%，适用树龄在7年以上的树，每年施2次，在5~7月和12月至翌年冬季各施1次。每次每株施0.5~1kg，在树冠两侧挖小沟施下盖土即可。另外每年施复合肥1~2次，每次每株施0.5~1kg，沟施盖土，增产效果也十分明显。

③保花保果。导致八角大量落花落果的原因是多方面的。主要原因有：八角的生理性落果，八角开花结果后，会出现激烈的养分竞争，因而导致大量落花落果；施肥较少或肥种单一，八角所需养分不足，致使花器败育、果实脱落；抚育管理不当，林内通风、透光度不足，土壤板结，养分输送受阻而致落花落果；病虫害发生严重，炭疽病、烟煤病等影响了植株的光合作用，致使叶片脱落，害虫侵害叶片，也使花果发育受阻；林地选择不当，干旱、大风、长期梅雨天气、突发性高温天气等都会使八角落花落果。

综合以上因素，在八角种植过程中，保花保果的有效措施有：合理疏伐，保持林间透风、透光良好；注重除草垦复，在春秋两季做好除草工作，加强垦复，促使花芽分化和幼果发育良好；采用测土配方施肥措施，根外喷施叶面肥，补充微量元素，确保养分充足；加强对林木生长状况的监测观察，做好病虫害的预测及防控工作，尤其要加强对炭疽病的调查监测，掌握最佳防治时期，对病害发展态势进行有效控制，减少落花落果问题，促进增产增收。

④修枝整形。造林3年后，可以截顶去除顶芽，同时剪除干枝多、生长发育不良的病

虫枝。轻度修剪树冠中上部枝条和外缘枝条,对于挂果少、过度密集生长的枝条,可以加大修剪力度。对于生长稀疏的枝条,一般不剪或少剪,以促进树冠塑形,多结果实。

6.1.3.4 八角病虫害防治

(1)八角炭疽病

八角炭疽病是一种常见病,主要发生在幼龄前期,成林亦有发生。4~5月开始发病,7~8月是发病的高峰期。

幼苗期的防治:选用抗病品种;播种前用50%托布津、退菌特200倍液或1‰高锰酸钾液浸泡种子20min,捞起后清水洗净晾干再下播;幼苗染病期,可喷1∶1∶100波尔多液或25%多菌灵1000倍液防治。

幼苗期强调预防为主,保持苗床干净、不积水、阴凉、通气透气的环境。并自4~8月开始,经常(15~20天)喷0.2%~0.5%由淡到浓的波尔多液,与其他非内吸性杀菌剂交替使用。

成龄林的防治:调整林分密度,铲除林下杂草藤灌,创造湿润清凉、通风透气的林分生态环境;每隔3年左右进行1次冬季全垦深翻施基肥,增强树木长势和抗病能力;发病期,用1%波尔多液、1000倍多菌灵或异菌脲液喷杀,连续2~3次,每次间隔7~10天;同时,要及时将病死植株、病枝、病叶、病果清理出林外烧毁。

(2)八角煤烟病

八角煤烟病多发生在林分密度大、林冠郁闭度大、立地闷热气流通透性差的林分中。八角煤烟病的诱发害虫主要是介壳虫,它从诱病害虫的排泄物及树皮虫口处流出的含高糖分的树液中吸取养分,并通过这些害虫的活动传播扩散。防治方法:保持林分合理密度和郁闭度,及时剪除有虫枝叶,消灭虫源;在害虫孵化盛期,用50%马拉松、50%杀螟虫500~1000倍液喷杀;煤烟病发生期,夏季用0.3°Bé、春秋季用1.0°Bé、冬季用3.0°Bé石硫合剂喷杀防治。

(3)褐斑病及白粉病

褐斑病及白粉病多属局部性病害,病情也较轻,可参照炭疽病的防治方法进行防治。

(4)日灼病

此病多发生在强阳光照射下的苗圃,幼林及长期处在郁闭状态下因高强度间伐而突然暴露于强光下的成龄植株,特别是在南坡、西南坡或全日照缓坡地段易发生。防治方法:1年生苗圃需遮阴到9~10月;采用深坎定植法造林;幼林抚育后坎面要盖草;成林间伐,强度要适中、均匀,尽量避免出现林窗;有条件的冬季在稀疏八角树基干部涂上石灰浆。

(5)小地老虎

小地老虎主要危害八角幼苗,每年发生5~7代,幼虫日伏夜出,咬断幼茎或地下根,是八角苗期的一大害虫。对于该类害虫要注意防治相结合。其防治方法有:

①清除中介物质。经常铲除苗场内外的杂草和杂物,保持苗场干净,消除虫害传播的中介物质,降低苗木感染概率。

②用泡桐叶诱杀幼虫。将新鲜的泡桐叶,于傍晚放在苗畦上,每100m² 放10~14张,

清晨捕杀叶下诱到的幼虫，连续 3~5 天。

③人工捕杀。早晚检查，发现有断苗，在断苗附近刨土捕杀幼虫。

④药杀幼虫。取土农药马桑叶、野棉花或烟草骨，砸碎后加 5 倍水浸泡 12h 过滤即可使用，夏季可用每毫升含 10 亿个活性孢子的杀螟杆菌 50 倍液加入 1∶1000 黏着剂喷杀，喷药宜在下午傍晚或早晨幼虫出土活动取食时进行。

⑤成虫诱杀。在成虫盛期用黑光灯或用糖∶醋∶酒∶水＝6∶3∶1∶10 的溶液诱杀。

（6）八角尺蠖

八角尺蠖取食八角叶，是危害八角的主要害虫，采用全林综合防治法才能有效地控制该害虫。其综合防治方法有：

①人工捕捉幼虫。宜先在离地 50cm 的树干处涂上 10cm 宽的一圈熟桐油，以防落地幼虫再上树。然后，按照从高地向低地、从风头处向风尾处的顺序，摇动树枝，让受惊的幼虫振落地面，要及时切断幼虫悬丝、收集幼虫并灭杀。

②挖蛹。在夏、冬两季，结合林地抚育松土，挖取虫蛹并灭杀。

③诱杀。使用黑光灯诱杀成虫。

④生物防治。利用天敌赤眼蜂和黑卵蜂寄生消灭虫卵；也可利用姬蜂、寄生蝇和青云杆菌寄生消灭幼虫和蛹。

⑤加强保护。保护林中鸟类、蛙类和该害虫的其他天敌，以及林分周围的生态环境。

6.1.4 采收与加工

6.1.4.1 采收

八角树每年结果 2 次，4 月成熟的称为春果或四季果，产量较低，只占全年总产量的 10% 左右，9~10 月成熟的果称为秋果或大造果，产量占全年总产量的 90%。当果实由青色变为黄色时采收较为适宜，不宜过早或过迟。据测定，7 月下旬至 8 月上旬采收的果实与 9 月采收的果实相比，含油率低 20%，果形瘦小不饱满。而 9 月采收的果实肥大，籽粒饱满油分含量高，质量达 1~2 级。因此，秋果在 9~10 月采收较适宜，春果则宜在 4 月采收。

6.1.4.2 加工

（1）果实加工

春果在四月成熟，待落地后验收，晒干即贮藏于干燥通风之处。因其老熟落地，种子多已脱落出，果壳瘦小，称为干枝，价格很低。秋果是大造果，果实采收后即处理，先将生果放于沸水中，用木棒搅拌 5~10min 取出（此时果实经脱青后变为浅黄色）；置于晒场或竹席上暴晒，勤加翻动，晴天 5~6 天即可晒干，颜色棕红鲜艳而有光泽，称为大红果，价值最高。如遇阴雨天不能晒干，则无须经过脱青工序，可直接用柴或木炭烘干，虽颜色紫红、暗淡无光泽，但其品质好，且香味浓。采收的八角如果用作蒸油，将鲜果直接投入蒸馏锅中蒸馏即可。一般木甑蒸馏器每次可投入生果约 315kg，每蒸 1 次需要 48h，新鲜大红果每甑可得油 13kg，如用春果或霉烂果每甑只得油 7~8kg，其出油率分别为 4.1% 和 2.4%，而好的干果出油率可达 12%~13%。

(2)枝叶加工

老叶(1年生以上)含油量比嫩叶高,一般采叶季节宜在秋后,随采随蒸效果好;大面积经营者,不分季节,月月可蒸油,但必须设置多个作业区,轮换采叶,方能保证植株的正常生长,以利于扩大再生产。蒸馏一般以150kg枝叶为一甑,每甑蒸油1.2kg左右,蒸得之油称为茴油。

6.1.4.3 商品质量标准

(1)药材性状

优质八角果实通常呈现规则的星状,角数多为8个,色泽呈深棕或红褐色,表面纹理清晰且均匀。

(2)规格等级划分

大红八角可分为一、二、三级,角花八角可分为一、二级,干枝八角为统级(表6-1)。

表6-1 八角等级划分的感官指标

类别	等级	颜色	气味	果形特征
大红	一	棕红或褐红	芳香	角瓣粗短、果壮肉厚、无黑变、无霉变、干爽
	二			
	三			
角花	一	褐红	芳香	角瓣瘦长、果小肉薄、无黑变、无霉变、干爽
	二			
干枝	统级	黑红	微香	壮瘦兼备、碎角多、无霉变、干爽

6.2 大枣栽培技术

拓展知识:大枣的主要品种

药材大枣为鼠李科枣属植物大枣[*Ziziphus jujuba* Mill. var. *inermis* (Bunge) Rehd.]的干燥成熟果实(图6-2)。根、树皮亦入药,随时可采。大枣始载于《神农本草经》,列为上品,味甘性温,归脾胃经,有补中益气、养血安神、缓和药性的功能。现代药理研究发现,大枣能使血液中含氧量增强、滋养细胞,是一种药效缓和的强壮剂。

6.2.1 生物学特性

大枣为落叶灌木或小乔木,高可达10m。枝平滑无毛,具成对的针刺,直伸或钩曲,幼枝纤弱而簇生,颇似羽状复叶。枝条呈之字形曲折。核果卵形至长圆形,长1.5~5cm,熟时深红色,果肉味甜,核两端锐尖。花期4~5月。果期7~9月。

图6-2 大枣

大枣的水平根发达,在地下15~30cm处,向水平和养分处曲折延伸，遇到沃土生出侧根，须根吸收养分，其长度超过冠幅 3~6 倍，耐干旱、耐瘠薄是其主要特征之一。枣头大枣的生长枝，即直立向上发育成主干；在枣头上平展呈之字形的为二次枝，长 4~13 节，无顶芽、不延长的为结果基枝，寿命 15 年左右。如要培养骨干枝，应在适当方位、方向回缩二次枝，才能引出主枝。在二次枝各节上长出 0.5~1.5cm 短枝，即枣股；每个枣股上又长有 7~15 个结果枝，即枣吊，长 10~30cm，具叶片 7~15 片，也称为脱落枝。大枣叶的革质较厚，正反面均有栅栏组织，能贮存养分、水分和叶绿素，进行光合作用；叶表面有角质层，旱天封闭气孔抑制蒸腾，涝时放大气孔促进蒸腾，使其具有耐旱、耐涝的特殊功能。

大枣具有花期长、花多量大的特点。大枣的花为聚伞花序，腋生，萼片、花瓣、雄蕊各 5 枚，雌蕊具 1 个柱头，着生于蜜盘上，为有香气的虫媒花。1 个枣吊常具花序 6~40 朵，平均 20 朵。中国枣树有 700 多个品种，均为核果，形状、口感各异，也有核退化的称无核枣。

6.2.2 生态学习性

大枣生长于海拔 1700m 以下的山区、丘陵或平原，适生地区的年平均温度为 13~23℃。大枣耐旱、耐涝性较强，但开花期要求较高的空气湿度，否则不利于授粉坐果；幼林的抗寒能力较差，在 -3℃ 时受冻害严重，成林的在 -5℃ 左右的低温条件下能安全越冬，要求 1 月平均温度以 8~15℃（≥10℃）为宜；喜光，对光反应较敏感；土壤适应性强，耐贫瘠、耐盐碱，在 pH 5.5~6 的酸性土或 pH 7.8~8.2 的碱性土上均可正常生长。

6.2.3 栽培管理技术

6.2.3.1 选地

大枣的适应性比较强，对土壤的条件要求不严，以空气、水源、土壤等环境没有受到污染，地势平坦开阔，排水条件好，土壤渗透性强、通气性能好，地下水位较高，土质肥沃的林地为好。

6.2.3.2 苗木繁殖

大枣苗培育常用分株繁殖和嫁接繁殖。

（1）分株繁殖

选择优良母株，冬春浅刨 15~20cm，截断表层根，促成不定芽，抽生根蘖苗，培育两年后，在秋季落叶后刨离母枝出圃。对根系分布较深、萌生根蘖苗较少的品种，在春季萌芽前在树冠外围或行间挖宽 30~40cm、深 50~60cm 的沟，而后填入湿润肥沃土壤，促发根蘖，选留壮苗培育后移栽，移栽前用 ABT 生根粉 50mg/L 浸根 2h。

（2）嫁接繁殖

砧木一般用酸枣、铜钱树实生苗或本砧，嫁接粗度要求 1.5cm 以上，接穗用生长充实健壮的 1~3 年生枣头一次枝或二次枝，芽接最好选用当年生枣头上的芽作接穗。芽接在花期进行，多用嵌芽接方法，枝接一般在萌芽前进行，插皮接则以 5~7 月枣头旺盛生长期最佳。在嫁接前 5~7 天，对砧木苗圃进行灌水，使易于离皮。

6.2.3.3 栽植

春秋两季均可栽植,以春栽为好。栽植株行距为(3~4)m×(6~7)m,或(5~6)m×(8~9)m;长期枣粮间作的栽植株行距(4~6)m×(8~15)m,山区梯田边沿栽植株距3~5m。定植穴按长×宽×深为80cm×80cm×60cm挖坑,每穴施10kg腐熟农家肥或0.25kg复合肥作基肥。

6.2.3.4 田间管理

(1)土壤管理

定植后2~3年内的秋季完成全园深翻,可逐年扩大深翻的深度和范围,回填时加入杂草、树叶等有机物或有机肥,回填后立即覆土灌水。秋季枣果采收后至土壤封冻前,行间要进行耕翻,深度20cm左右,使土壤疏松和熟化,改善土壤吸水和保水能力,减少土壤内的越冬害虫。行间覆盖地膜,不覆膜的枣园要常进行中耕,保持树盘土松无草。枣树生长期间,每次灌水和下雨后,要及时进行中耕除草,一般全年进行4~5次,保持土壤处于疏松无杂草状态。定期对枣树下的根蘖苗进行清除,以免对母树生长和结果造成不良影响。

(2)灌、排水

有灌溉条件的地方分别在花期前、坐果期、果实膨胀大期、临冬前灌水。山地枣园浇水一般随追肥进行。山地枣园的水源有两种:一是引水上山,有条件的地区可将沟道河流水引入枣园浇灌;二是旱井集雨灌溉。容易积水的低洼地,雨季要注意排水。

(3)追肥

基肥宜秋施,以枣果采收后早施为好。基肥施用量应根据枣树树体大小、有机肥料的种类等因素来确定。一般生长结果期树每株施有机肥30~80kg;盛果期树每株施有机肥100~250kg。

在施足基肥的基础上,生长季节要及时追肥。追肥主要施萌芽肥、促花肥、膨果肥等,以无机肥为主,前期以氮磷肥为主,后期以磷钾肥为主。成年大树在发芽前和开花前,可每次每株施尿素或磷酸二氢铵0.5~1kg,在果实发育期可适量增施磷钾肥。此外,可进行叶面喷肥,发芽期喷0.3%~0.5%尿素,花期喷0.3%磷酸二氢钾或硼肥、锌肥,每半月喷1次。

(4)整形修枝

大枣常用的树形主要有疏散分层形、自然开心形。定植后要进行定干,定干高度:成片枣园1m左右,枣粮间作1.5m左右。修剪的前3年掌握以轻剪为主、促控结合、多留枝的原则,使其尽快形成树冠,培养主侧枝部位,必须疏除或重剪(留1~2节)二次枝,刺激侧生主芽萌发;对不作骨干枝用的枣头一般留3~5个二次枝摘心,控制延伸、充实二次枝,促使其形成良好的结果基枝。

结果树修剪时要控制徒长枝,保留正常枝,以短截为主,除去病枝、枯枝、重叠枝、直立枝、交叉枝、密集枝,疏缩结合,集中营养,增强骨干枝长势,维持树体结构,保证通风透光条件,有计划地分批更新结果枝组(6~8年更新1次即可),后期可疏缩部分大枝,防止结果部位外移。大枣修剪适宜在冬季进行,冬季大枣处于休眠状态,树体上有很多不适合存在的枯枝，若不及时剪掉，对来年大枣的生长不利。冬季对大枣进行修枝，大枣由于反应较迟钝，修剪活动不会对其产生太大的影响，同时又可以刺激大枣翌年的生长。大枣还可进行夏季修剪，夏季修剪时采取摘心、疏枝、除萌蘖、调整枝位等方法，调节营养分配，达到冠内通风透光的目的。

6.2.3.5 病虫害防治

（1）桃小食心虫

桃小食心虫又称为桃小、枣蛆，主要分布在北方枣区。其以幼虫在果内绕核串食，粪便留在果肉内，危害果肉，严重时虫果率可达 90% 以上。防治方法：①消灭越冬茧，在晚秋幼虫脱果入土作茧后，将树干周围表土铲起撒于田间，使其长期暴露而死，或在春季解冻后至幼虫出土前在树干下部周围挖 10cm 厚的表土，筛出虫茧进行销毁；②毒杀出土幼虫，越冬幼虫出土期，在地面喷洒甲氰菊酯 800 倍液；③树上喷药，在幼虫蛀果期（7月中下旬和 8 月下旬），可用 2.5% 溴氰菊酯及 20% 灭扫利 3500~4000 倍液对幼虫进行杀灭。

（2）枣尺蠖

枣尺蠖又名枣步曲，中国枣区普遍发生。幼虫危害叶片、嫩芽和花蕾，使得枣树大幅度减产，甚至绝产。防治方法：①挖蛹，在秋季和早春成虫羽化前，翻动树冠下 10cm 厚的土层，拣出虫蛹；②诱杀雌蛾，于早春在树干基部覆盖塑料薄膜，设置的宽度为 7~10cm，用湿土压住下缘 1~2cm，以阻止雌蛾上树产卵，并使其集中于树下，每天早晨捕杀；③杀卵，在塑料薄膜下部绑 1 圈草绳，直径为 1cm，诱使雌蛾将卵产于其中，15 天更换 1 次并烧掉，也可在草绳上喷洒杀卵药以杀灭雌蛾；④树上喷药，在幼虫 3 龄前可用 2.5% 溴氰菊酯 5000~10 000 倍液，也可用青虫菌、杀螟杆菌等进行生物防治，或用抗蜕皮激素类杀虫剂进行防治。

（3）枣疯病

枣疯病是大枣的毁灭性病害。防治方法：加强对大枣的管理，促进枣树健康生长，增强枣树抗病性，将产地检疫工作落到实处，使疫病传播得到有效控制；压低病源，春季，对存在创伤的病树，将其病枝去除并刮除病患部位，然后集中销毁，减少病原传播。

（4）枣锈病

枣锈病是由枣多层锈菌侵染所引起的、发生在枣树叶片的一种流行性病害。枣锈病只危害叶片，发病严重时，叶片提早脱落，削弱树势，降低枣的产量和品质。防治方法：利用杀菌剂在 7~8 月喷施防治，可以选择 300% 克菌康 600 倍液，也可选用 20% 抗枯宁 600 倍液，还可选用 10% 多氧霉素 1500 倍液等药剂进行喷施防治，间隔 7 天进行 1 次喷施，持续喷施 2~3 次，能起到较好的防治作用。

6.2.4 采收与产地加工

6.2.4.1 采收

鲜食枣果或作为加工乌枣、醉枣、南枣原料者，宜在脆熟期采收，此时果皮变红，果肉脆甜多汁，风味最好。晒干枣时，宜在完熟成熟时采收，此期果肉开始变软，含水量降低，含糖量增加，制成的红枣品质最佳。

6.2.4.2　产地加工

秋季果实成熟时采收，除去杂质，洗净，晒干。用时破开或去核。

6.2.4.3　质量标准

（1）药材性状

本品呈椭圆形或球形，长 23.5cm，直径 1.5~2.5cm。表面暗红色，略带光泽，有不规则皱纹。基部凹陷，有短果梗。外果皮薄，中果皮棕黄色或淡褐色，肉质柔软，富糖性而油润。果核纺锤形，两端锐尖，质坚硬。气微香，味甜。

（2）鉴别性状

本品粉末棕色。外果皮棕色至棕红色；表皮细胞表面观类方形、多角形或长方形，胞腔内充满棕红色物，断面观外被较厚角质层；表皮下细胞黄色或黄棕色，类多角形，壁稍厚。草酸钙簇晶（有的碎为沙晶）或方晶较小，存在于中果皮薄壁细胞中。果核石细胞淡黄棕色，类多角形，层纹明显，孔沟细密，胞腔内含黄棕色物。

根据《中华人民共和国药典》（2020 年版），药用山楂本品为鼠李科植物枣（*Ziziphus jujuba* Mill.）的干燥成熟果实。

作为药材要求水分不得超过 20.0%；总灰分不得超过 2.0%；二氧化硫残留量不得超过 150mg/kg。置干燥处，防蛀贮藏。

6.3　山楂栽培技术

拓展知识：山楂的加工工艺

山楂（*Crataegus pinnatifida* Bge.）为蔷薇科山楂属植物，核质硬，果肉薄，味微酸涩（图 6-3）。果可生吃或做果脯果糕，干制后可入药，是中国特有的药果兼用树种，具有降血脂、血压、强心、抗心律不齐等作用，同时也是健脾开胃、消食化滞、活血化痰的良药，对胸膈脾满、疝气、血瘀、闭经等症有很好的疗效。山楂内的黄酮类化合物牡荆素，是一种抗癌作用较强的药物，其提取物对抑制体内癌细胞生长、增殖和浸润转移均有一定的作用。此外，从山楂枝叶中能提取山楂酮，制成保健饮料；从山楂核中能提取山楂核精，制成治疗软组织急性损伤和慢性劳损的贴膏。

图 6-3　山楂

6.3.1　生物学特性

山楂为落叶乔木，高可达 6m。小枝紫褐色，有刺。叶宽卵形，基部截形，有 3 个羽状浅裂，边缘具尖锐重锯齿。伞房花序，花白色。梨果球形，深红色。花期 4~5 月，果期 9~10 月。

山楂为深根性树种，根系发达，在干旱的砂壤土中，根系的垂直分布可达 2~3m。山楂的芽按着生位置分为顶芽和腋芽，顶芽和腋芽两侧还着生有副芽；按其性质分为叶芽和花芽，凡是生长适度的新梢都能形成花芽。山楂当年生新梢按其性质可分为营养枝和结果枝两类；按其生长势可分为短枝、中枝、长枝。

山楂的混合芽萌发后，先生成结果新梢和叶片，在新梢顶端形成伞房花序。山楂每个花序的坐果率与结果枝粗度呈正相关，结果枝直径达到0.45cm以上者坐果率高，直径在0.35cm以下者坐果率低。山楂树有自花结实和单性结实的特点，通过异花授粉可显著提高坐果率。山楂果实生长发育期，早熟品种一般在95~110天，晚熟品种在135天以上。

中国各地山楂优良品种（类型）较多，如山东的'大金星''敞口大货''黑红''歪把红''大棉球'等；辽宁的'辽红''西丰红''磨盘''伏山里红''大金星山里红'等；河北及北京'大金星''小金星''燕瓢红''胭脂红'等；河南的'豫北红'、'大红'山楂、'甜红'山楂、'紫红'山楂等；山西的'红肉'山楂、'临汾'山楂、'安泽红果'等；吉林的'集安紫肉'；云南山楂中的'鸡油'山楂等。

6.3.2 生态学习性

山楂抗寒、耐高温，可忍耐-36℃的低温和40℃的绝对高温，≥10℃的年积温在2800~3100℃的地区均能正常生长。山楂是喜光树种，有向光性。有关调查显示，在通风透光良好的条件下，其结果枝数与平均每果枝的结果数比在通风透光条件不良的条件下要多；山楂抗旱、耐涝，有较强的吸水能力，合理的水分可以显著提高产量，因此，在萌芽期、花期、果实迅速膨大期要进行适当浇水。山楂对土壤要求不是很严格，在pH 6.5~7.5的砂质壤土中，生长健壮，结果早，黏质壤土相对生长较差，当土壤pH达到8.1时，枝叶容易老化。

山楂在海拔400~1000m的向阳山坡均能正常生长，其最佳生长温度为年平均气温6~15℃、年降水量最好为550~1100mm，土壤以疏松、肥沃的砂质壤土为宜。杂木林缘、灌丛间、疏林内是山楂零星生长适宜地段。山楂虽是喜光树种，但也较耐阴，只要通风透光条件良好的地段均能正常生长。

6.3.3 栽培管理技术

6.3.3.1 选地、整地

平原、丘陵、河滩、山地等林下地均可栽植。以土层深厚、半阴坡的砂壤土为好，深翻20~30cm，每亩施腐熟堆肥2500~3000kg，在深翻后灌水，使土壤沉实，作宽120~130cm的高畦，四周挖好排水沟。

6.3.3.2 苗木繁殖

（1）种子繁殖

10~11月当山楂果实成熟时，选生长健壮、结实较多、果大而无病虫害的植株采种。将采摘的果实切开，取出种子，用开水烫种4~5min，捞出后用清水冲洗3~4次，再浸种24h，捞出晾干，用湿细沙贮藏。翌年3月下旬播种，在畦面按行距27cm开横沟，沟深3~4cm，将种子均匀撒入沟内，覆土稍镇压，浇水，经常保持土壤湿润。苗高7cm左右时，按株距7cm左右定植；苗高70cm时，于冬季落叶后或早春萌芽前定植。

（2）嫁接繁殖

采用山楂种子繁殖的实生苗作砧木，砧木苗具1~2片真叶时，按株距3~5cm定苗。

苗高 40~60cm、粗 0.4~0.5cm 时，于 4 月枝接或 8 月芽接均可。嫁接成活培育 1~2 年后移栽，开穴定植。

（3）定植

南方地区适宜秋栽，北方则秋栽或春栽均可，但以秋栽为好。平地建园，宜采取行距大于株距的长方形或三角形栽植，南北行向，通风透光好；山地应沿梯田等高栽植。栽植前应按行株距(4~5)m×3m 挖大穴，回填土时应掺入适量有机肥或落叶、杂草等，以改良土壤，如有沙砾石块，应淘净换入好土。定植时，每穴 1 株，使根系伸展，覆土后浇水。定干。水渗下后，每株用 1m² 塑料薄膜覆盖树盘，压紧四周，保湿增温，可显著提高成活率，促进栽后旺长。也可于主干基部培土堆，以保墒防冻。

6.3.3.3 田间管理

（1）土壤管理

土壤深翻熟化是增产技术中的基本措施，进行深翻熟化可以有效改良土壤，增加土壤的通透性，促进树体生长。常用方法是开沟扩穴，一般在秋冬或早春进行，逐年向外移动，直至株间、行间全部打通。也可用隔行隔株深翻或一次性全园深翻，回填土时加入有机肥或有机物，最后整平地面，灌透水。雨季应及时中耕除草，山旱地早春要对树盘进行覆盖。每年落叶后到封冻前进行刨园，深 20cm，以疏松土壤。

（2）排、灌水

山楂结果初期需水较多，长期干旱会引起大量落果，应及时灌水，花后结合追肥浇水以提高坐果率，在采收后浇 1 次水以促进花芽分化及果实的快速生长，冬季及时浇封冻水以利树体安全越冬；每年冬、春季要疏通排水沟渠，以防暴雨水涝。

（3）施肥

基肥以有机肥为主，最好在晚秋果实采摘后及时进行，也可结合秋翻施入，一般肥力的果园最好达到每产 1kg 果施 2kg 有机肥的施用量，至少要保证每产 1kg 果施 1kg 肥，再加入适量氮磷钾速效肥料。施肥深度 50~60cm，施后及时灌水。

追肥每年可进行 3~4 次，分为萌芽肥、花后肥、果实膨大肥及采果肥。追肥量根据果树大小、结果多少和树势强弱等确定，每次每株追施尿素 0.3~1kg，后期主要适当增施磷钾肥；幼树适当少施。还可结合进行叶面施肥，喷施 0.3%~0.5% 尿素，5%~10% 腐熟人粪尿，0.3%~0.5% 磷酸二铵或磷酸二氢钾等，对促进梢叶生长和花芽分化，提高坐果率和果实膨大等有显著作用。

（4）整形修枝

修剪树形以自然圆头形为好，主枝要分层排列，依主枝自然排列的习性，在树冠内要有 2~3 层主枝，每层主枝 3~4 个。秋季结合采收，剪去重叠枝、病虫枝、枯枝，使树冠内通风透光。

6.3.3.4 病虫害防治

（1）病害

主要病害有锈病、枯梢病。山楂锈病主要危害叶片、叶柄、新梢、果实及果柄，叶片受害部呈橘黄色斑点，表面产生红色小粒点，病斑正面凹陷，背面隆起，在隆起部位产生灰色至灰褐色毛状物，破裂后散出黄褐色锈孢子。山楂枯梢病又称为枝枯病，主要危害果桩，染病初期果桩由上而下变黑干枯，病部与健部界限明显，病部产生黑色小点粒，后期小点粒突破表皮外露，表皮纵向开裂，翌春病斑向下延伸，环绕基部后新梢枯死，其上的叶片初期萎蔫，后期干枯死亡，残留树上不易脱落。防治方法：山楂园附近不宜栽植桧柏类针叶树；发病初期选用粉锈宁、退菌特、农抗 120 等喷雾防治。

（2）虫害

主要虫害有山楂粉蝶和白小食心虫。山楂粉蝶以幼虫蚕食叶片；白小食心虫以幼虫蛀果为害。防治方法：成虫产卵盛期选用灭幼脲 3 号、BT 乳剂、溴氰菊酯等喷雾防治。

6.3.4 采收与产地加工

6.3.4.1 采收

9~10 月山楂果实皮色显露、果点明显时即可采收。就地加工或供应市场鲜食的可适当晚采，远距离运输的可适当早采以便贮藏。在正常采收期 1 周左右，用 40% 乙烯利配成 600~800mg/L 浓度的溶液重点喷布果簇，可促进脱落，提高采收工效。喷药后 4~5 天，可在树下铺布，然后晃动枝干采收，对品质及贮藏无不良影响。

6.3.4.2 产地加工

将采收后的山楂果实切成厚 1.5~3mm 的薄片，薄摊暴晒，然后包装贮运。也可将采摘的山楂果实切片烘干出售。

6.3.4.3 质量标准

按干燥品计算，山楂含有机酸以枸橼酸（$C_6H_8O_7$）计，不得少于 5.0%。

拓展知识：北五味子的品种介绍

6.4 五味子栽培技术

药材北五味子为木兰科植物五味子［*Schisandra chinensis*（Turcz.）Baill］的干燥成熟果实，别名山花椒、辽五味子、五梅子等（图 6-4）。性温，味酸、甘，归肺、心、肾经，具有收敛固涩、补肾宁心、益气生津的作用。北五味子是中国常用名贵中药材，《新修本草》中有记载"五味皮肉甘酸，核中辛苦，都有咸味"，故有五味子之名，应用历史悠久。五味子药食同源，早春的嫩芽可作野菜或代茶饮，果实可加工果酒和果汁饮料，老的枝蔓通常称为山花椒，东北民间有将其茎皮晾干作调料的习俗。

北五味子是东北地区的道地药材，主产辽宁、吉林、黑龙江、河北、内蒙古、山西、宁夏、甘肃、山东等地，质量优异，是传统大宗药材，驰名国

图 6-4 五味子

内外。

五味子商品中另有一种南五味子，又称为西五味子，为华中五味子（*Schisandra sphenanthera* Rehd. et Wils.）的果实，品质略差，产四川、湖北、陕西、山西、云南等地。

6.4.1 生物学特性

五味子为多年生木质落叶藤本植物，藤为暗褐色，高约 8m，茎部柔软坚韧。花单性，雌雄同株。果熟时呈穗状聚合果，浆果球形，肉质，熟时深红色；内含种子 1~2 枚，肾形，深褐色或橙黄色。花期 5~7 月，果期 7~9 月。五味子具有休眠特性，种子需要在低温、湿润条件下经过层积或催芽处理才能完成后熟，打破休眠需要 70~100 天。自然成熟脱去果皮的种子在室内干燥条件下存放 6~7 个月发芽率均低于 70%，而未脱去果皮的种子在同样条件下发芽率仍很高，因此最好带果皮贮藏。干燥种子含水率 6%~7%，在密闭条件下可贮存 2 年。

受不同地区和气温的影响，五味子在南部地区一般 5 月初、北部地区 5 月下旬开始萌芽；5 月中下旬至 6 月初开始出现花蕾，6 月中旬开花；8 月进入果期，9 月果实成熟。

五味子被国家林业和草原局列为退耕还林主要树种之一，栽培面积逐年扩大。自 20 世纪 70 年代，中国农业科学院特产研究所野生果树室开始了野生五味子驯化栽培技术研究和品种选育工作。目前已选育出'妍脂红''金五味 1 号''红珍珠''嫣红'等多个优良品种。

6.4.2 生态学习性

五味子多生于杂木林或红松阔叶林中，喜光、喜肥、喜凉爽湿润避风环境，幼苗喜阴，成株喜光耐阴，在弱光条件下也可以长期生长，可在−35℃的低温条件下过冬。多生于林缘或溪流两岸肥沃、排水良好的微酸性土壤，常缠绕在其他林木和灌丛上。五味子在开花结果阶段需要良好的通风透光条件，光照充足对结果有利，而在幼苗及营养生长阶段则需要阴湿环境。五味子比较耐寒，在东北地区可以自然越冬，但幼嫩植株如果生育不良则易受冻伤。春季叶子刚展时会遇到霜冻害，气温在 0℃左右，茎不会被冻死，缓冻后可继续生长，但新生叶会脱落，长出后续新生叶。如果在秋季遇到早霜冻害，茎不受危害，叶片相继脱落。五味子喜湿怕旱，因为成龄五味子地下部分仅形成浅层根系，没有明显的主根，只在根茎上长出须根；而幼苗期叶片大，蒸发量高，不耐旱。但五味子也怕涝，凡在易积水低洼地或长期过分湿润及浸水土壤，五味子生长较弱。

6.4.3 栽培管理技术

北五味子人工栽培主要用种子繁殖，也可用压条繁殖和扦插繁殖，但无性繁殖生根困难，成活率较低。

6.4.3.1 选地、整地

优先选择道地中药材产区，在非道地产区，应充分论证其种植适宜性和生态风险。生产基地应选择大气、水质、土壤无污染，无霜期在 120 天，≥10℃年活动积温 2400℃以上，年降水量 600~700mm，生长期内没有严重晚霜和冰雹危害，且符合国家有关森林保护规定的区域。为了培育优良的五味子苗木，育苗地最好选择地势平坦，水源方便，排水好，疏松、肥沃的砂壤土地块。

育苗地应在前一年土壤结冻前进行翻耕、耙细，翻耕深度 25~30cm。结合秋翻施入基肥，每亩施腐熟农家肥 4000~5000kg。注意防止五味子受药害影响严重，最好选择位于山中的单独地块。育苗地作苗床，作宽 1.3m、高 15cm、长 10~20m 的高畦，苗床长度可视地形而定。

生态栽培通常需要建园，园址应选择排水好、地下水位低的平地或 5°~15° 背阴缓坡地，土壤为湿润肥沃、腐殖质层深厚的砂质壤土，最好有灌溉条件。要在种植园四周挖好排水沟。结合整地每亩施腐熟的农家肥 2500kg 作基肥。一般实行篱架栽培，移栽的密度应根据架式而定，人工支架常采用单面架，架柱和架线的设立在栽苗前完成，架高 2m，设 3 道线，间距 60cm。

6.4.3.2　苗木繁殖

（1）选种及种子处理

8 月末至 9 月上中旬选种，按标准要求把穗长 8cm 以上、平均粒重 0.5g 以上、浆果着色早的结果树，确定为采种树。五味子果实变软而富有弹性，外观猩红色或紫红色时采收。果实搓去果皮、果肉，漂除瘪粒。种子用清水浸泡 2~3 天，然后按 1:3 的比例将湿种子与洁净湿细河沙混合在一起，沙子湿度一般为饱和含水量的 60% 左右，即用手握紧成团又不滴水，以种子互不接触为度。然后将其装袋放入深、宽各 50~60cm 土坑，上盖一层草，再盖土 20cm。四周挖好排水沟，以防雨水灌入。在室外自然越冬。催芽初期和末期，要经常检查，防止发霉。五味子种子层积处理所需要的时间为 90~100 天，播种前 15天左右，把种子从层积沙中筛出，置于温度在 15~20℃ 的环境中催芽，其间经常翻倒，待种子种皮裂开或露出胚根时，即可播种。

（2）播种

播种时间可选择春播（5 月）和秋播（土壤结冻前）。播种方法可采用条播或撒播，即在床面上按 15~20cm 的行距，开深 2~3cm 的浅沟，一般每亩播种量 5kg 左右，覆 1cm 厚细土镇压。浇透水，在床面上覆盖一层稻草帘，以保持土壤湿度。为防止立枯病和其他土壤传染性病害，在播种覆土后，结合浇水，喷施多菌灵或恶霉灵水剂 800~1000 倍液。

（3）苗期管理和移栽

播种后 20~30 天陆续出苗，当出苗达 60%~70% 时，撤掉覆盖物并随即搭设简易遮阴棚。旱天及时浇水，雨天及时排涝，还要及时除草。在幼苗抽出 3~4 片真叶时间苗，按株距 6~10cm 定苗后可将阴棚撤去。苗期追肥 2 次，第 1 次可在撤去阴棚后进行，在幼苗行间开沟，每亩追施尿素 10kg，硫酸钾 2.5kg；第 2 次在株高 10cm 左右进行，每亩施过磷酸钾 15~20kg。

移栽选用 2 年生、健壮、根系完整的实生苗，在秋季封冻前或 4 月下旬定植。栽植密度采用 0.6m×1.5m 或 1m×1.2m。栽苗前把贮藏的苗木取出（不要剪根），放在清水中浸泡 12~24h。挖直径 30cm、深 25cm 的定植穴，挖出的土拌入 2.5kg 左右熟农家肥，将总量的 50% 回填到穴内；把苗木放在穴内，根系要分布均匀，然后回填剩余的土；轻轻抖动苗木使根系与土壤密接，把土填平踩实；做水盘浇水，水渗下后将水盘的土埂耙平，用土把苗木的地上部分埋严。也可以 6 月中下旬带土坨直接定植。

6.4.3.3 田间管理

（1）中耕除草

每年中耕除草 3 次以上，栽植带内保持土壤疏松无杂草。

（2）水分管理

萌芽期浇水能有效促进萌芽、开花、新梢叶片生长以及提高坐果率。落花后 7~10 天进行浇水，能有效促进幼果膨大和树体发育。在土壤结冻前要浇足防冻水。北方雨季，还要注意果园排涝。以上灌溉用水按《农田灌溉水质标准》（GB 5084—2021）执行。

（3）整形修剪和夏季架面管理

植株在幼龄期要及时把选留的主蔓引缚到竹竿（铁丝等）上促进其向上生长，成龄树侧蔓抽生的新梢原则上不用绑缚，若有过长的可留 10 节左右摘心，侧蔓（结果母枝）留得过长或负荷量较大，应给予必要的绑缚，以免折枝。

五味子以中长枝结果为主，叶丛枝很少结果。3 年生以上植株从基部发出的萌蘖当年生长量可达 2m 以上，并且雌花比例较高。在冬剪时应适当调节叶丛枝及中长枝的比例，并注意回缩衰弱枝，以培养新的中长枝，使树体适量结果，连续丰产稳产。对于长势较弱的主蔓可用基部的萌蘖枝进行及时更新。在苗木的根颈上部一般有 2~3 个芽体较大的基芽，萌发后抽生的新梢长势较强，待它们长到 20~30cm 长时，将其基芽以上部分剪掉，把它们留作主蔓培养。

冬季修剪从植株落叶后 2~3 周至翌年伤流开始前均可进行，但以 3 月中下旬前完成为宜。修剪时，剪口离芽眼 2~2.5cm，离地表 30cm 架面内不留侧枝。在枝蔓未布满架面时，对主蔓延长枝只剪去未成熟部分；对侧蔓的修剪以中长梢修剪为主（留 6~8 个芽），间距保持 15~20cm，单株剪留的中长枝以 10~15 个为宜，叶丛枝原则上不剪，为了促进基芽的萌发，以利培养预备枝，也可进行短梢和超短梢修剪（留 1~3 个芽）。对上一年剪留的中长枝要及时回缩，只在基部保留 1 个叶丛枝或中长枝，因为下部是结果的重要部位，其上的多数节位也易形成叶丛枝。此外，上一年的延长枝也是结果的重要部位，其上的多数节位也易形成叶丛枝，修剪时要在下部找到能替代的枝条进行更新。当发现某一主蔓衰老或部位上移而下部秃裸时，应选留从植株基部发出的健壮萌蘖作为新的主蔓，把老蔓剪除。植株进入成龄后，在主侧枝的交叉处，往往有芽体较大、发育良好的基芽，这种芽大多能抽出十分健壮的枝条，这为更新侧枝创造了良好的条件，应注意利用。

（4）追肥

遵循多次少量的原则，每年可追肥 3 次。第 1 次在萌芽期，追施速效性氮钾肥。第 2 次在植株生长中期（7 月中下旬），追施速效磷钾肥，随着树体的扩大，肥料用量逐年增加，磷酸氢二铵 20~50g/株，硫酸钾 10~25g/株。第 3 次在秋季施肥，施肥前对全园进行深耕（秋翻地），深度 20~25m。秋季施肥每亩用农家肥 2000~3000kg，添加磷钾肥 5~6kg，施肥在篱架的两侧隔年进行，头两年靠近栽植沟壁施用，第 3 年后在行间开深 30~40cm

的沟施用，施肥后马上覆土。

（5）清理萌蘖

为防止养分的无谓消耗，在萌芽前清除植株基部上一年产生的萌蘖。

6.4.3.4 病虫害防治

（1）白粉病

白粉病是五味子常见病害，在自然群丛中也常有发生，严重时整个叶面像撒上一层白粉。人工种植园常在 7 月下旬出现，因此 7 月中旬就要用 1：1：100 波尔多液进行预防，每年 1~2 次。一旦发生，用 800 倍粉锈灵喷洒即可，防治效果甚佳。

（2）叶枯病

枯叶病在自然群丛中少见，人工种植园中时有发生。发病症状是先从叶尖、叶缘或叶的其他部位出现黑色小点，密集在一小圈内，圈内叶片呈淡黄色水渍状，以后干缩、枯黄，并逐渐扩大，蔓延至整个叶面，患有此病的植株，生长受到严重影响。防治方法：用800 倍退菌特或多菌灵以及双效灵喷洒，均有较好的防治效果；或摘除病叶防治，严重时整株平茬，可根治。

（3）根颈腐烂病

根颈腐烂病（俗称掐脖子病）属生理病害，在全光下裸地栽培时，发生严重，可使60% 以上五味子植株得病而死亡。尤其是晚秋、早春地面温度昼夜变化剧烈，处于地表处的根颈组织柔嫩，抗病性低，因皮层溃烂而脱皮。防治方法：可采用秋季培土埋住根颈，减轻危害。

（4）虫害

可喷施 10% 二氯苯醚菊酯 2000~3000 倍液，或 2.5% 溴氰菊酯 2500 倍液防治虫害。地下害虫可用 50% 敌百虫乳油 30 倍液 1kg 与 50kg 炒香的麸皮拌湿，于傍晚撒于畦面诱杀。

6.4.4 采收与产地加工

6.4.4.1 采收

五味子栽后 4~6 年大量结果，秋季 8~9 月果实呈紫红色时采收。人工采收果穗时，尽量少伤枝条，并尽量排除非药用部分及异物，特别是要防止杂草及有毒物质的混入，剔除破损、腐烂变质的部分。

6.4.4.2 产地加工

五味子产地加工常用晒干或阴干。若遇阴雨天要用微火烘干，温度不能过高，一般以60℃ 左右为宜，否则易变成焦粒。五味子亩产干货量为 150~200kg，折干率 4：1~5：1。

6.4.4.3 质量标准

（1）药材性状

干品以紫红色、粒大、肉厚、有油性及有光泽，种子有香气，干瘪少，无枝梗、无杂质、无虫蛀、无霉变者为佳。

（2）规格等级划分

主要以颜色和完整度划分等级，一等果实表面红色、暗红色或紫红色，质柔润，干瘪粒不超过 2%；二等果实表面黑红，干瘪粒不超过 20%。

6.5 阳春砂仁栽培技术

砂仁（*Amomum villosum* Lour.）为姜科豆蔻属植物，别名阳春砂仁、春砂（图6-5）。味辛，性温，以干燥果实入药，具有燥湿祛寒、健脾暖胃、除痰截疟的功效，主治脾胃虚寒、呕吐泄泻、痰湿积滞、消化不良等症。现代医学表明，砂仁种子中的挥发油含有大量乙酸龙脑酯具有抑制血小板集聚、调节肠道的作用。砂仁种类繁多，不同种类的砂仁其药效和品质也千差万别，但药用价值较高的主要是阳春砂、绿壳砂和海南砂3种。

中国砂仁主产于广东、广西、云南、海南等地。泰国、越南、印度、缅甸、柬埔寨也有栽种。

图6-5 阳春砂仁

6.5.1 生物学特性

砂仁为多年生常绿草本植物，株高1.5~3.0m。根肉质，茎直立、散生、圆柱形，无分枝。叶片长披针形，基部近圆形，顶端尾尖，两面光滑无毛。花为穗状花序，白色，萼筒状。花期3~6月，果期6~9月。

砂仁是典型的虫媒花，其花萼构造特殊，无法自花授粉，自然条件下必须依赖风、昆虫传粉，才能结果。因此，通过人工辅助授粉可以提高砂仁的结实率。

6.5.2 生态学习性

砂仁为半遮阴植物，主要分布在热带、南亚热带，对温度、光照、水分、授粉等环境条件有严格要求，喜高温、湿润、半荫蔽的气候环境，较耐旱不耐湿，不耐寒，需要荫蔽条件，忌强光直射，最适荫蔽度为50%~70%，荫蔽度过低会灼伤叶片，影响砂仁正常生长发育，荫蔽度过高会影响开花结果。

砂仁在温度不低于8℃时开始萌芽，幼苗生长适温为20~25℃，茎叶生长适温为20~28℃，温度高于35℃时，阳光直射会阻碍其生长；温度20~25℃、散射光照（耐阴性）、土壤湿润的条件有利于花蕾器官的分化、开花（授粉）、果实生长发育。夏季高温超过35℃会导致砂仁生长缓慢，而温度低于6℃时地上部分停止生长，冬季温度低至2℃可能导致幼苗死亡。早春幼苗能忍受轻霜，冬季能忍耐短期-3℃的低温。地下根茎在不低于-2℃的土层中可越冬。

砂仁喜疏松肥厚、微酸性（pH 6.5~7.0）、有机质含量高的黑色砂质土、黏灰质土。喜湿润，忌干旱，要求年均空气相对湿度不低于80%，土壤含水量不低于20%。若空气湿度低于50%，土壤含水量低于10%，则影响植株发育，过早枯萎；若土壤含水量超过30%，则易烂花烂果。不同生长发育期对水分的要求也有所差异，花芽分化期、花期和果期分别要求土壤含水量在 15%~20%、22%~25%、24%~26%。

6.5.3 栽培管理技术

6.5.3.1 选地、整地

砂仁应选择肥沃、疏松保水、保肥力强、湿度大有水源的阔叶常绿林地或排灌方便的山坡、山谷、平地种植。林下种植时，应选取适宜本地生长、健康无病虫害、夏天枝繁叶茂、冬季落叶或半落叶的树种，如橡胶林、杉木林、凤凰木、火焰木、鸭脚木等树叶密集的树种。

选好地后，进行垦荒整地，除去林下多余灌木、杂草，修筑环山排灌沟，以防旱排涝。根据荫蔽情况，砍除多余的荫蔽树或补种。施腐熟有机肥或土杂肥 24 000~32 000kg/hm²、过磷酸钙 300~400kg/hm²，深翻 30cm 左右。深翻后将地整平作畦，畦高 15cm、宽 1.0~1.2m，在畦面上按株行距 70cm×70cm 或 100cm×100cm，挖 30cm×20cm×20cm 的种植穴。

6.5.3.2 苗木繁殖

砂仁的苗木繁殖方式有分株繁殖和种子繁殖两种，前者具有省时、省工、开花结果早的优点，是生产中最为普遍采用的方法；而后者多在引种时采用。

（1）分株繁殖

于春(3月底至4月初)、秋(9月)两季，选择无病虫害、结实率高的健壮植株，截取具有 2~3 个匍匐茎、5~10 片叶，带有鲜红色嫩芽的壮苗作为种苗。若选取的种苗叶片过多，可适当剪去一部分叶片。

（2）种子繁殖

每年 8 月下旬至 9 月上旬，当果实呈紫红色，种子呈黑色或黑褐色，嚼其有浓烈的辛辣味时，选择粒大、结果多、无病虫害的果序留作采种用。将选种的鲜果堆沤 3~5 天，除去果皮，取出种子，按 1 份种子、3 份河沙的比例将种子与河沙混合，用手搓揉，擦去种皮，直至有明显的砂仁香气为止；用密孔筛将种子与河沙分离，待种子晾干后即可播种。若选择翌年春季播种，应将处理后的种子阴干贮藏或用湿沙贮藏。

砂仁种子有较高的内源抑制物，自然条件下发芽率较低，因此在播种前可用 45~60℃连续变温浸种处理或用 0.1g/L 赤霉素溶液浸泡种子 24h，可有效提高发芽率。按播种时间分为秋播和春播，秋播于 8~9 月果实采收后即可进行，春播于翌年 3 月进行。播种方式可选条播或撒播，播种量为 45~52.5kg/hm²。播种后覆细土厚 1cm 左右，盖上少量松针或稻草，以保湿润和防止雨水冲刷。

播种后一般 20 天左右即可出苗，此时应及时将苗床上的盖草揭开，荫蔽度较低的要搭建遮阴棚，使荫蔽度保持在 70%~80%。当幼苗长至 3~4cm 时可淋上适量稀薄的粪水或低浓度的尿素，之后施用要根据幼苗的长势适当提高浓度。一般培育 1 年后，苗高 50cm 以上时即可移栽。

6.5.3.3 移栽定植

按株行距 70cm×70cm 或 100cm×100cm 定植。移栽时，在已开好的种植穴内施入充分腐熟的人畜粪肥或商品有机肥作为基肥，与穴内的土充分混匀，将苗放入穴内，保证新生匍匐茎顶端裸露在外，栽植穴应略低于地面；定植时要保证根系舒展、不扭曲成团，嫩芽露出地面，浇足定根水，覆盖适量松针或枯枝落叶保持土壤湿润，若林间荫蔽度够高，可不覆盖。

6.5.3.4 田间管理

（1）除草

砂仁定植后 1~2 年内，每年应除草 2~3 次。第 1 次除草在 2 月，清理杂草落叶，割除枯残苗，摘除过密苗，以减少养分的消耗；第 2 次除草应在秋季采果后，结合清园除去杂草、枯枝和病虫枝，以促进新分生植株的生长。

（2）施肥与培土

春季是幼苗快速生长的高峰期，可视苗的大小，结合培土按 0.5~1.5kg/株沟施或环施高氮三元复合肥；花期 3~4 月一般不施肥，但为了补充开花对养分的消耗，可喷施少量磷酸二氢钾，进行保花保果，降低落果率，每隔 10~15 天喷一次；采果后，应结合培土重施有机肥和高氮三元复合肥，每株施腐熟农家肥、有机肥 3~5kg 或三元复合肥 0.5~1.5kg，为来年丰产积蓄能量。

（3）人工授粉

砂仁本身不能自花授粉，必须依赖昆虫传粉才能开花结果，自然条件下，结实率只有 10% 左右。因此，在传粉昆虫较少的情况下，可以通过喷洒甜味剂如白糖招引授粉昆虫，或通过人工辅助授粉的方法提高砂仁结实率。人工授粉主要采用推拉法和涂抹法两种，采用人工授粉应在盛花期（每年 4~6 月）选择无雨晴天的上午 8：00~10：00 进行。经过人工辅助授粉，坐果率可提高到 40%~70%。

（4）调整荫蔽度

砂仁属于喜阴植物，特别是苗期对荫蔽度要求较高，需保持在 70%~80%，而开花结果期荫蔽度以 50%~60% 为宜。因此，要根据不同的生长期适当调节荫蔽度，若荫蔽度过高，应及时伐除遮阴林的多余枝条，也可伐除过密的遮阴林木；若蔽度过低，应及时搭建遮阴棚或补种荫蔽林的树种。

6.5.3.5 病虫害防治

（1）苗疫病

苗疫病多发生在苗期，是一种较严重的真菌病害。发病由叶尖或叶缘逐渐蔓延至全叶而枯死。夏季高温多湿，植株通风差，空气湿度大，地势低洼积水，均易引发此病。防治方法：选择土壤疏松、荫蔽适中、排灌方便的山地作育苗地；播种前用 2% 福尔马林喷洒畦面，杀灭病菌，发病初期用井岗霉素与甲基托布津 1000 倍液交替喷施，每隔 10 天左右喷 1 次。

（2）叶斑病

叶斑病多发生于叶片上，发病初期病斑呈水渍状，病斑无明显边缘，后扩展成大斑，中间出现黑色小点，严重时导致叶片干枯，甚至整株死亡。一般营养不良或发育不好的植株最容易出现，通风不良、潮湿的环境条件也易导致该病的发生。防治方法：在积水较多、通风条件差的地块，适当调节荫蔽度，开挖排水沟，降低湿度；注重苗木的培育，苗期多施肥，培育健苗，提高抗病能力；发病初期可选 50% 甲基托布津 1000 倍液、50% 多菌灵 1000 倍液交替喷雾进行防治，每 7 天喷洒一次，一般连续喷洒 3~4 次即可有效控制病害发展；冬季清园时将病株、病叶集中烧毁，消灭越冬菌源。

（3）果腐病

果腐病发生较为普遍，由真菌侵入果实致病，发病初期果皮上出现淡棕色病斑，后扩大至整个果实，果实变黑、变软至腐烂。果梗感病呈褐色软腐。此病在高温多湿天气易发病，植株过密、通风透光和排水不良时多有发生。防治方法：6~8 月注意排除积水，增施草木灰、石灰，以增强植株抗病力；幼果期控施氮肥；发病初期喷 0.2% 高锰酸钾液 2~3 次，可控制病害的发生和蔓延；果实发病时及时采收加工，以减少病原菌传播。

（4）钻心虫

钻心虫幼虫蛀食砂仁幼苗，使生长点停止生长或腐烂，造成枯心，导致幼苗死亡。防治方法：及时剪除被害幼苗，集中烧毁，加强检查；可用 6% 阿维·氯虫苯甲酰胺悬浮剂 750 倍液、2% 甲氨基阿维菌素苯甲酸盐可溶液剂 1500 倍液或 15% 甲维·茚虫威悬浮剂 3000 倍液喷雾防治，7 天喷 1 次，连喷 2~3 次，注意交替用药，防止产生抗性。

6.5.4 采收与产地加工

6.5.4.1 采收

砂仁的果期为 6~9 月，而具体的采收期应根据当地气候条件而定。一般以果皮颜色由红紫色变为红褐色，果肉呈荔枝肉状，种子为红褐色或褐色，嚼之有浓烈辛辣味时为适宜采收期。采收时用剪刀剪断果柄，注意勿踩伤匍匐茎和碰伤幼苗。

6.5.4.2 产地加工

采收的鲜果要及时进行干燥处理，否则容易霉烂。最常用的方法是将鲜果置于炉灶上以文火烘焙，烘焙至五六成干时，喷 1 次水；喷水后，果皮骤然收缩，则使果皮与种子紧密连接而不至于有空隙，这样可以长久保存，否则砂仁内部有空隙时易发霉。采收 500g 湿品，经焙干可得约 200g 干品。若不经烘焙，也可直接用阳光晒干。

6.5.4.3 质量标准

阳春砂、绿壳砂：呈椭圆形或卵圆形，有不明显的三棱，长 1.5~2cm，直径 1~1.5cm。表面棕褐色，密生刺状突起，顶端有花被残基，基部常有果梗。果皮薄而软。种子集结成团，具 3 钝棱，中有白色隔膜，将种子团分成 3 瓣，每瓣有种子 5~26 粒。种子为不规则多面体，直径 2~3mm；表面棕红色或暗褐色，有细皱纹，外被淡棕色膜质假种皮；质硬，胚乳灰白色。气芳香而浓烈，味辛凉、微苦。

海南砂：呈长椭圆形或卵圆形，有明显的 3 棱，长 1.5~2cm，直径 0.8~1.2cm。表面被片状、分枝的软刺，基部具果梗痕。果皮厚而硬，种子团较小，每瓣有种子 3~24 粒；种子直径 1.5~2mm，气味稍淡。

6.6 吴茱萸栽培技术

吴茱萸[*Tetradium ruticarpum*(A. Juss.) T. G Hartley]为芸香科吴茱萸属植物，是传统中药植物，简称吴萸，别名米辣子、臭辣子、漆辣子、曲药子、茶辣子等，以干燥近成熟果实入药(图6-6)。

图6-6 吴茱萸

吴茱萸药用历史起于西汉，其人工种植已有300年左右的历史。吴茱萸性热，味辛、苦，有小毒，归肝、脾、胃、肾经；其主要化学成分为挥发油(吴茱萸烯、罗勒烯、吴茱萸内酯、吴茱萸内酯醇)、生物碱(吴茱萸碱、吴茱萸次碱、吴茱萸因碱、羟基吴茱萸碱、吴茱萸卡品碱)、吴茱萸苦素、柠檬苦素、β-谷甾醇、异戊烯黄酮、吴茱萸酸等，种子含脂肪28%~32%。现代药理研究发现，吴茱萸有明显的消炎镇痛、缩宫催产、止泻止呕、抗胃溃疡、驱蛔虫、升血糖、降血压、促进脂肪代谢等作用。

吴茱萸主产江西、浙江、贵州、广西、云南、湖南、湖北、四川、陕西等地。

6.6.1 生物学特性

吴茱萸为落叶小乔木或灌木，高3~5m。一般于每年11~12月开始落叶，翌年3月上旬发芽返青。花期6~8月，果期8~11月。幼苗移栽2~3年即可开花结果，4~5年后进入盛果期，15年后渐衰，植株寿命一般为20年，最长可达40年。

吴茱萸分'大花'吴茱萸、'中花'吴茱萸和'小花'吴茱萸等几个品种，以江西产的'中花'吴茱萸市场销量最佳，且大多出口东南亚一带，吴茱萸也有一部分作香料。目前市场上以'中花'销售为主，故种植'中花'品种为宜，其次是'小花'吴茱萸。因为'大花'吴茱萸的果实颗粒比较大，消费市场不太接受，药性比'中花'、'小花'吴茱萸稍差，因此其商品价和苗价相对比较低。

6.6.2 生态学习性

吴茱萸多生于海拔300~1200m温暖、湿润的山地疏林、灌木丛或林缘空旷地带，多见于向阳坡地，分布广，适应性强。在阳光充足、年均气温不低于16℃、年降水量1200mm以上、相对湿度约78%、年日照时数1160h左右、无霜期超过300天等条件下生长快、结实早；忌严寒、水涝和阴湿。吴茱萸属于典型的浅根系树种，没有明显的主根，有发达的须根群，在重黏土壤中生长缓慢。喜阳光充足、温暖、湿润的气候条件，适宜在低海拔、质地疏松的肥沃、排水良好的酸性土壤中生长。

6.6.3 栽培管理技术

6.6.3.1 选地、整地

种植地宜选择阳光充足、温暖湿润的环境，土壤以土层深厚、肥沃疏松、排水良好、

pH 6~7 的砂质土壤或红壤土为佳。也可在房前屋后、沟边溪旁、稀疏林地等种植。

栽植前深翻土地 30cm 以上,适量施入木灰或其他有机肥。育苗地按宽 1.2m、高 20cm 作畦,畦沟宽 30cm;种植地按株行距 3m×3m 挖直径 50cm、深 50cm 的种植穴,将心土与表土分开堆放。

6.6.3.2 苗木繁殖

(1)营养繁殖

①枝条扦插。在早春吴茱萸尚未抽芽前,剪取 1~2 年生健壮无病虫害枝条,截成 15~25cm 小段作为插穗,每插穗带 3~4 个芽。在育苗地(苗床)上按株行距 9cm×9cm 插入插穗(注意不要弄伤树皮,不能倒插),插穗入土 1~2 个节、露出土面 5cm 左右,插后适当压实土壤,浇透水。要加强苗期管理,经常保持土壤湿润,1 年后移栽。一般在繁殖材料缺乏的情况下采用单芽扦插繁殖。在春季 2~3 月,选择健壮枝条,按节切断,每节长 6~9cm,并在节上无芽处削去部分皮层,现出木质部;然后置于装有糠壳的箩筐中,每日浇以温水,待削伤处出现愈伤组织和幼根后,即可取出移入苗床进行育苗。苗高 30cm 时即可移植,移苗时每节只留一芽。这种方式繁殖快,繁殖系数大,对母株损伤也少,结果时间早,但成活率低于根插。

②根插繁殖。立春前后,选生长旺盛、地下根系发达的母株,将其树干周围泥土挖开,取较粗壮的侧根切成 15~18cm 长的插穗;在苗床上按行距 15~20cm 开 15cm 深的沟,将插穗每隔 10~12cm 斜插,覆土并稍加镇压,灌水,盖草保持土面湿润。50~60 天后新芽发生,翌年春季移植,2~3 年即可开花结果(比其他方法提前 1 年)。根插法简便、成活率较高、生长快、结果早,是高产栽培普遍采用的繁殖方法。

③分蘖繁殖。选 3~4 年生的健壮母株,于冬季或春季在距母株约 60cm 处刨开周围表土,露出侧根,用刀在根上每隔 6~9cm 切 1 道伤口,覆细土 3~6cm,施以稀薄腐熟人畜粪尿,再覆盖 3~6cm 厚的草。待切口处抽出幼苗并长到一定大小后,用利刀将其从母树侧根上截断或连根挖出分栽。大的母树每株可取幼苗 30~40 株。

④压条繁殖。选 2 年生的枝条,压埋在土中 5~10cm 深,枝尖露出地面。埋在土中的枝条,每 1 叶芽可生出 1 株幼苗,第 2 年即可切断移栽。

(2)种子繁殖

选择盛果期的植株,以茎粗超过 8cm、树高和树冠均在 1.8m 以上、生长旺盛、无病虫害的健壮吴茱萸作母树。9~10 月采收充分成熟的果实,并从中剥离、精选出一级吴茱萸种子留种。

将精选出来的吴茱萸一级种子晾干后用布袋收集,置于阴凉、干燥处或 4℃冰箱中贮藏,贮藏时间不宜超过 12 个月。应尽可能做到随采随播,否则随着贮藏时间的延长,其活力将逐渐降低。

于 10 月底至翌年 1 月初或 3~4 月播种。播种时在苗床上每隔 15cm 开约 3cm 深的条沟,将种子均匀播入沟内,覆土约 1cm 厚,浇水并盖草一层。出苗后去掉盖草,加强管理,苗高 30cm 时即可移栽。

因吴茱萸系自花授粉，每个果实内种子很少，且种子经日晒后发芽力降低，故一般少用种子繁殖。

6.6.3.3 苗木栽植

9月底至翌年3月上旬为吴茱萸移栽时间，一般以早春为好，选阴雨天或晴天傍晚进行移栽定植。成片移栽时，可按行株距3m×3m挖穴定植，密度为每亩80株左右，每穴施入农家肥5kg并与表土拌匀。移栽覆土一半时，将种苗轻轻上提，以利其根系舒展，再覆土压实，浇透定根水。

6.6.3.4 田间管理

（1）除草

定植后，春、夏、秋季浅锄杂草，加深活土层；每年冬季中耕1次；若吴茱萸与其他作物间套作，其中耕除草可结合作物锄草、松土进行。抓住关键时期进行人工防除杂草，可在杂草出苗后的2~3叶期或杂草种子成熟前，选晴天及时进行中耕除草；也可以套作矮秆作物控制草害，在吴茱萸定植后的1~2年，幼树对杂草基本无控制力时，通过间套作矮秆作物（黄豆、绿豆、蔬菜、绿肥）和中药材（半夏、太子参、玉竹、白术、桔梗），既控制杂草的发生和危害，亦增加单位面积土地产值。

（2）合理施肥

幼树早春萌发前，追施1次腐熟人畜粪水，以促春梢萌发生长。植株进入结果期后，于春季开花前施1次腐熟饼肥或腐熟人畜粪尿，20kg/株，于根际周围开环状沟施入，施后覆土。6~7月结果前，再追施1次人畜粪尿和过磷酸钙或草木灰，以利坐果。秋季采果后，结合清园冬培，重施1次腊肥（过磷酸钙与厩肥或堆肥混合堆沤而成，在冬季腊月前后施用），小树30kg/株，大树50kg/株，施后盖土、培土。

（3）整形修剪

幼树株高80~10cm时，剪去主干顶梢，促其侧芽发生。在向四面生长的侧枝中，选留3~4个健壮枝条培育成为主枝；再于翌年夏季，在主枝叶腋间选留3~4个生长发育充实的分枝，培育成为副主枝，以后在副主枝上放出侧枝。经过几年的整形修剪，使植株成为外圆内空、树冠开阔、通风透光、矮干低冠的自然开心形丰产树形，3~4年后便可进入盛果期。每年冬季应适当剪除过密枝、重叠枝、徒长枝和病虫枝，保留枝梢粗壮、芽饱满的枝条，以形成结果枝。每次修剪之后，应及时追肥1次，以恢复树势。植株进入衰退期后，长势逐年减弱，花芽减少，产量下降，此时可将老树砍伐，抚育根际萌蘖的幼苗，进行更新复壮。

6.6.3.5 病虫害防治

（1）锈病

锈病主要危害叶片，发生期为5~7月。发病初期叶片背面出现黄绿色、近圆形、边缘不明显的小点，后期叶背形成橙黄色微凸起的疮斑（夏孢子堆），病斑破裂后散出橙黄色夏孢子，严重时叶片上病斑增多致叶片枯死。防治方法：清洁田园，加强管理；清除转主寄主；发病期可选用15%粉锈宁可湿性粉剂1000~1500倍液、50%萎锈灵乳油800倍液或

50%硫黄悬浮剂 300 倍液等喷施。

（2）煤烟病

煤烟病症状为枝叶上常覆盖一层煤烟状铅黑色霉层，影响光合作用，使植株生长逐渐衰弱，严重时造成叶片脱落。此病是由于昆虫危害后排出的蜜源引起杂菌滋生污染叶片，或由于种植过密或树冠内通透性不良引起杂菌滋生。防治方法：合理修剪，改善林间和树体通透性以增强树势，减轻病害发生；施药防治害虫；发病期间喷施 50%多菌灵可湿性粉剂 800~1000 倍液或 0.3°Bé 石硫合剂。

（3）蚜虫

蚜虫(蟷蚜)以成虫、若虫危害嫩梢嫩叶，吸取汁液，造成植株长势不良甚至茎梢死亡，被害叶片向背面卷曲、皱缩。防治方法：秋冬季节消灭越冬虫源，清除附近杂草，进行彻底清园；蚜虫危害期可选用 10%吡虫啉 4000~6000 倍液或灭蚜松乳剂 1500 倍液等药剂喷雾。

（4）介壳虫

介壳虫危害种主要有桑白盾蚧、红腊蚧、矢尖蚧等，危害枝、叶、花、果。以成虫和若虫寄生在吴茱萸的叶片、嫩枝、幼芽、芽腋等处大量吸食汁液，导致新梢畸形、叶片发黄早落、落花落果。同时，因其排泄物中含有大量蜜露覆盖叶片，引发煤烟病，抑制光合作用，从而使植株长势衰弱。防治方法：喷施 40%速扑杀乳油 1500 倍液，或使用其他杀虫剂喷施。

（5）凤蝶类

凤蝶类危害种主要有柑橘凤蝶、玉带凤蝶、碧翠凤蝶等，以幼虫蚕食叶片，形成空洞，影响生长，多在 5~8 月发生。防治方法：在幼虫期选用 50%杀螟松乳剂 1000 倍液或 Bt 乳剂 300 倍液等药剂喷杀。

（6）小地老虎

小地老虎以幼虫取食危害苗木，咬断幼苗或咬食未出土的幼苗。防治方法：清除杂草，保持苗圃干净；清晨日出之前检查，发现新被害苗附近土面有小孔，立即挖土捕杀幼虫；堆草诱杀，在苗圃堆放用糖：醋：酒：水按 6：3：1：10 制成的糖醋液，诱杀小地老虎；用黑光灯诱杀成虫。

6.6.4 采收与产地加工

6.6.4.1 采收

吴茱萸定植 2~3 年后即可开花结果，8~9 月当果实由绿色变为黄绿色、尚未充分成熟时即采收。选晴天，在早晨露水未干时用剪刀剪下果穗，不要折断果枝，以免影响来年结果。

6.6.4.2 产地加工

将采收的果实立即摊晒，晚上收回室内切不可堆积，以免发酵。一般连晒 3 天左右即可全干。如遇阴雨天，可用木炭或烘干机烘干，烘烤温度不得超过 60℃，否则果实所含挥发油会大量损失，降低药材质量。烘、晒时要经常翻动，干燥后除去枝梗，簸去杂质即成商品。一般每株 10 年生结果树可产干品约 5kg，折干率为 2：1 左右。

6.6.4.3 质量标准

（1）药材性状

吴茱萸以身干、籽粒饱满、质坚实、色黄绿、香气浓郁者为佳，无杂质、虫蛀、霉变。

（2）规格

《中华人民共和国药典》（2020 年版）规定，吴茱萸干燥品水分不得超过 15.0%，总灰分不得超过 10.0%，醇溶性浸出物不得少于 30.0%，杂质不得超过 7%，含吴茱萸碱（$C_{19}H_{17}N_{30}$）和吴茱萸次碱（$C_{18}H_{13}N_{30}$）的总量不得少于 0.15%，柠檬苦素（$C_{26}H_{30}O_8$）不得少于 0.20%。

6.7 酸橙栽培技术

拓展知识：酸橙嫁接技术

药材枳壳为芸香科柑橘属植物酸橙（*Citrus × aurantium* Siebold et Zucc. ex Engl.）及其栽培变种的干燥未成熟果实（图 6-7）。性微寒，味酸、苦、辛，有理气宽中、行滞消胀的功效，可用于治疗胸胁气滞，胀满疼痛，食积不化，痰饮内停，脏器下垂等症，用途广，需求量大，市场前景广阔。

枳壳主产江西、四川、湖北、湖南、贵州等地。以江西清江、新干所产最为闻名，商品习称江枳壳。

6.7.1 生物学特性

小乔木。种子多且大，常有肋状棱，子叶乳白色，单或多胚。花期 4~5 月，果期 6~11 月。

酸橙栽培变种主要有黄皮酸橙（*Cirus × aurantium* ‘Huangpi’）、代代花（*C. × aurantium* ‘Daidai’）、朱栾

图 6-7 枳壳

（*C. × aurantium* ‘Zhulan’）、塘橙（*C. × aurantium* ‘Tang Cheng’）。其中代代花又名苏枳壳，主产于江苏，药材直径 3~5.5cm，外皮绿褐色或棕褐色，基部常带有残存的宿萼和果柄残基，中心柱直径 0.5~1cm。

夏至前拾取地上被风吹落或自行脱落的幼小果实，晒干即为鹅眼枳实。较大者横切为两瓣后，晒干。药材呈半球形，少数为球形，直径 0.5~2.5cm。外表面黑绿色或暗棕绿色，有颗粒状的突起和皱纹，有明显的花柱残迹或果柄痕迹。切面略隆起，光滑，黄白色或黄褐色，厚 3~12mm，边缘有 1~2 列油室，果皮不易剥离，中央有棕褐色的瓤囊，呈车轮形。从鹅眼枳实中分离出有升压作用的辛弗林和 N-甲基酪胺，二者含量均较枳壳中多。另含橙皮苷、新橙皮苷、柚皮苷、野漆树苷、忍冬苷等黄酮苷化合物以及维生素 C 等。本品质坚硬、气清香，性微寒，味苦、辛、酸。破气消积，具化痰散结的功能。

以枳实药用的还有同属植物香圆（*C. wilsoii* Tanaka）的幼果，其药材与上种相似，同科

植物枳(*Citrus trifoliata* L.)的幼小果实，也有以枳实入药者，幼果习称绿衣枳实，二者均非正品。

6.7.2 生态学习性

酸橙生长快，管理要求不高，萌芽力强，耐修剪。多栽于林旁路边、房前屋后或山坡。

酸橙喜温暖湿润、雨量充沛、阳光充足的气候条件，一般在年平均温度15℃以上生长良好。酸橙对土壤的适应性较广，以中性砂壤土为最理想，过于黏重的土壤不宜栽培。种子室温下袋藏1年后发芽率为零，生产上宜沙藏，发芽时的有效温度为10℃以上，生长适温为20~25℃，但可暂时忍受-9℃左右低温。水分充足的条件下最高可忍耐40℃高温而不落叶。酸橙结果年龄，因种苗来源而异，一般空中压条或嫁接苗在栽植后4~5年，种子繁殖在栽后8~10年才开始开花结果，树龄结果期可达50年以上。

6.7.3 栽培管理技术

6.7.3.1 选地、整地

要选择气候温暖湿润、阳光充足、雨量充沛的区域作为定植地。宜选择海拔300m以下的缓坡山地、丘陵、岗地、平原，山地应选择向阳地段。具体地块选择：小地形平缓的旱地，排水良好、疏松、土层深厚的壤土、砂壤土或冲积土，pH 5.0~6.5。环境质量要求：生产基地应当远离市区，周围无污染源；空气符合《环境空气质量标准》(GB 3095—2012)二类区要求，土壤符合《土壤环境质量农用地土壤污染风险管控标准(试行)》(GB 15618—2018)的二级标准，灌溉水符合《农田灌溉水质标准》(GB 5054—2021)规定。

苗床应选水源方便、土层深厚、质地疏松肥沃、排水良好的壤土或砂壤土地块，以未培育过柑橘类苗木的土地为佳。整地前施足基肥，每亩用腐熟有机肥4000kg，深翻25~30cm。播前耙平，作1m宽的畦。定植地以定植前3年垦荒翻耕为好。

6.7.3.2 苗木繁殖

(1)嫁接苗培育

①整地。整地应选晴天进行，每亩撒施腐熟猪牛粪等1500~2000kg、过磷酸钙40~50kg、硫酸钾12kg、饼肥50kg、生石灰粉60~70kg，翻耙2次后作宽约2m、长根据操作情况而定的畦，要求畦面土壤细碎、平整，开好相通的围沟、腰沟、畦沟。

②播种。选壮年树上结的成熟果实采子，阴干，埋于沙坑中备用。3月中下旬播种，采用条播或撒播，每亩播种量6~10kg(播种、密度和种子饱满度不同，亩播种量有差异)。条播行距23~25cm，播种沟深2~3cm；播种时应选用上年10月下旬至11月底采收且充分成熟果实的饱满种子；种子播前用清水浸12h，将种子均匀撒播于播种沟中，覆土1~2cm厚，再盖1~2cm厚的稻草或谷壳等，有较好的抗旱和防草害作用。撒播后浅耙表土，在畦面覆稻草。

播种后如2~3天内无有效降水，应在畦面浇足水，后期保持畦面土湿润即可。遇干旱时，每隔5~7天浇水或畦沟灌水1次。降水多时，常到地中巡视，发现堵沟或积水，应及时清沟排水。

幼苗长有2~3片叶时间苗，间除过密、弱小、病虫害、畸形苗等，保持株距7~8cm。当畦面、畦沟中有杂草发生时，可人工除草或喷洒除草剂。间苗后，根据苗情每月或每隔1个月追肥1次，每次每亩浇施兑水腐熟粪水300~400kg，也可每次每亩撒施尿素5~6kg。幼苗经1年培育可移栽于嫁接苗培育地。

③移栽。3月中旬选阴天或小雨天移栽，每畦栽5~6行，定植深度3~4cm，行距25~30cm，株距10~15cm。移栽当天或第2天无有效降水时，应浇定根水。幼苗移栽并长出1~2片新叶后，可每1.5~2个月追肥1次，8月底后不可再追肥，以免促发晚秋梢。每次每亩浇施兑水腐熟粪水400~500kg，或开浅沟施三元复合肥7~8kg。移栽苗的排灌水参照播种相关内容。

④嫁接及嫁接苗管理。接穗宜在阴天或早、晚剪采，接穗要采自进入盛果期且丰产、稳产、坐果适中的母树。接穗应是当年生春梢，枝条充实、较粗壮、无病虫。

秋季单芽片腹接成活率高，技术熟练者成活率95%以上。8月下旬至9月中旬嫁接，雨天或露水未干时和高温强光照时不宜嫁接，阴天或凉爽时嫁接成活率高且嫁接操作较舒适。嫁接最好两人一组，一人削砧木，一人嫁接，质量高，速度快。绑带选用0.05mm厚的薄膜，剪成宽2~2.5cm、长17~20cm的条，用该种薄膜嫁接，成活后无须破膜露芽，萌芽后芽可顶破农膜长成枝条。如用较厚的薄膜嫁接，萌芽时需人工破膜。

削砧时，在砧木基部距地面5~6cm光滑处，将嫁接刀贴紧砧木主干，由上而下稍用力推刀，切口由浅渐深稍带木质部，切口略长于接芽（长2~2.5cm），切去砧木皮的1/2，即可削取芽片嫁接。削芽片时，左手顺拿接穗，在芽上方1/3处用嫁接刀向芽正面以15°~20°角向下削一刀，芽片稍带木质部，芽片长1.5~2cm，接着在芽下方2/3处以45°角斜削一刀，取下楔形芽片，将芽片插入砧木削口底部并对准两边的形成层，随即用绑带绑扎；芽眼只紧绑一层农膜，其他地方压实缠2~3层农膜，以防水和空气进入嫁接口。

嫁接完成后要对嫁接苗进行管理。嫁接15~20天后检查成活情况，芽片变黑、变黄或萎缩的，表明未嫁接成活，应补接。有条件的可用营养钵培育嫁接苗。翌年春季萌芽前剪砧并解绑。用0.05mm厚农膜绑扎的，也可在萌芽长到3cm以上时用刀从上向下纵划绑带一刀，绑带会自行松开。只选1个粗壮且直立的萌芽，其余尽早抹除，留下的萌枝长到40cm长时摘心，以促枝粗壮充实。侧枝要相互错开，留2~3个粗壮充实的，其余侧枝要尽早从基部剪除。去除砧木萌芽的操作需要每隔10~15天进行1次，用利刀从基部割除，以免消耗养分影响嫁接苗生长。

待嫁接苗萌枝长叶后，每1.5~2个月追肥1次，每亩浇施兑水腐熟粪水700~800kg或尿素6~7kg。嫁接苗管理较好时，当年年底即可长到50~60cm高，翌年春季可用于大田定植。嫁接苗地的灌、排水参照播种相关内容。

（2）空中压条育苗

4~5月，在丰产、稳产、上年坐果适中的树上选取较粗壮充实且无病虫害枝条，在基部环割宽1cm的环割带（部分割至木质部，部分割至形成层），剥去树皮，用塑料薄膜包住湿润肥沃菜园土或营养土裹住环割部，也可将竹筒对半切开(底部打2~3个小孔)，内填菜园土包裹住环割部。包裹环割部的土壤，可每天或每隔1~2天浇水1次，15~20天后环割部会长出新根，经过2~3个月生长，可剪切下来，移栽于育苗地培育半年或一年再栽于大田，也可从母树上剪下直接栽于大田。压条育苗时，每棵健壮的树可压枝10~15个，不可过多，以免影响母树的生长和结果。

(3)定植

选择气候温暖、光照充足、雨量充沛、有灌排条件的地块。以长江中下游地区为例，选择壤土或砂壤土地块栽培酸橙，易具备丰产、稳产、优质和高效的特性。红壤等薄瘦地块栽培酸橙，要对土壤持续进行几年的改良，才能提高产量、品质和效益。利用房前屋后、道路两边、田间地头等零星空地栽培酸橙，也可获得不错的经济效益。

酸橙春季萌芽前定植成活率高，提前10~15天挖好定植穴或沟(为节约成本和提高工效，采用机械开挖定植穴为宜)。栽培嫁接苗的，株距3.5m、行距4m；栽培实生苗的，以株距4m、行距5m为宜。定植前每穴(株)分层埋施腐熟猪牛粪等60~70kg、作物秸秆20kg、饼肥1kg、钙镁磷肥1kg、生石灰粉0.5kg。

选阴天或阳光弱时定植。定植面积大或外购苗较多时，苗应假植，用湿河沙埋没根部。定植深度以稍露嫁接口为适，苗置于定植穴中央，将根系均匀顺摆穴中，接着覆土并轻轻踩实，随后浇定根水。若有条件选栽营养钵嫁接苗，栽植后几乎无缓苗期，成活率可达100%。

6.7.3.3 田间管理

(1)中耕除草

酸橙幼年树行间、株间距离较大，容易滋生杂草。除草可以采用物理和化学两种方法。所谓物理方法就是拔除或割除杂草，可以采用手工拔除；或结合中耕即用锄头铲除，同时也能起到翻土的作用；或在树盘附近覆盖防草地布；或在行间种植绿肥植物、低矮作物来预防杂草丛生。酸橙封行前，为提高土地利用率和效益，可在行间套作花生、大豆、油菜等作物，作物收获后将高秆翻埋于株间或行间土壤中，有较好的改良土壤和增加土壤有机质的作用。化学方法是指使用化学除草剂消灭杂草。使用除草剂时一定要选择恰当的除草剂并使用合理的浓度。大田一年生和多年生杂草混生时，用10%草甘膦水剂等防治，每亩用药800~1000mL，兑水60kg喷洒。喷药时避免将药液喷于酸橙的枝、叶上，以防产生药害。发生禾本科杂草危害时，可用15%精吡氟禾草灵乳油等防治，每亩用药70~100mL，兑水60kg喷洒。但要注意林源药材农药残留的检测非常严格，酸橙结果后尽量不要使用除草剂。

(2)施肥

定植后的苗萌芽长至3~4cm时，进行第1次追肥，每株沟施或穴施兑水腐熟粪水1~2kg或尿素60~70g；夏梢刚萌发时，每株沟施或穴施兑水腐熟粪水2kg或尿素100g；早秋梢萌发前，每株沟施或穴施兑水腐熟粪水2~3kg或尿素100g。翌年春季萌芽前，每株沟施或穴施兑水腐熟粪水4~5kg或尿素等120~150g；夏梢和早秋梢快速萌发时各追肥1次，每株沟施或穴施肥量可根据情况稍增加。第 3~4 年，春萌芽前，每株沟施或穴施兑水腐熟粪水 7~10kg 或三元复合肥 300~500g；夏梢和早秋梢萌发时各追肥 1 次，每株沟施或穴施肥量比春肥略有增加。

成年结果树施肥应以有机肥为主，营养成分全面，肥效长，具有较好的改良土壤、提高土壤保肥保水和供肥供水等作用，能有效提高产量和品质。着果多、树势弱和土壤肥力差的酸橙园，要适当多施肥，反之，稍减少施肥量。每年 10~11 月，在树冠滴水线处开环形沟或穴埋施有机肥，每株树混土施腐熟猪牛粪 40~50kg 或兑水腐熟粪水 50kg、饼肥 0.5kg，也可施三元复合肥 1kg。春季萌芽前，每株沟施或穴施兑水腐熟粪水 30~40kg 或三元复合肥 0.5kg。5 月中下旬，每株沟施或穴施兑水腐熟粪水 50kg 或三元复合肥 1kg。

花蕾期、谢花后和第 1 次生理落果后，各叶面施肥 1 次，喷洒 0.3% 磷酸二氢钾+1% 尿素的混合液，每次每亩喷施 60~70kg，有较好的保花、保果、保叶和增产效果。

（3）水分管理

雨季或雨水多时，要常到园中巡视，发现积水或堵沟，及时清沟排水。地下水位高或易积水的酸橙园，应提前开挖较深和宽的围沟、腰沟，以降低地下水位并尽快排去积水。旱前灌水或雨后用稻草、地膜等覆盖树盘或畦面，有较好的抗旱保湿作用。旱时，每隔 7~10 天沟灌或穴灌水 1 次；禁止大水漫灌或串灌，以节约用水和预防表土板结。

（4）整形修剪

①整形。整形在定植后前 4~5 年完成，多数采用单主干、3~4 个主枝的自然开心形或圆头形等。主干要直立粗壮，起支配作用，主枝相互错开均匀分布于主干上，每个主枝上相互错开培养 2~3 个副主枝，其他同级、同势枝要尽早从基部剪或锯除。主枝和副主枝因特殊情况需更新时，可从基部锯除，后在此处选一粗壮萌枝培养替换。

②修剪。幼树和青年树，枝梢长到 40cm 左右长时摘心，可使枝条粗壮和充实。不用的徒长枝、弱枝、内膛枝、交叉枝等要尽早剪除。每年冬季至春季萌芽前，要剪去病虫枝、衰弱枝、枯枝、交叉枝、内膛枝等，以改善园（树）的通透性，减少病虫害的发生，防止结果部位外移或上移，使树内外都能结果。

成年树树枝过于荫蔽时，要适当疏除树冠上枝组，打开天窗，可大幅提高果实的产量和品质。

6.7.3.4　病虫害防治

（1）溃疡病

溃疡病是由地毯黄单胞菌属细菌引起的病害，为国内外重要植物检疫对象。叶片受害初期，叶背出现黄色或暗绿色针头大的油渍状斑点，后逐渐扩大，并在叶片正反面隆起，病斑中央似火山口状破裂，呈木栓化。病斑多为近圆形、灰褐色，周围有黄色晕环，在紧靠晕环处常有褐色的釉光边缘。果实和枝梢上的病斑与叶片上的相似，但木栓化程度更重，开裂更明显，病斑周围有油腻状外圈，但无黄色晕环。果实病斑仅限于果皮，不发展到果肉。枝梢上病斑多数环绕枝梢聚合呈不规则形。病菌在病叶、病枝或病果内越冬，翌年温度、湿度适宜时细菌遇水从病斑中溢出，借风雨、昆虫、苗木、接穗、果实、人畜和枝叶接触传播。病菌落到幼嫩组织上，由气孔、皮孔和伤口侵入。每年 4～10 月为高发季节。

防治方法：实行严格的检疫措施，严禁调运带病种苗和果实，在无病区发现带病种苗立即烧毁；培育和使用无病苗木；结合冬季清园，彻底剪除病枝、病叶，并集中烧毁；合理修剪，使树体通风透光，重施有机肥和磷钾肥，少施氮肥，增强树势，使抽梢整齐强壮；加强潜叶蛾和食叶性害虫防治，减少病菌从伤口侵入的机会；喷药保护新梢和果实，新梢自剪时开始喷药，幼果谢花后 10～15 天喷第 1 次药保果，药剂可选用噻唑锌、叶枯唑、农用链霉素、春雷霉素、金核霉素、波尔多液、噻菌铜等。

（2）炭疽病

炭疽病多在 5 月初始发，危害叶片，发病初期叶片产生油渍状小点，逐渐扩大成病斑，边缘紫褐色，中间灰白色，后期病斑穿孔，严重时全株枯死。防治方法：加强肥水管理，增施有机肥和磷钾肥，及时排灌，增强树势，提高抗病能力；结合冬季清园和早春修剪，剪除病枝、病叶，收集烧毁，消灭越冬病原；做好防日灼、防冻和治虫工作；抓住发病初期喷药防治。嫩梢期、幼果期和果实膨大期等最易发病期要注意观察是否有发病症状，早发现、早防治。药剂可选用波尔多液、石硫合剂、甲基托布津、代森锰锌、苯醚甲环唑、醚菌酯。

（3）疮痂病

疮痂病为真菌病害。危害初期叶片出现油渍状黄色小点，随后病斑逐渐扩大，呈蜡黄色；后期病斑木栓化，多数向叶背面突出，叶面则凹陷，形似漏斗；严重时叶片畸形或脱落。嫩枝被害后枝梢变短，严重时呈弯曲状，但病斑突起不明显。花器受害后，花瓣很快脱落；谢花后不久果实出现危害症状，开始为褐色小点，后逐渐变为黄褐色木栓化突起；幼果严重时多脱落，不脱落果变小、皮厚、味酸甚至畸形。

春季气温升到 15℃时，产生分生孢子，借风雨或昆虫传到春梢、嫩叶、花及幼果上为害。病菌侵入组织约 10 天，即可产生分生孢子进行再侵染。20～21℃是柑橘疮痂病病菌最适生长温度。防治方法：冬季和早春结合修剪，剪除病枝病叶，春梢发病后也及时剪除；抓住花前成熟期、春芽期(芽长 1cm)至 1/4 叶片展开时、2/3 花谢时、5 月中下旬幼果期喷药保护嫩叶、嫩梢和幼果。药剂可选用波尔多液、代森锰锌、丙森锌、苯醚甲环唑、咪鲜胺、戊唑醇、百菌清、甲基硫菌灵等。

（4）潜叶蛾

潜叶蛾为鳞翅目叶潜蛾科害虫。幼虫在嫩叶表皮下钻蛀为害，形成弯曲虫道。幼虫成熟时，大多蛀至叶缘处，虫体在叶中吐丝结茧化蛹，导致叶片边缘卷曲。有时也会蛀入嫩茎和果实表皮，受害果实易腐烂。其造成的伤口易诱发溃疡病。

防治方法：冬季剪除有虫的秋梢和晚秋梢，减少越冬虫量；加强肥水管理，促使抽梢整齐，发生严重的果园可在新梢叶片转绿时喷施叶面肥，加速嫩叶转绿，缩短新梢受害的最危险时期；当新梢大量抽发且梢长 0.5～1cm、嫩叶受害率达 5% 时，采用喷药防虫保梢，药剂可选用氯虫苯甲酰胺、茚虫威、丁硫克百威、杀虫双、除虫脲、吡虫啉、甲氰菊酯、阿维菌素。

（5）红蜘蛛

红蜘蛛为蜱螨目叶螨科害虫。成螨、幼螨、若螨以口针刺吸叶片、嫩梢及果皮汁液，受害叶片轻则产生许多灰白色小斑点，失去光泽；重则整叶灰白色，并引起落叶，影响树势。果实受害后表面出现淡绿色或淡黄色斑点，降低品质。

防治方法：改善果园小气候；生草栽培或果园行间种植藿香蓟、三叶草、百喜草、大豆、印度豇豆等红蜘蛛天敌寄主植物，营造捕食螨、蓟马、草蛉等天敌的良好繁育生态环境；要抓紧在冬季清园和为害盛期前进行药剂防治，冬季或萌芽开花前每叶具 1~2 头红蜘蛛时可喷机油乳剂、石硫合剂、尼索朗、哒螨灵、哒螨酮、噻螨酮、四螨嗪等药剂防治；4~6 月和 9~11 月每叶具 3~4 头红蜘蛛时可喷克螨特、三唑锡、双甲脒、单甲脒、乙螨唑等药剂防治。注意，克螨特、三唑锡在嫩梢、幼果期应慎用。

6.7.4 采收与产地加工

6.7.4.1 采收

6 月下旬至 7 月中下旬，于晴天露水干后适时采摘作枳壳。5~6 月收集其自落的果实作枳实。

6.7.4.2 产地加工

果实采回除去枝叶等杂质后，要及时将每个果实自中部横切为两半，主要加工方法有以下两种。

①晒干。摊开日晒，宜"日晒夜露"，晒至六七成干时，收回在干燥通风处堆放 2 天发汗，再晒，反复发汗和翻晒至全干。注意，应在晒垫上晒，晒干过程要避免淋雨水。

②烘干。先晒再烘干或直接烘干，可用履带式烘干机等设备干燥，温度控制在 60℃ 以内，每次烘干时间 6~8h，而后堆放发汗 24h，反复 3 次至干燥。

6.7.4.3 质量标准

药材枳壳为半圆球形，翻口似盆状，直径 3~5cm。外表棕褐色至褐色，有颗粒状突起，突起的顶端有凹点状油室；顶端有明显的花柱基痕，基部有果柄痕。质坚硬，不易折断。横切面略隆起，果皮黄白色，厚 0.4~1.3cm，果皮边缘外侧散有 1~2 列点状油点，中央褐色。瓤囊 7~12 瓣，少数至 15 瓣，囊内有种子数粒，中心柱直径 0.7~1.1cm。气清香，味苦、微酸。以外皮色棕褐、果肉厚、质坚硬、香气浓者为佳。

枳壳饮片为不规则的弧状条形薄片。切面外果皮棕褐色至褐色；中果皮黄白色至黄棕色，近外缘有 1~2 列点状油室；内侧有的有少量紫褐色瓤囊。

枳壳的混淆品主要有：枳的果实，产于福建等地，药材直径 2.5~3cm，外皮灰绿色，有细柔毛，中心柱直径 2~5mm；同属植物香圆（*C. wilsonii* Tanaka）的果实，产于陕西等地，药材直径 4~7cm，外皮灰绿色，常有棕黄色斑块，表面粗糙，果顶具金钱环，中心柱直径 0.4~1cm。

6.8 草果栽培技术

草果（*Amomum tsaoko* Crevost et Lemarie）为姜科豆蔻属植物，又名草果仁或草果子（图6-8）。以果实入药，是一种重要的药食同源经济林树种，具有燥湿健脾、消食化乱、除痰截疟的功能，主治脘腹胀满、反胃呕吐、食积疟疾、瘟疫发热等症。

草果主要分布于云南、贵州、广西、四川南部、广东等地，云南为草果的主产区，占全国总产量的95%以上。在云南，草果主要分布于红河、文山、怒江、德宏、临沧等地的30余个县，其中又以怒江傈僳族自治县、金平苗族瑶族自治县产出最多，号称"草果之乡"。

6.8.1 生物学特性

草果为多年生宿根常绿草本植物，生长在热带、亚热带1300~1800m高海拔地区，是典型的高原林下经济作物，其茎丛生，高可达3m；叶片长椭圆形或长圆形，长40~70cm，宽10~20cm，先端渐尖，基部渐狭，边缘干膜质，两面光滑无毛，无柄或具短柄，叶舌全缘，顶端钝圆，长0.8~1.2cm。花红色或黄色，穗状花序从根茎抽出，卵形或长圆形，每花序

图6-8 草果

有5~30朵花。果实为蒴果，椭圆形、纺锤形、球形或近球形。果实成熟时呈红色或棕红色，干后呈紫褐色。3月下旬为初花期，4~5月为盛花期，果期6~10月。草果从移栽后的第3年开始挂果，第7年进入盛果期，可连续挂果20余年。

草果没有明确的品种之分，目前国内外种植的草果均为野生驯化的栽培种，每个产地均有多个居群或不同品种分布。

6.8.2 生态学习性

草果为半阴生植物，喜散射光，怕强光直射，喜温暖而凉爽的山区气候，以年均气温16~22℃、海拔800~1900m的地区最为适宜。草果对环境条件要求比较严苛，特别是温度、湿度和光照，花期适宜温度为12~24℃，最适湿度为75%左右，最适光照强度为1000~10 000lx，高温低湿或低温高湿都不利于草果结实。

肥沃湿润的土壤是草果高产稳产的优良条件，腐殖质丰富、土层深厚、排水良好、pH 4.5~6.5的酸性或微酸性砂质红壤或黄壤最适合草果生长。

6.8.3 栽培管理技术

6.8.3.1 选地、整地

草果既怕强光直射，又不宜过度荫蔽。应选择避风、土壤肥沃、长有荫蔽林、富含有

机质的砂质土壤地区，以三面环山，一面开阔的坡地较好，坡度以 5°~15° 为宜，郁闭度 50%~60% 较好，若林间郁闭度过高，可通过疏伐林木进行调节。选地后将林地内多余的灌丛、杂草清除，按 30 000~37 500kg/hm² 施厩肥、堆肥、草木灰等作底肥，深耕 25cm，起高 20cm、宽 120cm 的高畦。

6.8.3.2 苗木繁殖

(1)种子繁殖

①选种及种子处理。每年 10~11 月，待果实完全成熟后，选择结果多、果大、饱满、无病虫害的果穗作留种用；用刀将果皮剖开，取出种子，清水浸泡 10~12h 后，用草木灰或沙子反复揉搓，去除种子表面的果肉和薄膜层，进行适当晾晒，即可播种。如需来年播种可将 1 份种子加入 3 份草木灰混合贮存。

②播种。草果一般在 9~10 月或翌年 2~3 月进行播种，以秋播较好。播种方法有撒播、穴播、条播 3 种，其中以撒播和条播更为省时省工，也是最为常用的方法，每公顷播种量在 100~105kg。条播每隔 5cm 开一条宽 4cm 左右的沟，将种子均匀撒在沟内，之后覆盖适量细土，以不见种子为宜，用松针或稻草覆盖，淋稀薄人畜粪水。

③苗期管理。种子播种后，应根据土壤湿度情况，每 7~10 天浇水一次，保证土壤湿度在 80%~90%，提高出苗率。20~30 天后即可出苗，幼苗出土后应及时将畦上盖草(松针或稻草)揭开，若郁闭度低于 50%，应及时搭建遮阴棚，避免苗木晒伤；适时浇水，避免苗木缺水干旱而死。当幼苗长至 3~4cm 时，可用低浓度有机肥或人畜粪水进行追肥，后每隔 15~20 天追肥一次。为了培育优质健壮苗，可在苗期结合除草进行适当间苗，间除弱苗、病苗，调整密度，保证种苗获得足够的养分。育苗后 6 个月左右即可定植。

(2)分株繁殖

在实际生产中，与种子繁殖相比，分株繁殖具有更为省工、省时，开花结果早的优点，是生产上最为常用的方法。分株繁殖时，于每年春季 2~3 月选取母株上分蘖的幼苗作为种苗，以当年生带有红色嫩芽、根茎粗壮、长度 10cm 以上的幼苗为佳。种苗选取后，将下部叶片剪去，只留上部 2~3 个叶片，以减少水分蒸发，提高成活率。

6.8.3.3 定植

草果一年四季均可定植，但以 6~8 月移栽为宜，此时雨量充沛，移栽成活率高。移栽前在做好的畦面上按株行距 200cm×260cm，挖深 30cm、宽 50cm 的定植穴，将适合移栽的苗木(高约 40cm、茎粗约 1cm)放入定植穴内，每穴 2 株；定植时将苗扶正、根系捋直，使其自然舒展，覆土厚 4~6cm，将土压实，使苗根与土壤紧密结合。定植后可施少量腐熟农家肥或生物有机肥，及时浇定根水，覆盖松针或稻草，以保持土壤湿润。

6.8.3.4 田间管理

(1)除草和培土

草果定植后，于每年雨季来临前进行第 1 次除草，清除杂草、枯苗，以减少养分消耗，增加其通风透光性。待秋季果实采收后进行第 2 次除草，顺便割除结果后根部枯萎、坏死的老株、病株，并进行集中烧毁，减少病虫害的越冬场所。每次除草时，如发现须根裸露在外，要及时进行培土，在秋季采果后施冬肥时进行一次集中培土。

草果的培土一般在定植后至开花前进行，培土时将裸露在外的根系覆盖，开花后不宜培土，以免损伤花蕾，造成腐烂，影响结实。

（2）浇水与排水

苗木定植后，在干旱季节要及时浇水，浇水后覆盖松针或稻草，减少水分蒸发，灌溉用水按《农田灌溉水质标准》（GB 5084—2021）执行，保证苗木成活率。对于结果树，应在开花前进行浇灌，补充充足的水分，利于多花。在雨季，过多的水分会造成沤根、烂花，影响产量，因此要注意及时排水。

（3）追肥

草果属于喜肥植物，肥料的用量和搭配一定程度上决定着草果的产量。草果全年需追肥 4 次，第 1 次追肥为移栽后 2~3 个月，主要以沟施氮肥为主，尿素配合腐熟有机肥使用，起到快速提苗作用。第 2 次追肥为开花前 15~20 天，以磷钾肥为主，促进花芽分化。第 3 次追肥为壮果期，以钾肥为主，辅施少量氮肥，可喷施 2% 尿素溶液，壮果的同时保证苗木对氮肥的需求。第 4 次追肥为秋季采果后，以腐熟的人畜粪肥或生物有机肥为主，配施一定量氮肥，以补充挂果期的养分消耗，起到恢复树势的作用，为来年丰产奠定基础。

（4）调节郁闭度

草果属于半阴生植物，整个生长发育阶段对郁闭度的要求较高，郁闭度不够时可搭简易遮阴棚庇荫；郁闭度过高时可适当伐除苗木周围的灌丛、林木，提高林间通风透光能力，使郁闭度保持在 50%~60% 为宜。

（5）辅助授粉

草果为异花授粉植物，需要借助一定的媒介，自然授粉率较低，可以通过人工授粉、招引蜜蜂等方法辅助授粉，提高草果的坐果率。多种方法可同时进行，即一方面采用人工涂抹或推拉枝条的方法进行人工辅助授粉，另一方面在开花期喷洒一定量浓度的白糖水，诱导蜜蜂等昆虫活动促进授粉。

6.8.3.5 病虫害防治

（1）疫病

草果疫病是由恶疫霉侵染引发的真菌性病害，该病一直制约草果产业发展，具有爆发性强、危害严重的特点，主要危害草果根茎。发病初期，受害部位病斑周围呈黄褐色，严重时根茎部呈水浸状腐烂，导致整株死亡，损失率达 30%~100%。防治方法：加强苗期管理，培育无病无毒健壮种苗；冬季修剪时做好园区清洁卫生，及时清除并集中处理病枝和发病植株；发病初期，可选用百菌清 600 倍液、易保 500 倍液、春雷霉素 400 倍液等药剂进行喷雾防治。

（2）叶斑病

草果叶斑病是由姜叶点霉引起的一种真菌性病害，病斑生于叶上，发病初期会在叶片上形成不规则灰斑，灰斑中央有点状物，病斑边缘有黄褐色晕圈，后期病斑连成片。防治方法：发病初期，喷施春雷霉素 400 倍液对该病能起到很好的控制效果。

（3）立枯病

草果立枯病是由核菌属立枯丝核菌引起的一种真菌性病害，主要危害草果苗木基部和茎部，发病初期病菌自根茎侵入，造成组织腐烂坏死，呈半透明状，发生严重时会造成大面积幼苗死亡。防治方法：幼苗出土后，用 1∶1∶120 波尔多液预防，或用 50% 多菌灵1000 倍液浇灌，7~10 天喷 1 次，连用 2~3 次；发病初期，可喷洒 50% 甲基托布津 1000~1500 倍液或 50% 多菌灵 1000 倍液。

（4）花叶病

草果花叶病是由一种丝状病毒引起的病毒病，发病初期叶间出现黄绿相间的斑驳状，后期出现坏死斑。防治方法：培育健壮、无毒的种苗；消灭或减少病原菌的传播媒介，可每 10 天喷施一次 40% 氧化乐果乳油 1000~1500 倍液或 50% 辟蚜雾 2000 倍液，有条件的可在苗圃周围搭建防虫网；发现带毒苗及时销毁，并用生石灰对土壤表面进行消毒；发病初期可喷施新高脂膜 800 倍液+抗毒剂 1 号 300 倍液，每 7~10 天 1 次，连喷 3~4 次。

（5）钻心虫

幼虫钻入植株茎内取食营养，5~6 月在假茎上可以看到明显的虫孔，剥开后可以看到虫体和虫粪，危害严重时能使植株整株枯萎。防治方法：及时剪除被害苗木，冬季清园时做好园区卫生，集中烧毁病虫株，减少害虫越冬场所；害虫发生期，用 50% 杀螟松乳油800~1000 倍液+25% 灭幼脲悬浮剂 4000~5000 倍液进行防治。

6.8.4 采收与产地加工

6.8.4.1 采收

草果的采收期在 10~11 月，果实由鲜红色变为紫色、口嚼有浓烈辛辣味时即成熟，可采收。采收不宜过早，采收过早草果成熟度不够、品质差。采收时用刀将整个果穗割下。

6.8.4.2 产地加工

对采收后的果穗进行加工，需将草果单个分离，以带一定果柄为好；将分离后的果实直接晒干或微火烘干，或放在沸水中烫 2~3min 使其软化后放在干燥通风处保存，否则容易发霉变质；烘烤时炉温不能过高，要保持在 50~60℃；干燥后的草果应贮存在阴凉透风处，并定期检查，如发现受潮，应及时翻晒。一般 100kg 鲜果可得 35kg 干果，每年可产干果 2250~3000kg/hm² 。初加工后的草果以身干、个大、颗粒饱满、气芳香、无破裂者为佳。

6.8.4.3 质量标准

（1）药材性状

草果药材呈长椭圆形，具三钝棱，长 2~4cm，直径 1~2.5cm。表面灰棕色至红棕色，具纵沟及棱线，顶端有圆形突起的柱基，基部有果梗或果梗痕。果皮质坚韧，易纵向撕裂。剥去外皮，中间有黄棕色隔膜，将种子团分成 3 瓣，每瓣种子多为 8~11 粒。种子呈圆锥状多面体，直径约 5mm；表面红棕色，外被灰白色膜质的假种皮，种脊为一条纵沟，尖端有凹状的种脐；质硬，胚乳灰白色。有特异香气，味辛、微苦。

（2）规格

药材水分不得超过 15.0%；总灰分不得超过 8.0%；本品种子团含挥发油不得少于 1.4%（mL/g）。

6.9 枸杞栽培技术

枸杞是茄科枸杞属多年生落叶灌木或经人工栽培整枝成小乔木，分枸杞（*Lycium Chinense* Mill.）和宁夏枸杞（*Lycium barbarum* L.）两种（图 6-9）。中药枸杞子药材正品为宁夏枸杞的干燥果实，中药地骨皮药材正品则来源于上述两种植物的干燥根皮。

枸杞属植物全世界有 80 种，我国有 7 种 3 变种，多数分布于西北和华北地区。其中，除宁夏枸杞已经大规模栽培外，另有少量菜用栽培，其余种类仍处在野生状态。

宁夏枸杞的栽培历史较早，除在本区域内扩大栽培规模，同时也在全国近 20 个省份相继引种栽培。

6.9.1 生物学特性

枸杞高 0.8~2m，栽培种主茎粗 10~20cm，分枝细密，小枝弓曲、下垂，树冠圆形；野生种枝条开展，斜生或弓曲。浆果红色，果皮肉质，多汁液，形状及大小因栽培或年龄、生长环境不同多变，有椭圆形、矩圆形、卵状或近球形，顶端有短尖头或平截，长 8~20mm，直径 5~10cm。花期 5~10 月，边开花边结果。

图 6-9 枸杞

枸杞根系在年生长周期内有两个生长高峰。3 月下旬低温在 0℃ 以上时开始生长；4 月上旬低温 8~14℃ 时生长最快，出现第 1 次生长高峰；5 月后生长减缓；7 月下旬至 8 月中旬出现第 2 次生长高峰；9 月再次减缓；10 月底低温降至 10℃ 以下时，基本停止生长。

枸杞枝条和叶在年生长周期内有两个高峰。4 月上旬，气温达 5℃ 以上时，休眠芽萌动。10℃ 以上时，开始展叶；4 月中下旬，气温达 12℃ 以上时，春梢开始生长，15℃ 以上时生长迅速，6 月中旬春梢停止生长；7 月上旬至 8 月上旬，春叶脱落，8 月上旬枝条再次放叶，抽生秋梢；9 月中旬停止生长，10 月下旬落叶后进入休眠。枸杞 1 年内萌发枝条较多，生产上根据枝条是否能结果分为营养枝和结果枝；按枝龄分为 1 年生枝、2 年生枝及多年生枝；按 1 年内抽枝的次序分为一次枝、二次枝、三次枝甚至四次枝；按枝条抽生季节分为春枝、夏枝和秋枝等。

枸杞是两性花，每年也有两次开花高峰。春季现蕾开花在 4 月下旬至 6 月下旬；秋季现蕾开花在 9 月上中旬。枸杞是无限花序，花期长，花期可持续 4~5 个月。单花从现蕾至开放需 18~25 天。气温低、湿度大或下雨，延迟开花；日照强、气温高，开花增多。昼夜开花，白天开花较多。2 年生以上枝条开花较当年生枝条开花早；当年生枝条高节位花先开，低节位花后开；当年生枝条同一花序内，中间花先开放，两侧花后开放；2 年生以上枝条同一节位花外围先开，中心后开。

由于枸杞 1 年两次开花，所以 1 年内也有两次结果。6~8 月成熟的果为夏果，9~10 月成熟的果为秋果。一般夏果产量高，质量好；秋果气候条件差，产量低，质量也不及夏果。1~2 龄幼树果期集中于秋季，5 年生以上枸杞果期以夏季为主。

宁夏枸杞有 10 余个品种，如'麻叶'枸杞、'大麻叶'枸杞、'白条'枸杞、'麻尖头黄叶'枸杞、'圆果'枸杞、'宁夏 1 号'枸杞、'宁夏 2 号'枸杞等。目前生产上以'宁夏 1 号'枸杞为主，有的老产区选用'大麻叶'品种。

6.9.2 生态学习性

枸杞对气候要求不严，喜欢日照充足，夏季温暖而冬季寒冷的气候，在年均气温 6~12℃ 的地方都可以栽培，但理想的栽培条件是年平均气温在 15~25℃，年降水量在 300~500mm。枸杞抗旱、抗寒、耐瘠薄、耐盐碱、怕积水、喜光，常生于海拔 2000~3000m 的半山坡、河岸、渠边和盐碱地。对土壤要求不严，虽耐贫瘠、盐碱、沙荒，但具喜肥的营养特性，在壤土、砂壤土和冲积土上枸杞产量高、质量好；过砂或过黏的土壤若不加改良则不利于枸杞的生长。枸杞耐盐碱能力强，即使含盐量达 0.5%~1.0% 的土壤也能生长，但 0.2% 以下的含盐量有利于枸杞的高产。

6.9.3 栽培管理技术

6.9.3.1 选地、整地

枸杞生长要求土壤质地疏松、通气良好、湿润、排水性能好，土壤活土层 30cm 以上，含盐量 0.5% 以下，pH 8.7，土壤有机质含量最好在 1% 以上，地下水位保持在 1m 以下。种植地要求交通便利，最好有排灌系统。

在枸杞定植前一年秋季清除林下杂草灌木和浅生于地表的树根，并依地块平整土地，翻耕并耙糖。结合整地施足基肥，基肥以有机肥为主。施基肥依栽植方式和密度可采用穴施、带施，也可全面施肥。低密度栽植地采用大穴培肥，施腐熟有机肥 3~5kg/株，施肥时将肥料与表土混匀回填；高密度栽植地要全面施肥，施肥量为腐熟有机肥 133~200kg/亩，将肥料全园均施后深翻；宽带栽植，采用带状施肥，施腐熟有机肥 200~267kg/亩。

6.9.3.2 苗木繁殖

枸杞主要采用种子繁殖和扦插繁殖，其次是分株繁殖。

(1)种子繁殖

种子繁殖具有抗旱、抗盐碱的优势，且苗木的根系更深广。风沙大的地方选择种子育苗，可以起到防风固沙的作用。选用优良品种，要采果大、色鲜艳无病虫斑的成熟果实作种用，夏季采摘后，用 30~60℃ 温水浸泡，搓揉种子，洗净，晾干备用。在播种前将种子与湿沙(1∶3)拌匀，置于 20℃ 室温下催芽，待有 30% 种子露白时用清水浸泡种子一昼夜，再进行播种。春、夏、秋季均可播种，以春播为主。春播 3 月下旬至 4 月上旬，按行距 40cm 开沟条播，深 1.5~3cm，覆土 1~3cm。幼苗出土后，要根据土壤墒情，注意灌水。苗高 1.5~3cm，松土除草 1 次，以后每隔 20~30 天松土除草 1 次。苗高 6~9cm 时定苗，株距 12~15cm，每公顷留苗 15 万~18 万株，结合灌水在 5、6、7 月追肥 3 次，为保证苗木生长，应及时去除幼株离地 40cm 部位生长的侧芽，苗高 60cm 时应进行摘心，以加速主干和上部侧枝生长。根粗 0.7cm 时，可出圃移栽。

（2）扦插繁殖

选择树龄 3~5 年、无病无虫、健壮的植株作为母株。

①硬枝扦插。一般在春季的 3 月底至 4 月上旬进行。春季萌芽前采集树冠中、上部着生的 1~2 年生的徒长枝和中间枝，直径 0.5~0.8cm，截成 15~18cm 长的插条，上端留好饱满芽。扦插前插条下端用 15~20mg/L 的萘乙酸浸泡 24h，或用 100mg/L 的萘乙酸溶液浸泡 2~3h，浸深 3cm。按行距 25~30cm，株距 10cm 放入已挖好的沟中，覆土压实，地上部留 1cm，外露一个饱满芽，再覆一层细土。插后注意除草，保持床土湿润。当苗高 20cm 以上时，选一健壮枝作主干，将其余萌生的枝条剪除。苗高 40cm 以上时剪顶，促发侧枝。次年 3 月下旬至 4 月上旬出圃。

②绿枝扦插。5~8 月日平均气温稳定在 18℃ 以上时均可进行。选择直径在 0.3~0.4cm 的半木质化嫩茎作为插穗，截成 10cm 长，去除下部 1/2 的叶片，同时保证上部留有 2~3 片叶。将插条下端速蘸 400mg/kg 的萘乙酸和滑石粉调制成的生根剂，按 5cm×10cm 的株行距，插入准备好的砂床上，插入深度 1.0~1.5cm，插后喷杀菌剂，立即浇足水分，盖塑料拱棚保湿。

（3）分株繁殖

在枸杞树冠下，由不定芽萌发形成苗，待苗高长至 50cm 时，剪顶促发侧枝，当年秋季即可起苗。此苗多带有一段母根，呈丁字形。

6.9.3.3 移栽与定植

一般以春栽为主，即土壤解冻至萌芽前。栽植前要对苗木进行修剪，将苗木根颈处萌生的侧枝和主干上着生的侧枝及徒长枝剪除，定干高度 50~60cm，将挖断的根系断面剪平，以利伤口愈合及新根萌生。如苗木为长途调运，栽植前先将苗木放入水池内浸泡根系 4~6h，或用 100mg/L 萘乙酸浸根 0.5h 后栽植。按 30cm×30cm×40cm 规格挖掘栽植坑，挖掘时，表土与底土分开堆放。挖好坑后，每坑内施入优质腐熟农家肥 5kg，加氮磷复合肥 100g 与土拌匀后再回填一层表土，然后将经过处理的苗木栽入坑内；栽植时一手将苗木扶直，一手将表土填向植株根系，当填至一半时，轻轻上提苗株，使根系舒展，踩实后再次回填至栽植坑与地表齐平后再次踩实；然后用底土在植株周围做一树盘以便浇水，浇水一定要浇透，待水渗下后，再覆盖一层松土，整平地面，要求栽植深度与苗木的原土痕一致或稍深 2~3cm。

6.9.3.4 田间管理

（1）中耕除草

中耕除草次数应根据气候和杂草生长情况而定，一般在 5~8 月每月灌水后各进行 1 次，中耕深度为 4~6cm。枸杞园地在 9 月下旬或 10 月上旬进行深翻，深度为 10~15cm。

（2）施肥

生产上施肥种类分为基肥和追肥，基肥以有机肥为主，化肥为辅，配合菌肥。基肥在每年 10 月施入。追肥则是在枸杞生长结果期增施速效肥，以补基肥的不足，追肥以速效肥为主。4 月下旬至 5 月上旬是枸杞新枝叶生长和花蕾形成期，需追肥 1 次，可用生殖素+硼肥，以提升树体营养、保花。6 月初至 7 月初是大量新枝生长和开花结果高峰期，也是果实膨大生长最盛期，需要有充足的氮磷钾肥，还可使用稼满园（高钾型）大量元素冲施肥，保证营养供给。8 月上旬为促进秋果生长，应补施 1 次平衡型速效肥。

（3）灌溉

在 4 月下旬至 6 月中旬，根据土壤墒情一般 15~20 天灌 1 次水。采果期在 6 月下旬至 8 月中旬，此时天气炎热，又是大量花果生长发育时期，一般采果后，根据土壤墒情及时灌水。采果后期即 10 月左右再补 1 次冬水。

（4）整形修剪

①第 1 年修剪。首先要定干，粗壮苗一般定干高 50~60cm，选 4~5 个在主干周围分布均匀的强壮枝作为第 1 层主枝，待长长时在 10~20cm 处短截，促使其萌发分枝；同时在主干上部选留 3~4 个小枝不短截作为临时果枝，有利于边整修边结果，将主干上多余枝剪去。等主枝发出新枝后在其两侧各选 1~2 个分枝作为一级大侧枝，并于 10cm 处摘心或短截。之后直接长放至高 1.8m、冠径 50cm 以上开始定型，30cm 为 1 层。

②第 2 年修剪。从第 1 年选留的主枝背部发出较直立的徒长枝，可各选 1 个作主枝的延长枝，于 10~20cm 处摘心；当延长枝发出分枝后，同样在其两侧各选 1~2 个枝于 10cm 处摘心使它再发新枝，培养成结果枝组；主干上部若发出直立的徒长枝，选 1 枝在高于树冠面 10~20cm 处摘心，培养成中心干，待其发出新枝时选留 4~5 个分枝作为第 2 层主枝；若此主枝长势强，可于 10~20cm 处摘心，使其发出分枝组形成树冠。对于影响主枝生长的枝条，可采用撑或拉的办法，把各枝均匀排开，以便发枝构成圆满树冠。将生长过密的弱枝和交叉枝及时剪掉。

③第 3~5 年修剪。依照第 2 年的方法对徒长枝进行摘心利用，逐步扩大，充实树冠，经过 4~5 年整形修剪，树高达 1.6~1.8m、冠径 1.0m、基径粗 4~5cm，1 个 4~5 层树冠骨架基本形成。

④常规修剪。每年 4 月中旬开始，剪去越冬后干死的枝条或枝梢，也是对秋季修剪的不足进行补充。5 月上旬至 8 月上旬修剪，是对徒长枝的清除和利用。

6.9.3.5 病虫害防治

（1）主要病害

①枸杞黑果病。又称为枸杞炭疽病，主要危害枸杞青果、花，也危害嫩枝、叶等。青果染病，初期出现小黑点或不规则褐色斑，降水或湿度大时，病斑迅速扩大，使果实变黑。始发期 5 月中旬至 6 月上旬，暴发期 7~8 月，是枸杞主要病害，降水或湿度大，蔓延迅速。

②枸杞流胶病。发病时，树干皮层开裂，分泌泡沫状带黏性黄白色胶液，有腥味，常

有苍蝇和黑色金龟子聚吸，受害部位树皮似火烧而焦黑，皮层与木质部分离，植株部分干枯，严重时全株死亡。机械损伤易引起感病。防治方法：勤检查，早发现；发现后，用刀刮净被害部位皮层，用 1：1：15 波尔多液调成糊状，涂抹于流胶部位；或用多菌灵原液或 2% 硫酸铜溶液或 0.5°Bé 石硫合剂涂抹病部。

③枸杞根腐病。感染病害后，根部逐渐腐烂、外皮脱落，仅剩木质部；地上部茎叶萎缩，皮层变褐，全株枯死。发病主要原因是田间积水，机械创伤会加重病害发生。发病初期不易发现，一旦发现，常已很严重，很难治愈。防治方法：清除园内病株，及时烧毁，同时对病株树穴用生石灰消毒、换上新土、消灭病原；增施磷钾肥料，增强树体抗病力；选地时注意选择排水良好的土壤，不宜选择低洼易涝易积水之处；发病时用 500~1000 倍液 45% 代森铵和 40% 灭病威，或 50% 托布津 1000 倍液，或 70% 根腐灵 1200 倍液浇根防治。

④枸杞白粉病。枸杞白粉病发生在枸杞叶片上，危害枸杞的叶片和幼果，发病时间为每年的 8、9 月。严重时，叶片正面布满一层白粉，植株外观看上去一片白色。最后叶片逐渐变黄、变薄、脱落。防治方法：选用粉锈宁 1000~1200 倍液进行喷药防治，喷药时一定要充足均匀，一般隔 7~10 天再喷一次，可有效控制白粉病。

⑤枸杞灰斑病。主要危害叶片，病斑呈圆形或近圆形；中心灰白色，边缘褐色；叶背有淡黑色霉状物。防治方法：秋后清洁田园，严禁使用带菌种苗，减少病源；增施磷钾肥，增强树体抗病能力；发病时喷施 65% 代森锌 500 倍液或 1：1.5：300 波尔多液，7 天喷 1 次，连续 3~5 次。

（2）主要虫害

①枸杞蚜虫。主要以成蚜和若蚜聚集在嫩叶、嫩芽及幼果上刺吸汁液，造成嫩梢呈褐色枯萎状，使新梢生长停滞，果实畸形。发生严重时，叶片覆盖油渍状分泌物，影响光合作用，使叶片早落，树势衰弱，产量和品质下降。防治方法：秋、冬季修剪有蚜虫的枝条，集中烧掉，以消灭越冬卵；为害初期，及时喷药，可用 50% 灭蚜净 3000 倍液或 10% 吡虫啉可湿性粉剂 1500 倍液进行全面防治。

②枸杞木虱。以成虫和若虫在叶背、嫩梢及芽上刺吸汁液，使植株生长势衰退，叶片变黄。其分泌的蜜露使下层叶面易感染煤烟病。北方每年发生 3~4 代，以成虫在土块、树干上、枯枝落叶层、树皮或墙缝处越冬。翌春枸杞发芽时开始活动，把卵产在叶背或叶面，黄色，密集如毛，6~7 月盛发。防治方法：在成虫越冬期破坏其越冬场所，清理枯枝落叶，减少越冬成虫数量。在春天成虫开始活动前，进行灌水或翻土，消灭部分虫源。在成虫、若虫高发期药剂防治，可用 25% 扑虱灵乳油 1000~1500 倍液，或 2.5% 功夫乳油 2000~3000 倍液，或 15% 蚜虱绝乳油、2.5% 天王星乳油 3000~4000 倍液喷雾。

③枸杞瘿螨。危害嫩茎和叶片，被害叶片形成黄绿色、圆形隆起的鼓包，叶片扭曲，不能生长，使果实产量和质量降低。一般 6 月是危害高峰期。防治方法：防治瘿螨主要用瘿锈螨净 2000~2500 倍液喷洒叶面，最好采用超低容量喷雾法，可保护叶片在展叶成长过程中不受瘿螨危害；如果发现症状，每隔 7 天喷药 1 次，连续喷 2~3 次。

④枸杞锈螨。主要危害叶片，分布在叶片背面和叶主脉的两侧，对枸杞生产危害很大。螨虫吸吮叶片汁液，使叶片受害变硬、变厚，严重时整树变成铁锈色，叶片失去光

合作用的能力，造成叶片脱落。防治方法：6 月中下旬，用哒螨灵乳油或者瘿锈螨净 2000~2500 倍液喷洒叶面，每隔 7 天喷杀 1 次，连续喷 3~4 次可有效防治。

⑤枸杞负泥虫。主要以成虫和幼虫取食叶片，造成不规则的缺刻和孔洞，严重时全叶吃光，并在枝条上排泄粪便，严重影响枸杞的产量和品质。防治方法：春季越冬幼虫和成虫复苏活动时，结合田间管理，浇水、松土，破坏其越冬环境，消灭越冬虫源；在幼虫和成虫为害盛期，可用 20% 速灭杀丁 3000 倍液或 20% 杀灭菊酯 2500 倍液喷施，视虫情，喷施 3~5 次，10 天喷 1 次。

6.9.4 采收与产地加工

6.9.4.1 采收

药用枸杞果实在每年的 6~11 月陆续成熟，应适时采摘。当果实由青绿色变成红色或橘红色，果蒂、果肉稍变松软时即可采摘。采摘过早，果不饱满，干后色泽不鲜；采摘过迟，糖分太足且易脱落，晒干或烘干后成为绛黑色(俗称油子)而降低商品价值。采果宜在晴天上午 10:00 后进行，切勿采摘雨后果及露水果，采摘时轻拿轻放，连同果柄一起摘下，否则，若果汁流出会影响其内在质量。若遇长期阴雨天气，采回的果实应立即薄摊于晒垫上，摊放厚度不超过 5cm，待自然晾干水分后将其加工成枸杞干保存。

6.9.4.2 产地加工

(1)晒干法

把鲜果薄摊在干净的晒席上，以枸杞果互不重叠为度。头两天以强烈阳光暴晒，中午移至阴凉处晾 1~2h，避免整天暴晒而形成僵子。第 3 天后，可整天暴晒，直至干透。

(2)烘干法

烘干主要应掌握好温度，分 3 个阶段进行：首先在 40~45℃ 条件下烘烤 24~36h，使果皮略皱；晾凉后第 2 次在 45~50℃ 温度下烘烤 36~48h，至果实全部收缩起皱；以 50~55℃ 温度继续烘 24h 即可全干。干后的果实除净果柄、油子、僵子、灰屑等杂物，贮于干燥、通风处，防潮、防虫蛀。枸杞果实在晒或烘干过程中，不能用手或其他物件随便翻动，以免使果实起泡变黑而降低产品价值。产品质量以果实干燥、果肉饱满、肥厚、味甜、色泽鲜红、无油果、无杂质者为佳。

6.9.4.3 质量标准

(1)药材性状

《中华人民共和国药典》(2020 年版)中对枸杞药材的质量要求是：本品呈类纺锤形或椭圆形，长 6~20mm，直径 3~10mm。表面红色或暗红色，顶端有小凸起状的花柱痕，基部有白色的果梗痕。果皮柔韧，皱缩；果肉肉质，柔润。种子 20~50 粒，类肾形，扁而翘，长 1.5~1.9mm，宽 1~1.7mm，表面浅黄色或棕黄色。气微，味甜。

(2)规格等级划分

商品枸杞子必须无干子、无杂质、无虫蛀、无霉变。在此基础上，以果实的色泽是否鲜红和用不同规格的果筛筛选出的颗粒大小来进行质量等级划分。目前，枸杞商品规格分级标准是以《进出口枸杞子检验规程》(SN/T 0878—2000)为标准，分为特级、甲级、乙级、丙级、丁级 5 个等级。

特级：多糖质，果实椭圆形或长卵形，果皮鲜红(紫红)、油润，每 50g 果实在 370 粒以内，大小均匀，无油粒、破粒。

甲级：多糖质，果实椭圆形或长卵形，果皮鲜红(紫红)、油润，每 50g 果实少于 580 粒，无油粒、破粒。

乙级：糖质少，果实椭圆形或长卵形，果皮鲜红(紫红)、油润，每 50g 果实少于 900 粒，无油粒、破粒。

丙级：糖质少，每 50g 果实少于 1120 粒，油粒不超过 15%。

丁级：糖质少，色泽深浅不一，每 50g 果实所含果粒不限，含破粒、油粒不超过 30%。也被称作油料。

中宁枸杞在生产中除以上标准外，新增了贡果级，标准是每 50g 果实少于 250 粒。

6.10 栀子栽培技术

拓展知识：黄栀子的功效

栀子(*Gardenia jasminoides* J. Elis)为茜草科栀子属植物，又名黄栀子、山栀子、红栀子、枝子、山枝子、黄枝、黄枝子，黄果树(图 6-10)。以干燥成熟果实入药，有泻火除烦、清热凉血、解毒、利湿等功效。主治热病心烦、肝火目赤、湿热黄疸、小便黄短、血热吐衄、尿血、黄疸型肝炎、胆炎、肾炎、热毒疮疡以及蚕豆病等症；外用治扭挫伤引起的瘀血肿痛，消肿效果良好。栀子除药用外，还是饮料、糖果、糕点、化工及制药工业等重要原料。花可食用，常用作蔬菜。

栀子主产于江西、湖南、浙江、安徽、湖北、福建、四川、贵州等地，中国长江以南大部分地区均有分布和人工栽培。本种在中国广泛种植，全国种植面积 20 多万亩，其中江西、湖南两地种植最多，且栀子的质量最好。

图 6-10 栀子

6.10.1 生物学特性

常绿灌木，高 1.5~2m。花期 3~7 月，果期 5 月至翌年 1 月。栀子每年在 3 月开始萌发新枝，春、夏、秋季有 3 个明显的抽梢阶段。春梢在 3 月中旬至 5 月中旬抽出；夏梢在 5 月中旬至 8 月上旬抽出；秋梢在 8 月中旬抽出。秋梢 95% 以上形成花芽，于翌年 3 月与叶片同时展现，秋梢花芽占结果植株 85% 以上，为结果主枝，4 月中旬至 5 月上旬孕蕾，5 月中旬至 6 月上旬开花，6~10 月果实逐渐膨大，10 月下旬至 1 月果实成熟。

6.10.2 生态学习性

喜温暖气候，不耐寒。生长适温为 20~25℃，-5℃ 以上可安全越冬，10℃ 以上萌动，

30℃以上生长受抑制。耐干旱，喜阳，在光照充足的环境里，植株较矮壮，发棵多而大，结果充实饱满。对土壤有较明显的选择性，以冲积壤土生长最好，其次是紫色土、山地红壤土，pH 5~7 适宜生长，凡碱性土或盐碱地均不宜栽培。

6.10.3 栽培管理技术

6.10.3.1 选地、整地

育苗地应选择地势平坦、灌溉方便、土壤疏松肥沃、排水良好的砂质壤土。选地后于头年秋季深翻细整，施足基肥。然后作成 1.5m 宽的高畦播种或扦插育苗。栽植地可选海拔在 500m 以下的缓坡山地的中下部及背阴向阳的山地、丘陵、平原。要求土层深厚、疏松肥沃、排水良好的红壤土或冲积壤土。于头年秋冬季进行全垦、带状整地或块状整地，清除灌木杂草、石块、树根等杂物，然后整成水平梯田，以利保持水土。深翻耕一遍，结合整地，每亩施入腐熟厩肥或堆肥 1500~2000kg+过磷酸钙 30~50kg，翻入土内作基肥，然后挖定植穴栽植。

6.10.3.2 苗木繁殖

以种子繁殖为主，亦可扦插繁殖。

（1）种子繁殖

①选种与采种。选择树势生长健壮、树冠呈伞状、主枝开阔、叶色浓绿、枝条节短粗壮、果实肉厚饱满、色泽金黄或黄红、无病虫害的优良母株作为留种树。于 10 月下旬至 1 月上旬，采集成熟的果实，选择单果鲜重 4g 左右、无伤病的果实作种用。先将种果摊开晾干 2~3 天，再用清洁湿润的河沙层积贮藏 25~30 天。经过后熟处理，筛出果实，置清水中揉搓，洗去果皮与果胶等杂物，捞去浮在水面的瘪子，将沉于清水中的饱满种子取出，晾干，切忌暴晒或烘干，否则会影响发芽率。最后用麻袋装好，置于通风、干燥处贮藏备用。

②播种育苗。春播或秋播，以春季 3 月下旬播种为好。播前将种子浸泡 12h。播时，在整好的苗床上，按行距 25~30cm 开横沟条播，沟深 5~7cm，播幅 10cm。先浇施稀薄的人畜粪水湿润沟底，然后将种子拌草木灰均匀地撒入沟内，随即覆盖细土，厚 1~1.5cm，再盖杂草，保温保湿，以利出苗，每亩用种量 2~3kg。播后经常浇水，保持苗床湿润，20 天左右即可出苗。齐苗后揭去盖草，进行中耕除草、间苗、定苗和追肥等苗床管理，培育至翌年早春 2~3 月出圃定植。育苗每亩可培育合格幼苗 3 万~4 万株。

（2）扦插繁殖

栀子枝条易发根，春、夏、秋季均可扦插，但以春季 3~4 月扦插成苗率较高。从生长健壮、果大肉厚、枝条节间粗短、树皮黑褐色、无病虫的母株上剪取 1~2 年生枝条，将其截成 20cm 长的插条，每段需有 3 个以上的节位，并剪去下端叶片，仅留上端 2~3 枚小叶，每 20~30 根扎成 1 捆。然后将下端剪口放入 500mg/L 生根粉或 500~1000mg/L 萘乙酸溶液中浸渍 10min 左右，取出晾干药液后立即扦插。扦插时，按行株距 10cm×8cm 斜插入整好的苗床内，插条入土深度为穗长 1/2~2/3，扦插完毕后，用细孔喷水壶将插床喷水淋透、压紧，使插穗基部与土壤密接，以利吸收土壤中的水分。发芽生根后，需搭棚遮阴，并进行除草、追肥、浇水等苗床管理。培育 1 年，当苗高 30cm 以上时，即可出圃定植。

黄栀子定植时，于头年秋末冬初，在整好的栽植地上，按行株距 1.5cm×1.2cm（370 株/亩）挖定植穴，穴深与宽各 50cm，每穴施入适量腐熟厩肥或堆肥，与底土充分拌匀作基肥，隔层盖土厚 10cm。每穴栽壮苗 1 株，分层填土压紧，使根系在穴内舒展。栽后浇水淋透，覆盖细土略高于地面，以利保墒和成活。定植的时期以春季 2 月中旬至 3 月中旬为好。宜成片集约栽培，有利丰产和良种化，便于管理和采收。

6.10.3.3 田间管理

（1）中耕除草

定植成活后，前几年因苗木较小，行间可间作矮秆作物或蔬菜。可结合间作物管理，进行中耕除草和追肥。植株郁闭后停止中耕除草。

（2）保花保果

人工栽培的栀子一般落果率 20%~40%，严重时可达 50% 以上。造成落花落果现象的主要原因：一是树体缺乏营养；二是营养生长与生殖生长不平衡；三是花芽分化期养分供给不足；四是开花期授粉不完全；五是病虫危害严重所致。为此，生产上必须采取以肥水为中心的一系列综合管理措施，防止和克服落果现象。

（3）科学施肥

在栀子生长前期，以营养生长为主，此时应多施氮肥，加速营养生长，促进枝叶茂盛，增强同化能力，积累更多的有机物质。每年于春、夏、秋季结合中耕除草，追施清淡的人畜粪水或尿素液肥，增施磷钾肥，以促进开花结果。春季施花前肥，夏季施壮果肥，秋季施花芽分化肥，冬季重施腊肥。春季植株萌发后于 3 月下旬至 4 月初，每亩施尿素 3~4kg，以利春梢的生长；夏季在授粉后，于 6 月下旬每亩施用复合肥 4~6kg，以提高坐果率；立秋后重施 1 次秋肥，每亩施尿素 6kg，加人畜粪水 1000kg，以促进栀子花芽分化，为翌年多开花结果打下基础；冬季采果后，重施 1 次腊肥，每亩施用腐熟厩肥或堆肥 2000kg，加过磷酸 30kg，充分拌匀，混合堆沤后，于植株旁开环状沟施入，施后培土，以利恢复树势和植株安全越冬，为翌年的生长提供充分的养分。

（4）喷施植物生长素

在栀子盛花期，喷施 0.15% 硼砂；谢花 3/4 时，喷施 50mg/L 赤霉素或 8~10mg/L 2,4-D（植物生长调节剂）+0.3% 尿素+0.2% 磷酸二氢钾配制成的混合液，每隔 10~15 天喷洒 1 次，连喷 2 次，可加速细胞分裂和增殖，减少果柄离层的形成，加速果实生长，从而提高栀子坐果率。

（5）整枝修剪

栀子定植成活后，经常抹除主干下部的萌芽，并于栽后第 1 年、苗高 60cm 以上时，剪去顶梢，作为定干高度；将主干离地面 30cm 范围内的萌动芽全部抹除，仅留其上 3~4 个向不同方向生长的强壮侧枝，使其形成树冠外圆内空、枝条疏朗、层次分明、通风透光、单干开阔的自然开心形的丰产树形。从而有效地调节生长、开花、结果之间的平衡关系，减少养分无谓的消耗，达到增产的目的。此外，每年冬季还要剪去枯枝、纤弱枝、密生枝、徒长枝和病虫枝。每次修剪之后，均要追肥1次，以利恢复树势。

6.10.3.4 病虫害防治

（1）煤烟病

煤烟病主要发生在枝条与叶片，发现后可用清水擦洗，或喷0.3°Bé石硫合剂、1000~1200倍多菌灵。

（2）腐烂病

腐烂病常在下部主干上发生，表现为茎秆膨大、开裂，发现后立即刮除或涂5~10°Bé石硫合剂数次，方能奏效。

（3）介壳虫

栀子在湿度高，通风不良的环境中易遭介壳虫危害，可及时用小刷清除或用100~150倍20号机油乳剂等喷洒。

6.10.4 采收与产地加工

6.10.4.1 采收

栀子定植成活后2~3年开始结果。11月前后，当果皮呈金黄色或红黄色时，选晴天采摘。过早，果皮青绿色未成熟，所加工商品质地松泡，呈黑色，且折干率低，色素提取率也低，质量差；过迟，果实已熟透变软，会自行脱落以及为鸟雀所食，加工时干燥困难且易霉变。采摘时，不论果实大小应一次采净。

6.10.4.2 产地加工

果实采回后先在通风干燥处摊开晾干数日，使少数青黄色或青色果实后熟变为红黄色。然后，将果实放入蒸笼内蒸至上大气为止；或用100kg沸水兑明矾0.8kg，将果实烫煮20min，捞出沥干水分，再置于晒席上薄摊日晒至八成干，将其堆放于通风干燥处发汗（即回潮）3~5天，最后晒至全干即可作为商品。遇阴雨天，可用炭火炕干。炕时，先在55~60℃下炕2天，取出，复烘1天，取出摊开放凉后即成商品。

6.10.4.3 质量标准

（1）药材性状

商品栀子呈长卵圆形或椭圆形，果长1.5~4.5cm，直径0.6~2.1cm。表面红黄色或棕红色，具6~8条翅状纵棱，棱间常有一条明显的纵脉纹。顶端残存萼片，基部稍尖，有果柄痕。果皮略有光泽且薄脆，内侧颜色较浅亦有光泽。具2~3隆起的纵隔膜。种子多数，聚集成团，种子团有种子250粒左右，最多的达340粒，千粒重为3.5~4.5g。种子扁卵形，呈深红色或红黄色，密具细小疣状突起。种子富油质，浸入水中，可使水染成金黄色或红黄色。气微，味微酸而略苦。

（2）规格

《中华人民共和国药典》（2020年版）规定：栀子的水分不得超过8.5%；总灰分不得超过6.0%；按干燥品计算，栀子苷（$C_{17}H_{24}O_{10}$）含量不得少于1.8%。

6.11 罗汉果栽培技术

罗汉果栽培技术相关内容详见二维码。

实训

[**实训十九**]在实训基地完成黄栀子栽培技术应用。通过资料查阅结合教学可及资源，根据当地实际情况选择完成黄栀子播种育苗、移植、园地管理、采收与初加工生产中的某一个或几个环节，完成表 6-2，要求步骤详细，并总结心得体悟。

表 6-2 黄栀子栽培技术应用

实训项目	工具材料	实训时间	操作步骤与技术要点	难点与重点	结果与体会

课后自测

一、填空题

1. 大枣按种植时间分为_____和_____两种。

2. 药材山楂是蔷薇科植物_____和_____的干燥成熟果实。《中华人民共和国药典》(2020 年版)中，将_____含量作为山楂药材质量控制标准。

3. 五味子可以分为_____和_____，以前者的药效颇佳，享誉内外。

4. 五味子药材等级划分主要根据_____分为两个级别，一般单价最贵的是_____级。

5. 砂仁蒴果椭圆形或球形，熟时_____色，果皮有网状突起的纹理及密生软刺，干后呈_____色。

6. 砂仁为半遮阴植物，喜_____、_____、_____的气候环境，需要荫蔽条件，忌_____。

7. 砂仁的苗木繁殖方式有_____和_____两种。

8. 吴茱萸为_____科植物，属多年生_____灌木或小乔木，是古老的传统中药植物，以_____部位入药。

9. 吴茱萸有多种繁殖方法，主要有_____和_____。

10. _____病的症状为枝叶上常覆盖一层煤烟状铅黑色霉层，影响光合作用，使植株生长逐渐衰弱，严重时造成叶片脱落。

11. 枳壳为_____科柑橘属植物_____及其栽培变种的干燥未成熟果实。

12. 枳壳主产江西、四川、湖北、湖南、贵州等省。以_____清江、新干所产最为闻名，商品习称江枳壳。

13. 酸橙可采用_____和_____繁殖技术进行繁殖。

14. 红蜘蛛1年发生数代，世代重叠，其发生受温度、湿度、食料、天敌和人为因素等影响，_____℃时虫口开始增加，12~26℃有利于红蜘蛛发生。

15. 6月下旬至7月中下旬，酸橙于晴天露水干后适时采摘作枳壳，_____月收集其自落的果实作枳实。

16. 草果生长在热带、亚热带高海拔地区，在多个省份均有种植，其中_____省号称"草果之乡"。

17. 草果属于半阴生植物，整个生长发育阶段对郁闭度的要求较高，一般郁闭度保持在_____为宜。

18. 草果自然授粉率较低，可以通过_____、_____等方法辅助授粉。

19. 中药枸杞子药材正品为宁夏枸杞的_____。

20. 枸杞1年_____次开花，所以1年内也有_____次结果。6~8月成熟的果为_____，9~10月成熟的果为_____。

21. 栀子为茜草科栀子属常绿灌木，以_____入药。

22. 栀子以_____为主，亦可_____。

23. 栀子定植成活后，经常抹除主干下部的萌芽，并于栽后第1年当苗高_____cm以上时，剪去顶梢，作为定干高度。

24. 栀子比较容易发生的虫害是_____。

二、判断题（正确的打√，错误的打×）

1. 新鲜食用的冬枣和普通红枣是不同的植物。（　　）

2. 山楂具有活血化瘀的功效，所以孕妇不宜食用。（　　）

3. 山楂种子壳厚而坚硬、萌发困难，在播种前要预先进行处理。（　　）

4. 北五味子的种子具有生理后熟性，需要沙藏处理。（　　）

5. 北五味子是深根性植物，喜欢地势高燥的环境。（　　）

6. 砂仁属于自花授粉植物，自然条件下可大量结实。（　　）

7. 草果花叶病是由真菌引起的。（　　）

8. 枸杞抗旱、抗寒、耐瘠薄、耐盐碱能力强，适合盐碱地改良开发和退耕还林种植。（　　）

三、简答题

1. 八角品种资源丰富，比较优良的品种有哪些？

2. 简述八角幼林管理技术。

3. 简述八角成林管理技术。

4. 如何提高大枣的坐果率？

5. 我国大枣的主产区有哪些？

6. 北五味子的采收原则是什么？

7. 北五味子如何进行修剪？

8. 简述砂仁的采收标准。

9. 砂仁采收后如何进行干燥贮存？

10. 简述八角栽培管理过程中针对小地老虎的防治方法。

11. 简述草果的采收标准。

12. 草果采收后如何进行初加工？

13. 枸杞苗木繁殖的方法有哪些？

14. 枸杞的主要病害和虫害有哪些？

15. 简述栀子田间管理方法。

单元7 全草类林源药用植物栽培技术

![学习目标]

知识目标：

(1)了解当地常见的2~3种全草类林源药用植物的分布和栽培意义；

(2)理解其生物学和生态学特性、栽培品种；

(3)熟悉其栽培管理、采收、初加工的基本知识和方法。

技能目标：

(1)能对当地常见的2~3种全草类林源药用植物进行栽培地选择、栽培设计；

(2)会开展苗木繁殖、移栽、田间管理、采收、初加工等绿色生产操作；

(3)能进行初步的生产组织和管理。

素质目标：

(1)培养自学、交流沟通、信息化应用的能力，具备独立思考、团结协作的职业素养；

(2)培养爱岗敬业、知行合一、吃苦耐劳、乐观向上的职业精神；

(3)培养遵循自然规律、求真务实、重视产品质量和资源保护的科学态度；

(4)激发学生的家国情怀，具备用劳动创造价值、服务个人和社会发展的坚定信念。

拓展知识：铁皮石斛的品质评价

7.1 铁皮石斛栽培技术

图7-1 铁皮石斛

药材铁皮石斛为兰科石斛属植物铁皮石斛(*Dendrobium officinale* Kimura et Migo，别名黑节草、铁皮兰、耳环石斛等)的干燥茎(图7-1)。石斛种类较多，包括铁皮石斛、霍山石斛、铜皮枫斗、黄草石斛等，其中铁皮石斛为石斛中的上品，在唐代医学经典《道藏》中，将其列为"中华九大仙草之首"，自唐宋以来，一直是皇室贡品。铁皮石斛味甘，性微寒，归胃、肾经。主要含多糖、生物碱、多酚、氨基酸、微量元素、菲类化合物等成分，具有益胃生津、滋阴清热的功效，用于阴伤津亏、口干烦渴、食少干呕、病后虚热、目暗不明等症。现代药理研究发现，铁皮石斛还具有抗氧化、抗肿瘤、增强免疫力、降血糖等多方面的作用。

铁皮石斛主要分布于安徽、湖南、云南、贵州、广东、广西、福建、江西、浙江及河南等地，其中又以云南分布最多。

7.1.1 生物学特性

铁皮石斛是一种多年生的附生草本植物，根茎长度为1~2mm，根系较为发达；茎直立，圆柱形，竹节状，相邻茎节相隔20~30mm，茎总长度为90~350mm，茎秆表面一般为铁绿色、暗绿色或褐红色；铁皮石斛叶片披针形，叶基有包茎叶鞘；铁皮石斛花一般具有淡淡的清香，为节生型总状花序，单序长有2~5朵花，花径20~35mm。花期为3~6月，单花开放可持续30天以上。

野生铁皮石斛分布于林中的树上或林下半阴半阳的岩石上。野生铁皮石斛生长较为缓慢，繁殖率较低，通常生长在通风、避光和背阴处。野生铁皮石斛对生长环境要求极为苛刻，在生长过程中一旦遭遇暴雨或强光，会立刻死亡。为此，科学家利用现代基因技术培育出了优良纯正的药用铁皮石斛苗，采用人工培植的方式，确保了铁皮石斛的质量与产量，从而为医学领域贡献更多的铁皮石斛资源。一般在蒴果采收后当年11月或翌年4月开始组培，经12~15个月出苗移栽大田。每年5~6月开花，6~9月植株生长速度较快，株高、鲜重等都会明显增加，8月萌生新芽，10月底至11月初铁皮石斛小部分开花(俗称小阳春)，11月植株封顶进入休眠期。

铁皮石斛生长缓慢，种子极小、无胚乳，自然状态下种子发芽率低，需与某些真菌共生才能萌发，植株营养生长和生殖生长都需要与特定菌根形成共生关系。

7.1.2 生态学习性

铁皮石斛喜温暖湿润气候，适宜在凉爽、湿润、空气流通的环境中生长，常常附生于山地半阴湿的岩石或树上，年均气温16~20℃、海拔300~800m的地区为适宜生长区；半阴生植物，不耐高温，怕强光，生长中需要适度遮阴；喜阴湿，忌干旱，年降水量1500mm左右、年平均空气相对湿度80%以上的区域适宜其生长。铁皮石斛的根为气生根，因此，要求根部通透性好，采用的基质最好能通风透气滤水。不宜直接种植在土壤中，否则极易烂根，种植时需要搭建种植畦，畦底架空20~50cm。在适宜的温度、湿度下，铁皮石斛生长速度快，生存能力非常强。

不同种源的铁皮石斛耐低温能力差异很大，南亚热带地区种源通常在0℃以下易遭冻害，而中亚热带地区和北亚热带种源可耐-8℃甚至-20℃低温。因此，在自然分布区冬季温度较低地区，人工栽培时要注意选用耐寒种源。

7.1.3 种苗繁殖

栽培苗来源分为两种，一是从山上采集的野生铁皮石斛，要先栽培，然后分株扩大繁殖；二是利用组培技术繁殖组培苗，这种方法繁殖速度快，目前技术较为成熟。

7.1.3.1 种子催芽与萌发

蒴果内种子多而细小，自然发芽率低。通过组培方式，在超净工作环境下，将种子播植于三角瓶盛装的灭菌培养基上，20天左右即可获得较高的发芽率。

7.1.3.2 炼苗

人工移栽前可将生长健壮、达到种植标准的瓶苗搬到温室大棚进行 7 天左右的炼苗，使瓶苗慢慢适应外界的自然环境。一般出瓶苗标准：苗高 5cm 左右，叶 3~5 片，根 4~5 条，根长 4cm 左右，叶片生长好，植株正常，无变异。

7.1.3.3 出苗

打开已炼好苗的组培瓶瓶盖，自然放置 3~5 天后，小心取出经检验合格的组培瓶苗，用清水洗净根系上的培养基，以防发霉烂根。种植前，组培瓶苗要置于阴凉通风处晾干至根部发白。

7.1.4 栽培管理技术

7.1.4.1 选择场地和附生树种

选择生态环境良好，水源足且水质好，气候温和湿润，森林郁闭度适中，通风良好的阳坡、半阳坡、活树树干、段木或林地作为栽培地。

应选择树冠茂盛、分枝多且粗壮、树枝横向生长、树皮较厚且粗糙、不易脱皮的树种，如梨树、樟树、杉木、杨梅树等作为附生树种。

7.1.4.2 选择种苗及移栽时间

种苗选用优质、高产、抗逆性强的品种，选用 1~2 年生的驯化苗。移栽时间选在春季的 2 月下旬至 5 月上旬，秋季的 9 月上旬至 10 月下旬。

7.1.4.3 移植

(1)活树移栽

将铁皮石斛驯化苗用经水充分浸泡过的稻草绳、麻绳、树皮等，按 20~30cm 的间距，每丛 3~4 株，顺着苗的生长方向捆绑移栽到树干上，离地 1.0m 以上，以能安全采摘为限。

(2)段木附生

以行间距 0.3~0.5m 固定排列树干，将铁皮石斛驯化苗用经水浸泡过的稻草绳、麻绳、树皮、棕毛等，按 10~20cm 的间距，每丛 3~4 株，捆绑移栽到树干上，离地 0.5m 以上。

(3)天然林下种植

清除林间过多的小树、杂草，使林间通透。对场地进行消毒，在地面按 10~20cm 的间距，每丛 3~4 株，移栽到林下。

7.1.4.4 田间管理

(1)光照

铁皮石斛忌直射光，自然遮光率以 50% 为宜，生长期应每年对附生林木进行整枝修剪。

(2)温度、湿度

铁皮石斛最适生长温度为 20~30℃，高于 35℃ 或低于 8℃ 停止生长。适宜湿度为

70%~80%。夏天若高温低湿，可采取喷雾等措施进行降温保湿。

（3）水肥管理

铁皮石斛苗初次定植时对水分需求量较大，要完全浇透基质，之后浇水只需保持基质湿润即可。冬季以偏干为宜，有霜期不浇水。铁皮石斛在新根萌动后即可施缓效颗粒肥，助其苗壮成长。林下栽培，不可大肥大水，小肥小水有利于提高品质。

（4）除草

栽种后，应及时人工除草并进行场地消毒。

（5）越冬管理

进入冬季前，要对铁皮石斛进行抗冻锻炼，并适当控制湿度。

7.1.4.5　病虫害防治

铁皮石斛的主要病害有软腐病、炭疽病、黑斑病和疫病，主要虫害包括蜗牛、蛞蝓等软体动物和卷叶虫等。病虫害防治应坚持预防为主、综合防治的防治原则，尽量采用物理防治方法，禁止使用高毒、高残留农药，有限度地使用部分化学农药。

（1）软腐病

在高温高湿环境下最容易发生铁皮石斛软腐病，其病原菌多从根茎处侵染。发病初期，受害处呈暗绿色水浸状，然后迅速扩展，呈黄褐色软化腐烂，腐烂部位有特殊臭味。防治方法：可于发病初期用 77% 可杀得 101 可湿性粉剂 2000mg/kg 喷施，也可用 75% 甲基托布津可湿性粉剂 800 倍液喷雾。

（2）炭疽病

铁皮石斛炭疽病一般在 1~5 月发生，主要危害铁皮石斛的叶片及肉质茎。发病时，受害叶片上会出现褐色或黑色病斑，大量发生时可导致落叶，严重影响铁皮石斛的生长。其病原菌主要靠风、雨、水等传播。通风不好、种植过密时，病株容易交叉感病。防治方法：初发病时可用 50% 施保功可湿性粉剂 2000 倍液防治，严重时可用 80% 炭疽福美可湿性粉剂 800 倍液防治，每隔 7~10 天喷 1 次药，连续喷 3~4 次。

（3）黑斑病

铁皮石斛黑斑病一般在 3~5 月发生，主要危害移栽苗的叶片，使叶片枯萎，产生黑褐色病斑，病斑周围变黄，受害严重植株叶片全部脱落。防治方法：可用 10% 世高水分散粒剂或 1∶1∶150 波尔多液 800~1000 倍液喷雾 2~3 次。

（4）疫病

疫病也称为石斛猝倒病，主要在温度过高、浇水过多、通风不良的情况下发生。发病时，幼苗茎基部会出现黑褐色水渍状病斑，严重时还会使植株叶片变黄、脱落、枯萎，甚至整株枯死。防治方法：可选用 1∶1∶150 波尔多液 800 倍液或 58% 金雷多米尔可湿性粉剂 1000 倍液交替喷施，必要时可 3~7 天重复用药。

（5）蜗牛

蜗牛危害幼茎，吸食里面的汁液供自己生存。防治方法：可撒施 12% 四聚乙醛颗粒剂 325~400g/亩。

（6）卷叶虫

卷叶虫主要在夏秋季危害铁皮石斛嫩叶，幼虫吐丝缀叶成卷叶或叠叶并隐藏其中咀食叶肉。防治方法：用防虫网或遮阳网覆盖大棚，阻止成虫飞入棚内产卵危害；结茧期剪去叶片，人工灭杀幼虫和蛹；在幼虫卷叶前喷洒 5% 锐劲特悬浮剂 1500 倍液防治。

7.1.5 采收与产地初加工

7.1.5.1 采收

（1）茎秆收获

铁皮石斛的养分经过 3 年的累积达到最高峰，每年初冬至翌年开春是最佳采收时期，采收时用剪刀去老留嫩即可，来年仍可继续采收。

（2）花的收获

铁皮石斛花具有生津养胃、滋阴清热、润肺益肾、固精明目的功效，可与其他食材如红茶、菊花等搭配成混合花茶。以 6 月初采收为宜，太早药效不好，太迟则药效尽失。

7.1.5.2 产地初加工

（1）鲜品

铁皮石斛鲜品，经挑选、除杂、去须根，置阴凉处，防冻。

（2）鲜茎

铁皮石斛鲜茎，经挑选、除杂、去叶、去须根，按长短、粗细分类包装，置阴凉处，防冻。

（3）干条

铁皮石斛干条，鲜茎经清洗切段，置 50~85℃烘至水分≤12%。

（4）枫斗

铁皮枫斗，取鲜茎，剪成 6~12cm 的短条，50~85℃烘焙至软化，并在软化过程中尽可能除去残留叶鞘；再经卷曲加工、烘干定形成螺旋形或弹簧状的枫斗，用打毛机除去毛边或残留叶鞘。

7.1.5.3 质量标准

鲜铁皮石斛：呈圆柱形，直径 0.2~0.4cm。表面黄绿色，有时可见淡紫色斑点，光滑或有纵纹，节明显，色较深，节上可见带紫色斑点的膜质叶鞘。质柔软，肉质状，易折断，断面黄绿色。气微，味淡，嚼之有黏性。

铁皮石斛：呈圆柱形的段，长短不等。

铁皮枫斗：呈螺旋形或弹簧状，通常为 2~6 个旋纹，拉直后长 3.5~8cm，直径 0.2~0.4cm。表面黄绿色或略带金黄色，有细纵皱纹，节明显，节上有时可见残留的灰白色叶鞘；一端可见茎基部留下的短须根。质坚实，易折断，断面平坦，灰白色至灰绿色，略角质状。气微，味淡，嚼之黏性。

7.2 菘蓝栽培技术

拓展知识：板
蓝根青菜

药材板蓝根，又称靛青根、蓝靛根，为十字花科菘蓝属植物菘蓝（*Isatis tinctoria* L.）的干燥根，习称北板蓝根（图 7-2）。味苦，性寒，具有清热解毒，凉血利咽的功效。爵床科植物马蓝（*Strobilanthes cernua* Blume）的干燥根茎和根，在南方地区亦作为板蓝根使用，习称南板蓝根，与北板蓝根药性、功效、应用基本相同。

菘蓝含靛蓝、靛玉红、β-谷甾醇、棕榈酸、尿苷、次黄嘌呤、尿嘧啶、青黛酮和胡萝卜苷等化学成分，对多种革兰阳性菌、革兰阴性菌及流感病毒、虫媒病毒、腮腺病毒均有抑制作用，可增强免疫功能；有明显的解热效果，所含靛玉红有显著的抗白血病作用，板蓝根多糖具有抗氧化作用，能降低实验动物血清胆固醇和甘油三酯的含量，并降低丙二醇含量。

图 7-2 菘蓝

菘蓝主产于河北安国、江苏南通及安徽、陕西等地。中国东北、华北、西北地区广泛栽培。南板蓝根主产四川、福建，南方各地有栽培。秋季采挖，除去泥沙，晒干。

7.2.1 生物学特性

菘蓝株高 30～120cm，二年生草本。主根深长，茎直立，上部多分枝，光滑无毛。叶片长圆状椭圆形，茎生叶长圆形或倒披针形。复总状花序，花梗细长，花瓣 4 个，花冠黄色。角果长圆形，扁平，边缘翅状，紫色，顶端圆钝或截形。种子 1 枚，椭圆形，褐色有光泽。花期 4～5 月，果期 5～6 月。

菘蓝的种子萌发率较高，一般均在 80% 以上，千粒重约为 10g，温度在 15～30℃可发芽，最适温度为 20℃，湿度适宜即可。在栽植过程中，需要留种采种的菘蓝必须过冬，菘蓝要拥有完整的生长发育过程必须经过冬季低温阶段，通过春化作用方能开花结籽。

菘蓝为长日照植物，生长周期为 265～300 天，秋季播种出苗后进入营养生长阶段，露地栽培越冬经过春化阶段，翌年早春抽茎开花，结实至枯死完成整个生长周期。栽培生产中，为了提高叶与根的产量，一般延长营养生长阶段，主要采用春季播种，当年秋季或冬初挖根，在生长阶段进一步采收叶 1～3 次，以提高产量，增加效益。菘蓝对土壤适应性较强，能够适应 pH 6.5～8.0 的土壤，喜土层深厚肥沃的土壤。

目前中国栽培的菘蓝种质较多，有大叶菘蓝、小叶菘蓝和四倍体菘蓝三大类型。

7.2.2　生态学习性

　　菘蓝喜欢温暖环境，具有适应性强，抗旱、耐寒、怕涝、喜肥等特点，宜选择排水良好的土壤，尤其喜欢疏松、肥沃湿润的砂质壤土。菘蓝对土壤的要求不严，在全国各地都可栽培种植。

7.2.3　栽培管理技术

7.2.3.1　选地、整地

　　一般选择地势平坦、土壤疏松、土层深厚、富含有机质和腐殖酸、排灌良好的微砂质壤土地块或河流冲积壤土种植，忌在黏土及低洼易涝的地块种植。

　　选地后深耕碎土，前1年秋季深耕40cm以上，到春播前再浅耕1次。施足基肥，每亩施腐熟厩肥3000~4000kg，过磷酸钙40kg，硫酸钾20kg，尿素10kg，均匀撒在地表；再翻入地内，整平耙细，将土地整理为1m宽的平畦，以有利于菘蓝根部的发育。菘蓝与绿豆、杂豆、玉米轮作，可减少病害发生，提高产量。

7.2.3.2　选种及播种

　　(1)种子处理

　　春播应选用上年采收的种子，一般不用陈种子。播种前用40~50℃温水浸泡4h左右，捞出后用草木灰拌匀或细沙拌匀，种子与细沙比例为1:3。

　　(2)播种

　　菘蓝适宜春播，山西地区最适宜时间是4月上旬，清明与谷雨之间；甘肃地区在4月中下旬；黑龙江地区宜在4月下旬，最晚5月上旬；高海拔地区适当推迟。播种越早，生长期越长，但种植太早容易出现早抽薹、早开花的现象，造成菘蓝细小、减产、品质降低。

　　采用条播时，在整好的畦面上按20cm开条沟，沟深2~3cm，将拌有细沙的种子均匀地撒在沟中，覆土2cm，略微镇压，可适当浇水或覆薄草保湿，也可以考虑覆膜，以利于菘蓝提前出苗和提高产量，每亩用种量1.5~2kg。

7.2.3.3　田间管理

　　(1)间苗定苗

　　菘蓝播种后8~12天就能出苗，当苗高4~6cm时即可按株距6~8cm进行间苗、定苗，除去弱小苗，留下健壮苗，对缺苗断垄的地方应在阴天及时补栽，并进行浇水，使其达到苗齐、苗全、苗壮，同时进行中耕除草。

　　(2)中耕除草

　　适当中耕除草，使土壤疏松，菘蓝才能根深、杈少、叶茂。菘蓝幼苗出土后3~4叶时，应及时浅耕，定苗后再进行1次中耕，间苗的同时人工除草1次；在苗高15cm时进行第2次人工除草，以后每隔15天除草一次，保持田间无杂草。如人力不足，可用化学除草方法。杂草3~5叶时选用精禾草克类除草剂防除杂草，亩用量为40mL兑水50kg喷雾，注意不要重喷或漏喷，以免发生药害或防治效果不理想。

（3）灌水追肥

幼苗期不宜过早浇水，以利蹲苗，促进根部向下生长，若土壤墒情不足，应浇一次较稀的人畜粪水。生长前期宜干不宜湿，如不太旱，不要过多浇水，促使根部下扎，生长后期可适当多浇水，保持土壤湿润，促进养分吸收。如遇伏天干旱天气，可在早晚灌水，切勿在阳光暴晒下进行，以免高温烧伤叶片，影响植株生长。高温多雨季节要注意排水，若长期积水，菘蓝易烂根，造成减产。

第1次追肥是在定植后，根据天气情况在行间开浅沟，施入螯合尿素 10~15kg/亩，并及时灌水保湿。收大青叶为主的菘蓝，每年要追肥 2~3 次，每次采摘大青叶后应及时追肥灌水，也可用腐熟的农家肥或有机肥适当配施磷钾肥或中药材专用肥。收药材板蓝根为主的在生长旺盛时不宜收割大青叶，并少施氮肥，控制地上部生长，适当配施磷钾肥或复混肥，最好选用中药材专用肥，以促进根系粗大，提高产量和质量。

7.2.3.4 病虫害防治

菘蓝在生长过程中，常有多种病虫害为害，一定要及时进行防治，以免造成减产。菘蓝病虫害防治应以农业防治为主，通过合理密植、清除杂草，增加通风透光，通过排水防涝，减少土壤湿度。宜与禾本科、豆科作物合理轮作，避免与十字花科植物连作。发现少量病株时，在发病初期及时拔除。用化学农药防治时，应尽量应用生物农药防治，避免使用剧毒杀虫剂，减少农药在植株内的残留。

（1）霜霉病

霜霉病初发病时，叶面出现边缘不明显的黄白色或黄色斑点，扩展时受叶脉限制呈多角形至不规则状，湿度大时叶背对应处产生灰白色霜霉状物及病原菌的孢囊梗和孢子囊。防治方法：发病前期，可喷施 16% 嘧菌酯悬浮剂或 $1×10^9$ CFU/g 枯草芽孢杆菌水乳剂等药剂；发病初期，用哈茨木霉菌、多菌灵或甲基托布津，隔 7 天喷 1 次，连续防治 2~3 次，同时，可结合喷洒叶面肥进行防治。

（2）白粉病

白粉病主要危害叶部，6~7 月发病，低温高湿、氮肥过多、植株过密、通风透光不良等情况下，均易发病。高温干燥时，病害停止蔓延。防治方法：田间不积水，抑制病害发生；合理密植，配合施用氮磷钾肥；发病初期摘除病叶，用 65% 福美锌可湿性粉剂 300~500 倍液喷雾。

（3）根腐病

根腐病易造成根部腐烂，全株枯死。5 月上旬出现，发病盛期为 7 月上旬至 8 月上旬，多雨季节易发病。防治方法：合理密植、合理灌水；发病初期用 50% 多菌灵 1000 倍液或 70% 甲基托布津 1000 倍液浇穴；拔除病株烧毁。

（4）菌核病

菌核病危害全株。防治方法：与禾本科作物轮作，避免与十字花科作物轮作；增施磷钾肥，提高植株抗病能力；开沟排水，降低田间湿度；发病初期用 65% 代森锌 400~600 倍液或 50% 百菌清 600~800 倍液喷雾，每隔 7 天喷 1 次，连续喷 2~3 次。

（5）菜青虫

菜青虫成虫为白色粉蝶，通常产子于菘蓝的叶片上，幼虫以叶片为食，常造成叶片孔洞、缺刻，严重时仅留叶脉。防治方法：早上或傍晚在植株叶片背面和正面均匀喷施苏云金杆菌（Bt）进行防治。

（6）蚜虫

蚜虫为菘蓝的常发性虫害，主要发生在干旱期，被蚜虫侵害的菘蓝植株会严重失水、变黄。蚜虫会严重影响板蓝根的产量及药用价值。防治方法：发病初期，用苏云金杆菌、0.3%苦参碱水剂、2.5%鱼藤酮乳油、除虫菊素水乳剂等药剂防治。

（7）跳甲

跳甲又称为跳蚤、土跳蚤，主要危害十字花科植物，是十字花科植物重要的害虫之一。幼虫和成虫都会对菘蓝直接造成危害，成虫食叶，以幼苗期最严重；幼虫只危害植物根部，蛀食根皮，咬断根皮和须根，使叶片萎蔫枯死。防治方法：发病初期，用1%苦参碱水剂或5%鱼藤酮乳油交替喷施。

7.2.4　采收与产地加工

7.2.4.1　采收

由于不同地区气候不同，菘蓝采收时间并不一致，西北地区如甘肃约在10月上旬，东北地区如大庆则在10月中下旬。

菘蓝因根长得深，需深挖，以免断根减收。选晴天采挖，采挖时在畦一侧开挖50cm深的沟，然后依次向前刨挖。

7.2.4.2　产地加工

（1）大青叶加工

收获的菘蓝，先除去泥土、再用刀将茎叶从芦头上分离，茎叶摊开晾，晒至干燥，去掉黄叶、杂质；再摊开晒，晒至七八成干时打捆，继续晒到干透为止，打包或袋装贮藏。

（2）根部加工

选择新鲜的菘蓝根部，切成2~3cm厚的块状，晒至水分含量为5%~6%；晒干时不要直接阳光暴晒，可以遮蔽一部分阳光，使其在通风环境下晒干。

7.2.4.3　质量标准

（1）药材性状

本品呈圆柱形，稍扭曲。表面淡灰黄色或淡棕黄色。体实，质略软，断面皮部黄白色，木部黄色。气微，味微甜后苦涩。无变色、虫蛀、霉变，杂质不超过3%。

（2）规格等级划分

按照长度、中部直径等，将板蓝根分为统货和选货两个等级。中部直径0.8~1cm，长度15~20cm；统货直径不等但≥0.5cm，长度不一但≥10cm。

7.3 草珊瑚栽培技术

药材肿节风为金粟兰科草珊瑚属植物草珊瑚［*Sarcandra glabra*（Thunb.）
Nakai］的干燥全草，别名九节风（江西），九节茶（浙江），满山香、九节兰（湖
南）、节骨茶（广西）、竹节草、九节花、接骨莲、
竹节茶（图 7-3）。夏、秋季采收，除去杂质，晒
干的干燥全草入药。南方各地均有野生分布。现
代药理研究表明，草珊瑚具有抗菌消炎、抑制流
感病毒、抗肿瘤及镇痛等多种活性。以草珊瑚为
主要原料生产的药品有草珊瑚片、草珊瑚软胶囊、
草珊瑚注射液、血康口服液、复方草珊瑚含片等，
制药企业用量巨大，年需求量在 3000t 以上。多年
的采挖已使野生资源急剧减少，难以满足市场需
求，人工栽培势在必行。

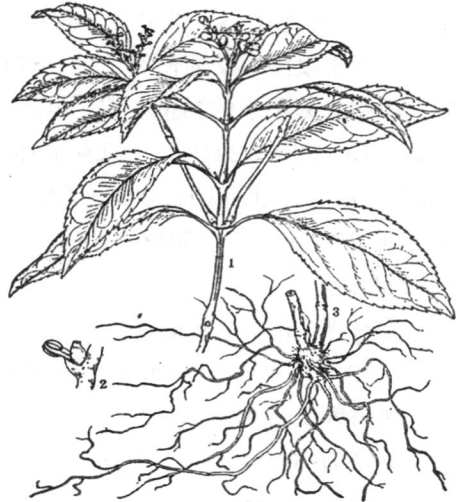

图 7-3 草珊瑚

江西对草珊瑚的开发及应用早，并且江西也
是最早将其野生种变为家种的省份，主要栽培在
赣州、吉安等地，目前草珊瑚主产于江西、浙
江、广西、安徽、福建、台湾、广东、四川、贵州、云南等地。

7.3.1 生物学特性

草珊瑚，常绿半灌木，高 50~120cm；茎与枝均有膨大的节。叶对生，叶片卵状披针
形至卵状椭圆形，长 5~15cm，宽 3~6cm；表面绿色、绿褐色至棕褐色或棕红色，光滑；
边缘有粗锯齿，齿尖腺体黑褐色；叶柄长约 1cm；近革质。穗状花序顶生，常分枝。核果
球形，直径 3~4mm，熟时亮红色。花期 8~9 月，果期 10~11 月。草珊瑚多为须根系，常
分布于表土层，根部萌蘖能力强，近地根茎处易发分枝，而使植株呈丛生状。研究发现利
用根茎萌芽繁殖在林下试种，能取得很好效果，繁殖快、生长好、产量高，生态社会效益
显著。草珊瑚属植物在中国分布的有草珊瑚和海南草珊瑚，这两种植物形态相近。草珊瑚
叶革质，雄蕊棒状，药室比药隔短，柱头近头状，果球形，熟时亮红色；而海南草珊瑚叶
纸质，药室几乎与药隔等长，果卵形，熟时橙红色。海南草珊瑚主产广东、广西、海南、
云南，由于与草珊瑚的形态相近，特别是干药材较难区别，容易混淆。海南草珊瑚全株入
药，能消肿止痛、通利关节。

7.3.2 生态学习性

野生草珊瑚生长于海拔 400~1500m 的山坡、沟谷林下阴湿处。适宜温暖湿润气候，
喜阴凉环境，忌强光直射和高温干燥；喜腐殖质层深厚、疏松肥沃、微酸性的砂壤土，忌
板结、易积水土壤。草珊瑚根系为须根系，根系浅，特别适宜林下种植，是林区进行生态
种植的优先选择品种。

7.3.3 栽培管理技术

7.3.3.1 选地、整地

（1）选地

宜选择海拔 400~1500m、坡度小于 25°的山地、丘陵、台地或平地，坡地宜为南坡、西南坡或东南坡，要求气候湿润、温暖、多雨，温度在 10~40℃。林下种植时，以树龄 6~20 年、郁闭度 0.5~0.8 的人工常绿阔叶林为宜。栽培地点选择自然环境良好、水源充足或方便引水喷灌、交通便利之处。选择腐殖质层深厚、疏松肥沃、微酸性的砂壤土，忌贫瘠、板结、易积水的黏重土壤，pH 5.5~7.0。环境质量要求：水质应符合《农田灌溉水质标准》（GB 5084—2021）、《地表水环境质量标准》（GB 3838—2022），空气质量应符合《环境空气质量标准》（GB 3095—2012），土壤应符合《土壤环境质量农用地土壤污染风险管控标准（试行）》（GB 15618—2018）。

（2）整地

清除林地 2m 以下的低矮灌木、草本植物。以林木行距为基础，沿等高线挖水平带，带宽 60~80cm，带深 15~20cm，做成反坡状带面，耙碎带面土。带间开深 20cm 的种植沟，施氮磷钾复合肥 375kg/hm²，拌匀耙平。然后沿水平带按株距 20cm×20cm 的规格挖穴，穴规格为 20cm×20cm×10cm。

7.3.3.2 苗木繁殖

（1）种子繁殖

①种子采集处理。10~12 月果实红熟时采种。将新鲜种子置于瓷缸或木桶中，用 5% 的生石灰水浸泡，浸没种子，直至种皮变软。其间，每天早晚各搅拌 1 次，直至种皮变软；捞出搓洗干净，分离出种子，置于通风处晾干。种子晾干后，可在通风室内沙藏，湿沙和种子按 3∶1 体积比例混匀。湿沙含水量以手捏成团松手后不散为宜，每隔 7 天翻动 1 次，至翌年 2 月底至 3 月中旬。

湿沙贮藏方法有两种，一种是与湿润细沙混合贮藏，即用细湿沙拌和，置室内通风处贮藏；另一种分层贮藏，在地面铺一层厚 15~20cm 的湿润细沙，细沙整平后铺一块能透水的布网或其他网状物，使种子（果实）与细沙彻底分开，在布或网上平铺一层 10cm 左右厚的种子，种子上面再铺一层布或网，在布或网上再铺层湿润细沙，做到一层细沙一层种子。每个贮藏点只放置 2~3 层种子。贮藏后经常性不定期检查，防止鼠鸟危害，若发现表层细沙发白，应及时洒水增湿。翌年 2~3 月，取出种子，将果肉果皮除去，清洗干净后立即播种。

种子质量分为 3 级，依据种子的净度、发芽率、水分含量的指标进行分级。当净度、发芽率不在同一级时，以种子用价取代净度和发芽率来评价。草珊瑚种子质量分级见表 7-1。

表 7-1 草珊瑚种子质量分级

级别	净度（%）	发芽率（%）	种子用价（%）	水分含量（%）
一级	≥98.0	≥85	≥83.3	15.0~20.0

（续）

级别	净度(%)	发芽率(%)	种子用价(%)	水分含量(%)
二级	≥95.0	≥0	≥76.0	15.0~20.0
三级	≥90.0	≥70	≥63.0	15.0~20.0

注：①种子中不应含有检疫性植物种子；②种子含水量指标适用于种子收购、运输和临时储藏；③种子用价，也称为种子利用率，是指真正有利用价值的种子数占种子总数的百分率。计算公式：种子用价=纯净度×发芽率×100%。

②播种。2~3月播种。播种前挖深3~4cm的播种沟，沟距20cm，以25cm的点距点播种子，每穴8~10粒种子；边播边覆土，覆土厚度1.5~2.0cm；播种完成后在苗床盖草，遮阴。

③苗期管理。播种后即搭建高50cm的塑料薄小拱棚，小拱棚昼开夜覆，及时通风；当苗高3cm时，逐渐撤除小拱棚。适时浇水保持湿润，防旱排涝，人工除草2~3次。芽苗生长20天后，每隔20天用复合肥兑水浇施1次，幼苗期追肥浓度为0.2%~0.3%。苗高5~8cm时间苗，留苗株距6~7cm。幼苗生长至4~5片真叶时可疏苗，疏出的小苗可定植于营养杯或育苗筛中。幼苗长有6片真叶时可出圃。出圃时幼苗捆扎成束、浆根，运至栽植地，种植筛中的幼苗可直接移栽至林地。

（2）扦插繁殖

用珍珠岩、河沙、泥炭土、黄土比例为2:2:1:1配置基质，扦插效果较好。基质使用前用2000~5000倍的高锰酸钾溶液消毒。扦插时间宜在春季4~5月，或秋季8~10月。宜选取健壮植株1~2年生枝条作插穗。插穗留2~3个节，以长度10~15cm为宜。上端切平，下端切成马耳形切面，切面平滑、不撕裂。插穗捆扎成小把，在100mg/L萘乙酸溶液中浸泡2h促根。做高度约15cm、宽度约1.2m的梯形插床，按5cm×5cm株行距将插穗插入苗床，插穗地上留1节，插后压实，浇透水。扦插后搭棚遮阴，保持苗床湿润，空气相对湿度80%~90%，温度15~20℃。注意遮阴，防止直晒。扦穗后30天左右，扦插生根，并开始萌芽。插穗生根后，需有充足光照。培育10~12个月，即可出圃定植。

（3）分株繁殖

在早春或晚秋，先将离地面10cm处植株地上部分剪切作为扦插材料，然后挖起根蔸，按茎秆分别剪切成带根系的小株，按株行距20cm×30cm栽植到林地。栽植后需连续浇水，保持土壤湿润。成活后注意除草、施肥。此法简便，成活率高，植株生长快，但繁殖系数低。

（4）移栽

当年11~12月或翌春2~3月可起苗移栽，营养袋苗可全年栽植。栽植密度（即株行距）以20cm×30cm或30cm×50cm为宜。采用开带整畦方法栽植，挖好的种植穴内先回填表土，然后定植，浇透定根水。若是在干旱偏冷的季节，应覆盖地膜保温保湿。成活后，及时加强田间管理。

7.3.3.3 田间管理

（1）查苗补苗

移栽后1个月内，及时查苗，发现死苗缺株，及时补苗。

（2）灌溉、排水

定植后要保持土壤湿润。干旱季节，适当浇水，多雨季节，及时排除积水，避免烂根。灌溉用水执行《农田灌溉水质标准》（GB 5084—2021）。低洼易涝区根据需要设置排水设施。草珊瑚在初花期至果实转色期需水量较大，应进行滴灌或喷灌，保持土壤湿润；在收获前 7~10 天停止浇水，以防止草珊瑚晚熟。

（3）中耕与除草

草珊瑚幼苗生长缓慢，苗期要及时清除杂草，并适当进行松土。为保持土壤疏松，促进草珊瑚生长和抽发侧枝，一般 1 年需要中耕 1~2 次。春夏季，每月人工除草 1 次，秋冬季，每季度除草 1 次。定植后要加强林间管理，定植后的第 3 个月进行中耕松土，松土要浅，不伤根，不压苗。及时清除杂草，保持林间通风透光，防止病虫害滋生。有机生产的草珊瑚禁止使用除草剂，因而需要人工或者机械除草，有条件的可以采用滴灌和覆盖防草布的方式进行水肥管理和抑制杂草。滴灌和盖膜虽然前期固定投入较多，但第 2 年以后就可以大幅减少人工成本的投入。

（4）追肥

每年春、夏两季各追肥 1 次，施用硝酸铵或尿素 90~105kg/hm^2、氯化钾 30kg/hm^2，或氮磷钾复合肥 60~70kg/hm^2，兑水浇施或雨后撒施。冬季结合培土追有机肥，如腐熟的猪粪、牛粪等农家肥。肥料使用执行《有机肥料》（NY/T 525—2021）规定。

（5）遮阴

草珊瑚耐阴性强，喜漫射光，所以宜选常绿阔叶林下种植。林木的郁闭度是影响草珊瑚生长以及病害发生的关键因素，光照不足，通风透光性差，草珊瑚长势差，病害高发，产量低。因此，需要及时清除过低、过密枝条，使林木郁闭度保持在 0.6~0.8，以达到最高的经济效益。此外，可以施用经过堆制并充分腐熟的农家肥促进林木生长。林木必须严格按照有机生产的方式进行管理。如在无荫蔽条件的山坡、排田种植，可在田间间作玉米等高秆作物，利用高秆作物适当遮阴，既可促进草珊瑚的生长，又可增加经济收入。

7.3.3.4 病虫害防治

（1）炭疽病

草珊瑚炭疽病病原菌是黑线炭疽菌。发病初期在叶片上呈现圆形、椭圆形红褐色小斑点，后期扩展成深褐色圆形病斑，中央则由灰褐色转为灰白色，病斑边缘有黄色晕圈，最后病斑转为黑褐色，并产生轮纹状排列的小黑点。严重时一个叶片上有十多个至数十个病斑，后期病斑穿孔，病斑多时融合成片导致叶片干枯。该病原菌也可侵染叶柄、茎部，通常会出现圆形或近圆形的病斑，呈淡褐色，其上生有轮纹状排列的黑色小点，后期病斑部缢缩，叶柄或茎折断。防治方法：为减少炭疽病的发生及危害，应调节好种植地的荫蔽度和通风条件，发现病株及时清除；发病时使用 4000 倍 80% 戊唑醇可湿性粉剂、3000 倍 25% 咪鲜胺乳油、2000 倍 20% 苯醚甲环唑乳油等药剂轮换防治，隔 7~10 天喷施 1 次，连喷 3 次。

（2）红蜘蛛

红蜘蛛以幼虫、成虫先后在叶片及绿色嫩枝上为害，吸食汁液，受害后叶片、嫩梢呈现黄褐色的斑点，使顶芽和叶片枯萎死亡。防治办法：剪除病虫枝和枯枝，铲除落叶枯枝并焚毁；选用20%三氯杀螨醇乳油1000倍液、73%克螨特乳1000倍液或30%螨窝端乳油1000倍液、5%克大螨乳油2000倍液喷雾防治。

（3）蚜虫

蚜虫危害茎叶，使叶片皱缩，植株矮小，影响生长。高温多雨季节，温度高于25℃，相对湿度60%~80%时发生严重。防治方法：挂放黄色粘虫板（50cm×40cm），平均每亩挂放6块，其最佳悬挂高度为高于植株顶梢20~30cm；在若蚜发生高峰期，交替使用各种无公害农药防治，可选用0.36%苦参碱水剂1000倍液、1%印楝素乳油1000倍液、1%苦皮藤素乳油2000倍液等植物源杀虫剂喷雾防治；或用10%吡虫啉可湿性粉剂1500~2000倍液、3%啶虫脒可湿性粉剂2000倍液、50%抗蚜威3000倍液喷雾防治，每隔7~10天喷1次，连喷2~3次。

7.3.4 采收与产地加工

7.3.4.1 采收

草珊瑚叶片有效成分含量比根、茎高，在生长期中可将植株下部浓绿的老叶摘下晒干或直接加工成浸膏。采叶常在秋季生长高峰后进行，全株采收常在夏末秋初进行。采收时可全株收割，离地面5~10cm处采割植株。

7.3.4.2 产地加工

植株采后可直接洗净晒干（也可在50℃以下烘干），作为生产中药的原料，也可按新鲜浸膏原料要求处理。

7.3.4.3 质量标准

本品长50~120cm。根茎较粗大，密生细根。茎圆柱形，多分枝，直径0.3~1.3cm；表面暗绿色至暗褐色，有明显细纵纹，散有纵向皮孔，节膨大；质脆，易折断，断面有髓或中空。气微香，味微辛。无杂质、虫蛀、霉变。

7.4 绞股蓝栽培技术

拓展知识：平利绞股蓝

绞股蓝［*Gynostemma pentaphyllum*（Thunb.）Makino］为葫芦科绞股蓝属植物，又名七叶胆、甘茶蔓、小苦药、公罗锅底，分布于陕西南部和长江以南各地（图7-4）。

7.4.1 生物学特性

绞股蓝属草质多年生攀缘植物，茎细弱，具分枝，具纵棱及槽，无毛或疏被短柔毛，卷须分2叉或稀不分叉；叶鸟足状，具5~7(9)小叶，叶柄长2~4cm，有柔毛；小叶卵状矩圆形或矩圆状披针形，边缘有锯齿。雌雄异株，雌雄花序均圆锥状，总花梗细；花小，花梗短。果实球形，熟时变黑色，有1~3种子；种子宽卵形，两面有小疣凸起。

图7-4　绞股蓝

7.4.2　生态学特性

绞股蓝喜阴湿温和的气候，多野生在林下、小溪边等荫蔽处。适宜生长温度-10～35℃，年降水量1000～2000mm。

7.4.3　栽培技术

7.4.3.1　选地与整地

育苗地选荫蔽、近水源且排灌方便的东坡或东南坡旱地或农田，以疏松肥沃通透性强的壤土为好。种植地宜选在湿润肥沃的腐殖土、砂壤土和壤土土块。整地于种植前1个月深耕翻晒，苗圃地播种或扦插前10～15天，每亩用生石灰30～40kg或2%～3%硫酸亚铁50kg对土壤进行消毒。种植前犁耙土块至细碎，作宽70cm、高15～20cm的畦，整平畦面。施有机肥应符合《有机肥料》(NY/T 525—2021)要求。

7.4.3.2　苗木繁殖

(1)种子繁殖

①采收与保存。每年11月选择优良健壮植株，采集饱满黑色成熟的鲜果或带果实的枝蔓，放在阴凉通风处，1周后采下果实，晾晒风干，装入布袋或纸袋，于通风干燥处贮藏。

②种子处理。春季播种前将贮藏的果实搓去果皮，选黑褐色的成熟种子，在30℃温水中浸泡1天，过滤出种子，用0.5%的高锰酸钾或杀菌剂药液消毒8min，然后用清水清洗干净，晾干待播。

③播种。春播时间在2～3月。苗床整平整细，播种前半月在苗床施足底肥，提前5天起垄，喷洒土壤消毒剂进行土壤消毒，然后将千粒重9～10g、发芽率90%以上的种子拌10倍灰土后均匀撒在苗床上，盖细腐殖土或细土1～2cm，至不见种子为度，再以稻草覆盖或搭薄膜拱棚及遮阳网。播种量为每亩15kg。

④播后管理。出苗70%后及时揭去盖草，并用杀菌剂药液喷雾，或粉剂拌细土配成药土均匀撒施以预防病害。保持土壤湿润，15天内每天喷水1～2次。适时分次间苗，至最终定苗株距为5～8cm。

(2)扦插繁殖

①采穗。选1～2年生健壮无病虫害木质化茎枝，或挖取粗壮、节密的地下根茎截成带1～2个芽的小段，或取绞股蓝基部和中部的藤蔓，截成15cm长(带2～4个节)的藤段，顶节留叶，下段去叶作插穗。

②插穗处理。将采集截制好的插穗用100mg/kg的绿色植物生长调节剂(GGR)即ABT6号溶液浸泡插穗基部1～2h，或用500mg/kg的绿色植物生长调节剂速蘸插条基部20s。

③扦插。

a. 扦插时间：3~4 月或 9~10 月。

b. 插床准备：宜选择阴凉湿润的圃地，在准备好的苗床上盖一层比例为 7∶3 的细沙和黄土，厚度 5mm。喷施 1% 高锰酸钾进行消毒，30min 后淋清水。

c. 扦插密度：株行距 5~10cm。

d. 插后管理：插后立即浇水，用塑料膜覆盖，苗床上搭建阴棚。

（3）苗期管理

保持苗床湿润，空气相对湿度 70%~80%，10~15 天即可撤去阴棚。注意苗圃清沟排水、防旱、除草。播种出芽后或插穗生根后，用 0.1% 的尿素和 0.2% 的磷酸二氢钾喷施叶面，每亩用量 15kg，每月 1~2 次，出圃前 15 天不施肥。

（4）种苗出圃

幼苗长出 3~4 片叶或新芽 10~15cm 时可出圃，要求种苗根系达，色泽正常，健壮无病虫害。

7.4.3.3 栽植

育苗移栽在 2~3 月选择雨前、阴天、细雨天气进行。起苗应尽量保持根系完好。异地调苗应检疫合格。起苗时间根据定植时间而定，要求随起随运随栽。

种植前清杂翻耕土地，每亩施有机肥 1000~2000kg，旋耕平整，深耕细作，每隔 120cm 沿坡地等高线作畦或根据林木行距作畦，整成瓦背形的畦，宽 1cm，畦沟宽 30cm，深 15cm。依小地形合理设置种植畦长度以及步道和排水沟。每畦面栽 2 行，株距 25~30cm，每亩 3000~5000 株。也可采取密植免耕模式，定植密度为每亩 16 000 株。

移栽前按照株行距开好定植穴，穴深 15~20cm，若基肥不足，可每穴施 0.25kg 堆沤腐熟的火土、厩肥等农家肥料或其他有机肥，并配施 25~30kg 钙镁磷肥、3~5g 尿素及 2~3g 氯化钾或 10~15g 三合复合肥(15∶15∶15)，与土拌匀，每穴栽 1~2 株。要栽正、舒根、踏实，定植高度略高于苗出圃土痕。定植后浇一次定根水，再覆盖细土。

7.4.3.4 大田管理

（1）中耕除草

定植 7 天成活后，畦面应经常保持疏松无草。封行前松土除草 2 次，每次采收前除草 1 次，冬季全垦除草并培土 1 次。中耕除草深度 5cm。也可采取防草地布控草。

（2）排涝抗旱

定植后保持土壤湿润，以空气湿度 70%~80%，土壤持水量 70%~80%，砂质土壤持水量 60%~75% 为宜。春夏雨季，注意及时排水。夏秋季节要及时进行沟面灌溉以防干旱，应避免中午高温、风小、闷热时段灌溉。

（3）施肥

①结合松土除草追肥。定植 7 天成活后第 1 次追肥，每亩施腐熟有机肥 100kg；1 个月后第 2 次追肥，每亩施腐熟有机肥 500kg，或降水前每亩均匀撒施 45% 三元复合肥(15∶15∶15)15kg。

②旺盛生长期每月雨前或雨时每亩施尿素 10kg，或在阴天和晴天的早上 10:00 前、傍晚 16:00 后，每隔 7~10 天用 0.2% 的磷酸二氢钾+0.5% 的尿素喷施叶面，每亩施叶面肥 15kg，连喷 3~4 次。

③每次采收后及时追施 1 次有机肥或复合肥，每亩施 45% 三元复合肥(15∶15∶15)15kg。

④冬季采收后结合垦复除草，在靠近种植边行处深耕开沟施肥并培土 1 次，每亩施有机肥 1000kg+钙镁磷肥 25kg。

(4)搭架

植株长到 20~30cm 高时，搭架引藤蔓攀缘。

7.4.3.5 病虫害防治

在绞股蓝的种植过程中常见的病虫害有白绢病、花叶病、猝倒病、三星黄萤叶甲、灰巴蜗牛等，需要及时防治。

(1)白绢病

白绢病一般在清明节前后发生，高温高湿的月份发病严重。防治方法：在发病前和发病初期可用 70% 百菌清可湿性粉剂 600~800 倍液、或 50% 克菌丹可湿性粉剂 400~500 倍液、或 25% 萎锈灵可湿性粉剂 500~1000 倍液，喷洒植株及周围土壤，每周喷 1 次，连续喷 2~3 次。

(2)花叶病

花叶病症状为叶片颜色出现明显的浓淡不均，严重时可使叶皱缩畸形，植物生长衰弱，造成减产。此病多发生于多雨潮湿的季节或短期阴湿天气。防治方法：可用 500 倍多菌灵或 600 倍鱼藤氰液喷洒叶面，每周喷 1 次，连喷 2~3 次。

(3)猝倒病

猝倒病在 5~6 月危害绞股蓝的幼苗，先在茎基部出现水渍状病斑，接着很快向地上扩展，病部呈褐色缢缩变细变软，严重时倒伏。防治方法：及时清除病株及邻近病土；撒施石灰或施用杀菌剂。

(4)三星黄萤叶甲

三星黄萤叶甲虫在 6~10 月咬食绞股蓝近地面的叶片，使叶片出现很多缺口、残破，严重时能使群体叶片绝大部分残缺，植株叶片失去养分制造能力，以致枯死。防治方法：可用 40% 乐果乳剂 1000~1500 倍液喷杀，也可用 90% 敌百虫水剂配成 1500 倍药液喷杀，以喷湿叶片、不滴水珠为度，每周喷 1 次，连喷 3 次。

(5)灰巴蜗牛

灰巴蜗牛主要危害绞股蓝的叶片、芽和嫩茎。防治方法：可撒施石灰水或石灰粉防治。

7.4.4 采收与产地加工

7.4.4.1 采收

地上部分宜在生长旺盛期采割，每年可采收 1 次或多次，霜冻前一次性全面采收。采收时以离地面 5~10cm 为界，割取地上部分。

地下部分一般当年采收，于秋季将根部挖出，用枝剪除去地上部分，保留根和根茎。

7.4.4.2 产地加工

采后及时除杂，清洗，晾至半干时捆扎、切段，再干燥。

7.4.4.3 质量标准

（1）药材性状

茎细长缠绕状，直径 1~3mm，表面灰绿色或黄绿色，具纵棱，节间长 5~15cm。叶鸟足状复叶（5~7 小叶），小叶卵状披针形，边缘锯齿状，上表面深绿色，下表面浅绿色。气微，味微苦，甘凉，嚼之有黏滑感。根茎入药时，须根纤细，黄白色，质脆易断。

（2）规格等级划分

《中华人民共和国药典》（2020 年版）规定：绞股蓝水分不得超过 12.0%；总灰分不得超过 11.0%；水溶性浸出物不得少于 15.0%，总皂苷含量（以绞股蓝皂苷 XLIX 计）不得少于 2.5%。

绞股蓝商品规格等级划分见表 7-2。

表 7-2　绞股蓝商品规格等级划分

等级	标准
特级	茎粗≤2mm，叶片完整无破损，色泽鲜绿，无霉变虫蛀，皂苷含量≥3.5%
一级	茎粗≤3mm，叶片少量破损，色泽均匀，杂质<2%，皂苷含量≥2.8%
二级	茎粗不均，叶片破损较多，允许少量黄叶，杂质≤5%，皂苷含量≥2.5%

7.5　细辛栽培技术

细辛栽培技术相关内容详见二维码。

7.6　穿心莲栽培技术

穿心莲栽培技术相关内容详见二维码。

实训

[**实训二十**]在实训基地完成全草类林源药用植物栽培技术应用。通过资料查阅结合教学可及资源，选择 1~2 种全草类林源药用植物完成苗木繁殖、田间管理、病虫害防治、

采收与产地加工中的某一个或几个环节，完成表 7-3，要求步骤详细，并总结心得体悟。

表 7-3　全草类林源药用植物栽培技术应用

实训项目	工具材料	实训时间	操作步骤与技术要点	难点与重点	结果与体会

课后自测

一、填空题

1. 根据《中华人民共和国药典》(2020 年版)记载，铁皮石斛的功效为_____、_____。

2. 板蓝根，味_____，性_____，具有清热解毒、凉血利咽的功效。

3. 草珊瑚为_____科草珊瑚属植物，其中药名为_____。

4. 草珊瑚适宜温暖湿润气候，喜阴凉环境，忌_____和_____干燥。

5. 草珊瑚的种子采收后，要_____贮藏。

6. 草珊瑚的繁殖方法有_____、_____和分株繁殖 3 种。

7. 草珊瑚一般用_____法在离地_____处采收。

8. 绞股蓝是_____科_____植物，繁殖方法有_____、_____。

二、选择题(1~2 为单选题，3 为多选题)

1. 铁皮枫斗是一味名贵的中药材，由铁皮石斛的(　　)加工而成。

A. 花　　　　　　B. 果　　　　　　C. 茎　　　　　　D. 叶

2. 口服板蓝根药物，可治疗(　　)。

A. 流感　　　　　B. 偏头痛　　　　C. 胃溃疡　　　　D. 风湿骨病

3. 铁皮石斛活树附生原生态栽培前，对种植林地要做一定的处理，如(　　)等，使林地达到一定的通风要求，减少地被植物对铁皮石斛生长的影响。

A. 清除林下的杂草和灌木　　　　　B. 间伐劣势木

C. 清除枯枝、细枝、藤蔓　　　　　D. 去除茎干上的苔藓、地皮

三、判断题(正确的打√，错误的打×)

1. 优质铁皮石斛鲜条用清水冲洗后直接入口咀嚼，具有清爽自然、黏牙感强、少渣等特征。(　　)

2. 人工栽培中，铁皮石斛一般在 35℃ 以上就停止生长。(　　)

3. 通常每周喷雾 1~2h 即可达到铁皮石斛活树附生原生态栽培水分管理要求。(　　)

4. 板蓝根和大青叶都是来源于十字花科植物菘蓝，是同一种药材，在不同地区名称不同而已。(　　)

5. 菘蓝喜欢温暖环境，适应性强，因此，全国皆可栽培。(　　)

6. 菘蓝用药部位为地下根部，地上用药不会影响根系，因此可多施化学农药进行病虫害防治。(　　)

单元 8 皮类及茎木类林源药用植物栽培技术

知识目标:

(1)了解当地常见的 2~3 种皮类及茎木类林源药用植物的分布和栽培意义;

(2)理解其生物学和生态学特性、栽培品种;

(3)熟悉其栽培管理、采收、初加工的基本知识和方法。

技能目标:

(1)能对当地常见的 2~3 种皮类及茎木类林源药用植物进行栽培地选择、栽培设计;

(2)会开展苗木繁殖、移栽、田间管理、采收、初加工等绿色生产操作;

(3)能进行初步的生产组织和管理。

素质目标:

(1)培养自学、交流沟通、信息化应用能力,具备独立思考、团结协作的职业素养;

(2)培养爱岗敬业、知行合一、吃苦耐劳、乐观向上的职业精神;

(3)培养遵循自然规律、求真务实、重视产品质量和资源保护的科学态度;

(4)激发学生的家国情怀,具备用劳动创造价值、服务个人和社会发展的坚定信念。

拓展知识:红
豆杉母林建设

8.1 红豆杉栽培技术

红豆杉[*Taxus wallichiana* var. *chinensis*(Pilg.)Florin)]是红豆杉科红豆杉属植物,世界上公认的天然珍稀抗癌植物,第四纪冰川遗留下来的古老树种,在地球上已有 250 万年的历史(图 8-1)。

除澳洲红豆杉产自新喀里多尼亚,其余皆产自北半球。中国有 4 种 1 变种,分别是红豆杉、云南红豆杉、西藏红豆杉、东北红豆杉和南方红豆杉。主要分布于云南东北部及东南部、贵州西部及东南部、重庆、湖北西部、湖南东北部、广西北部、安徽南部、甘肃南部、陕西南部。曼地亚红豆杉是以欧洲红豆杉为父本、东北红豆杉为母本形成的天然杂交种,是已筛选出的紫杉醇含量较高的优良品种,在中国南方地区有大面积种植。

红豆杉可以以茎、枝、叶、根入药,主要成分为紫杉醇、紫杉碱、双萜类化合物,该属植物枝叶、木材、种子普遍含有毒物质紫杉醇。紫杉醇是治疗转移性卵巢癌和乳腺癌的最有效药物之一,同时对肺癌、食道癌也有显著疗效,对肾炎及细小病毒炎症有明显的抑

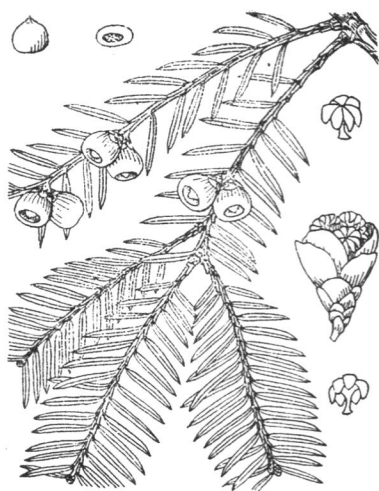

图 8-1 红豆杉

制作用，并有抑制糖尿病及治疗心脏病的效用。红豆杉木材纹理直、结构细、坚实耐用、干后少开裂，可供建筑、车辆、家具、器具、农具及文具等用材，或种植观赏。

8.1.1 生物学特性

红豆杉是一种常绿乔木，高达 30m，胸径 60~100cm。雌雄异株，种子核果状或坚果状，全部或部分包于肉质假种皮内，常呈卵圆形。红豆杉生长周期较长，如云南红豆杉一般在生长 30~40 年之后开花结果，初期生长较慢，速生期为生长的第 5~35 年；一般林木成熟要 50~60 年。异花授粉，花期 3~6 月，果期 9~12 月。由于花期不遇或种间相距较远等原因限制了传粉受精，从而使种子产量受到影响。

种子当年成熟，假种皮厚，在自然条件下具有深休眠的特性，萌芽要经过 18 个月。虽然偶有天然更新苗，但大多数种子休眠期内已腐烂或干燥失水失去活力。红豆杉幼苗长势慢、抗逆性差、成活率低，但红豆杉萌芽力强、耐修剪。

8.1.2 生态学习性

红豆杉分布区地跨暖温带至中亚热带南部，喜凉爽湿润的气候，适应性强，喜阴怕晒、喜湿怕涝，适于在湿度较高和酸性的山地棕壤、暗棕壤土中生长，适宜土壤 pH 为 5.5~7.0。多散生于阴坡或半阴坡的湿润、肥沃的针阔混交林下。可耐-30℃以下的低温，最适温度 20~25℃。忌炎热酷暑，气温超过 30℃的低丘炎热地或干燥地不能生长。喜肥沃湿润的森林土壤，黏重土生长不良，干旱贫瘠地不能生长。耐阴，幼树需在庇荫下生长，成龄树也忌日照直射。常与阔叶树混交，少有成片纯林。

分布区北部的年平均气温为 10~12℃，最冷月平均气温为 1~3℃，极端最低气温为 -15℃；最南部的年平均气温为 14~6℃，最冷月平均气温 4~6℃，极端最低气温-8℃。分布区年平均降水量 1300~2000mm，常年多雾，空气湿润。分布区的土壤为酸性山地黄壤和红黄壤，灰岩地区未见有分布。

云南红豆杉(*Taxus yunnanensis* W. C. cheng et L. K. Fu)分布于中国云南西北部及西部，四川西南部，西藏东南部；不丹、缅甸北部也有分布。云南红豆杉生于海拔 2000~3500m 高山地带，为典型的阴性树种，适合生长在气候湿润的地区。云南省林木品种审定委员会认定产自腾冲的'云华'、'北海'为优良种源，其中紫杉醇含量达 1%、紫杉烷含量达 0.19%。

西藏红豆杉(*Taxus wallichiana* Zucc.)，又称为喜马拉雅红豆杉，产于云南西北部、西藏南部海拔 2500~3000m 地带。阿富汗至喜马拉雅山区东段也有分布。耐寒，并有较强的耐阴性，生长期要求有足够的温度，多生于河谷和沟边较湿润地段的林中。分布区的气候特点是夏温冬凉、四季分明、冬季有雪覆盖，年平均气温 10℃左右，最高气温 16~18℃，最低气温 0℃，年降水量 800~1000mm，年平均相对湿度 50%~60%。

东北红豆杉（*Taxus cuspidata* S. et Z.）高可达 20m，胸径达 1m。分布于中国吉林老爷岭、张广才岭及长白山区；日本、朝鲜、俄罗斯也有分布。生于海拔 500~1300m、气候冷湿的酸性土地带，常散生于林中。

南方红豆杉[*Taxus wallichiana* var. mairei（lemée et H. Lév.）L. K. Fu et Nan Li]属于变种，特征与红豆杉相似。分布于长江流域以南各地，以及河南和陕西。花期 3~4 月，果期 11~12 月。在中国南方省份的 500~2000m 海拔地带均可培植。

8.1.3 栽培管理技术

8.1.3.1 育苗地选地、整地

选择阳光充足、有水源且排灌方便、土层深厚、肥沃疏松、坐北朝南、近年没种过松杉苗木的地块作苗床，苗圃地每天日照时间最好比阳面田少 2~3h。耕地时先撒施三元复合肥作底肥，每亩施用量 50~80kg，土层要深耕耙细、整平，整成床宽 1.2m、沟宽 0.4m、床高 20~25cm 的畦，畦沟通畅便于排灌。每亩用代森锌或 75% 五氯硝基苯 2kg 混拌 50kg 左右细土撒于苗床进行消毒。

8.1.3.2 苗木繁殖

（1）播种繁殖

采集成熟果实除去假种皮，即可得到纯净种子。红豆杉种子的种壳坚硬、透性差，休眠期长达 1~2 年，须经低温层积处理才能当年出苗。具体方法是将种子与湿沙低温层积，种、沙比例为 1∶3，保湿贮藏于室内木箱中（室温 0~10℃），每隔 2 个月过筛 1 次去掉发霉的种子，重新层积至第 3 年 1~3 月种子露白后再进行播种。播前 20~30 天将种子取出，置于背风向阳坡摊晒，上罩塑料膜增温并注意浇水保湿。当有 30% 种子裂口露白时及时筛出种子，放置于 0.2% 高锰酸钾溶液中消毒 10min，再用清水冲洗干净，晾干后即可播种。若播种繁殖，应选用千粒重平均为 93g 的云南红豆杉种子。

变温处理：红豆杉种子有胚根、胚轴双休眠习性，胚根需通过 1 个月左右 25℃ 以上高温阶段才能打破休眠，胚轴需在 -20~-3℃ 条件下 1 个月左右才能解除休眠。为了提早加速种子萌发，只要将种皮破损的红豆杉种子混上湿沙，置于 -3℃ 以下的环境中 25~40 天，就可以解除其胚轴休眠，冬末或早春播种后，经过 2 个月左右遇上 25℃ 以上的气温即能打破胚根休眠，种子就能萌芽出土。播后 120 天左右开始出苗，50~60 天后出苗结束，当年苗高 5~8cm，移入容器培育壮苗。

（2）扦插繁殖

春插在 2~3 月进行，秋插在 8 月进行。插床用砖砌，高 30cm、宽 90cm，长度视地形而定，一般长 4~5m，底部设盲沟，便于排水；插壤用红土、砂、炭渣、锯末、珍珠岩配成。插床上面搭阴棚，透光度 30%，用塑料薄膜覆盖。

取健壮 1 年生枝条，枝条粗 0.3~0.6cm，剪成长 10~15cm 的插穗，经过生根液（ABT）、萘乙酸（NAA）、生长素（IAA）药剂处理，将插条的 1/3~1/2 插入土中。

插床管理：扦插后第 1 次浇透水，以后保持 80% 的湿度以及 20~22℃ 的温度。视天气

情况，每天洒水 1~3 次。扦插后 60 天左右开始生根，180 天即可翻床取苗，将幼苗移入容器内庇荫培养。

（3）幼苗移植

播种苗苗高 5~8cm，扦插苗半年左右，选阴雨天疏苗，去密留稀、去弱留强，疏苗后使苗床保持一定的遮光度，后按株距 15cm、行距 25cm 移栽定苗，或者移植到营养袋中培养。

8.1.3.3 造林

一般播种育苗 2 年，扦插繁殖 1 年左右，当苗高 30~50cm 即可用于造林。选择木质化、新梢长 10cm 以上、无病虫害、生长良好的容器苗造林。

红豆杉生长缓慢，栽培的目的主要是采收枝叶提取紫杉醇，因此一般采用茶园式密植。云南红豆杉一般在 6~7 月造林，东北红豆杉在 4~5 月造林。红豆杉喜阴，也可以在天然林、人工林下栽植，福建在人工杉木林下套作红豆杉，效果良好。

云南红豆杉造林可选择海拔 1700~3500m 的高山台地，沟谷溪流两岸的阴坡、半阴坡地块，以土壤疏松、富含腐殖质、呈中性或微酸性的湿润棕壤、暗棕壤为佳。

山地造林要根据坡度进行水平带状整地，株行距为 1m×2m，每亩种植红豆杉 300~333 株。

平地密植时要将种植地整理成畦，畦间留管理用步道，畦上等距种植；可用遮光网覆盖，并增加灌溉措施；采用行状密植，株距 0.5m、行距 0.75m、密度 1800 株/亩。第 3~4 年即可开始剪枝收获。

林下种植模式主要应用于原本就有郁闭或半郁闭林的地块，利用林下林间土地、林下空间栽植。种植前先进行林下植被的清理，然后穴状或带状整地。种植时要控制上层遮阴度为 0.4 以上，种植密度为 300~444 株/亩。

种植穴的规格为 0.4m×0.4m×0.4m。单株施腐熟的圈肥 1~2kg、复合肥 0.1kg 作为底肥。定植前用 ABT3 号生根粉溶液蘸根，每穴栽苗 1 株，浇水并适当遮阴，可提高造林成活率、缩短缓苗期。

8.1.3.4 田间管理

红豆杉喜阴湿环境，幼树怕强光与干旱，可套作高秆作物如玉米等。水分管理要保持较高空气湿度，以土壤湿润而不涝为宜。生长期要及时清除杂草，每年施肥 2~3 次，在新梢旺盛生长期的 5~7 月追肥，可用尿素 75~150kg/hm^2，配合磷酸二氢钾 0.1%~0.3% 液面喷肥，在秋初适当施用钾肥，促进木质化。也可在 12 月结合中耕除草追施冬肥，将充分腐熟的有机肥沿树冠周边环状施入，并且用土完全覆盖。肥料以腐熟的圈肥（农家肥 1000kg，用 100kg 钙镁磷腐熟）或复合肥为好。

药用红豆杉主要采收小枝叶，促进多发枝，以利于增加产量。造林成活后，剪除基部的萌蘖条，保证主干挺直。幼树期应进行定干，在距地面 30~40cm 处截干，促进侧枝萌发。第 2 年同样管理。采下的枝条可用于扦插或制药。第 3 年后，可每年采收新枝叶供提取紫杉醇。

8.1.3.5 病虫害防治

红豆杉幼苗主要病害是立枯病、菌核性根腐病，可用 50% 甲基托布津可湿性粉剂 1000 倍液或 50% 多菌灵可湿性粉剂 400 倍液喷雾防治，每隔 12 天左右喷 1 次，连续喷 2~3 次。幼苗如发生蚜虫危害，可用敌敌畏 1200 倍液喷雾防治。如发生地下害虫危害，在傍晚用辛硫磷 1000 倍液喷雾防治，也可用地氯磷 1000 倍液防治。

8.1.4 采收与产地加工

红豆杉一般种植 3 年后即可适当采收枝叶，6~7 年后进入盛产期。最佳采收时间为每年的 10~12 月，此时树体尚未停止生长，树液尚未回落到根部，枝叶中紫杉醇含量较高。可采用轮流采收、截干采收的方法。

轮流采收是指剪枝的时候只剪取整株中的一部分，剪取 1~3 年生的枝梢，并留一小截枝干，以便翌年萌发枝叶。而另一部留到来年采集，或者隔一株采一株。

截干采收是剪枝的时候把整株枝叶全部剪掉，只保留树体主干，这样一次性可采收更多枝叶，此方法只能两年采 1 次，其中一年时间用来等待枝叶再次生长。采剪枝叶后，最好对枝条的伤口进行包扎，做好防病处置，避免病菌感染和水分蒸发，影响后期生长。

采收的枝叶应该及时通风晾晒，不要堆在一起，防止枝叶腐变。

8.2 杜仲栽培技术

拓展知识：杜仲茶的功效

杜仲(*Eucommia ulmoides* Oliv.)为杜仲科杜仲属植物，以干燥的树皮入药，药材名杜仲、绵杜仲、丝连皮等(图 8-2)。性温，味甘，微辛，具补肝肾、强筋骨、安胎等功效。主治腰酸膝痛、筋骨无力、肾虚阳痿、肝肾不足、经血亏虚、肝阳上亢、眩晕头痛、目昏等症。主要化学成分有：苯丙素类化合物(绿原酸、愈创木丙三醇、松柏酸、咖啡酸、二氢咖啡酸等十几种化合物)、木脂素类化合物(分离出的糖苷配基及苷已有 27 种，主要以苷的形式存在)、黄酮类化合物(主要有山萘酚、槲皮素及其苷)、环烯醚萜类化合物(已分离出桃叶珊瑚苷等 10 多种化合物)。此外，还有生物碱、挥发油、多糖、氨基酸、蛋白质、有机酸及一些微量元素等。

主产于四川、湖北、贵州、云南、河南、陕西、甘肃及浙江等地，全国多数地区亦产。

8.2.1 生物学特性

杜仲为杜仲科单属单种植物，第三纪孑遗树种之一。落叶乔木，树皮灰色，树皮、枝、叶折断后有银白色胶丝。单叶互生，叶片椭圆形或椭圆状卵形，边缘有锯齿，无托叶。花单性异株，无花被，常先叶开放或与叶同放；雄花具短梗，苞片倒卵状匙形，雄蕊

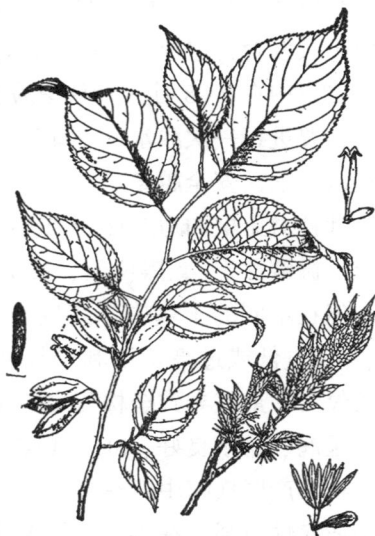

图 8-2 杜仲

5~10，常为 8 枚；雌花具短梗，子房上位，2 心皮合生，仅 1 个心皮发育，扁平狭长，顶端具二叉状花柱，1 室。翅果扁平，狭椭圆形，内有种子 1 粒。花期 4~5 月；果期 9 月。

杜仲为风媒花，雌雄异株。一般定植 10 年左右才能开花，在植株性未成熟前，难以从种子、苗木和幼树的外部形态来区别杜仲性别。雄株花芽萌动早于雌株，雄花先叶开放，花期较长，雌花与叶同放，花期较短。

杜仲种子较大，千粒重 80g 左右，种子寿命 0.5~1 年。杜仲果皮含有胶质，阻碍种子吸水，具有休眠特性，用沙藏处理打破休眠后，在地温 8.5℃时开始萌动，在地温 15℃左右时 2~3 周即可出苗。其种子最适萌发温度为 11~17℃，大于 32℃时发芽受到抑制。

杜仲生长速度在第 1~10 年内较慢，特别在播种后的第 2~3 年内，树高仅 1.5~2.5m。因其树干的直立性强，这一段时间只有主干，基本上不分枝。4 年生后生长开始加快，主干出现分枝。生长最快的时期为生长第 10~20 年，此期称为速生期。在此期间，其年均生长量为 0.4~0.5m。第 20~30 年生树的生长速度逐渐下降，年均生长量为 0.3m。第 30 年生以后，生长速度急剧下降。第 30~40 年，年均生长量为 0.1m，第 50 年以后，其生长量趋于零，基本上处于停滞状态。在年生长期中，成年植株春季返青，初夏进入旺盛生长期，入秋后生长逐渐停止。

8.2.2 生态学习性

杜仲为喜光植物，生长环境内光照时间的长短及光照强弱，对其生长发育影响较明显。在树龄相同、生态环境(海拔、土壤、气候、坡向)基本一致的地方，散生林在树高、胸径、冠幅等方面优于林缘木，而林缘木又优于林内木。在密植的杜仲林中，通过砍伐透光，即可使保留树的直径生长立即恢复。

成龄杜仲主根长度最深可达 1.35m，侧根、支根分布面积最大可达 9m²。因此，杜仲具有较强的耐旱能力，在产区一般自然降水就能满足其需水量。但在幼龄树期，因根系尚未发育成熟，在干旱时吸收不到较深土层的水，此时若供水不足，易造成缺水，从而影响幼树生长发育，造成小老树，推迟其进入结果期的时间。黄河中下游及其以北地区，降水量主要集中在 7~8 月，春秋季易发生干旱，使幼树缺水，必须进行灌溉。一般 3 月土壤解冻后，要进行一次灌水，可促进树体萌芽、抽枝、生长。入冬前进行一次灌溉，以促使树体进入冬眠，安全越冬。

杜仲对土壤的适应性较强，酸性土(红壤、黄壤、黄红壤、黄棕壤及酸性紫色土)、中性土、微碱性土(黏黑垆土、黄土、白土)和钙质土(石灰土、钙质紫色土)均适合杜仲生长。但在不同的土壤中，其生长发育的状况是不同的，如土层过薄、肥力过低、土壤过干、pH 过低或过高均不利于杜仲生长。主要表现为顶芽、主梢枯萎，叶片凋落、早落，生长停滞，最终导致全株死亡。最适宜杜仲生长的土壤应满足以下条件：土层深厚、肥沃、湿润、排水良好、pH 5.0~7.5。过于黏着、贫瘠或干燥的土壤都不适宜杜仲生长。

杜仲产区横跨中亚热带和北亚热带，主要属于中国东部温暖湿润的气候型。杜仲对气温的适应性较强，在年平均气温为 11.7~17.1℃、1 月平均气温为 0.2~5.5℃、7 月平均气温为 19.9~28.9℃、年绝对最高温度 33.5~43.6℃、年绝对最低温度−19.1~4.1℃的地区均能正常生长发育。成年树更耐严寒，在新引种地区能耐 $-22.8℃$ 低温，根部能耐 $-33.7℃$ 低温。例如，苏联的一些地区曾引种栽培，发现在气温低达 $-40℃$ 时仍能存活。其耐寒性主要表现在根部。秋季幼芽及生长点的保护组织尚未形成以前，或在春季已萌发之后，易受早霜或晚霜危害。

8.2.3 栽培管理技术

8.2.3.1 选地整地

（1）苗圃地的选择与整地

苗圃选择向阳、肥沃、土质疏松、富含腐殖质、微酸至中性壤土或砂质壤土为好。酸度过高可撒入少量石灰以降低土壤酸度。春播于立冬前深翻土地，立冬后浅犁放入基肥。每亩施腐熟的厩肥 5000kg、草木灰 150kg，与土混匀、耙平，做成高 15~20cm、宽 1~1.2m 的高畦。低洼地区要在苗圃四周挖好排水沟。

（2）定植地的选择与整地

杜仲可零星或成片栽植，田边、地角、路旁、房前、屋后都可零星种植。成片营林时，最好选择土层深厚、疏松肥沃，土壤酸性或微碱性，排水良好的向阳缓坡、山脚及山坡中下部地段，在石灰岩山地或肥沃的酸性土壤上都生长较好，在低洼涝地不宜种植。定植前清理好土地，除去杂草、灌木及石块等杂物。深翻土壤，施足底肥，耙平，按行株距（2~2.5）m×3m 挖穴，深 30cm，宽 80cm，穴内施入厩肥、饼肥、过磷酸钙、骨粉、火土灰等基肥少许，与穴土拌匀，备用。

8.2.3.2 繁殖方法

杜仲可用播种、扦插、伤根萌芽、压条、余根等方法繁殖。种子繁殖方法简便实用，生产上多采用此法。

（1）播种繁殖

一般以春播为主（也可在每年冬季 11~12 月播种），春季 2~3 月，月均温度 10℃以上时播种，将已处理好的种子在苗圃地上按 20~25cm 的行距条播，开沟深 2~4cm，种子均匀撒入后，覆盖 1~2cm 的疏松肥沃细土。浇透水后盖一层稻草，保持土壤湿润，以利种子萌发。幼苗出土后，于阴天揭除盖草。每亩用种量 7~10kg，可出苗 2 万~3 万株。

（2）扦插繁殖

选择当年新生、木质化程度较低的嫩枝作插穗，扦插前 5 天剪去顶芽，这样可使嫩枝生长得更加粗壮，扦插后也容易发根。插穗剪成 6~8cm 长，每枝只保留 2~3 片叶，插入湿沙或珍珠岩等基质3cm，插后每天浇水 2~3 次，经 15~40 天可长出新根，生根后幼苗应及时移入苗圃地，培育 1 年后定植。

（3）伤根萌芽繁殖

将 10 年生以上、长势良好的大树根皮挖伤，覆土少许，在根皮伤口处便能萌生出新苗，1 年后即可将其挖出移栽。

（4）压条繁殖

将杜仲下部萌发的幼嫩枝条埋入土中 7~13cm，枝梢露出地面，枝条埋在地下部分便能萌发出新根，第 2 年挖出便可移栽。

（5）余根繁殖

苗木移栽时，从主根下端 2/5 处挖断，再将上面的泥土刨走，使断根的上端稍露出土面，随后平整苗床，余根上会抽出新苗。经过 1 年时间即可移栽定植。

8.2.3.3 田间管理

（1）苗圃管理

杜仲幼苗不耐干旱，在苗出齐后于阴天将盖草移到行间，并保持土壤湿润。多雨季节要清理好排水沟，及时排除积水，以免土壤过湿，影响幼苗生长。除草要做到随生随除，保持苗圃无草。中耕 3~4 次，在幼苗长出 3~5 片真叶时按 6.6~8.5cm 株距间苗、补苗，拔除弱苗、病苗。间苗后应及时追肥，4~8 月为杜仲追肥期，每次每亩用充分腐熟的人粪尿 1000kg、硫酸铵或尿素 5~10kg，加水稀释后施入，每隔 1 个月追肥 1 次。立秋后最后追施 1 次草木灰或磷肥、钾肥各 5kg，以利幼苗生长和越冬。

（2）定植园管理

定植当年要经常浇水，保持土壤湿润，每年春、夏季中耕除草 1 次，将杂草晒干后埋于根际附近作肥料。为获得通直的主干，对定植的 1 年生苗，弯曲不直的可于春季萌动前 15 天将主干剪去平茬。平茬部位在离地面 2~4cm 处，平茬后剪口处的萌条，除留 1 粗壮萌条外，其余除去。留下的萌条在生长过程中腋芽会萌发，必须抹去下部腋芽（苗高 1/2 以下）。结合除草，每亩每年追施厩肥 2000kg，另加过磷酸钙 20~30kg、氮肥和钾肥各 10kg，秋冬季节结合园地深翻施基肥，每亩施腐熟厩肥 2000kg。如有条件，可以施用杜仲专用肥，施用专用肥能极显著地促进杜仲树高、树径的生长，增加树体的生物量，且专用肥后效较长。

定植后 3~5 年内杜仲植株较小，林间可套作豆类、玉米、其他矮秆作物或药用植物，既充分利用土地和空间，又能增加土壤肥力，有利于田间管理。以后随着植株逐渐长大，就不宜再套作。每年冬季修剪侧枝与根部的幼嫩枝条，使主干粗壮。

8.2.3.4 病虫害防治

（1）立枯病

立枯病多在土壤黏重、排水不良的苗圃地或阴雨天发生。其症状表现为：烂芽，发芽前的种子和发芽后的嫩芽腐烂死亡；猝倒，幼苗出土两个月内根茎叶萎蔫腐烂；根腐，根皮和细根腐烂。幼苗常在 4 月中旬至 6 月中旬发病，病株靠近地面的茎干皱缩、变褐、腐烂，以致倒伏而死。防治方法：选择疏松、肥沃湿润、排水良好，pH 5~7.5 的土壤，忌用黏重土壤和前茬为蔬菜、瓜类、马铃薯等作物的土壤；每平方米土壤用 1%~3% 硫酸亚铁溶液 4.5kg 喷洒消毒，7 天后播种，或每平方米用福尔马林 50mL 加水至 6~12kg 浇土，用草袋覆盖，10 天后揭去草袋，再过 2 天播种；在催芽前用 1% 高锰酸钾浸泡种子 30min 消毒；药剂防治可采用 1:1:200 波尔多液（每 2.5kg 加赛力散 10g）进行喷洒，10~15 天喷 1 次，共 3 次，或用 50% 托布津 400~800 倍液、退菌特 500 倍液、25% 多菌灵 800 倍液喷洒。

（2）角斑病

角斑病一般 4~5 月开始发生，7~8 月为发病盛期。危害叶片，病叶枯死早落，病斑多分布在叶片中间，出现不同规则暗褐色多角形斑块，叶背病斑颜色较浅。秋季病斑上长出灰黑色霉状物，即病菌的分生孢子梗和分生孢子，随后叶片变黑脱落。防治方法：本病的防治关键在于加强抚育，增强树势；冬季清除落叶，减少传染病原；初发病时及时摘除病叶；发病后每隔 7~10 天喷施 1 次 1∶1∶100 波尔多液，连续 3~5 次。

（3）褐斑病

褐斑病一般 4~5 月开始发生，7~8 月为发病盛期。危害叶片，病叶枯死早落。病斑初为黄褐色斑点，之后扩展成红褐色长块状或椭圆形大斑，有明显的边缘，上生灰黑色小颗粒状物，即子实体。防治方法：参照角斑病防治方法。

（4）灰斑病

灰斑病 4 月下旬开始发生，5 月中旬至 6 月上旬梅雨季节病害迅速蔓延，6 月中旬至 7 月下旬为发病高峰期。危害叶片，病斑先从叶缘或叶脉处产生，初为紫褐色或淡褐色，近圆形，后扩大变成灰色或灰白色凹凸不平的斑块，病斑上散生黑色霉层，即分生孢子梗和分生孢子。防治方法：参照角斑病防治方法，还可在孢子萌发前喷 0.3% 五氯酚钠或一定浓度的石硫合剂。

（5）刺蛾

黄刺蛾、扁刺蛾、褐刺蛾等刺蛾的幼虫危害杜仲叶片，将叶啃食成孔洞、缺口或不规则形状，严重时仅剩叶脉。在中国南方 1 年发生 2~3 代，北方 1 年发生 1 代，以老熟幼虫在枝上的茧里越冬。5 月下旬至 6 月上旬化蛹，6 月上旬至 7 中旬成虫发生，卵散生于叶背面。7 月中旬至 8 月下旬为幼虫发生期。防治方法：消灭越冬虫茧；利用刺蛾成虫的趋光性进行灯光诱杀，避免产卵；利用赤眼蜂进行生物防治；药剂防治可用钾酸铝 200 倍液，或青虫菌(含孢子量 100 亿个/g)500 倍液+少量 90% 敌百虫喷雾，杀灭幼虫。

（6）木蠹蛾

木蠹蛾为蛀干性害虫，幼虫蛀入树干树枝的韧皮部、形成层至木质部，形成空洞，使林木生长势衰弱。严重时，树干内形成较密、较长的空洞以致树干折断而死。以老熟幼虫在树干内越冬，少数在根部越冬。翌年 4 月上旬越冬幼虫开始危害，危害期约 1 个月，5 月上旬至 6 月上旬化蛹，6 月上旬至 6 月下旬成虫羽化。成虫昼伏夜出，趋光性较强。防治方法：冬季清除被害树木，并进行剥皮处理，以消灭越冬幼虫；根据排出的新鲜粪便找出虫道，再将蘸有辛硫磷、敌百虫原液的棉花球塞入虫孔，用黄泥封口后熏杀；取磷化铝片 0.5~1 片塞进虫道，用黄泥封口；幼虫孵化初期，在树干上喷洒 40% 的乐果乳剂 400~800 倍液等；在成虫羽化初期、产卵前利用白涂剂涂刷树干，可防产卵和杀死虫卵。

8.2.4 采收与产地加工

8.2.4.1 采收

（1）整株采收

在 4~7 月采收，先在地面处锯一环状切口，深达茎的木质部；按商品规格所需长度向上量，再锯一环状切口，并用利刀纵割一刀；用竹片剥下树皮，然后砍倒树木；按前法继续剥皮，剥完为止。

（2）环剥采收

选择长势旺盛的杜仲树，先在树干分枝下面横割一刀，再纵割一刀，使之呈 T 字形，深达韧皮部，但不要伤害木质部；然后撬起树皮，沿横割的刀痕向下撕至离地面 10cm 处，再割下树皮。剥皮时动作要轻，不能戳伤木质部外层的幼嫩部分，更不能用手触摸，否则会变黑死亡。10 年生杜仲环剥后经过 3 年新皮能长到正常厚度，又可再行剥皮。

（3）树叶采收

在年周期中，杜仲叶具有次生代谢物生长积累的动态变化。绿原酸含量以 6 月、11 月最高，5 月最低；桃叶珊瑚苷在 6 月、11 月含量最高，7 月、8 月最低；京尼平苷酸在 6 月含量最高，5 月、11 月最低；总黄酮以 5 月含量最高，10 月最低；杜仲胶含量以 5～6 月最高，以后逐渐下降。次生代谢物含量与树体年生长速率存在一定关系，可以根据不同需要，选择不同时间，采摘树叶，并拣去枯枝烂叶。

8.2.4.2　产地加工

剥下的树皮用开水烫后，叠放在垫草的平地上，上盖木板，加石块压平，四周覆盖稻草使其发汗。1 周后堆中杜仲的内皮变为黑褐色或紫黑色，取出晒干，刮去粗皮即可分级。

杜仲叶采收后要先摊放在室内，并及时进行杀青处理。常见杀青方法是以普通铁锅作为炒锅，翻炒至叶面失去光泽、叶色暗绿、叶质柔软、手握叶不粘手、失重 30% 左右即可；也可以用杀青锅杀青，在 200℃ 左右的温度下杀青处理 5min。专门制胶用的杜仲叶不做杀青处理，杀青处理后的杜仲叶仍可提取杜仲胶。

8.2.4.3　质量标准

（1）药材性状

药材呈板片状或两边稍向内卷，厚 3～7mm。外表面淡棕色或灰褐色，有明显的皱纹或纵裂槽纹，有的树皮较薄，未去粗皮，可见明显的皮孔。内表面暗紫色，光滑。质脆，易折断，断面有细密、银白色、富弹性的橡胶丝相连。气微，味稍苦者为佳。

（2）规格等级划分

《中华人民共和国药典》（2020 年版）规定：本品水分不得超过 13.0%，总灰分不得超过 10.0%，醇溶性浸出物不得少于 11.0%，松脂醇二葡萄糖苷（$C_{32}N_{42}O_{16}$）含量不得少于 0.10%。

根据杜仲皮的厚、薄、零、整，可将其分为以下等级。

①特等干货。呈平板状，两端切齐，去净粗皮。表里均呈灰褐色，质脆。断面处有胶丝连接。味微苦。整张长 70～80cm、宽 50cm 以上、厚 0.7cm 以上，碎块不超过 10%。无卷形、杂质、霉变。

②一等干货。呈平板状，两端切齐，去净粗皮。表面呈灰褐色，里面呈灰褐色，质脆。断面处有胶丝连接。味微苦。整张长 40cm、宽 40cm 以上、厚 0.5cm 以上，碎块不超过 10%。无卷形、杂质、霉变。

③二等干货。呈板片状或卷曲状。表面呈灰褐色，里面青褐色、质脆。断处有胶丝相连。味微苦。整张长 40cm 以上。碎块不超过 10%。无杂质、霉变。

④三等干货。凡不符合特等、一等、二等标准，厚度最薄不小于 0.2cm，包括枝皮、根皮、碎块，均属此等。无杂质、霉变。

8.3 肉桂栽培技术

拓展知识：肉桂
与肉皮的区别

药材肉桂是樟科桂属植物肉桂(*Cinnamomum cassia* Presl)、大叶清化桂(*Cinnarnomum cassia* var. *macrophyllum* Chu. var. nov.)和锡兰肉桂(*Cinnamomum verum* presl)的干皮或枝皮(图 8-3)。药材名肉桂，别名菌桂、牡桂、桂、大桂、筒桂、辣桂、玉桂。性大热，味辛、甘，归肾、脾、膀胱经，具有补火助阳、引火归元、散寒止痛、活血通经的功效，用于治疗阳痿宫冷、肢冷脉微、虚寒吐泻、心腹冷痛、腰膝冷痛、肾虚咳喘、痛经、经闭、低血压及寒性脓疡等病症。肉桂原产于中国，在热带及亚热带地区广为栽培，中国在广西栽培较多，印度、老挝、越南至印度尼西亚等地也有分布，但大都为人工栽培。

图 8-3 肉桂

8.3.1 生物学特性

肉桂为中等大乔木植物，树皮灰褐色，树皮上有纵向的细条纹。叶互生，叶片为长椭圆形或披针形，内卷，叶面绿色，有光泽，无毛，叶背淡绿色，覆盖黄色短茸毛。花圆锥状，黄色。果实椭圆形，无毛。花期 6~8 月，果期 10~12 月。

8.3.2 生态学特性

肉桂喜温暖湿润、阳光充足的气候，适生于亚热带无霜地区。多分布在北纬 24.5° 以南、海拔 400m 以下的亚热带地区，年平均气温 22~25℃，年平均降水量 1200mm 以上。属半阴生植物，幼树喜荫蔽，要求 60%~70% 荫蔽度，忌烈日直晒；随着树龄的增长，逐步能耐较多阳光，成株喜阳光充足。在 0~5℃ 时，成龄树未见寒害。相对湿度在 80% 以上时，生长旺盛。肉桂种子千粒重 156~193g。种子不耐贮藏，贮藏期不可超过 20 天；种子容易萌发，萌发适温为 15~30℃ 的变温，萌发率为 90% 以上。

8.3.3 栽培技术

8.3.3.1 选地与整地

育苗宜选排水良好、湿润肥沃、土层深厚、疏松的砂壤土。选地后，于头年冬季耕翻土壤，经过冬充分风化熟化，碎土，除去宿根性草根和石块。于播种前 1 个月，施腐熟有机肥，耙平后作畦，畦面宽 1m，高 15~20cm，畦间距 33cm，四周开好排水沟。种植地宜选用背风向阳，坡向宜朝东南方，坡度 15°~30° 的缓坡山林腹地，适当选留部分原有林木作定植苗未成林前的荫蔽树，于冬季进行整地挖大穴，穴的规格为 60cm×60cm×50cm，行距 2~3m、株距 3~4m，穴施 15~20kg 土杂肥作基肥以待种植。

8.3.3.2　繁殖方法

播种、扦插、高空压条和嫁接繁殖均可，生产上多采用播种繁殖，随采随播。

（1）播种繁殖

①选种。选 10~15 年生、种子粒大饱满、树干通直、皮厚多油、味道芬芳甘辛、生长健壮、无病虫害、由实生苗长成的植株为母株。

②采种与种子处理。当果实成熟呈紫红色时采收，或分批采摘外表呈紫黑色的成熟果。采果后堆放 3~4 天，待其果肉腐烂后，将果肉全部擦掉洗净，经水选，取出种子，晾干表面水分，不能日晒。播种前用 0.3% 的福尔马林浸种半分钟，然后倒出多余的药液，放入密闭缸内处理 2h，用清水洗去药液，再用清水浸种 24h。为加速种子发芽，可用湿沙层积催芽，种子与湿沙比例为 1∶4~1∶3，混匀，然后放瓦盆中，底垫 2~3cm 厚的湿沙，再放入湿沙种子，上盖沙 2cm，加盖，当种子出现芽点时即可播种。

③播种期。由于种子容易失去发芽力，宜随采随播。如无法做到，应立即将种子与两倍体积的湿沙混合贮藏在阴凉处，但贮藏期不要超过 1 个月。

④播种方法。采用开沟点播法，行距 21~25cm，沟宽 15cm，沟深 1.5~2cm，粒距 3~4cm。播后覆土 1.5cm，并在床面覆一层没有种子的杂草或稻草，以保持苗床的温度和湿度。播后 20~40 天出苗，出苗率为 80%~90%。

（2）扦插繁殖

①插条选择和截取。选择生长健壮的优良母树嫩枝（皮层青绿色）和半嫩枝（皮层稍带灰褐色）作扦插材料。插穗用利刀剪切，下端切口斜形，上端切口宜与干轴垂直；插穗长为 20cm 左右，嫩枝插条顶端留 3~4 片叶，并将每片叶剪去 4/5。切好后的插穗应放在阴湿处。

②扦插季节。以 3 月下旬至 4 月上旬为宜。

③扦插方法。插条可用 1500mg/L 萘乙酸（NAA）溶液浸泡 10min 后，直插入沙床或清洁的泥床中。一般扦插行距为 20~24cm，株距为 5~8cm，斜插入土达 2/3，露出地面 1/3，插后覆土压实。注意遮阳与保温，土壤干燥要淋水，30~50 天开始生根。

（3）高空压条繁殖

①枝选择。选择 2~3 年生、直径 1~2cm 以上优良健壮的枝条进行高空压条。

②季节。在新梢尚未长出，树干营养较集中的 3~4 月进行。

③方法。先于枝条基部环状剥皮一圈，长 2~3cm，切口要整齐干净，勿伤及木质部而折断，切口的皮层不要破裂或松脱而影响发根。用泥土和腐熟稻草拌匀，糊上剥皮部位并用塑料薄膜包裹，注意淋水，保持一定湿度。如气温适宜，10~15 天切口愈合，30~40 天后便可发根，待新根由白转黄或在春天新芽萌动时，即可将枝带根切断移栽在苗床上或盛有营养土的小竹箩内。

（4）嫁接繁殖（芽接）

①砧木的选择。选用生长健壮的 2~3 年生本地肉桂作砧木，在砧木离地 15~20cm 处（东向较好），先横切长 0.5~0.8cm 的切口，再从切口中央从上到下纵切一刀，大小与芽

片相等，切开韧皮部长约 2cm。

②接穗的选择和截取。从大叶清化桂的优株上，选取同砧木粗度相应、叶芽饱满的 1~2 年生枝条作接穗，用利刀在芽的上方 2cm 处横切一刀，再在芽下方 1~1.5cm 处，用刀向上削成长 3~4cm 的芽片，略带木质部，要求光洁、平滑。

③嫁接时期。以春季为宜。

④嫁接方法。将削好的芽片贴入砧木接口中，勿使芽片倒放，用塑料薄膜由下而上包扎紧密，但要露出芽头，防止雨水侵入和芽片失水，影响愈合。

8.3.3.3 田间管理

（1）育苗地管理

①遮阴。育苗地荫蔽度控制在 50%~60% 为宜，若无荫蔽条件，需搭棚遮阴。待苗高 15~18cm 时，撤去阴棚。

②除草、灌溉。要防止杂草侵害，勤除杂草，并注意淋水灌溉。

③间苗。苗高 7~10cm 时开始间苗，每隔 6cm 左右留苗 1 株。

④施肥。间苗后 20 天薄施人畜粪尿或尿素，以后每半个月或每月施肥 1 次，半年后每 2~3 个月施肥 1 次。

⑤嫁接苗管理。包括松绑、解绑，剪断芽上方部分及萌条，固定新枝条等。

（2）种植地管理

①中耕除草。定植后，每年冬末春初中耕除草 1~2 次。中耕时不要碰伤近地面的茎皮，以免促使萌发过多的萌蘖条，影响主干生长。冬末中耕后，注意做好覆盖和保温。

②间作。幼树株行间可种高秆作物；成林树下仍可间种喜阴湿的草本药用植物。

③施肥。幼龄期多施氮肥，每亩施有机肥 500~750kg、硫酸铵 10~12kg。成龄后每株施由厩肥和过磷酸钙沤制的混合肥 5~8kg。

④修枝、间伐。幼林期把靠近地面的侧枝、多余的萌蘖剪去。成龄树剪除病虫枝、弱枝和过密的侧枝。造林 8~10 年，可间伐干形不通直、生长弱和有病虫害的植株，减少荫蔽，促进生长。

⑤林木更新。成年桂树砍伐剥皮后，树桩萌蘖力很强，应及时选留正直粗壮的新枝 1 株继续培育成材，其余的除去。经抚育管理，可连续采伐。

8.3.3.4 病虫害及其防治

肉桂的常见病虫害主要有：枝枯病、桂叶褐斑病、根腐病、肉桂木蛾、肉桂褐色天牛等。

（1）枝枯病

枝枯病又称枯梢病，是 20 世纪 80 年代以后发生的极为严重的肉桂病害，又称为"桂瘟"，一些林地发病率高达 80% 以上。病枝从顶端向下干枯 1/5~4/5，严重时整株枯死，可使桂皮产量降低 20%~50%。对于枝枯病的病原体，目前的研究有不同的结果，可能为可可球二孢菌、可可色二孢菌或可可毛色二孢菌。病菌主要从枝干的虫伤口、自然伤口或垂死组织处侵入肉桂植株，感病后植株大多数在梢顶 10~80cm 处干枯，叶变为红褐色而不脱落，林分似被火烧。防治方法：加强田间管理，增强抗病能力，施肥时应补充硼砂；及时清除病株，集中烧毁，防止病菌传播；选育抗病品种；严格检疫，不用病苗。

（2）桂叶褐斑病

4~5月发生于苗木新生叶片上，初期叶缘或叶尖出现病斑，并逐渐扩展成不规则的大斑块，初为黑褐色，后变成灰白色，表面密生黑色小粒点，严重时整株落叶。防治方法：加强田间管理，增强抗病能力；及时清除病叶，集中烧毁，防止病菌传播；发病流行期可用1：1：100波尔多液，每7天喷1次，防止蔓延。

（3）根腐病

梅雨季节，由于排水不良，苗木常受到根腐病的侵害。主根首先腐烂，然后逐渐蔓延，使整个根系死亡，全部枯萎。防治方法：加强管理，开好排水沟；及时拔除病株，用石灰消毒病穴；用50%退菌特500倍液全面浇洒。

（4）肉桂木蛾

肉桂木蛾幼虫钻蛀茎干并取食附近树皮和叶片，被害枝干易折断或干枯，虫口密度大时，严重影响肉桂生长。防治方法：在幼虫孵化盛期用50%杀螟松乳油500~800倍液喷洒，每10天喷1次，共喷2~3次；若幼虫蛀入木质部，可将新鲜虫孔内的虫粪清除干净，然后用棉球蘸90%敌百虫塞入蛀孔，并用泥封口，剪除被害枝条，集中烧毁。

（5）肉桂褐色天牛

肉桂褐色天牛幼虫危害韧皮部，随虫体长大蛀食树的髓部成洞。受害部位枝叶干枯，遇强风易折断。防治方法：成虫羽化盛期，在树干上涂抹生石灰：硫黄：水为10：1：40的混合剂以防成虫产卵；幼虫出现后，可用25%杀虫脒300倍液喷杀；发现树干有新鲜虫孔的粪便，立即清除干净，将棉花用40%乐果乳油浸湿塞入洞内，或用注射器将配制好的药液从虫孔注入。

8.3.4　采收与初加工

8.3.4.1　采收

（1）桂皮

树龄10年以上即可采收。采收在树液流动、皮层容易剥脱时进行，每年可分两次采收。4~5月采收的称春剥，9月采收的称秋剥。剥皮分环状剥皮和一定面积的条状剥皮。环状剥皮就是按商品规格长度稍长（一般为41cm）将桂皮剥下，然后按商品规格的宽度略宽（8~12cm）截成条状。条状剥皮即在树上按商品规格的稍大尺寸画好线，逐条地从树上剥下。

（2）桂枝

每年修枝剪下筷子般粗细的枝条，或砍伐后不能剥皮的细小枝梢及伐桩的多余萌蘖，均可作桂枝入药。

（3）桂子

除留种外，于10~11月采收幼果或拣拾掉落地面的青果。

（4）桂油

肉桂叶、小枝、果实、桂碎均可用于蒸馏桂油。

8.3.4.2 初加工

（1）桂皮

加工方法有多种，目前多采用箩筐外罩薄膜焖制法：将采下的桂皮放入水池中浸泡一昼夜后捞起，洗去杂物，擦干表面水分或稍晾干，放入竹箩内焖制。竹箩外面用薄膜封严，箩内底部铺垫约 10cm 厚的稻草、鲜桂叶，周围铺垫 5~10cm 厚；然后将桂皮逐块地竖放于竹箩内，上面再铺 10cm 厚的稻草、桂叶，并盖上厚麻布，用砖头压紧，置室内阴凉处。每天或隔天将箩内桂皮上下倒换一次，如此焖制至竹箩内的桂皮内表面由黄白色转棕红色，即可取出晾干。

（2）桂枝

将肉桂树的小枝截成约 40cm 长的段条晒干，也可趁鲜湿时用切片机切成桂片晒干。

（3）桂子

将青果晒干，即采自肉桂未成熟的果实晒干或阴干而成。

（4）桂油

桂油以水蒸气蒸馏法加工，蒸馏前，肉桂枝叶须阴干四至五成，再将原料堆放室内 1~2 个月，待叶片转色再蒸油。

8.3.4.3 质量标准

（1）药材性状

干燥桂皮呈槽形或卷筒状，长 30~40cm，宽或直径 3~10cm，厚 2~5cm。外表面灰棕色，稍粗糙，有不规则的细皱纹及横向凸起的皮孔，有的可见灰白色的斑纹；内表面红棕色，略平坦，有细纵纹，划之显油痕。质硬而脆，易折断，断面不平坦，外层棕色而较粗糙，内层红棕色而油润，两层间有 1 条黄棕色的线纹。气香浓烈，味甘、辣。

（2）规格

桂皮水分不得超过 15.0%，总灰分不得超过 5.0%，挥发油不得少于 1.2%（ml/g）；按干燥品计算，含桂皮醛（C_9H_8O）不得少于 1.5%。

8.4 密花豆栽培技术

拓展知识：大血藤与密花豆的区别

药材鸡血藤为豆科密花豆属植物密花豆（*Spatholobus suberectus* Dunn）的干燥藤茎，别名血风、血藤、大血藤、血风藤、三叶鸡血藤、九层风（图 8-4）。秋、冬二季采收，除去枝叶，切片，晒干。性温，味苦、甘，归肝、肾经，具有活血补血、调经止痛、舒筋活络的功效，用于月经不调、痛经、经闭、风湿痹痛、麻木瘫痪、血虚萎黄等症。现代药理研究表明，鸡血藤还具有促进造血、抗癌、抗炎、抗病毒以及提高免疫、镇静催眠等作用，为多种中成药原料药，如鸡血藤片、金鸡胶囊、妇科千金片、花红片、正天丸等都含有鸡血藤，具有极高的药用价值，药用需求量大。鸡血藤的化合物结构类型主要有黄酮类、菇类、甾醇类、蒽醌类、内酯类等。

图 8-4　密花豆

国内正品密花豆野生分布于广西平乐、武鸣、马山、临桂，广东东北部、中部、南部，云南禄劝、武定等地。广西壮族自治区中医药管理局将鸡血藤列为"桂十味"道地药材及区域特色药材品种。

8.4.1　生物学特性

密花豆为攀缘藤蔓植物，幼年时呈灌木状。小叶纸质或近似革质，异型；顶生小叶两侧对称，宽椭圆形，宽倒卵形至近圆形，顶端突然收缩成短尾，顶端钝，基部宽楔形；侧生小叶两侧不对称，与顶生小叶相等或略窄，基部宽楔形或圆形，两侧几乎无毛或稍有毛，下脉腋之间通常有 6~8 对有胡须的侧脉；叶柄稍有毛或无毛，托叶钻形。圆锥花序腋生或在小枝顶部，花序轴和花梗被黄棕色短柔毛；苞片和小苞片线形，宿存花萼短而小，萼齿远比萼筒短，下部 3 齿，

先端圆形或稍钝，上部 2 齿稍长，或多或少合生；花瓣白色，旗瓣扁球形，先端稍凹，基部宽楔形，翅瓣斜楔形长圆形，基部一侧有短尖耳垂，龙骨瓣倒卵形，长约 3mm，另一侧有短尖耳垂；雄蕊隐蔽，花药呈球形，大小均匀或接近均匀。荚果近似镰刀形，密被棕色短茸毛，基部有 4~9mm 长的果颈。种子长圆形，种皮紫褐色，薄而脆，色泽鲜艳。花期为 6 月，结果期为 11~12 月。

密花豆种子属于硬皮种子类型。春播前，将种子在温水中浸泡 1~2 天，软化种皮，使种子吸收足够的水分，取出，放在温暖的地方促进发芽。

8.4.2　生态学习性

密花豆为多年生攀缘乔木，具有较好的抗逆性能力，喜生长在气候温暖、潮湿阴凉的土壤、肥沃山坡或山沟边，山地坡度在 40°~80°，土壤土层深厚、富含腐殖质、疏松湿润、排水良好，最适宜密花豆植株生长发育。密花豆生长最适温度为 20~28℃，干旱、低温都不利于密花豆的栽培。密花豆在幼苗期需要一定的荫蔽度，而度过幼苗期又需要一定的阳光，幼苗生长缓慢，通常 3~4 年后生长迅速，光照与水源对其分布有很大的影响。在光照和水源充沛的地方密花豆个体种群数量较多、植株长势好，藤茎粗壮；反之，个体种群数量较少、植株长势弱。低温会导致密花豆生长缓慢或停止生长。

密花豆种植模式主要是单品种大面积栽培、仿野生林下种植，单品种大面积栽培的基本匍匐于地面生长，仿野生林下种植的会攀缘在附近乔木上向上生长。野生密花豆的生长环境较阴暗潮湿，周围有大量蕨类植物以及苔藓类植物，易攀缘于高大树木上，主要分布于亚热带常绿阔叶林或次生毛竹林的中下层，通常下层荫蔽度较大，上层光照比较充足。

8.4.3　栽培管理技术

8.4.3.1　选地、整地

（1）大田整地

密花豆大田育苗时选择海拔在 500m，地势平坦、排灌方便、湿润肥沃的农田作为苗圃地，以砂质土壤为宜。秋冬进行深耕翻地，每亩用 300~500kg 农家肥或者 50~100kg 复合肥作基肥，将地块整成高 25cm、宽约 1m 的畦面，用 70% 的 1000 倍甲基托布津溶液进行喷洒消毒或用 5% 高锰酸钾溶液进行喷洒消毒，苗床之间及四周挖好排水沟。另准备育苗袋（规格为 15cm×15cm），袋内装满土，置于苗床上，扦插前 1 天用 70% 1000 倍甲基托布津溶液进行喷洒消毒。密花豆移栽地整理，头年冬天把土深翻一遍，把在土壤里越冬的大部分害虫冻死，按移栽要求密度提前挖好苗坑，挖坑时视情况预留支架位，并每坑施有机肥 10kg 作为基肥。

（2）林下套作地整理

密花豆林下栽植时应选择湿润肥沃、排水良好、土层深厚的砂质土壤，山地坡度在 40°~80°。选择合适的林木对密花豆林下栽植尤其重要，避免套作在生长能力较弱的林木下，选择常绿阔叶林或次生毛竹林较好，也可以选择与果林套作，如火龙果林等。确定栽植区域后要进行物理除草，避免化学除草对林木生长产生不良影响。人工整地时要避免伤及林木根系，整地宽度以种植要求为主，根据林木分布情况，调整畦宽、畦长。秋冬季翻耕，同时施加有机肥有助于密花豆的苗期生长，可施用膨润土、石膏、熟石灰等土壤改良剂调节土壤 pH，使土壤 pH 保持在 5.0~6.5。

8.4.3.2　苗木繁殖

密花豆育苗通常以 2~5 月为宜，主要有种子育苗和扦插育苗两种方式，其中以扦插育苗为主。扦插育苗较种子育苗成活率高。扦插育苗通常又可分为苗床育苗和育苗袋育苗两种方式。

（1）种子育苗

种子播种应在 2~4 月播种为宜，选择疏松肥沃排水良好的砂质土壤。将选好的种子用 45℃温水浸泡 8h，每天用清水冲洗 2~3 次，温度在 25℃左右，7 天即开始发芽，发芽 10% 时即可播种。密花豆种子育苗主要有 3 种方式：田畦育苗、袋装育苗和大田直播。

（2）扦插育苗

①插穗选取。密花豆扦插通常选择在 3~4 月进行，气温保持在 1~25℃。扦插时必须要选择超过 1 年生、直径在 1~2cm、半木质化、无病虫害、生长健壮的枝条作为插穗。插穗采集时应在母株藤条上选取粗度大于 0.5cm 的枝条剪下，保留 2~3 个芽点，长度 15~20cm，枝条基部要斜剪呈 45°，顶部剪平，基部剪口与顶端剪口应距离芽点约 0.3cm。插穗应在扦插前 24h 内采集，最好现剪现插，采回的插穗枝条应当放置在阴凉处，喷洒清水预防水分蒸发。扦插前放进浓度 100mg/L 的 ABT 1 号生根粉溶液中，浸泡 30min，然后取出备用。

②育苗方法。扦插育苗的常见方法有苗床育苗和育苗袋育苗。

a. 苗床育苗：苗床育苗整地按大田整地操作，苗床在扦插前 1 天再次使用 0.5% 高锰酸钾溶液浇透消毒；扦插时将苗床浇透水，通常先用小木条间隔 10~15cm 打孔，后将穗条插入与地面呈 60°夹角，扦插深度为穗条长度的 2/3，且露出地面部分必须至少含有 1 个腋芽；扦插完毕后覆土并浇水，覆盖遮阳网。

b. 育苗袋育苗：准备育苗袋(规格为 15cm×15cm)，袋内装满黄土，置于苗床上，扦插前 1 天用 70% 的 1000 倍甲基托布津溶液进行喷洒消毒，每袋扦插 1 枝，全年都可进行扦插，但以 2~3 月雨量充沛时扦插最佳。扦插时将苗床浇透水，扦插深度为穗条长度的 2/3，且露出地面部分必须至少含有 1 个腋芽；扦插完毕后覆土并浇水，覆盖遮阳网。

8.4.3.3 田间管理

(1)肥水管理

扦插后应将苗床土壤湿度控制在 60%，空气湿度控制在 70%~80%，温度宜控制在 20~30℃。晴天白天每 4h 浇 1 次水，保持苗床与插条处于湿润状态，以表层细土不发白为宜，每天浇水 3~4 次，根据天气情况适当调整浇水次数，尽量做到随干随浇。雨天要注意及时排水，避免积水烂根。60 天后扦插苗生根、抽芽后，浇水量以及浇水次数可逐渐减少至每天 1~2 次。60 天可适当淋施 0.1%~0.3% 的氮肥或者复合肥，促进枝条抽梢和根系壮大，施肥后以清水淋苗，防止幼苗出现烧苗现象，施肥次数根据幼苗生长速度而定，通常每 30 天施 1 次。在幼苗出圃前 30 天减少施肥量或不施肥，减少浇水。

(2)遮阴

扦插苗的生长需要遮阴，防止其受日光灼烧而失水。扦插后 2 周遮阴强度控制在 80%；苗高长到 10cm 时，控制遮阴强度为 50%；待苗高 20cm 时撤去遮阴网。

(3)修剪

插穗内部有营养成分存在，故前期部分苗为假活苗，为提高生根率，生长过快的插穗应适当修剪叶片，降低养分消耗与蒸腾作用。

(4)越冬管理

密花豆种苗不耐寒，当气温低于 0℃时会出现冻害，可覆盖地膜或覆盖稻草越冬抗寒。

(5)炼苗

为提高移栽成活率，在移苗前 1 个月，应逐步去除防护设施，并保持土壤适度干旱，锻炼种苗抗性，以便适应后期相对恶劣的环境，提高后期移栽成活率。

(6)移栽

苗龄 180 天、苗高要求 40cm 以上可以出圃移栽，若苗高超过 50cm，则适当剪短后出圃。幼苗出圃时将根部用黏稠黄泥浆包裹，保证其湿润并剪除根部以上 2/3 的叶片，有利于提高栽植成活率。

密花豆移植时间以春季 3~5 月和秋季 9~10 月为宜，按株距 1.5~2.0m、行距 2.5~3.0m，挖 40cm×40cm×40cm 穴，每穴栽植 1 株，确保根部能自然舒展，每穴施用农家肥或有机肥 5kg，覆土回穴时与肥料混匀施入，踩实并浇透水，再覆盖一层细土与栽植地相平，栽植后 3~5 天浇水 1 次，有助于提高密花豆存活率。

（7）移栽后管理

密花豆苗移栽 15 天后查看幼苗存活情况，发现死亡植株及时补种。种苗成活后，及时清除林间的杂树杂草。每年除草 4 次以上，一般在春季和冬季除草。还要经常松土，松土除草采取人工方式，松土后及时用枯枝草叶等覆盖地表，避免表土裸露。在局部水土流失严重的陡坡地，适当减少松土的强度和深度。在林下种植密花豆要及时修剪树木，保持密花豆在林下的正常生长，注意避免阳光直射，成龄后每株可保留 2~3 条主藤茎。移植 1~2 年需深翻土壤和施肥 2~3 次。幼苗施肥要遵循基肥少量深施、追肥适当的原则。7、8 月是密花豆生长最旺盛的时间，此时宜抓紧时间追肥 1 次，在离密花豆根部约 30cm 处挖施肥沟，往坑中放入 5kg 农家肥或者 0.5kg 复合肥。

8.4.3.4 病虫害防治

（1）根腐病

根腐病易发生在苗期，受害扦插苗呈红褐色，最后根皮腐烂，地上枝叶部分枯萎蔫死。防治方法：在扦插后每 20 天用 50% 多菌灵 1000 倍液喷淋，能有效防治。

（2）豆类锈病

豆类锈病主要危害叶片，在叶片上会出现淡黄色的斑点，后期斑点会逐渐变大直至成为夏孢子堆。防治方法：可使用 70% 的甲基托布津 1000 倍液，每隔 7~10 天喷洒 1 次进行防治，共喷洒 2~3 次。

（3）白粉病

白粉病主要危害叶片，感染后叶面将会出现白色的霉斑点，这些斑点会逐渐变大直至布满叶片，从而影响光合作用，导致植株枯萎。防治方法：可在密花豆育苗时对插穗单独进行 70% 甲基托布津 1000 倍液喷洒预防。

（4）豆类枯萎病

感染豆类枯萎病时，叶片从下向上逐渐枯萎并发生脱落，最终植物枯萎死亡。防治方法：这种病主要是湿度较高引起的，因此在密花豆育苗过程中应加强幼苗观察，如有枯萎病早期症状，及时通风降湿。

（5）豆类叶斑病

叶斑病根据叶片发病颜色的不同，可以分为很多种，如褐斑病、黑斑病等。叶斑病主要由假单胞菌引起，连作、过度密植、通风不良、湿度过大均利于发病。防治方法：除了使用化学药物喷洒处理外，更重要的是实行育苗地、生产地的轮作，如发现病株，应及时隔离，集中焚毁。

（6）蚜虫

蚜虫群集于叶背、嫩茎等处，吸食植株的汁液，使叶片向背面卷曲皱缩，同时排出分泌物覆盖叶面，使叶片不能进行光合作用。防治方法：可使用 20% 吡虫啉 2500 倍液喷洒防治。

（7）地老虎

地老虎常咬断嫩芽和咬食嫩枝，危害幼苗。防治方法：可用 50% 辛硫磷颗粒剂每亩撒施 2~2.5kg 防治，或使用黑光灯、糖醋液进行诱杀。

8.4.4 采收与产地加工

8.4.4.1 采收

中国历代对密花豆的记载中未见有关采收时间的记述，《中华人民共和国药典》(2020年版)记载其为秋、冬两季采收，除去枝叶，切片，晒干。宜选择晴天干燥时，将藤茎砍断，去掉枝叶，砍成 10 段。种植 5 年以上即可以采收，选择健硕枝条，采大留小。一般每亩地可产鸡血藤 500~700kg。

8.4.4.2 产地加工

采收后洗净晾干水分，手工或机械切成 3~8mm 薄片，晒干，不定期翻动，晒至发脆时测定水分，低于 13% 即可包装入库；或者在红外干燥箱中干燥至水分在 10% 以下，取出冷却至室温装袋密封。

8.4.4.3 质量标准

(1)药材性状

干货椭圆形片状，质坚实。切面木质部红棕色或棕色，导管孔多数；韧皮部有树脂状分泌物呈红棕色至黑棕色，与木质部相间排列呈数个同心椭圆形环或偏心半圆形环，同心环或偏心环较规则，环数多在 5 圈以下；片直径多在 4~8cm。外包装上标明产地。

(2)规格等级划分

作为药材要求水分不得超过 13.0%，总灰分不得超过 4.0%，醇溶性浸出物不得少于 8.0%。按照片型大小可将其划分为 4 个等级。

统片：片型大小不一，片直径多在 4~8cm，同心环或偏心环 3~13 圈。

大片：片型大小均匀，片长轴直径平均在 10cm 以上，片短轴直径平均在 5cm 以上，同心环或偏心环在 8 圈以上。

中片：片型大小均匀，片长轴直径平均在 6~10cm，片短轴直径平均在 3.5~5cm，同心环或偏心环在 5~8 圈。

小片：片型大小均匀，片长轴直径平均在 6cm 以下，片短轴直径在 3.5cm 以下，同心环或偏心环在 6 圈以下。

8.5 木通栽培技术

木通栽培技术相关内容详见二维码。

8.6 牡丹栽培技术

牡丹栽培技术相关内容详见二维码。

8.7 刺五加栽培技术

刺五加栽培技术相关内容详见二维码。

实训

[**实训二十一**]在实训基地完成皮类及茎木类林源药用植物栽培技术应用。通过资料查阅结合教学可及资源，选择1~2种皮类及茎木类林源药用植物完成苗木繁殖、田间管理、病虫害防治、采收与产地加工生产中的某一个或几个环节，完成表8-1，要求步骤详细，并总结心得体悟。

表8-1 皮类及茎木类林源药用植物栽培技术应用

实训项目	工具材料	实训时间	操作步骤与技术要点	难点与重点	结果与体会

课后自测

一、填空题

1. 木通为_____科植物木通、_____或白木通的干燥藤茎。

2. 三叶木通为落叶或半常绿_____，所以在栽培过程中需要搭棚，促其藤蔓生长。

3. 三叶木通繁殖一般用_____，还可以用_____方法繁殖。

4. 红豆杉的_____、_____、_____、_____、皮都可以入药，主要药用成分是_____，是天然的抗癌药物。

5. 我国红豆杉共有4种1变种，即_____、_____、_____、_____和_____。

6. 红豆杉喜凉爽湿润的气候，能耐阴，抗寒力强，喜_____怕_____、喜_____怕_____。

7. 杜仲质脆，易折断，断面有_____、_____、_____的橡胶丝相连。

8. 肉桂为_____植物的_____。

9. 肉桂的主要病虫害有_____、_____、_____。

10. 刺五加为五加科植物刺五加的干燥根和根茎或_____。

11. 刺五加属于补虚药下分类之_____药类中药。

12. 密花豆常见的虫害有_____、_____。

二、单选题

1. (　　)为单属单种植物，第三纪子遗树种之一。

A. 麻黄　　　　B. 红豆杉　　　　C. 柳　　　　D. 杜仲　　　　E. 木兰

2. 杜仲种子的寿命为(　　)年。

A. 0.5~1　　　B. 1~2　　　　C. 2~3　　　　D. 3~5　　　　E. 5~10

3. 刺五加为(　　)产区的道地药材。

A. 川药　　　　B. 云药　　　　C. 关药　　　　D. 南药

4. 刺五加在东北地区分布于海拔(　　)m 以下。

A. 800　　　　B. 1500　　　　C. 2000　　　　D. 2500

5. 刺五加为(　　)。

A. 藤本　　　　B. 乔木　　　　C. 草本　　　　D. 灌木

6. 密花豆为(　　)药用植物。

A. 菊科　　　　B. 豆科　　　　C. 唇形科　　　　D. 木兰科

7. 密花豆生产上常用的繁殖方式为(　　)。

A. 种子繁殖　　　B. 扦插繁殖　　　C. 压条繁殖　　　D. 嫁接繁殖

三、判断题(正确的打√，错误的打×)

1. 三叶木通植株上的全部新梢可以分为匍匐性新梢和缠绕性新梢两类。根据抽发部位和各自的生长特性可分为根颈部新梢、主茎基部新梢及成年枝条上的新梢 3 种。(　　)

2. 红豆杉雌雄异株，生长快，萌芽力强，耐修剪。(　　)

3. 红豆杉种壳坚硬、透性差，种子休眠期 1~2 年，可采用普通干藏。(　　)

4. 杜仲为喜光植物。(　　)

四、简答题

1. 介绍三叶木通产地加工方法？

2. 杜仲特等干货的要求有哪些？

3. 简述杜仲的繁殖方法。

4. 简述林下肉桂种植的田间管理方法。

5. 简述桂皮采收与加工的方法。

6. 简述刺五加的播种方法。

7. 简述刺五加的产地加工方法。

8. 密花豆的生态学特性有哪些？

9. 密花豆的主要病害有哪些？

单元 9　花类林源药用植物栽培技术

知识目标：

(1)了解当地常见的 2~3 种花类林源药用植物的分布和栽培意义；

(2)理解其生物学和生态学特性、栽培品种；

(3)熟悉其栽培管理、采收、初加工的基本知识和方法。

技能目标：

(1)能对当地常见的 2~3 种花类林源药用植物进行栽培地选择、栽培设计；

(2)会开展苗木繁殖、移栽、田间管理、采收、初加工等绿色生产操作；

(3)能进行初步的生产组织和管理。

素质目标：

(1)培养自学、交流沟通、信息化应用能力，具备独立思考、团结协作的职业素养；

(2)培养爱岗敬业、知行合一、吃苦耐劳、乐观向上的职业精神；

(3)培养遵循自然规律、求真务实、重视产品质量和资源保护的科学态度；

(4)激发学生的家国情怀，具备用劳动创造价值、服务个人和社会发展的坚定信念。

拓展知识：玫瑰无土栽培

9.1　玫瑰栽培技术

药材玫瑰为蔷薇科蔷薇属植物玫瑰（*Rosa rugosa* Thunb.）的干燥花蕾，别名徘徊花、笔头花、湖花、刺玫、滨茄子、滨梨、海棠花等（图 9-1）。性甘、温，味微苦，具有行气解郁、和血、止痛的功效，可用于肝胃气痛、食少呕恶、月经不调、跌扑伤痛等疾病。

玫瑰原产中国华北以及日本和朝鲜，在中国有 2000 余年的栽培历史，其中以山东、甘肃、新疆、北京、山西、辽宁、陕西等地为主，又以山东平阴、甘肃苦水、北京妙峰山的玫瑰为代表，形成了具有地域特色的栽培品种。

9.1.1　生物学特性

玫瑰为直立灌木，高可达 2m；茎粗壮，丛生；小枝密被茸毛，并有针刺和腺毛，有直立或弯曲、淡黄色的皮刺，皮刺外被茸毛。小叶 5~9 枚，连叶柄长 5~13cm；小叶片椭圆形或椭圆状倒卵形，长 1.5~4.5cm，宽 1~2.5cm，先端急尖或圆钝，基部圆形或宽楔形，边缘有尖锐锯齿，叶面深绿色，无毛，叶脉下陷，有褶皱，叶背灰绿色，中脉突起，

图 9-1 玫瑰

网脉明显，密被茸毛和腺毛，有时腺毛不明显；叶柄和叶轴密被茸毛和腺毛；托叶大部贴生于叶柄，离生部分卵形，边缘有带腺锯齿，下面被茸毛。花单生于叶腋，或数朵簇生，苞片卵形，边缘有腺毛，外被茸毛；花梗长 5～25mm，密被茸毛和腺毛；花直径 4～5.5cm；萼片卵状披针形，先端尾状渐尖，常有羽状裂片而扩展成叶状，上面有稀疏柔毛，下面密被柔毛和腺毛；花瓣倒卵形，重瓣至半重瓣，芳香，紫红色至白色；花柱离生，被毛，稍伸出萼筒口外，比雄蕊短很多。果扁球形，直径 2～2.5cm，砖红色，肉质，平滑，萼片宿存。花期 5～6 月，果期 8～9 月。

9.1.2 生态学习性

玫瑰是一种浅根性植物，萌蘖力强，喜光，耐寒耐旱，一旦积水，枝干下部的叶片就容易黄落，严重水涝会使整个植株枯死。适应性较强，虽不选土壤，但在疏松肥沃、排水良好的土壤或砂质土壤中生长最好。

光照对于玫瑰的生长非常重要，为了让玫瑰能够正常生长，需要给予玫瑰充足时间的光照，日照充分则花色浓，香味亦浓，生长季节日照少于 8h 即徒长而不开花。对于玫瑰而言，生长环境的温度不应超过 30℃，超过易影响玫瑰的产量和质量，而当温度超过 35℃，易导致玫瑰生长不良，不易存活。因此，为了提高玫瑰的产量，需要选择适宜的温度对其进行培养。

9.1.3 栽培管理技术

9.1.3.1 选地、整地

选择地下水位低、疏松通气的泥性壤土为佳，土壤需含有丰富的有机质，含量最好高于 10%，土壤 pH 应在 6.5～7.5。土壤改良要结合整理种植畦进行，通过深翻并施用大量的有机肥，使土壤的通透性和保水肥性得到改善并长期维持，玫瑰根系能长期良好地生长。

改良土壤的有机肥可选用牛粪、猪粪、羊粪、鸡粪、骨粉、腐叶土、堆肥等。种植畦按畦面宽 0.9m、走道底宽 0.5m、畦高 0.5m 设置，畦面要平整。

9.1.3.2 繁殖方法

玫瑰常见的繁殖方法有分株、压条、扦插等无性繁殖方式。

（1）分株繁殖

分株前 1 年，要在母株根际附近施足肥料并浇水，同时保持土壤疏松湿润，促进根部大量萌蘖。因玫瑰萌蘖能力很强，每次抽生新枝后，母枝易枯萎，故必须将根际附近的嫩枝及时移植到别处，使母枝仍能旺盛生长。因此，每年 11～12 月，植株落叶后，或翌年 2 月芽刚萌动时，可挖取母株旁生长健壮的新株，每丛具茎秆 2～3 枝，带根分栽。栽后自土面以上 20~25cm 处截干，培育 2~3 年即可成丛开花。

（2）压条繁殖

每年 6~8 月，选当年生的健壮枝条弯曲入土，将入土部分刻伤后用土块嵌入伤口，埋入土中，用竹杈或树杈固定，让枝梢露出地面，保持土壤湿润，2~3 个月就可生根；翌年春季可与母株分离，另行栽植。

（3）扦插繁殖

早春萌芽前，选取生长健壮、无病虫害的 1 年生枝条，剪成 20cm 左右长的插穗，斜插于新河沙作的插床中，深度为 12~14cm；压实后浇水，保持沙床的温度，约 30 天后生根，待发芽后移栽。沙床扦插愈合生根较容易，但需在温室内向阳处或在田间搭拱形塑料棚扦插，管理工作要细致。

9.1.3.3 田间管理

（1）土壤管理

土壤管理对玫瑰的种植有着重要意义，在选好种植地点后，需要对土地进行深翻、施肥以及除草，确保土壤适合玫瑰生长，有助于玫瑰的生长和繁殖。

（2）根际培土

在玫瑰落叶后，对玫瑰基部培土 4~8cm，促进根系生长。

（3）深翻改土

栽植 2~3 年，采收后结合施肥，分年进行深翻改土。从定植穴外缘顺行向，挖深 40~50cm、宽 50~60cm 的沟，深翻时尽量少伤植株大根。

（4）中耕除草

每年中耕除草 4~5 次，保持土壤疏松，中耕深度一般为 10~15cm，勿伤及根。

（5）施肥管理

玫瑰种植需要对其施肥，在种植过程中，即使采用了先进且合理的种植技术，也容易影响玫瑰的生长。为了避免这个问题，在对玫瑰进行合理种植后，还需要对其进行施肥管理。秋季采收后，在植株周围开环状沟追肥，以农家肥为主，每亩施 2000~3000kg，加适量饼肥、钙肥，拌匀施入，并进行 1 次冬灌。早春玫瑰花芽开始萌动时，施以氮为主、氮磷结合的速效肥料，如每亩施尿素、磷酸二铵等 10kg。在玫瑰现蕾开花阶段每亩追施速效复合肥 10kg，施肥时若土壤干旱灌 1 次透水。

（6）灌溉与排水

干旱会减少花的产量，降低花的品质，在旱季应及时灌溉；雨季要防涝排水，以防烂根。

（7）修剪整枝

修剪分为冬春修剪和花后修剪。冬春修剪，在玫瑰落叶后至发芽前进行，疏除病虫枝、过密枝和衰老枝，适当短剪，促发分枝。对于生长势弱、老枝多的玫瑰株丛要适当重剪，促进萌发新枝、恢复长势。夏末花后修剪主要用于生长旺盛、枝条密集的株丛，疏除密生枝、交叉枝、重叠枝，并适当轻剪。

9.1.4 病虫害防治

（1）立枯病

立枯病主要危害幼苗。2～4 月开始发病，低温阴雨天气发病严重。防治方法：结合整地用杂草进行烧土或每亩用 1kg 氯硝基苯进行土壤消毒处理；施用充分腐熟的农家肥，增施磷钾肥，以促使幼苗生长健壮，增强抗病能力；严格进行种子消毒处理；出苗前用 1 ∶ 1 ∶ 100 波尔多液喷洒畦面，出苗后用苯并咪唑 1000 倍液喷洒，7～10 天喷 1 次，连喷 2～3 次；发现病株及时拔除，并用石灰消毒处理病穴，用 50% 托布津 1000 倍液喷洒，5～7 天喷 1 次，连喷 2～3 次。

（2）疫病

疫病主要危害茎、叶。5 月开始发病，6～8 月气温高、雨后天气闷热、暴风雨频繁、天棚过密、园内湿度大，发病较快且严重。防治方法：冬季清园后用°Bé 石硫合剂喷洒畦面，消灭越冬病菌；发病前用 1 ∶ 1 ∶ 200 波尔多液，或 65% 代森锌 500 倍液，或 50% 代森铵 800 倍液，每隔 10 天喷 1 次，连喷 2～3 次；发病后用 50% 甲基托布津 700～800 倍液，每隔 5～7 天喷 1 次，连喷 2～4 次。

（3）蚜虫

蚜虫危害茎叶，使叶片皱缩，植株矮小，影响生长。防治方法：用 40% 乐果乳油 800～1500 倍液喷杀。

（4）红蜘蛛

又称短须螨，群集于叶背吸取汁液，使其变黄、枯萎、脱落，以 6～10 月危害严重。花盘和果实受害后萎缩、干瘪。防治方法：清洁三七园；3 月下旬以后喷 0.2～0.3°Bé 石硫合剂，每隔 7 天，连喷 2～3 次；6～7 月发病盛期，喷 20% 三氯杀螨砜 800～1000 倍液。

9.1.5 采收与产地加工

9.1.5.1 采收

药用玫瑰花一般分 3 批采收，分别为头水花、二水花和三水花。其中头水花肉质厚香味浓、含油量高、质量最佳，采收标准是花蕾已充分膨大但未开放，时间为 4 月下旬至 5 月下旬，即盛花期前。而提炼玫瑰精油的花要在花开放盛期采收即二水花，时间为 5 月上中旬。此阶段花朵含玫瑰油量最高，采收标准为花朵刚开放，呈环状，如花心保持黄色，虽花已完全开放但仍能采，如花心变红时再采收，质量则明显下降。采花可从清早开始，8∶00～10∶00 采收的玫瑰花含油量最高；如遇低温，花未开放，则可推迟采花时间。而作为食用花的仅收集采花阶段中的散瓣花即可，即二水花。

9.1.5.2 产地加工

药用花加工需采用文火烘干。具体操作方法：一般是先晾去水分，依次排于有铁丝网底的木框烘干筛内。花瓣统一向下或向上，依次用文火烘烤。到花托捏碎后呈丝状时，表示已干透，一般头水花 4kg 烘干后为 1kg，其他时期采收的花 4.5～5kg 烘干后为 1kg。分级时，以身干色红、鲜艳美丽、朵头均匀、含苞未放、香味浓郁、无霉变、无散瓣碎瓣者为佳。花朵开放、日光暴晒、散瓣、碎瓣者质量较差。经干燥的花，一般分装在纸袋里，贮存于干燥处。

9.1.5.3 质量标准

（1）药材性状

略呈半球形或不规则团状，直径 0.7~1.5cm。残留花梗上被细柔毛，花托半球形，与花萼基部合生；萼片 5，披针形，黄绿色或棕绿色，被有细柔毛；花瓣多皱缩，展平后宽卵形，呈覆瓦状排列，紫红色，有的黄棕色；雄蕊多数，黄褐色；花柱多数，柱头在花托口集成头状，略突出，短于雄蕊。体轻，质脆。气芳香浓郁，味微苦涩。

（2）规格等级划分

玫瑰商品规格等级划分见表 9-1。

表 9-1　玫瑰商品规格等级划分

规格	等级	划分标准
兰州玫瑰	统货	花瓣紫色，开放的花不超过 6%，有残留花梗的不超过 10%，完整的花蕾不少于 65%，杂质不超过 1.5%
山东玫瑰	一等	花瓣紫色，大小均匀，直径 0.7~1.0cm，开放的花不超过 5%，有残留花梗的不超过 8%，完整的花蕾不少于 60%，杂质不超过 1.5%
	二等	花瓣紫红色，大小较均匀，直径 1.0~1.5cm，开放的花不超过 10%，有残留花梗的不超过 5%，完整的花蕾不少于 50%，杂质不超过 2%

9.2　款冬栽培技术

拓展知识：款冬花增收致富

药材款冬花为菊科款冬属植物款冬（*Tussilago farfara* L.）的干燥花蕾，植物别名冬花、蜂斗菜等，商品药材别名为冬花、九九花、连三朵、款花、艾冬花等（图 9-2）。始载于《神农本草经》，现今载于历版《中华人民共和国药典》，是我国传统常用中药，"十大陇药"之一。本品性温，味辛、微苦，属于化痰止咳平喘药下属分类中的止咳平喘药类中药，具有润肺下气、止咳化痰的功效，主治咳喘症。款冬叶亦可入药，性味、功效同款冬花。款冬也为蜜源植物。

款冬分布于中国河北、河南、湖北、四川、山西、陕西、甘肃、内蒙古、新疆、青海、云南（迪庆香格里拉、丽江市郊、大理鹤庆）、西藏（林芝市郊、察隅、朗县、米林、山南错那）等地。主产于陕西、山西、河南、甘肃、青海、四川、内蒙古等地。印度、伊朗、巴基斯坦、俄罗斯及西欧、北非均有分布。生长于沟谷旁、稀疏林缘、岩石缝隙及林下，

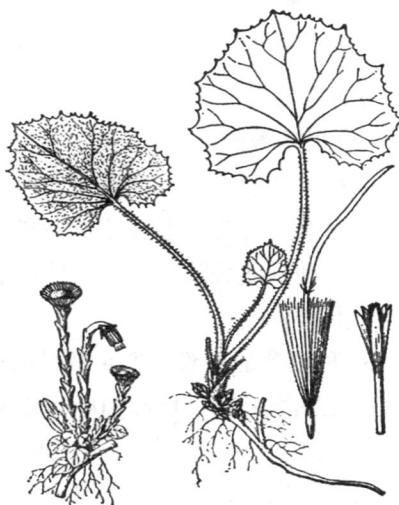

图 9-2　款冬

海拔 800~1600m；有栽培。

9.2.1 生物学特性

款冬为多年生草本植物。根状茎横生地下，褐色。早春花叶抽出数个花莛，株高 5~10cm，密被白色茸毛，有鳞片状互生的苞叶，苞叶淡紫色。头状花序单生顶端，直径 2.5~3.0cm，初时直立，花后下垂。瘦果圆柱形，长 3~4mm；冠毛白色，长 10~15mm。后生出基生叶阔心形，具长叶柄，叶片长 3~12cm，宽 4~14cm。

款冬为早春植物，先花后叶。从植物分类学角度分析，款冬只有一个种，无亚种、变种。采用根茎法繁育，翌年早春即可开花。

9.2.2 生态学习性

款冬喜凉爽潮湿环境，耐严寒、怕热、忌干旱。宜选山区或阴坡栽种，在平原可与果树间作。以土质疏松、腐殖质多的微酸性砂质壤土栽培为宜。怕强烈阳光直射；怕高温，环境温度超过 36℃，易造成叶片萎蔫或枯死；怕涝，在年降水量小于 1400mm 的地区生长良好，如果因降水量过大而使土壤中的湿度过高，会导致款冬烂根。多生于海拔 1000m 左右的山区，2000m 左右高山阳坡及 800m 左右阴坡亦有生长。野生环境多为山谷河溪及渠沟畔沙地或林缘。

9.2.3 栽培管理技术

9.2.3.1 选地、整地

优先选择道地中药材产区栽培，非道地产区，应提供文献或者科学数据证明其适宜性。生产基地周围应无污染源，生产基地环境应持续符合国家标准。

一般选择山区的阴坡地或阳坡低地，以土质疏松肥沃、排水良好的砂壤土最为适宜。忌重茬连作。冬天封冻前或春天解冻后，均匀亩施充分腐熟的有机肥 1000~1500kg，深翻 25~30cm，耙细整平。作畦，畦宽 1.2~1.5m，高 15~20cm，畦周开好排水沟。

9.2.3.2 繁殖方法

款冬用根茎、种子繁殖。因种子繁殖栽培的年限长，而且种子寿命短，生产上一般用根茎繁殖。

（1）根茎繁殖

①种根茎的采集与保管。

a. 采集种根茎：款冬以根部的萌芽（与山药萌芽相似）进行繁殖。采集种根茎有 2 种方法：一种是随采随栽；另一种是采收款冬花时，同时将具萌芽的根茎收集起来，保管好到翌年栽种。

b. 种根茎的保管：翌年栽种的种根茎的保管方法亦有 2 种：一种是置于地窖内贮藏；另一种是挖坑贮藏，坑深 100cm 左右，将根茎和土拌匀后放入坑内，上面用土覆盖，土层厚 50cm 左右，以防冻坏，坑内发芽时不宜压实。

若外地发运，可装于木箱内严封，以防干燥。发现干燥时，可埋于湿土内，下种时再挖出。切勿见干就浇水，否则，遇水即烂。根茎易成活，一般干至五成，栽种土内还可生长。

c. 栽植期：栽种可以选择在翌年早春进行，一般在春分至清明栽种；亦可在收获时随采随栽。

②栽种方法。将种根茎截成 10~13cm 的根段，每段有萌芽 2~3 个，按行距 25~30cm 开沟条播，沟深 10cm 左右，按株距 6~10cm 将种根平放在沟内，覆土 5cm，稍加镇压。如土壤干旱，则需浇水。亩用种根茎 30~35kg，20 天左右出苗。

（2）种子繁殖

①种子采集及处理。种子成熟时，摘下果实，置纱布中暴晒 1~2 天，用手反复揉搓，直到搓出种子。

②播种方法。条播、穴播均可。条播，按行距 25cm、株距 15cm 开沟，均匀将种子撒在沟内，轻轻地覆盖一层薄土，并覆盖地膜或稻草。穴播，按株距 20cm、行距 35cm 开穴点播即可。

（3）移栽定植

①移栽时间。早春土壤解冻时。

②移栽方法。将幼苗带土挖来，按行株距 25cm×15cm 开穴，穴深 8cm，穴径 10cm，每穴栽植幼苗根 2~3 个，覆土踩实。

9.2.3.3　田间管理

（1）除草培土

每年锄草 2~3 次。最后 1 次锄草时，可在款冬根部培土，以防花蕾长出土外，色泽变绿。

（2）追肥

结合中耕除草进行追肥。要求先追肥后中耕，每次亩施农家肥（如人畜粪尿、厩肥、堆肥或草木灰等）1000~1200kg。为防止徒长和增强植株抗病性，一般生育前期不追施化肥，多在秋季孕育前追施 1~2 次化肥，亩施氮肥 10~15kg，磷肥 7~8kg。

（3）剪老叶

高温季节，剪去过密的叶片，以利通风透光，促进花蕾生长，提高产量。同时从叶柄基部将枯萎的叶片和腐烂叶片剪掉（不要用手掰扯，以免伤害基部）。

（4）灌排

经常浇水，保持土壤湿润。雨季及时排水。

9.2.3.4　病虫害防治

常见的病虫害有根腐病、褐斑病、菌核病、萎缩性叶枯病、枯萎病、角斑病、斑枯病、蚜虫、红蜘蛛、银纹叶蛾、卷叶螟等。

（1）病害

①根腐病。危害款冬的根部，从根部和根状茎处发生腐烂，并逐渐蔓延至地上部分，导致植株枯萎而死亡。多发生于夏季多雨季节。防治方法：拔除病株并集中烧毁，并在病穴中撒石灰消毒；用 50%甲基托布津 800 倍液，或 50%多菌灵可湿性粉剂 500 倍液浇灌病

穴，一般连续浇灌病穴 3 次，间隔期为 7 天。

②褐斑病。危害款冬的叶片，为真菌性病害，病斑圆形或近圆形，中央褐色，边紫红色，上生褐色小点。发病期多在高温季节。防治方法：及时排水防涝；发病前或发病初期，用 1∶1∶200 波尔多液，或代森铵 800 倍液，或 58% 甲霜灵锰锌 500 倍液，或 64% 杀毒矾可湿性粉剂 500 倍液喷雾，7~10 天喷施 1 次，连续喷洒 4~5 次。

③菌核病。危害款冬的根茎，病株基部有白色菌丝向上蔓延，可见黑色鼠粪状菌核，根系逐渐腐烂，致使植株枯萎。高温多湿季节易发生。防治方法：与禾本科植物轮作，及时排水；出苗后，用 5% 氨硝铵粉剂喷施预防；发现病株立即拔除，铲去病株处表土，并用 50% 托布津 500 倍液喷施消毒。

④萎缩性叶枯病。危害款冬的叶片，病斑由叶缘向内延伸，黑褐色，形状不规则，致使局部或全叶枯干，严重时可蔓延至叶柄。防治方法：剪除病枯叶；用 64% 杀毒矾可湿性粉剂 500 倍液或 58% 甲霜灵锰锌 500 倍液喷施防治，一般连续防治 3 次，间隔期为 7 天。

⑤枯萎病。危害款冬的全株，发病初期，叶片及叶梢部下垂，呈青枯状，最后造成根部腐烂并全株枯死。一般发生在 6 月中旬至 7 月上旬。防治方法：发病初期，拔除病株；用 50% 多菌灵可湿性粉剂 500 倍液、40% 多菌灵胶悬液 500 倍液或 50% 甲基托布津 700 倍液浇灌病穴及邻近植株根部，防止病害蔓延。

⑥角斑病。主要危害款冬的叶片，发病初期，叶片具水浸状病斑，以后逐渐扩大为多角形褐色病斑，严重时可导致款冬叶片干枯并脱落，最后造成款冬减产。一般发生于雨季。防治方法：用农用链霉素、春雷霉素、中生菌素、金核霉素、盐酸土霉素、放线菌酮等进行喷施防治，具体用量应参照农药说明书。

⑦斑枯病。危害款冬的叶片，可使叶色变黄，严重时导致叶片枯死。防治方法：发病初期，用 50% 瑞毒霉 1000 倍液喷施防治，一般连续喷 2~3 次，间隔期为 7 天。

(2) 虫害

①蚜虫。危害款冬的嫩茎、嫩叶。5~6 月易发生，成虫、若虫密集于嫩梢、叶背吸取汁液，使叶片萎缩，造成危害，还可传播病毒病。防治方法：清除田间周围菊科植物等越冬寄主，消灭越冬卵；冬季清园，将残株深埋或烧掉；发生期用 40% 乐果乳油 1500~2000 倍液喷雾，每隔 7~10 天喷施 1 次，连续喷洒 2~3 次。

②红蜘蛛。危害款冬的叶片，常常导致叶片发黄脱落。多发生于 6~8 月的高温季节。防治方法：用虫螨立克 1500 倍液，40% 速克朗或 1.8% 阿维菌素 3000 倍液喷施防治，一般需要防治 2 次，间隔期为 5 天。

③银纹叶蛾。危害款冬的叶片，幼虫取食叶肉，常常造成叶片出现孔洞或缺刻。防治方法：用 25% 杀虫脒水剂 50~300 倍液或 90% 晶体敌百虫 1000 倍液喷施防治，一般连续用药 2 次，间隔期为 5 天。

④卷叶螟。危害款冬的叶片，幼虫孵化后即吐丝卷叶或缀叶潜伏在卷叶内取食，老熟后可在其中化蛹。防治方法：用 90% 晶体敌百虫 300~400 倍液喷洒防治，一般连续用药 2 次，间隔期为 7 天。

9.2.4 采收与产地加工

9.2.4.1 采收

（1）采收时间

寒露至立冬（10月中下旬至11月中下旬）之间，土地封冻前花蕾未出土时采收。采收时间宜迟不宜早。从形态上看，款冬花蕾呈紫红色时采收。

（2）采收方法

挖出全部根茎，摘下花蕾，去除花梗和泥土（不能接触水），再将摘完花蕾的老根茎埋入地下，培土盖好，翌年春天可再收第2茬花蕾。注意事项：采收时，从茎基上连花梗一起摘下花蕾，放入竹筐内，不能重压，不要水洗，否则花蕾干后变黑，影响质量；摘下的花蕾放在筐中，切忌放在布袋、塑料袋中，防止挤压和揉搓；若花蕾上有泥土，切勿用水洗或手摸揉搓，以免变黑影响质量。

9.2.4.2 产地加工

采收后，将摘下的花蕾薄薄地摊放在席上，置通风处晾干，切勿暴晒或用手翻动，以免造成花蕾变色发黑或霉烂，影响质量。晾至半干，轻轻过筛，去净泥土及花梗。再晾至全干即可入药。亦可40~50℃烘干，烘干者颜色鲜艳，质量好，出干率也高。亩产干花蕾60~70kg。一般4kg鲜花蕾可烘干成1kg干货。

9.2.4.3 质量标准

（1）药材性状

款冬花以花蕾朵大、饱满，干燥，色泽鲜艳紫红，无花梗及泥土者为佳。

（2）规格等级划分

《中华人民共和国药典》（2020年版）规定：①浸出物不得少于20.0%。②款冬酮（$C_{23}H_{34}O_5$）含量不得少于0.07%。

按照药材形态可将其划分为两个等级。

一等：干货。呈长圆形，单生或2~3个基部连生，苞片呈鱼鳞状，花蕾肥大，个头均匀，色泽鲜艳。表面紫红或粉红色，体轻，撕开可见絮状毛茸。黑头不超过3%，花柄长不超过0.5cm。无开头、枝秆、杂质、虫蛀、霉变。

二等：干货。呈长圆形，苞片呈鱼鳞状，花蕾肥大，个头较瘦小，不均匀。表面紫褐色或暗紫色，间有绿白色。体轻，撕开可见絮状毛茸。黑头不超过10%，花柄长不超过1.0cm。无开头、枝秆、杂质、虫蛀、霉变。

9.3 红花栽培技术

红花栽培技术相关内容详见二维码。

9.4 灯盏花栽培技术

灯盏花栽培技术相关内容详见二维码。

9.5 金银花栽培技术

金银花栽培技术相关内容详见二维码。

9.6 菊花栽培技术

菊花栽培技术相关内容详见二维码。

实训

[**实训二十二**]在实训基地完成花类林源药用植物栽培技术应用。通过资料查阅结合教学可及资源，选择1~2种花类林源药用植物完成苗木繁殖、田间管理、病虫害防治、采收与产地加工生产中的某一个或几个环节，完成表9-2，要求步骤详细，并总结心得体悟。

表 9-2 花类林源药用植物栽培技术应用

实训项目	工具材料	实训时间	操作步骤与技术要点	难点与重点	结果与体会

课后自测

一、填空题

1. 玫瑰花的原产地是_____。
2. 玫瑰花加工时应选用_____火烘干。

3. 药用玫瑰花一般分 3 批采收，分别为头水花、二水花和三水花。其中_____肉质厚香味浓、含油量高、质量最佳。

4. 款冬花属于化痰止咳平喘药下属分类中的_____药类中药。

5. 款冬生长于沟谷旁、稀疏林缘、岩石缝隙及_____。

二、单选题

1. 款冬花为菊科植物款冬的干燥(   )。

A. 根　　　　　　B. 根茎　　　　　　C. 叶　　　　　　D. 花蕾

2. 款冬花是我国传统常用中药，始载于(   )。

A.《神农本草经》　B.《新修本草》　　C.《本草纲目》　　D.《本草纲目拾遗》

三、判断题(正确的打√，错误的打×)

严重水涝会使玫瑰整个植株枯死。(   )

四、简答题

1. 我国玫瑰的主要栽培品种有哪些?

2. 简述款冬的根茎栽种方法。

3. 简述款冬花的采收方法。

单元 10 菌类林源药材栽培技术

学习目标

知识目标：

(1) 了解当地常见的 1~2 种菌类林源药材的分布和栽培意义；

(2) 理解其生物学和生态学特性、栽培品种；

(3) 熟悉其栽培管理、采收、初加工的基本知识和方法。

技能目标：

(1) 能对当地常见的 1~2 种菌类林源药材进行栽培地选择、栽培设计；

(2) 会开展繁殖、栽种、田间管理、采收、初加工等绿色生产操作；

(3) 能进行初步的生产组织和管理。

素质目标：

(1) 培养自学、交流沟通、信息化应用能力，具备独立思考、团结协作的职业素养；

(2) 培养爱岗敬业、知行合一、吃苦耐劳、乐观向上的职业精神；

(3) 培养遵循自然规律、求真务实、重视产品质量和资源保护的科学态度；

(4) 激发学生的家国情怀，具备用劳动创造价值、服务个人和社会发展的坚定信念。

拓展知识：灵
芝文化

10.1 灵芝栽培技术

灵芝 [*Ganoderma lucidum* (Leyss. ex Fr.) Karst.] 为多孔菌科真菌，又称为赤芝，别名灵芝草、木灵芝、瑞草等(图 10-1)。以子实体入药，常见赤灵芝和紫灵芝。性温平，味甘、苦涩，具益精气、益心肺、安神补肝、强筋骨、利关节的功效。主治心悸失眠、健忘、神经衰弱、冠心病、心绞痛、糖尿病等症；具有抗缺氧、调节免疫、延缓衰老、抑制肿瘤之效，可用于辅助治疗癌症。主产于山东、吉林、河北、山西、陕西、安徽、江苏、湖北、浙江、福建等地。

10.1.1 生物学特性

灵芝子实体大多为 1 年生，少数为多年生，有柄，小柄侧生。菌盖木质，木栓质，扇形，具沟纹，肾形、半圆形或近圆形，表面褐黄色或红褐色，血红色至栗色，有时边缘逐渐变成淡黄褐色至黄白色，具似漆样光泽；盖表有同心环沟，边缘锐或稍钝，往往内卷。菌肉白色至淡褐色，接近菌管处常呈淡褐色；菌管小，管孔面淡白色、白肉桂色、淡褐色至淡黄褐色，管口近圆形；菌柄侧生、偏生或中生，近圆柱形，有较强的漆样光泽。担孢子卵形或顶端平截，具双层壁，外壁透明、平滑，内壁褐色或淡褐色，具小刺，中央具一油滴。

10.1.2 生态学习性

灵芝担孢子在适宜的条件下萌发成芽管，经过质配、核配、减数分裂亲和过程，形成单核菌丝，两个不同极的单核菌丝经过锁状联合，形成双核菌丝；双核菌丝生长到一定阶段，再通过特化、聚集、密接形成子实体原基，达到生理成熟后即产生子实体；从菌盖下的子实层散发出孢子，即又产生担孢子，可以开始新的发育周期。灵芝生活史：担孢子→芽管→单核菌丝→双核菌丝→子实体→新的担孢子。在其生活史中，需要适宜的营养、温度、湿度、空气、光照、酸碱度等才能生长发育良好。

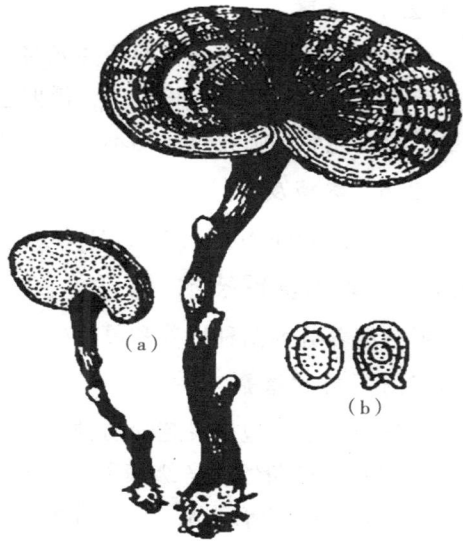

图 10-1 灵芝
(a)子实体；(b)担孢子

10.1.2.1 营养

灵芝营腐生生活，也属于兼性寄生菌，野生于腐朽的木桩旁。其营养以碳水化合物和含氮化合物为基础，碳氮比为 22:1。碳源有葡萄糖、蔗糖、淀粉、纤维素、半纤维素、木质素等；氮源有蛋白质、氨基酸、尿素、氨盐。需要少量矿物质如钾、镁、钙、磷等；此外，还需要补充维生素、水等物质。人工栽培需满足以上这些营养条件，大多数阔叶树的木屑、树叶及稻草粉、甘蔗渣、作物秸秆、棉籽壳等，加入麦麸后均可作为灵芝的培养料。

10.1.2.2 温度

灵芝适应温度范围为 12~32℃。灵芝为高温型真菌，在生长中要求较高的温度，以 25~28℃ 最佳。高于 35℃，菌丝体容易衰老自溶，子实体死亡；低于 12℃，菌丝生长受到抑制，子实体也不能正常生长。温度不适，还会产生畸形菌盖。

10.1.2.3 湿度

湿度包括基质含水量和空气相对湿度。灵芝菌丝生长阶段，以培养基含水量 55%~65%、空气相对湿度 65%~70% 为宜。子实体生长阶段，以培养料含水量 60%~65%、空气相对湿度 85%~95% 为宜。水分过少，菌丝生长细弱，难以形成子实体；水分过多，菌丝生长受到抑制。子实体生长阶段，以培养料含水量 60%~65%、空气相对湿度 85%~95% 为宜，空气相对湿度低于 80% 会引起生长不良。

10.1.2.4 空气

灵芝为好气性真菌，培养过程中，要加强通风换气，增加新鲜空气，减少有害气体，使灵芝正常生长发育，并减少霉菌和病虫害的发生与蔓延。在通风不良、二氧化碳积累过多(>0.1%)的情况下，会出现菌柄长、不能形成菌盖、畸形或生长停顿的现象。

10.1.2.5 **光照**

菌丝生长阶段不需要光照，强光对生长有明显的抑制作用，因此在黑暗或微弱光照下培养菌丝为宜。子实体生长阶段，需要适量的散射或反射光，忌直射光，特别是幼芝对光照最敏感，光照过强或过弱均不利于子实体生长。

10.1.2.6 **酸碱度**

灵芝喜偏酸性环境，适宜 pH 为 3~7.5，灵芝生长时以 pH 5~6 最为适宜。

10.1.3 栽培管理技术

灵芝培养分为菌种培养和灵芝(子实体)栽培两个阶段。

10.1.3.1 **菌种培养**

灵芝菌种培养包括灵芝纯菌种分离与母种(一级种)培养、原种(二级种)生产、栽培种(三级种)生产阶段。各级菌种的培养或生产包含培养基(料)制备、灭菌、消毒、分离、接种、培养和保存等环节。所用器皿、工具要消毒，在无菌条件下操作。

(1)灵芝纯菌种分离与母种培养

①母种培养基配方及制备。母种培养采用马铃薯-琼脂培养基，配方是：马铃薯(去皮切碎)200g、葡萄糖 20g、琼脂 20g、磷酸二氢钾 3g、硫酸镁 1.5g、维生素 B 两片、水 1000mL。可制 120 支试管培养基。制备方法是：去皮切碎马铃薯，加水煮沸 0.5h，用双层纱布过滤去渣，滤液加入琼脂，煮沸并搅拌熔化，再加入其他成分；溶解后，定容至 1000mL，调节 pH 为 4~6，分装于试管中；以 1.1kg/cm² 高压灭菌 30min，稍冷后斜放，凝固后即成斜面培养基。

②组织分离法与母种培养。取新鲜、成熟的灵芝用清水洗净，然后用 75% 的乙醇或冷开水冲洗。无菌条件下，在菌盖或菌柄内部，切取一小片黄豆大小的组织块。将器具和组织块一起放入接种箱内，用 5∶1 的甲醛及高锰酸钾熏蒸 4h，然后用接种刀将组织块切成小块，存放在无菌培养皿中。接种于斜面培养基中央，置于 24~25℃ 温度下培养 7~10 天，待菌丝长满斜面，即得母种。正常菌丝为白色、均匀、生长旺盛、布满斜面，淘汰生长缓慢、菌丝少、产生色素的试管。

③孢子分离法与母种培养。选优良的、开始释放孢子的灵芝子实体，消毒备用。收集孢子有多种方法，一般方法是将菌管朝下置于培养皿中，然后罩玻璃罩，一段时间后，大量孢子散落在培养皿内。取孢子接种到培养基上，经过培养，可获得一层薄薄的菌苔状的营养菌丝，即母种。所得母种应及时使用或冰箱冷藏备用，用于转接培养原种和栽培种，也可转接扩大培养母种。优良母种可用石蜡保藏法、液氮保藏法等长期保存。

(2)原种和栽培种生产

把以上培养的母种接种到培养料上，扩大培养为原种，再由原种扩大培养为栽培种，以满足栽培所需。生产量不大时，可直接用母种或原种接种栽培。原种或栽培种生产方法相同，只是前者用母种接种培养，后者用原种接种培养。

生产原种或栽培种配方与子实体袋(瓶)栽培的培养料配方相同，并有多种配方。主要原料为木屑或棉籽壳，再加适当辅料制成混合培养料。具体方法：按配方每 100kg 干料加水 140~160kg，把料拌匀配好；把料装入菌种瓶内，至 2/3 高处，用尖木在中间打一孔至近瓶底，洗净污物，用牛皮纸封口；高压或常压高温灭菌，冷却后接上菌种。大约 1 试管母种接原种 5 瓶，1 瓶原种接栽培种 50~60 瓶。接种后放入培养室培养，注意控制条件。25~30 天后菌丝长满菌种瓶，便可进行接种栽培。因此，栽培种生产应比计划栽培时间提前约 1 个月进行。

10.1.3.2 灵芝栽培

灵芝栽培有袋栽法、段木培养法(熟料短段木法、生料段木法、树桩栽培法)和瓶栽法等。袋栽法为目前主要的生产方式，可以在室内、温室、大棚和露地栽培。段木培养法主要应用熟料短段木法，生料段木法和树桩栽培法较少应用。瓶栽法是最早采用的人工栽培法，现在多用于灵芝孢子粉的生产、原种或栽培种培养等，由于此法子实体产量较低，很少用于规模生产，方法同袋栽法。

(1)袋栽法

工艺流程：备料与配料→装袋与灭菌→接种→菌丝培养→出芝管理。

若在人工控制条件下，可全年进行灵芝培养。生产中主要为春栽，即 3~4 月制种，4~5 月接种栽培；秋栽则 7 月制种，8 月接种栽培。

①备料与配料。见 10.1.3.1 中"(2)原种和栽培种生产"部分。

②装袋与灭菌。常选用厚 0.04mm、长 36cm、宽 18cm 的聚氯乙烯或聚丙烯塑料袋。将配好的培养料用手工或装袋机装入袋中，装至离袋口约 8cm，装料量合干料约 500g。料要装实，略见空隙，松紧一致，将袋口空气排出后用绳子扎紧。料袋放入灭菌锅中，1.5kg/cm^{2}条件下灭菌 1.5~2h，或常压 100℃下加热 4h，再停火焖 5h，冷却到 25℃左右出锅。

③接种。在无菌条件下接种，菌种与培养料接触紧密，把袋口扎好。不要接种老化的菌丝。每瓶菌种可接 20~30 袋。适当增加种量，有利于发菌和减少杂菌。

④菌丝培养。把接种好的菌袋放入培养室或大棚，堆放在培养架上进行菌丝培养，也称为发菌。温度控制在 22~30℃，最佳为 24~28℃，避光培养，注意通风降温。1 周左右检查一次，弃去污染菌袋，10 天左右菌丝长满袋。

⑤出芝管理。菌丝生长一段时间时，其表面会形成指头大小的白色疙瘩或突起物，即子实体原基，又称为芝蕾或菌蕾。这时解开菌袋口，让灵芝向外生长，芝蕾向外延长形成菌柄，约 15 天菌柄长出菌盖，30~50 天后成熟，菌盖开始散出孢子时，即可采收。其间，要采用通风、向空中喷水等措施，控制温度在 24~28℃，空气相对湿度 90%~95%，保持空气新鲜，避免二氧化碳浓度过高，注意不要把水喷到子实体上。光线以散射光为宜，避免阳光直射。

子实体培养也可埋于土中进行，称为室外栽培、露地栽培、埋土栽培或脱袋栽培。具体方法是：挖宽 80~100cm、深 40cm 的菌床，长度视地块条件和培养量而定。将培养好菌丝的菌袋脱去塑料袋，竖放在菌床上，间距 6cm 左右，覆盖含腐殖质的细土 1cm 厚，浇足水分。菌床上搭建塑料棚并遮阳，避免直射光，保持温度在 22~28℃，空气新鲜，相对湿度 85%~95%。10 天后出现子实体原基，再经 25 天陆续成熟，即可采收。此法比室内袋栽产量高，质量好。

（2）段木培养法

工艺流程：选料与制料→装袋与灭菌→接种→菌丝培养→选地埋土→出芝管理。

①选料与制料。选用板栗、柞、楸、柳、杨、刺槐、栲、枫等阔叶树作段木，直径8~20cm，不必剥皮，锯成长为15~20cm 的段木。晾晒干燥 3 天左右，至用木楔打进段木内不见流液即可接种，此时段木含水量为 35%~42%。每立方米树体可截 500~800 段。

②装袋与灭菌。将段木装入塑料袋内，若木料过干，可在袋内加水，袋口扎紧，高压高温灭菌 2h，或常压、100℃灭菌 6~8h。

③接种。无菌条件下进行，可以打孔接种或段面接种。打孔接种用打孔器或电钻在段木上打孔，孔直径 1~1.2cm、深度 1cm、行距约 5cm，每行 2~3 孔，呈品字形错开排列。打孔后，立即接种，取出菌块，塞入孔内，稍压紧后，盖上木塞或树皮。段面接种是在一个袋中装入两段木料，将菌种用冷开水拌匀，然后将菌种均匀地涂在两段木间及上方段木表面，袋口塞一团无菌棉花，扎紧。应选择气温在 20~26℃，空气相对湿度在 70% 时进行。每立方米段木需要 60~100 瓶菌种。

④菌丝培养。将接好种的段木菌袋，搬入通风干燥处培养菌丝。温度控制在 22~25℃，做好通风、降湿、防霉工作。30~60 天长满菌丝，见有白色菌丝、菌穴四周变成白色或淡黄色，后逐渐变为浅棕色，木楔或树皮盖已被菌丝布满时即接活，发菌结束。

⑤选地埋土。选择土质疏松偏酸性、排灌方便的地方作培养场地，场地需要使用 2~3 年。翻土 25cm，清除杂草石块，暴晒后作畦。畦宽 1.5~1.8m，畦长以实际而定，一般南北走向，四周开好排水沟，并撒上灭蚁药。畦上搭建塑料棚，覆盖草帘子，要求能保温、保湿、通气、遮阴。

待日气温稳定在 20℃，将长好菌丝的段木埋入土中培养。在整好的畦上开沟，沟底铺一层松土。根据段木大小、菌丝长势等分门别类，将段木接种端朝下立于沟中，间距 6cm 左右，填土覆盖 1~2cm，再覆盖约厚 1cm 的谷壳，以防喷水时把泥土溅到子实体上。埋好后喷水 1 次。若天气干旱可喷水湿润土壤，遇雨天要注意排水，避免积水。此外，还要在栽培场周围撒一圈混有灭蚁灵的毒土，诱杀白蚁，防止其为害。每立方米段木可截600~900 段，每亩地可埋段木 25~30m³。

⑥出芝管理。埋土后 10~15 天可出现芝蕾。通过喷水、通气、遮阴、保温等措施，控制棚内温度在 24~28℃，相对湿度 85%~90%，光照 300~1000lx，空气新鲜，土壤疏松湿润。至芝体不再增大即可采收，从芝体出现到采收约 40 天，可连续采收 2~3 年。

10.1.3.3 *病虫害防治*

在生产管理过程中，灵芝病虫害比较少，但要注意防止杂菌感染，避免培养料变质导致灵芝生长受到抑制。主要有青霉菌、毛霉菌、根霉菌等杂菌感染为害。防治方法：接种过程无菌操作要严格；培养料消毒要彻底；适当通风，降低湿度；轻度感染可用烧过的刀片将局部杂菌和周围的树皮刮除，再涂抹浓石灰乳防治，或用蘸 75% 乙醇的脱脂棉填入孔穴中，严重污染的应及时淘汰。

10.1.4 采收与产地加工

10.1.4.1 采收

从芝蕾出现到采收子实体需 40~50 天，这时颜色已由淡黄转成红褐色，盖面颜色和菌柄相同，菌盖不再增大增厚，菌盖由软变硬，有孢子粉射出，芝体成熟。采收时可用果树剪将芝体从菌柄基部剪下，也可用手摘下。采收后残剩下的菌柄也应摘除，以免长出小芝体或畸形芝体。灵芝采收后，再喷足水分，在适宜条件下，5~7 天又可长出芝蕾，新的子实体形成。依据段木体积不同，可连续采收 2~3 年，1m³ 段木第 1 年可收灵芝干品 15~25kg。袋栽可收 2~3 茬，生产周期 5~6 个月，1kg 培养料可产灵芝 20~70g。若收集孢子粉，多用瓶栽法或袋栽法，可用纸袋将菌盖罩住收集，子实体发散孢子可延续 1 个月左右。

10.1.4.2 产地加工

采灵芝收后，去除泥沙和杂质，不要用水洗。可以晒干或烘干，要单个排列。晒干时要经常翻动，夏季一般晒 4~7 天；烘干时，逐渐把温度调至 65~80℃，一般需 10~16h；也可先日晒 2~3 天，再集中烘干约 2h。晒干或烘干后以含水量 11%~12% 为宜。

10.1.4.3 质量标准

（1）药材性状

以体干、菌盖肥厚、菌柄粗壮、无畸形、质坚硬、红褐色、具漆样光泽者为佳。

（2）规格等级划分

灵芝按形态、色泽、质地、尺寸、气味等可划分为多个等级，见表 10-1 所列。

表 10-1 灵芝商品规格等级划分

规格	等级	朵形	色泽	质地	菌盖直径(cm)	菌盖厚度(cm)	菌柄长度(cm)	气味
野生灵芝	统货	菌盖完整，常有不完整，有丛生、叠生混入	盖面红褐色至棕褐色，稍有光泽，腹面浅褐色	木栓质，质密	≤10	≤1.0	长短不一	气微香，味苦涩
段木赤芝（未产孢）	特级	菌盖完整，肾形、半圆形或近圆形	盖面红褐色至紫红色，有光泽，腹面黄白色，干净，无划痕	木栓质，质重，密实	≥20	≥2.0	≤2.5	气微香，味苦涩
	一级	菌盖完整，肾形、半圆形或近圆形	盖面红褐色，有光泽，腹面黄白色或浅褐色，干净，无划痕		≥18	≥1.5		
	二级	菌盖完整，肾形、半圆形或近圆形	盖面红褐色，有光泽，腹面浅褐色，干净，无划痕		≥15	≥1.0		
	统货	菌盖完整，肾形、半圆形或近圆形，或有丛生、叠生混入	盖面黄褐色至红褐色，腹面黄白色或浅褐色		大小不一	厚薄不均	长短不一	

（续）

规格	等级	朵形	色泽	质地	菌盖直径(cm)	菌盖厚度(cm)	菌柄长度(cm)	气味
段木赤芝（产孢）	统货	菌盖完整，肾形、半圆形或近圆形，或有丛生、叠生混入	盖面黄褐色至红褐色，皱缩，光泽度不佳，腹面棕褐色或可见明显管孔裂痕	木栓质，质地稍疏松	大小不一	厚薄不均	长短不一	
代料赤芝（未产孢）	统货		盖面黄褐色至红褐色，腹面黄白色或浅褐色	木栓质，质地稍疏松	大小不一	厚薄不均	长短不一	气微香，味苦涩
代料赤芝（产孢）	统货	外形呈伞形，菌盖完整，肾形、半圆形或近圆形	盖面黄褐色至红褐色，皱缩，光泽度不佳，腹面棕褐色或可见明显管孔裂痕	木栓质，质地疏松	大小不一	厚薄不均	长短不一	
段木紫芝	统货	形呈伞形，菌盖完整，肾形、半圆形或近圆形	盖面紫黑色，有漆样光泽，腹面锈褐色	木栓质，质重，密实	大小不一	厚薄不均	长短不一	气微香，味淡
代料紫芝	统货			木栓质，质地稍疏松	大小不一	厚薄不均	长短不一	

拓展知识：土茯苓和茯苓的区别

10.2　茯苓栽培技术

茯苓[*Poria cocos*(Schw.)wolf]为多孔菌科真菌，以菌核入药，药材名茯苓（图10-2）。

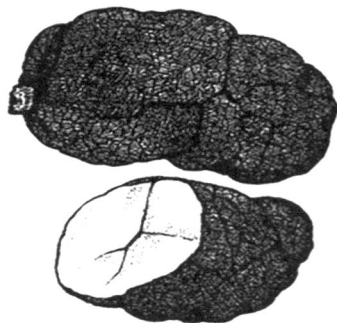

图 10-2　茯苓

性平，味甘、淡，具利水渗湿、健脾、宁心功效，用于水肿尿少、痰饮眩悸、脾虚食少、便溏泄泻、心神不安、惊悸失眠等症。主产于云南、湖北、安徽、福建、广西、广东、湖南、浙江、四川、贵州等地。

10.2.1　生物学特性

茯苓为多年生真菌，由菌丝组成不规则块状菌核，表面呈瘤状皱缩，淡灰棕色或黑褐色。菌核大小不等，直径10～30cm或更长。在同一块菌核内部，可能部分呈白色，部分呈淡红色，粉粒状。新鲜时质软，干后坚硬。子实体平伏产生于菌核表面，形如蜂窝，高3～8cm，初白色，老后淡棕色，管口多角形，有一歪尖，壁表平滑，透明无色。

孢子在22～28℃萌发，菌丝在18～35℃生长，于25～30℃生长迅速，子实体在18～26℃分化生长并能产生孢子。茯苓多于7～9月采挖，挖出后除去泥沙，堆置发汗后，摊开晾至表面干燥，再发汗，反复数次至出现皱纹、内部水分大部散失，阴干，称为茯苓个；或将鲜茯苓按不同部位切制，阴干，分别称为茯苓皮及茯苓块。

10.2.2 生态学习性

茯苓为兼性寄生菌，野生在海拔 600~1000m 山区的干燥、向阳山坡上的马尾松、黄山松、赤松、云南松、黑松等树种的根际。茯苓喜暖、干燥、通风、阳光充足、雨量充沛的环境。菌丝生长的最适温度为 25~30℃。适宜在土壤含水量为 25%~30%，pH 为 5~6，砂多泥少、疏松通气、排水良好、土层深厚的砂质壤土中生长。

茯苓的生长发育可分为菌丝和菌核两个阶段。在适宜条件下，茯苓的孢子与松木结合，先萌发产生单核菌丝，而后发育成双核菌丝，形成菌丝体。菌丝体将木材中纤维素、半纤维素分解，吸收后转化为其自身所需的营养物质，并繁殖出大量的营养菌丝体，在木材中旺盛生长，这一阶段为菌丝生长阶段。由于菌丝体不断地分解和吸收木材中的营养物质，茯苓聚糖日益增多，到了生长的中后期聚结成团，形成菌核。菌核初时为白色，后渐变为浅棕色，最终变为棕褐色或黑褐色的茯苓个体，这一阶段为菌核生长阶段，俗称结苓阶段。

由于茯苓的营养物质主要来自于松木，故人工栽培茯苓应选用 7~10 年生、胸径 10~45cm、含水量在 50%~60% 的松树段木，作为茯苓菌丝的营养源。种植地以坡度为 10°~30°、向阳，土壤含砂量在 60%~70%、pH 5~6 的砂质壤土地区为宜。

10.2.3 栽培管理技术

培养茯苓的原料采用松树段木、松树蔸及松毛(松叶及短枝条)均可。用松树段木能稳产高产，但要消耗大量的木材；用松树蔸可节约木材，但来源有限，难以扩大生产；用松毛可节约木材，但产量低，且药材质量差。目前仍以松树段木栽培为主。

栽培茯苓所需的菌种，历来沿用茯苓的菌核组织，通称肉引。将菌核组织压碎成糊状作种用，称为浆引。将浆引接种于段木，再锯成小段作种的称木引。肉引栽培一窖茯苓，要消耗鲜茯苓 200~500g，极不经济，并且菌种质量不稳定，难以达到稳产高产的目的。目前广泛采用纯菌种接种的方法，既可获得高产，又可节约大量的商品茯苓。

10.2.3.1 茯苓纯菌种培养

(1)母种培养

①培养基的配制。多采用马铃薯-琼脂培养基，配方是：马铃薯(切碎)、蔗糖 50g、琼脂 20g、尿素 3g、水 1000mL。制备方法是：先称取去皮切碎的马铃薯 250g，加水 1000mL，煮沸 0.5h，用双层纱布滤过，滤液加入琼脂，煮沸并搅拌，使其充分溶化后，再加入蔗糖和尿素，待溶解后，加水至 1000mL，即成液体培养基；调节 pH 至 6~7，分装于试管中，包扎，以 1.1kg/cm² 高压灭菌 30min，稍冷却后摆成斜面，凝固后即成斜面培养基。

②纯菌种的分离与接种。选择新鲜皮薄、红褐色、肉白、质地紧密、具特殊香气的成熟茯苓菌核，先用清水冲洗干净，并进行表面消毒，然后移入接种箱或接种室内；用 0.1% 升汞溶液或 75% 酒精冲洗，再用蒸馏水冲洗数次，稍干后，用手掰开，用镊子挑取

中央白色菌肉 1 小块（黄豆大小）接种于斜面培养基上，塞上棉塞，置于 25~30℃ 恒温箱中培养 5~7 天，当白色茸毛状菌丝布满培养基的斜面时，即得到纯菌种。

（2）原种培养

①培养基的配制。母种不能直接用于生产，必须再进行扩大培养。扩大培养所得的菌种称为原种或二级菌种。原种的培养基配方是：松木块（长×宽×厚为 30mm×15mm×5mm）55%、松木屑 20%、麦麸或米糠 20%、蔗糖 4%、石膏粉 1%。配制方法：先将松木屑、米糠（或麦麸）、石膏粉拌匀；另将蔗糖加 1~1.5 倍水量使其溶解，调节 pH 至 5~6，放入松木块煮沸 30min，待松木块充分吸收糖液后，将松木块捞出；再将上述拌匀的木屑等配料加入糖液中，充分搅匀，使含水量在 60%~65%，即以手紧握于指缝中有水渗出，手指松开后不散为度；然后拌入松木块，分装于 500mL 的广口瓶中，装量占瓶的 4/5 即可，压实，于中央打一小孔至瓶底，孔的直径约 1cm，洗净瓶口，用纱布擦干，塞上棉塞，高压灭菌 1h，冷却后即可接种。

②接种与培养。在无菌条件下，从以上培养的母种中挑取黄豆大小的小块，放入原种培养基的中央，置于 25~30℃ 的恒温箱中培养 20~30 天，待菌丝长满全瓶，即得到原种。培养好的原种，可供进一步扩大培养用。若暂时不用，必须移至 5~10℃ 的冰箱内保存，但保存时间一般不得超过 10 天。

（3）栽培种培养

①培养基的配制。培养基配方：松木屑 10%、麦麸或米糠 21%、葡萄糖 2% 或蔗糖 3%、石膏粉 1%、尿素 0.4%、过磷酸钙 1%，其余为松木块（长×宽×高为 20mm×20mm×10mm）。配制方法是：先将葡萄糖（或蔗糖）溶解于水中，调节 pH 至 5~6，倒入锅内，放入松木块，煮沸 30min，使松木块充分吸足糖液后，捞出；另将松木屑、米糠（或麦麸）、石膏粉、过磷酸钙、尿素等混合均匀，将吸足糖液的松木放入混合后的培养料中，充分拌匀后，加水使培养料含水量在 60%~65%；随即装入 500mL 广口瓶内，装量占瓶的 4/5 即可；擦净瓶口，塞上棉塞，用牛皮纸包扎，高压灭菌 3h，待瓶温降至 60℃ 左右时，即可接种。

②接种与培养。在无菌条件下，用镊子将以上培养的原种瓶中长满菌丝的松木块夹取 1~2 片和少量松木屑、米糠等混合料，接种于瓶内培养基的中央；然后将接种的培养瓶移至培养室中培养 30 天，前 15 天温度调至 25~28℃，后 15 天温度调至 22~24℃；当乳白色的菌丝长满瓶，闻之有特殊香气时，即可供生产用。一般情况下，1 支母种可接种 5~8 瓶原种，1 瓶原种可接种 60~80 瓶栽培菌种，1 瓶栽培菌种可接种 2~3 窖茯苓。

在菌种整个培养过程中，要勤检查，如发现有杂菌污染，则应及时淘汰，防止蔓延。

10.2.3.2 段木栽培

（1）选地与挖窖

①选地。应选择土层深厚、疏松、排水良好、pH 为 5~6 的砂质壤土（含砂量在 60%~70%）地区，以坡度 25° 左右的向阳坡地种植为宜。含砂量少的黏土，光照不足的北坡、陡坡以及低洼谷地均不宜选用。

②挖窖。地选好后，一般于冬至前后进行挖窖。先清除杂草灌木、树蔸、石块等物，然后顺山坡挖窖，窖长 65~80cm、宽 25~45cm、深 20~30cm，窖距 15~30cm，将挖起的土堆放于一侧，窖底按坡度倾斜，清除窖内杂物。窖场沿坡两侧筑坝拦水，以免水土流失。

（2）伐木备料

①伐木期。通常在 1 月前后进行伐木，阴坡松树好于阳坡，山下松树好于山上。

②段木制备。松树（马尾松、黄山松、云南松、赤松、红松、黑松、杉木、枫香）砍伐后去掉枝条，削皮留筋（筋即不削皮的部分），即用利刀沿树干从上至下纵向削去部分树皮，削 1 条，留 1 条，相间进行。削皮留筋的宽度视松木粗细而定，一般为 3~5cm，使树干呈六方形或八方形。削皮应深达木质部，以利菌丝生长蔓延。

③截料上堆。以上处理后的段木干燥半个月后，进行截料上堆。直径 10cm 左右的松树截成 80cm 长的段木，直径 15cm 左右的则截成 65cm 长的段木。然后按其长短分别就地堆叠成井字形，放置约 40 天。当敲之发出清脆声，两端无树脂分泌时，即可供栽培用。在堆放过程中，要上下翻晒 1~2 次，使木材干燥一致，不能淋雨。

（3）下窖与接种

①段木下窖。4~6 月选晴天进行。每窖下段木的数量依直径而定，通常直径 4~5cm 的小段木，每窖放入 5 根，下 3 根上 2 根，呈品字形排列；直径 8~10cm 的放 3 根；直径 10cm 以上的放 2 根；特别粗大的放 1 根。排放时将两根段木的留筋面贴在一起，使中间呈 V 字形，以利传引和提供菌丝生长发育的养料。

②接种。茯苓的接种方法有菌引、肉引、木引等。

a. 菌引：先用消过毒的镊子将栽培种内长满菌丝的松木块取出，顺段木"V"字形缝一块接一块地平铺在上面，放 3~6 片，再撒上木屑等培养料。然后将一根段木削皮处向下，紧压在松木块上，使成品字形，或用鲜松毛、松树皮把松木块菌种盖好。段木重量超过 15kg，可适当增加松木块菌种量。接种后覆土厚约 7cm，最后使窖顶呈龟背形，以利排水。

b. 肉引：选择 1~2 代种苓，以皮色紫红、肉白、浆汁足、质坚实、近圆形、有裂纹、个重 2~3kg 的种苓为佳。下窖时间多在 6 月前后，把干透心的段木，按大小搭配下窖，方法同菌引。在产区常采用的接种方法有下列 3 种：贴引，即将种苓切成小块，厚约 3cm，将种苓块肉部紧贴于段木两筋之间，若窖内有 3 根段木，则贴下面的 2 根；若有 5 根段木，则贴下面的 3 根，边切种苓边贴引；然后用砂土填塞种引，以防脱落。种引，即将种苓用手掰开，每块重约 250g，将白色菌肉部分紧贴于段木顶端，大料上多放一些，小料少放一些；然后用砂土填塞种引，防止种引脱落。垫引，即将种引放在段木顶端下面，白色菌肉部分向上，紧贴段木；然后用砂土填塞，以防脱落。

c. 木引：将上一年下窖已结苓的老段木，在引种时取出，选择黄白色、筋皮下有菌丝，且有小茯苓又有特殊香气的段木作引种木，将其锯成 18~20cm 长的小段，再将小段紧附于刚下窖的段木顺坡向上的一端。接种后立即覆土，厚 7~10cm。最后覆盖地膜，以利菌丝生长和防止雨水渗入窖内。

10.2.3.3 树蔸栽培

选择松树砍伐后 60 天以内的树蔸栽培最好，但一年以内的亦可栽培。选晴天，在树蔸周围挖土见根，除去细根，选粗壮的侧根 5~6 条，将每条侧根削去部分根皮，宽 6~8cm，在其上开 2~3 条浅凹槽，供放菌种之用。开槽后暴晒一下，即可接种。另选用径粗 10~20cm、长 40~50cm 的干燥木条，也开成凹槽，使其与侧根上的凹槽呈凹凸槽形配合。然后在两槽间放置菌种，用木片或树叶将其盖好，覆土压实即可。栽后每隔 10 天检查一次，发现病虫害要及时防治，9~12 月茯苓膨大生长时期，如土壤出现干裂现象，须及时培土或覆草，防止晒坏或腐烂。培养至第 2 年 4~6 月即可采收。

10.2.3.4 茯场管理

（1）护场、补引

茯苓在接种后，应保护好茯场，防止人畜践踏，以免菌丝脱落，影响生长。10 天后进行检查，如发现茯苓菌丝延伸到段木上，表明已上引。若发现感染杂菌而使菌丝出现发黄、变黑、软腐等现象，说明接种失败，则应选晴天进行补引。补引是将原菌种取出，重新接种。1 个月后再检查一遍，若段木侧面有菌丝缠绕延伸生长，表明生长正常。两个月左右菌丝应长到段木底部或开始结茯。

（2）除草、排水

茯场应保持无杂草，以利光照。若有杂草滋生，应立即除去。雨季或雨后应及时疏沟排水、松土，否则水分过多，土壤板结，影响空气流动，菌丝生长发育受到抑制。

（3）培土、浇水

茯苓在下窖接种时，一般覆土较浅，以利菌丝生长迅速。当 8 月开始结茯后，应进行培土，使厚度由原来的 7cm 左右增至 10cm 左右，不宜过厚或过薄，否则均不利于菌核的生长。每逢大雨过后，须及时检查，如发现土壤有裂缝，应培土填塞。随着茯苓菌核的增大，常使窖面泥土龟裂，甚至菌核裸露，此时应培土，并喷水抗旱。

10.2.3.5 病虫害防治

（1）病害

茯苓在栽培（生长）期间，培养料（段木或树蔸）及已接种的菌种，有的会出现霉菌污染。侵染的霉菌主要有绿色木霉、根霉、曲霉、毛霉、青霉等，正在生长的菌核也易受污染。霉菌污染培养料后，吸收其营养，并且使茯苓菌核皮色变黑，菌肉疏松软腐，严重者渗出黄棕色黏液，失去药用和食用价值。产生病害的主要原因是接种前培养料或栽培场已有较多杂菌污染；接种后窖内湿度过大；菌种不健壮，抗病能力弱；采收过迟等。防治方法：选择生长健壮、抗病能力强的菌种；接种前，栽培场要翻晒多回；段木要清洁干净，发现有少量杂菌污染，应铲除掉或用 70% 乙醇杀灭，若污染严重，则予以淘汰；选择晴天栽培接种；保持茯场通风、干燥，经常清沟排渍，防止窖内积水；发现菌核出现软腐等现象，应提前采收或剔除，并用石灰消毒苓窖。

（2）虫害

①白蚁。主要是黑翅土白蚁及黄翅大白蚁，蛀食段木，干扰茯苓正常生长发育，造成

减产，严重时有种无收。防治方法：苓场应选择南向或西南向；段木和树苑要求干燥，最好冬季备料，春季下种；下窖接种后，苓场周围挖一道深 50cm、宽 40cm 的封闭环形防蚁沟，防止白蚁进入苓场，亦可排水；在苓场附近挖几个诱蚁坑，坑内放置松木、松毛，用石板盖好，经常检查，发现白蚁时，用 60% 亚砷酸、40% 滑石粉配成药粉，沿着蚁路，寻找蚁窝，撒粉杀灭；引进白蚁新天敌——蚀蚁菌，此菌对啮齿类和热血动物及人类均无感染力，但灭蚁率达 100%；5~6 月白蚁分群时，悬挂黑光灯诱杀。

②茯苓虱。多群聚于段木菌丝生长处，蛀食茯苓菌丝体及菌核，造成减产。防治方法：在采收茯苓时可用桶收集茯苓虱虫群，用水溺死；接种后，用尼龙纱网片掩罩在茯苓窖面上，可减少茯苓虱的侵入。

10.2.4 采收与产地加工

10.2.4.1 采收

茯苓接种后，经过 6~8 个月生长，菌核便已成熟。成熟的标志是：段木颜色由淡黄色变为黄褐色，材质呈腐朽状；茯苓菌核外皮由淡棕色变为褐色，裂纹渐趋弥合（俗称封顶）。一般于 10 月下旬至 12 月初陆续进行采收。采收时，先将窖面泥土挖去，掀起段木，轻轻取出菌核，放入箩筐内。有的菌核一部分长在段木上（俗称扒料），若用手掰，菌核易破碎，可将长有菌核的段木放在窖边，用锄头背轻轻敲打段木，将菌核完整地震下来，然后拣入箩筐内。采收后的茯苓，应及时运回加工。

10.2.4.2 产地加工

先将鲜茯苓除去泥土及小石块等杂物，然后按大小分开，堆放于通风干燥室内离地面 15cm 高的架子上，一般放 2~3 层，使其发汗，每隔 2~3 天翻动一次。半个月后，当茯苓菌核表面长出白色茸毛状菌丝时，取出刷拭干净，至表皮皱缩呈褐色时，置凉爽干燥处阴干即成个苓。然后将个苓按商品规格要求进行加工，削下的外皮为茯苓皮；切取近表皮处呈淡棕红色的部分，加工成块状或片状，则为赤茯苓；内部白色部分切成块状或片状，则为白茯苓；若白茯苓中心夹有松木，则称茯神。然后将各部分分别摊于晒席上晒干，即成商品。

10.2.4.3 质量标准

（1）药材性状

茯苓个呈类球形、椭圆形、扁圆形或不规则团块，大小不一。外皮薄而粗糙，棕褐色至黑褐色，有明显的皱缩纹理。体重，质坚实，断面颗粒性，有的具裂隙，外层淡棕色，内部白色，少数淡红色，有的中间抱有松根。气微，味淡，嚼之黏牙。茯苓块为去皮后切制的茯苓，呈立方块状或方块状厚片，大小不一，白色、淡红色或淡棕色。茯苓片为去皮后切制的茯苓，呈不规则厚片，厚薄不一，白色、淡红色或淡棕色。

（2）规格等级划分

茯苓个（个苓）：一等，大小不一，呈不规则圆球形或块状，表面黑褐色或棕褐色，断面白色，味淡，无杂质、霉变，体坚实、皮细、完整；二等，体轻泡、皮粗、质松，间有土沙、水锈、破伤。

茯苓片：一等，呈不规则圆片状，大小不一，含外皮，边缘整齐，厚度不小于 3.1mm，色白，质坚实；二等，色灰白，部分边缘为淡红色或淡棕色，质松泡。

白苓片：一等，不规则圆片状或长方形，大小不一，含外皮，边缘整齐，厚度不小于 3.1mm，色白，质坚实，边缘整齐；二等，色灰白，部分边缘略带淡红色或淡棕色，质松泡，边缘整齐。

白苓块：一等，呈扁平方块，边缘苓块可不呈方形，无外皮，色白，大小不一，宽度不小于 2cm，厚度在 1cm 左右，质坚实；二等，质松泡，部分边缘为淡红色或淡棕色。

白苓丁：一等，呈立方形块，部分形状不规则，一般在 0.5~1.5cm，色白，质坚实，间有少于 5% 的不规则的碎块；二等，灰白色，质松泡，间有少于 10% 的不规则的碎块。

白碎苓：统货，加工过程中产生的白色或灰白色茯苓，碎块或碎屑，体轻、质松。

赤苓块：统货，呈扁平方块，边缘苓块可不呈方形，无外皮，色淡红或淡棕，质松泡，大小不一，宽度最低不小于 2cm，厚度不低于 0.2mm。

赤苓丁：一等，呈立方形块，部分形状不规则，长度在 0.5~1.5cm，色淡红或淡棕，质略坚实，间有少于 5% 的不规则的碎块；二等，间有少于 10% 的不规则碎块。

赤碎苓：统货，为加工过程中产生的淡红色或淡棕色、大小形状不规则的碎块或碎屑，体轻、质松。

茯苓卷：统货，呈卷状薄片，白色或灰白色，质细，无杂质，部分边缘带外皮，长度一般为 6~8cm，厚度小于 1mm。

茯苓刨片：统货，呈不规则卷状薄片，白色或灰白色，质细，易碎，含 10%~20% 的碎片。

茯神块：统货，呈扁平方形块，白色或淡红色或淡棕色，质坚实，宽度最低不小于 2cm，间有 1.5cm 以上的碎块，无杂质、霉变。

毛茯神：统货，呈扁平片状，大小不一，色白（具外皮，边缘黑色），质坚，碎块含量不大于 5%。

10.3　猴头菇栽培技术

拓展知识：猴头菇和它的近亲

猴头菇［*Hericium erinaceus*(Bull.) Pers. ］为担子菌门伞菌纲红菇目猴头菌科猴头菌属真菌，又名猴头、猴头菇、刺猬菌、对脸蘑等，子实体圆而厚，布满针状菌刺，因形如猴子的头而得名(图 10-3)。猴头菇在中国既是食用珍品，又是重要的药用菌，是中国"八大山珍"之一，自古就有"山珍猴头，海味燕窝"之说，肉嫩味香、鲜美可口、营养丰富，色、香、味上乘，有"素中荤"之称。另外，猴头菇也是中国传统的贵重中药材，具有滋补健身、助消化、利五脏的功能。现代研究表明，其菌丝体和子实体中含有多肽、多糖、脂肪和蛋白质等活性成分，具有抗氧化、抗肿瘤、抗衰老、提高免疫力、保护胃黏膜、神经保护等生理功效，对消化道肿瘤、胃溃疡和十二指肠溃疡、胃炎、腹胀等有一定疗效。因此，猴头菇是开发药物及功能性食品的重要资源，具有广阔的市场前景，已广泛涉及医药和食品领域。

　　猴头菇在自然界中分布很广，主要分布在北温带的阔叶林或针阔叶混交林中。在中国主要分布在东北大兴安岭、小兴安岭，西北天山、阿尔泰山，西部的喜马拉雅山及西南横断山脉的林区。中国猴头菌的人工驯化栽培始于 1959 年，20 世纪 70 年代开始推广，东北、西北等地区为主产区，其他地区也有少量出产。近年来，猴头菌人工代料栽培获得成功，具有栽培原料种类多、生长周期短、投入少、收益大等特点，猴头菌的生产得到了迅速发展，成为一种大众化美味食用菌。

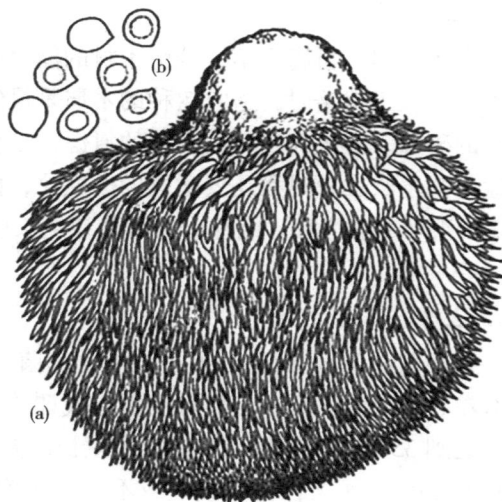

图 10-3　猴头菇
(a) 子实体；(b) 孢子

10.3.1　生物学特性

　　猴头菇由菌丝体和子实体两部分组成。菌丝体在不同的培养基上略有差异。在试管培养基上，初时稀疏呈散射状，后变浓密粗壮，气生菌丝呈粉白茸毛状；在木屑培养料基质中，浓密呈白色或乳白色。其菌丝细胞壁薄，有分枝和横隔，直径 10~20μm。子实体肉质，外形头状或倒卵形，基部着生处较窄，外布有针形肉质菌刺，刺直伸而发达，下垂首，菌刺 1~5cm，直径 1~2cm。菌刺表面布有子实层能产孢子，孢子椭圆至圆形，无色，光滑，直径 5~6μm，内含油滴，大而明亮。

　　猴头菇完成一个完整的生活史，必须经过担孢子→菌丝体→子实体→担孢子几个连续的发育阶段。猴头菇孢子萌发后产生单核菌丝，不同性的两种一次菌丝接触，两个细胞互相融合，形成双核菌丝。二次菌丝达到生理成熟，就形成子实体。子实体上长出菌刺，在菌刺上形成担子。担子中的两个细胞核进行核配，很快又进行减数分裂，形成 4 个单倍体的细胞核，然后 4 个单倍体的细胞核进入担子小梗的尖端，形成担孢子。一个猴头菌子实体上可产生数亿个担孢子。在干燥、高温等不良环境条件下，产生厚垣孢子，在适宜条件下，厚垣孢子又会萌发菌丝，继续进行生长繁殖。

　　猴头菇的菌种很多，科研工作者不断推陈出新，优化品质，力求子实体商品性好、产量高、适应性强、易于管理。当前优良品种有'蕈谷猴头菇 1 号''健燕 1 号猴头''川猴 1 号''沪猴 3 号'等。

10.3.2　生态学习性

　　猴头菇是一种木腐生菌，生长于深山密林中的栎类及其他阔叶树的立木、腐木上，如生长在麻栎、山毛栎、栓皮栎、青刚栎、蒙古栎和胡桃倒木及活树虫孔中，悬挂于枯干或活树的枯死部分。

　　猴头多发生于秋季，是一种好气性恒温结实性菌类。野生猴头菇多发生于森林不太稠密、空气较流通、湿度较高及温度 20℃ 左右的环境条件下。生长发育条件包括以下几项。

10.3.2.1 营养

猴头菇属木材腐生菌，分解木材的能力很强，能广泛利用碳源、氮源、矿质元素及维生素等。人工栽培时，适宜树种的木屑是最经济而优良的碳源，而甘蔗渣、棉籽壳等也是理想的碳源。麸皮和米糠是良好的氮源，其他能利用的氮源还有尿素、蛋白胨、铵盐、硝酸盐等。生长发育过程还要适宜的碳氮比，菌丝生长阶段以 25∶1 为宜；子实体生育阶段以 35~45∶1 最适宜。此外，猴头菇在生长中还要吸收一定数量的磷、钾、镁、钙等矿质离子。

10.3.2.2 温度

猴头菇属偏低温型恒温结实性木腐菌。菌丝生长温度范围为 6~34℃，最适温度为 25℃ 左右。当温度低于 6℃ 时，菌丝代谢作用停止；温度高于 30℃，菌丝生长缓慢易老化；达到 35℃ 时停止生长。子实体生长的温度范围为 12~24℃，以 18~20℃ 最适宜。当温度高于 25℃，子实体生长缓慢或不形成子实体；温度低于 10℃，子实体开始发红，并随着温度的下降，色泽加深。

10.3.2.3 水分和湿度

培养基质的适宜含水量为 60%~70%，当含水量低于 50% 或高于 80% 时，猴头菇原基分化数量显著减少，子实体晚熟，产量降低。对相对湿度的要求，菌丝培养发育阶段以 70% 为宜，子实体形成阶段则需要达到 85%~90%，此时子实体生长迅速而洁白；若低于 70%，则子实体表面失水严重，菇体干缩、变黄色、菌刺短、伸长不开，导致减产；若高于 95%，则菌刺长而粗，菇体球心小、分枝状，形成花菇。一个直径 5~10cm 的猴头子实体，每日水分蒸发量为 2~6g。

10.3.2.4 空气

猴头菇属好气性菌类，对二氧化碳浓度反应非常敏感，当空气中二氧化碳浓度高于 0.1% 时，就会刺激菌柄不断分枝，形成珊瑚状的畸形菇，因此，菇房保持新鲜的空气极为重要。

10.3.2.5 光照

猴头菇菌丝生长阶段基本上不需要光，但在无光条件下不能形成原基，需要有 50lx 的散射光才能刺激原基分化。子实体生长阶段则需要充足的散射光，光强度在 200~400lx 时，菇体生长充实而洁白，但光强高于 1000lx 时，菇体发红、质量差、产量下降。猴头菇子实体的菌刺生长具有明显的向地性，因此在管理中不宜过多地改变容器的摆设方向，否则会形成菌刺卷曲的畸形菇。

10.3.2.6 酸碱度

猴头菇属喜酸性菌类，菌丝生长阶段 pH 在 2.4~5 均可生长，但以 pH 4 最适宜。当 pH 在 7 以上时，菌丝生长不良，菌落呈不规则状。子实体生长阶段以 pH 4~5 最适宜。

10.3.3 栽培管理技术

在自然环境条件下，着生于朽木上的猴头菇要经过 1 年才能完成其生活史。在人工栽培条件下，如管理得当，则只需要 2~3 个月。

10.3.3.1 适宜的栽培季节和场所

猴头菇可以在春秋两个季节栽培。北方地区一般春季栽培的在 2~4 月接种，在 3~5 月出菇，秋季栽培的在 8~9 月接种，在 9~10 月出菇。南方地区春季栽培的接种、出菇时间分别安排在 12 月至翌年 2 月、翌年 1~5 月，秋季栽培的接种、出菇时间分别安排在 9~10 月、10~11 月。

栽培场所要选择地势平坦、采光较好和水源充足的场地，200m 半径内尽可能无污水及其他污染源。出菇棚可建成双层空心棚，有利于保温。

10.3.3.2 栽培袋制作

（1）栽培配方

猴头菇栽培原料原则上应就地取材，如锯末、棉籽壳、玉米秆、甘蔗渣、木屑等均可利用。栽培木屑宜选用硬杂木，麦麸和稻糠要求新鲜无霉烂变质，不含有毒害菌丝的物质。选用的原料要新鲜、无霉变、无虫蛀，拌料要均匀。培养料中加入少量的磷、钾、镁等矿物质，效果更好。以下是 4 个参考配方，可以根据栽培经验和材料来源调整应用。

配方一：棉籽壳 50%，木屑 30%，麦皮 16%，石膏或碳酸钙 2%，糖 1%，过磷酸钙 1%。

配方二：玉米芯 38%，麸皮 10%，石膏 1%，棉籽壳 50%，过磷酸钙 1%。

配方三：草粉 50%，木屑 26%，麦皮 20%，石膏或碳酸钙 2%，糖 1%，过磷酸钙 1%。

配方四：锯末 78%，麦麸 20%，石膏 1%，白糖 1%。

（2）拌料、装袋、灭菌

①拌料。按配方称量原料，以 1：(1.4~1.5) 的料水比加水，焖 2 小时，最后调节含水量约为 65%。

②装袋。选择 (12~15)cm×(55~60)cm 或 (16~18)cm×(33~38)cm 的低压聚乙烯塑料袋或聚丙烯专用袋。装料前先将袋口一头用线绳扎好，装料时将料压实，装料松紧适度、均匀一致，料面压紧压平。最好使用装袋机装袋，每袋干料 250~300g。装袋后重量在 1.2~1.4kg，装料高度 20cm。料装完后，料中心扎直径 1.5~2cm 的接菌穴（扎到底部），然后套上套环，最后用棉花封口，注意要塞紧。装料时要迅速，在尽量短的时间内进入灭菌处理阶段。

③灭菌。装袋当天常压灭菌。装锅后，锅内要尽快达到灭菌温度，常压锅 100~108℃，火力要"攻头保尾，控中间"。菌袋进锅后，在 2~3h 内上升到 100℃，然后保持 100℃ 温度保压 4h，最后停焖 6h。

（3）接种、发菌

①接种。无菌条件下进行两头接种。先用一小块原种（二级种）菌种接入袋内接菌穴，然后再用一块菌块固定在接菌穴上部孔口，以便上下同时发菌，一般每瓶原种接种 35~40 袋为宜。

②发菌。将菌袋搬入培养室，按井字形堆叠发菌，遮光培养。接种后 1~10 天内，培养室温度为 20~28℃。随着菌丝发育，袋内温度上升至比室温高 2℃，此时室温应调至 25℃左右。16 天后菌丝逐步进入新陈代谢旺盛期，应控制在 20~23℃。冬季培养自然气温较低，可采取加温发菌。发菌期要求室内干燥培养，空气相对湿度 70%以下，不能超过 75%。温度保持 22~25℃，不能超过 28℃，超过 25℃要通风，每天早、晚各通风一次。一般经 30~40 天菌丝就能长满袋，接菌穴区域菌丝发生胶质化，个别出现原基，应及时将菌袋搬入菇棚进行催蕾出菇。

10.3.3.3 出菇管理

（1）排袋、开口

防止子实体长出袋(瓶)后相互之间连生在一起，上层与下层的袋(瓶)口应反方向放置，去除袋口包扎物(颈圈)，袋口自然收拢不撑开或在袋表面开直径 3cm 左右的圆孔。袋上用塑料薄膜覆盖，每 2~3 天将薄膜掀动一次，促使菇蕾形成。

（2）催蕾条件

菌棒排好后，将出菇棚温度控制在 18~20℃，空气相对湿度在 85%~90%，适当通风，给予 50~100lx 散射光，每天 6h 左右。7~10 天料面即可出现黄豆大小的菇蕾。当菇蕾直径 2~3cm 时，揭去薄膜。

（3）子实体管理

①温度。菌袋进棚后，在温度保持 16~20℃的条件下进行催蕾。从小蕾到发育成菇，一般 10~18 天即可采收。出菇阶段要特别注意控制温度，若温度过高，可采取以下 4 条措施降温：空间增喷雾化水；畦沟灌水增湿；阴棚遮盖物加厚；错开通风时间，实行晚开门通风，中午打开大棚两头，使气流通顺，促进幼蕾正常长大。

②湿度。子实体生长发育期要科学管理水分，根据菇体大小、表现色泽、天气晴朗等不同条件，采取不同喷水用量。菇小时用雾喷，穴口向左右摆袋或地面摆袋的，一般不喷水。栽培场地要保持空气相对湿度 85%~90%，若幼菇空间湿度低于 70%，已形成的子实体会停止生长，增湿能恢复生长，但菇体会留下永久斑痕；若高于 95%，加之通风不良，易引起杂菌污染。为保持适宜湿度可采取下列措施：畦沟灌水，增加地湿；喷头朝天，空间喷雾；盖紧大棚塑料薄膜保湿。

③通风。子实体长大时，可每天早晚通风。但风向不要直吹菇体，以免萎缩。如通风不良，二氧化碳沉积过多，刺激菌柄不断分枝，抑制中心部位发育，会出现珊瑚状畸形菇。

④光照。长菇期要有散射光，一般以 300~600lx 光照度为佳，可通过遮阳网以及日光灯调控至最适宜光照。

10.3.3.4 病虫害和畸形菇防治

①病虫害。坚持以预防为主，严格控制化学防治。危害猴头菇的主要病害有霉菌(毛霉、脉孢霉、木霉、黄曲霉)和细菌性的基腐病。防治方法：严格检查种源，保持环境清洁，发现病害及时清除，并进行无害化处理，出菇期间禁止使用化学农药。主要虫害有菇

蝇、菇蚊、螨类。防治方法：发现病害，及时清除病菇并进行掩埋处理；生产中的常见虫害可以采取在通风处安装孔径为 0.21~0.25cm 的防虫网，在菇房或菇棚内挂粘虫板或杀虫灯等方式进行物理防控。

老菇棚在使用前必须进行一次全面的清理和消毒工作，以杀灭潜藏于床架、地面等处的病菌、害虫，床架可用清水或 5% 石灰水或 1% 漂白粉水冲洗，菇棚地面在使用前撒一层石灰粉。认真消毒和清洁各个操作环节中的工具、设备、环境及工作人员的服装、手套等，防止在操作过程中将病菌、害虫带入培养料、培养室和菇棚中。

②畸形菇。培养料成分不当，二氧化碳浓度过高，会产生珊瑚型猴头尖菌。水分湿度管理不善，部分会产生光秃无刺型猴头。温度、湿度过低会使猴头菌子实体发红。防治方法：配制培养料时，注意不要混入松、柏、香樟等树种的木屑及其他的有毒物质。菌丝体培养阶段在注意温度、湿度的同时，还要注意通风换气。如已形成珊瑚丛集状子实体，可在幼小时，连同培养基一起铲除，重新获得正常子实体。子实体培养期间，保证适宜的温度、湿度，光照度控制在 1000lx 以下。

10.3.4 采收与产地加工

10.3.4.1 采收

作为保鲜菇或盐渍猴头菇的，在菌刺尚未延伸，或已形成但长度不超 0.5cm，尚未大量释放孢子时采收，此时色泽洁白，风味鲜美可口，没有苦味。作为药用的猴头菇，以脱水烘干为商品，其子实体成熟度可以更高些，以菌刺 1cm 左右采收。采收时，用弯形利刀从柄基部割下或轻轻旋转采下。菌脚不宜留得过长，也不要损伤菌料，一般留菌脚 1cm 左右为宜。可采收 3 批，以 1~2 批产量高，品质好。每袋产干品 0.05kg 左右。

在第 1 批菇采收后，停止喷水 3 天，并通风 48h，让采收后菇根表面收缩，防止发霉。然后把温度调整到 23~25℃，使菌丝体更好地积累养分。8~15 天原基出现，10 天左右幼蕾形成，此时把温度降到 16~20℃，空气湿度提高到 80% 左右。整个生产周期正常气温条件下 80~100 天结束，生物转化率一般为 80%~100%。

采菇后要彻底清理菌袋，把菇根、烂菇及被害菇蕾摘除干净，集中深埋或烧掉，不要随意扔放。每批菇栽培结束后，及时清除废料，把栽培场所打扫干净。

10.3.4.2 加工方法

猴头子实体采收后，可以鲜销，也可以晒干、烘干或盐渍贮存。

(1)晒干

将采收的鲜猴头菌，切去菌蒂部分，排放于竹帘上，置烈日下暴晒，先将切面朝上晒一天，再翻转过来晾晒至干。

(2)烘干

将采收的鲜猴头菌，风干 1~2 天后，按大小分别烘烤。烘烤温度从 40℃ 提高到 60℃，直至烘干。干品含水量为 10%~13%，并要求保持菌刺完整，冷却后及时分装于塑料袋中，密封保存。

（3）盐渍

将采收的新鲜猴头菌，切去菌柄，用清水漂洗，除去灰尘，放入沸水中煮沸 10min，捞出后再放入清水中冷却。淋水后加入 25% 的盐，层层加盐，储于池中或包装桶中。7 天时倒池或倒桶一次，并加足饱和盐水，熬开后冷却为饱和盐水，用 1~2cm 厚的盐粒封口。

10.3.4.3　质量标准

（1）药材性状

鲜品猴头菇以子实体色泽洁白、坚实，孢子还未散发，菌刺长 1~1.5cm，具有猴头菇特有的香味，无异味，无虫蛀破损者为佳。干品猴头菇以色泽金黄，直径 4~5cm，没有伤痕残缺，大小均匀，茸毛细长齐全，分布均匀厚密，干燥没有虫蛀者为佳。

（2）规格等级划分

猴头菇主要以颜色和形态划分等级。

猴头菇鲜品：一级，纯白色至乳白色，菇体呈单头状或倒卵形，表面须状菌刺分布、长短、粗细均匀，菇形规整、饱满、大小均匀；二级，白色、淡乳黄色至浅灰色，菇体呈双头状或倒卵形，表面须状菌刺分布、长短、粗细较均匀，菇形基本饱满、大小基本均匀；三级，白色、淡灰色至灰色，多头菇，菇体须状菌刺不完整、长短不一、粗细分布不均匀，菇形大小不均匀。

猴头菇干品：一级，黄里带白、金黄色或淡黄色，菇体呈单头状或倒卵形，菇形规整、大小均匀；二级，淡黄色至深黄色，菇体呈双头状或倒卵形，菇形较规整、大小基本均匀；三级淡黄色至黄褐色，多头菇，菇形不规整、大小不均匀。

10.4　竹荪栽培技术

竹荪栽培技术相关内容详见二维码。

实训

[**实训二十三**]在实训基地完成菌类林源药用植物栽培技术应用。通过资料查阅结合教学可及资源，选择 1~2 种菌类林源药用植物完成栽培管理技术、采收与初加工生产中的某一个或几个环节，完成表 10-2，要求步骤详细，并总结心得体悟。

表 10-2　菌类林源药用植物栽培技术应用

实训项目	工具材料	实训时间	操作步骤与技术要点	难点与重点	结果与体会

📚 课后自测

一、填空题

1. 灵芝为_____科真菌，又称为赤芝，别名灵芝草、木灵芝、瑞草等，以_____入药，常见赤灵芝和紫灵芝。

2. 灵芝生活史为_____→_____→_____→_____→_____→_____。

3. 灵芝生培养分为_____和_____两个阶段。

4. 灵芝栽培有_____法、_____法和_____法等。

5. 茯苓属_____科真菌，以_____入药，药材名茯苓。

6. 茯苓的生长发育可分为_____和_____两个阶段。

7. 茯苓的接种方法有_____、_____、_____等。

8. 茯苓接种后，经过_____个月生长，菌核便已成熟。成熟的标志是：段木颜色由_____变为_____，材质呈腐朽状；茯苓菌核外皮由淡棕色变为_____，裂纹渐趋弥合(俗称封顶)。

9. 猴头菇为_____科_____属真菌。

10. 猴头菇最适的温度为_____，栽培的季节为_____。

二、单选题

1. 竹荪来源于(　　)。

A. 鬼笔科　　　　　B. 豆科　　　　　C. 百合科　　　　　D. 木兰科

2. 林地栽培竹荪选择郁闭度在(　　)以上的森林。

A. 30%　　　　　B. 50%　　　　　C. 60%　　　　　D. 80%

三、判断题(正确的打√，错误的打×)

采灵芝收后，去除泥沙和杂质，可用水洗。(　　　)

四、简答题

1. 竹荪的生态学特性是什么？

2. 简述灵芝的出芝管理技术要点。

3. 种植茯苓的茯场管理措施有哪些？

4. 猴头菇的栽培方式有哪些？

5. 猴头菇的出菇管理要点有哪些？

6. 猴头菇现代的产地加工方式有哪些？

思政案例

案例一	思茅松林下三七种植
案例二	种好中药材，开出"脱贫方"——李铁梅（创业）
案例三	"黄连之圣"徐锦堂（林下种植、栽培环境）
案例四	产业扶贫先行者——周铉（天麻）
案例五	山中的"药百合"（天麻、百合）
案例六	枸杞南种第一人（新品种推广）
案例七	靠山吃山，鸡血藤种植带动林下经济发展
案例八	脱贫攻坚学农人的使命担当（竹荪）

习题答案

扫描本页二维码可查看各单元课后自测答案。

参考文献

安冉，2015. 栽培鸡血藤藤茎次生代谢产物的动态积累变化研究[J]. 广州中医药大学学报，32（3）485-487.

敖礼林，饶卫华，夏建民，等，2020. 枳壳早产、丰产、高效栽培关键技术[J]. 科学种养（8）：21-24.

白晓红，雷晓明，2015. 药用牡丹栽培繁殖技术[J]. 陕西农业科学，61（10）：127-128.

包京姗，杨世海，博金泉，2017. 北五味子种质资源及栽培技术研究进展[J]. 人参研究（4）：26-30.

暴增海. 张昌兆，马桂珍，1994. 我国竹荪的研究利用现状[J]. 河北林学院学报，9（3）：268-270.

陈东亮，钟楚，林阳，2020. 药用植物穿心莲种质资源、育种及栽培研究进展[J]. 江苏农业科学，48（21）：34-40.

陈海云，宁德鲁，李勇杰，等，2012. 草果丰产栽培技术[J]. 林业科技开发，26（29）：105-107.

陈建萍，杜宏山，周坤昌，等，2021. 云南红豆杉药用原料林培育技术[J]. 特种经济动植物，24（11）：94-96.

陈士林，董林林，李西文，等，2018. 中药材无公害栽培生产技术规范[M]. 北京：中国医药科技出版社.

陈向东，2017. 林下春砂仁的种植技术及产量提高的试验研究[J]. 绿色科技（3）：140-142.

陈瑛，1998. 实用中药种子技术手册[M]. 北京：人民卫生出版社.

陈竹君，唐德瑞，何景峰，等，2002. 杜仲专用肥肥效试验[J]. 西北林学院学报，17（4）：79-82.

代会琼，任玉江，郭志英，等，2010. 灯盏花大田栽培技术[J]. 云南农业科技（5）：31.

董诚明，谷巍，2020. 药用植物栽培学[M]. 3版. 上海：上海科学技术出版社.

杜红岩，杜庆鑫，2020. 中国杜仲产业高质量发展的基础、问题与对策[J]. 经济林研究，38（1）：1-10.

杜红岩，张再元，刘本端，等，1996. 杜仲优良无性系剥皮再生能力及剥皮综合技术研究[J]. 西北林学院学报，11（2）：18-22.

杜红岩，张再元，刘本端，等，1994. 华仲1号等5个杜仲优良无性系的选育[J]. 西北林学院学报，9（4）：27-31.

冯兰，黄浩晟，2022. 林下春砂仁种植与栽培管理技术要点[J]. 世界热带农业信息（7）：28-29.

傅贵江，2022. 杉木人工林抚育间伐对套作南方红豆杉的影响[J]，武夷科学，38（1）：39-43.

高航，2009. 北五味子生物学特性及栽培技术[C]//国家林业局，广西壮族自治区人民政府，中国林学会. 第二届中国林业学术大会——S9木本粮油产业化论文集. 吉林省四平市林业局：532-539.

龚光禄，杨通静，2020. 红托竹荪资源收集与生态分布特征[J]. 中国食用菌，39（11）：14-17.

郭巧生，2004. 药用植物栽培学[M]. 北京：高等教育出版社.

国家药典委员会，2005. 中华人民共和国药典：2005年版一部[M]. 北京：化学工业出版社.

国家药典委员会，2020. 中华人民共和国药典：2020年版一部[M]. 北京：中国医药科技出版社.

韩东苗，罗勤，梁远楠，等，2020. 灵芝林下仿野生栽培技术[J]. 安徽农学通报，26(19)：31-32.

何艳萍，钱永祥，2018. 林下草果人工栽培技术[J]. 绿色科技(19)：92-93.

侯秋梅，周洪英，2022. 玫瑰种质资源及杂交育种研究现状[J]. 贵州农业科学，50(1)：14-22.

胡本祥，杜弢，2018. 款冬花生产加工适宜技术[M]. 北京：中国医药科技出版社.

黄开顺，黎贵卿，安家成，等，2020. 八角特色资源加工利用产业发展现状[J]. 生物质化学工程，54(6)：6-12.

黄良水，2018. 猴头菇的历史文化[J]. 食药用菌(1)：54-56，60.

荆丹，龙德祥，刘勇，等，2020. 茯苓椴木栽培技术[J]. 安徽农学通报，26(16)：43-44.

鞠永秀，尹春梅，2019. 辽细辛的习性及栽培技术[J]. 吉林农业(12)：76-77.

兰进，陈向东，曾念开，2014. 名贵药用真菌栽培技术问答[M]. 北京：化学工业出版社.

兰进，徐锦堂，贺秀霞，2001. 药用真菌栽培实用技术[M]. 北京：中国农业出版社.

李锋，李典鹏，蒋水元等，2004. 罗汉果栽培与开发利用[M]. 北京：中国林业出版社.

李锦开，1994. 中国木本药材与广东特产药材[M]. 北京：中国医药科技出版社.

李林，1986. 桂油加工技术初步研究[J]. 浙江药学，3(4)：10.

李苗苗，2017. 鸡血藤野生资源调查及其品质与自然生态因子相关性研究[D]. 广州：广州中医药大学.

李巧珍，李正鹏，张赫男，等，2020. 猴头菇新品种'沪猴8号'[J]. 园艺学报(5)：1013-1014.

李巧珍，张赫男，吴迪，等，2020. 猴头菇新品种'沪猴3号'[J]. 园艺学报(4)：811-812.

李雪梅，冯军仁，田晓萍，等，2022. 高海拔冷凉区大果枸杞绿色栽培技术[J]. 现代农业科技(17)：138-141.

李玉环，李爱民，张正海，等. 2012. 药用牡丹规范化栽培技术[J]. 特种经济动植物，15(6)：33-35.

李玉，尚晓冬，宋春艳，等，2017. 猴头菇工厂化栽培技术[J]. 食药用菌(3)：156-158.

李泽锋，2010. 五味子的营养成分、综合利用与产业发展[J]. 农业科技与装备(1)：56-57.

李子辉，万海清，龚勋，2006. 三叶木通茎生长特性的初步观察[J]. 中药材，29(3)：214-215.

连成木，2018. 竹荪标准化栽培技术要点[J]. 食用菌，40(5)：51-54.

林向群，牛焕琼，2013. 植物引种栽培技术[M]. 昆明：云南科技出版社.

刘红娟，2022. 山楂栽培与病虫害绿色防控技术[J]. 现代园艺，45(11)：61-62.

刘慧东，王璐，朱景乐，等，2018. 基于短周期矮林模式的外源激素提高杜仲胶产量的效果[J]. 中南林业科技大学学报，203(5)：52-58.

刘梅森，陈海晏，孙红斌，等，1999. 猴头菌的药用价值概述[J]. 中国食用菌(1)：24-25.

刘明新，杨华，王先有，等，2022. 茯苓人工栽培历史与栽培技术研究进展[J]. 湖南生态科学学报，9(2)：97-102.

刘晓明，2019. 砂仁高产栽培技术探讨[J]. 南方农业，13(9)：33-35.

刘晓颖，2021. 鸡血藤药用价值及林下栽植应用研究进展[J]. 安徽农业科学，49(20)：28-31.

刘正中，2005. 垫江药用牡丹的栽培技术要点[J]. 中国林业产业(3)：49-50.

卢秀贞，2018. 杉木林下套作草珊瑚试验研究[J]. 中国林副特产(3)：30-31.

卢学清，2020. 八角种植技术及落花落果问题浅析[J]. 南方农业，14(8)：7-8.

芦进财，2015. 鸡血藤GAP认证技术体系的建立[D]. 广州：广州中医药大学.

鲁雷震，贾紫伟，封成玲，等，2021. 玫瑰植物中活性物质及其功效研究进展[J]. 食品研究与开发，42（20）：206-213.

罗蓉，曹国璠，李金玲，等，2021. 野生草珊瑚结果期矿质元素动态变化［J］. 时珍国医国药，32（10）：2505-2508.

马廷贵，周全良，周丽荣，2019. 宁夏枸杞优良品种综合栽培技术［J］. 陕西农业科学，55（3）：233-235.

马孝峰，2011. 枸杞修剪及病虫害防治技术［J］. 现代农村科技（19）：14.

马永金，2021. 浅析枣树栽培技术［J］. 园艺科学（20）：69-70.

马玉华，王荔，2011. 三叶木通特性研究进展［J］. 江西农业学报，23（5）：71-73.

毛纯，刘军，陈永力，等，2022. 林下发展种植三叶鸡血藤调研报告［J］. 现代园艺（5）：59-61.

毛金梅，2013. 枸杞鲜果采收及制干技术［J］. 现代农业科技（15）：299-300.

么厉，程惠珍，杨智，2006. 中药材规范化种植（养殖）技术指南［M］. 北京：中国农业出版社.

孟艳，2016. 绿色食品枸杞种植技术规范［J］. 河北农业（5）：9-12.

潘明辉，张忠，郝迪薮，等，2017. 细辛栽培技术［J］. 农业与技术（18）：118.

潘晓芳，2004. 八角、玉桂高效栽培实用技术［M］. 南宁：广西人民出版社.

彭昕，王志安，2022. 华东林药生态种植技术［M］. 北京：中国轻工业出版社.

钱光华，朱礼科，侍伟红，等. 2022. 灵芝椴木栽培技术规程［J］. 农家参谋（4）：55-57.

秦斌，刘升明，秦绪霞，等，2021. 细辛规范化栽培技术认识实践［J］. 农业开发与装备（12）：219-220.

权新华，宋小亚，姚祥坦，等，2021. 7 个猴头菇菌株在浙北地区的栽培表现及评价［J］. 食用菌（3）：21-23.

任建武，刘玉军，马超，等. 2011. 林源药用植物资源可持续利用与产业化［J］. 林业资源管理，（2）：36-38.

沈伟，岑湘涛，叶艳萍，2015. 桉树和草珊瑚农林复合模式研究进展［J］. 安徽农学通报 21（24）：117-118.

宋丽艳，汪荣斌，2021. 药用植物栽培技术［M］. 3 版. 北京：人民卫生出版社.

宋青，秦绪霞，刘升明，等. 2021. 浅谈细辛及其栽培技术要点框架［J］. 农业开发与装备（10）：227-228.

苏桂云，刘国通，2013. 细辛的分类品种与伪品特征［J］. 首都医药（5）：40.

苏怀德，刘先齐，王书林，等，2015. 中药材 GAP 技术［M］. 北京：化学工业出版社.

苏文英，纪伟，刘晓梅，等，2022. 猴头菇菌株菌丝生长特性及栽培研究［J］. 农业与技术（7）：19-23.

孙丹，王振兴，艾军，等，2020. 五味子新品种'金五味 1 号'选育研究［J］. 中药材（4）：787-790.

覃文学，2019. 林下套作草珊瑚栽培技术［J］. 现代农业科技（9）：64-65.

谭著明，2016. 林下经济作物种植新技术［M］. 北京：中国农业出版社.

陶理昌，吕天平，2018. 宣威市热水镇灯盏花无公害高产栽培技术［J］. 现代农业科技（8）：101-105.

田谊红，冯雅玲，王馨怡，等，2022. 玫瑰花化学成分质量评价及食用药用的研究进展［J］. 质量安全与检验检测，32（2）：43-46，68.

图力古尔，包海鹰，2016. 东北市场蘑菇［M］. 哈尔滨：东北林业大学出版社.

王波，鲜明耀，王蓓，等，1998. 猴头菇菌株鉴定、选育及栽培［J］. 西南农业学报（4）：91-96.

王朝雯，2019. 云南地区铁皮石斛组织培养及林下栽培技术探析[J]. 现代农业科技(4)：85.

王娇，2022. 甘肃靖远枸杞栽培管理技术[J]. 特种经济动植，25(9)：118-119，125.

王跃兵，2016. 北板蓝根丰产栽培技术[J]. 中国林副特产(6)：58-61.

王振兴，艾军，张庆田，等，2014. 五味子新品种'嫣红'[J]. 园艺学报(12)：255-256.

魏长征，2021. 板蓝根标准化栽培技术[J]. 农业科技与信息(20)：32-33.

吴德峰，梁一池，徐家雄，等，2020. 南方林下药用植物栽培[M]. 福州：福建科学技术出版社.

吴凡，2012. 国内外除草新技术[J]. 农村新技术(1)：15.

吴楠，2022. 玫瑰种植技术研究[J]. 花卉(2)：4-5.

吴清山，2014. 猴头菇高效栽培关键技术[J]. 北方园艺(18)：161-163.

吴庆军，雷桂杰，2017. 黑龙江省大兴安岭野生食用植物彩色图志[M]. 哈尔滨：黑龙江科学技术出版社.

肖培根，2002. 新编中药志[M]. 北京：化学工业出版社.

肖煜先，2004. 北五味子生物学特性及栽培技术(讨论稿)[J]. 中药研究与信息(2)：17-23.

谢善高，莫金莲，1993. 一年生玉桂育苗新方法[J]. 林业科技通讯(11)：24-25.

熊大胜，王继永，李子辉，等，2006. 三叶木通规范化生产操作规程[J]. 中国现代中药，8(5)：37-40.

熊大胜，熊英，何淼，2006. 栽培条件下三叶木通茎藤生长与主要气候因子的关系研究[J]. 武汉植物学研究，24(6)：587-589.

徐良，2006. 中药栽培学[M]. 北京：科学出版社.

徐志强，2018. 药用牡丹高产栽培技术[J]. 江西农业(24)：20-32.

许春娟，贾生海，赵霞，等，2022. 节水灌溉和施肥技术在枣树中的应用[J]. 水利规划与设计(2)：82-84.

许培磊，韩先焱，范书田，等，2022. 五味子新品种'妍脂红'[J]. 园艺学报，49(S1)：207-208.

许雅娟，赵明国，2020. 民勤县枸杞病虫害防治面临的问题及绿色防控技术[J]. 乡村科技，11(34)：101-102.

杨卫平，夏同衍，2014. 新编中草药图谱及经典配方[M]. 贵阳：贵州科技出版社.

杨艳，汤玉喜，唐洁，等，2017. 黄栀子研究综述[J]. 绿色科技(21)：64-65.

姚凯霖，2019. 鸡血藤种苗繁育及栽培技术推广[J]. 农村实用技术(6)：45.

尹萍，钱鹏，2016. 不同枸杞品种在甘肃河西走廊适生性丰产性栽培试验研究[J]. 林业科技通讯(7)：62-63.

游成勇，李勤忠，2010. 红花病虫害的发生与防治[J]. 农村科技(1)：43.

于春雷，孙文松，2022. 辽细辛绿色高效栽培技术[J]. 园艺与种苗(2)：26-27.

于琴芝，吴永琼，谭海文，等，2022. 桂林罗汉果产业发展现状及绿色优质栽培技术[J]. 现代农业科技(19)：85-88.

翟明，2010. 鸡血藤种质资源的鉴定与品质评价[D]. 广州：广州中医药大学.

张波，叶雷，周洁，等，2021. 猴头菌'川猴菇1号'的选育[J]. 菌物学报(6)：1583-1585.

张成霞，林向群，2018. 中草药栽培技术[M]. 北京：中国农业出版社.

张春博，耿睿，罗文靖，等，2019. 山楂优质高产高效栽培技术分析[J]. 农业与技术，39(3)：92-93.

张大兴，2022. 不同林分林下套作草珊瑚的生长对比分析[J]. 福建林业(4)：36-39.

张康健，马希汉，马梅，等，1999. 杜仲叶次生代谢物生长积累动态的研究[J]. 林业科学，35(2)：15-20.

张康健，王蓝，2005. 药用植物资源开发利用学[M]. 北京：中国林业出版社.

张李娜，2022. 杜仲果园化高效栽培技术研究[J]. 山地农业生物学报，54(2)：78-80.

张平，2016. 林下郁闭度对竹荪产量影响分析与效益评价[J]. 林业勘察设计，36(2)：4.

张守然，2009. 食用菌栽培技术一本通[M]. 北京：科学技术文献出版社.

张薇，杨生超，张广辉，等，2013. 灯盏花种植发展现状及对策[J]. 中国中药杂志(14)：2227-2230.

张伟，丁杨飞，陈慧芳，等，2023. 菊花道地性成因及研究进展[J]. 安徽中医药大学学报，42(1)：98-104.

张英秋，2011. 刺五加栽培技术[J]. 中国农业信息(11)：63，89.

章承林，龚福宝，2021. 药用植物栽培技术[M]. 3版. 北京：中国农业大学出版社.

章承林，2014. 药用植物栽培技术[M]. 北京：中国农业大学出版社.

赵丹，秦利军，赵德刚，2021. 杜仲矮化密植栽培模式研究[J]. 山地农业生物学报，40(3)：74-78.

赵庆华，2005. 竹荪、平菇、金针菇、猴头菌栽培技术问答[M]. 北京：金盾出版社.

赵时泳，鹿钦祥，王丽，等，2018. 北五味子育苗和种子处理技术[J]. 农业与技术(24)：72.

赵时泳，张凤萍，袁忠久，等，2017. 五味子病虫害防治技术[J]. 农业与技术(14)：3.

郑燕飞，安洁洁，刘蓉，等，2018. 健燕1号猴头菇驯化栽培的探索[J]. 铜仁学院学报(12)：97-101.

周宇，贺尔奇，腾谦，等，2022. 林下灵芝栽培技术[J]. 热带农业科学，42(3)：20-23.

朱秀梅，张金莲，段忠，等，2017. 灯盏花高产栽培技术[J]. 云南农业(2)：33-34.